普通高等院校机械类"十四五"规划教材

U0159007

# 机械精度设计与检测

## （第 2 版）

主　编　应　琴　金玉萍

副主编　张良栋　邱亚玲

西南交通大学出版社

·成　都·

## 内容提要

本书系统地论述了"机械精度设计与检测"的基础知识，分析、介绍了机械精度设计方面的相关新标准，阐述了检测的基本技术。主要内容包括：绪论、线性尺寸精度设计、测量技术基础与光滑极限规设计、几何公差精度设计与检测、公差原则、表面粗糙度与检测、螺纹连接的精度设计与检测、键和花键的精度设计与检测、滚动轴承的精度设计、圆锥的精度设计与检测、渐开线圆柱齿轮的精度设计与检测、尺寸链、机械精度设计综合实例等。本书以现行最新国家标准和国际标准为依据，按照专业理论知识体系论述精度设计规范及其应用，并结合检测规范介绍误差检测理论和方法，强调对学生掌握机械精度设计与检测技术基础理论知识及应用能力的培养，各章后附有习题，供读者复习和巩固知识。

本书可作为高等院校机械类各专业学生的基础教材，也可供机械工程技术人员及计量、检测人员参考使用。

## 图书在版编目（ＣＩＰ）数据

机械精度设计与检测 / 应琴，金玉萍主编. —2 版
.—成都：西南交通大学出版社，2021.2（2025.2 重印）
普通高等院校机械类"十四五"规划教材
ISBN 978-7-5643-7982-7

Ⅰ. ①机…　Ⅱ. ①应…　②金…　Ⅲ. ①机械 – 精度 –
设计 – 高等学校 – 教材②机械元件 – 检测 – 高等学校 – 教
材　Ⅳ. ①TH122②TG801

中国版本图书馆 CIP 数据核字（2021）第 031516 号

普通高等院校机械类"十四五"规划教材
Jixie Jingdu Sheji yu Jiance
**机械精度设计与检测**（第 2 版）
主编　应　琴　金玉萍
\*

责任编辑　李芳芳
封面设计　何东琳设计工作室
西南交通大学出版社出版发行
四川省成都市金牛区二环路北一段 111 号西南交通大学创新大厦 21 楼
邮政编码：610031　发行部电话：028-87600564
http://www.xnjdcbs.com
成都勤德印务有限公司印刷
\*

成品尺寸：185 mm×260 mm　　印张：19.25
字数：476 千字
2011 年 5 月第 1 版　2021 年 2 月第 2 版　2025 年 2 月第 11 次印刷
**ISBN 978-7-5643-7982-7**
定价：48.00 元

课件咨询电话：028-81435775
图书如有印装质量问题　本社负责退换
版权所有　盗版必究　举报电话：028-87600562

# 普通高等院校机械类"十四五"规划教材
## 编审委员会名单

（按姓氏音序排列）

**主　任**　　吴鹿鸣

**副主任**　　蔡　勇　　　蔡长韬　　　蔡慧林　　　董万福　　　冯　鉴

　　　　　　侯勇俊　　　黄文权　　　李　军　　　李泽蓉　　　孙　未

　　　　　　吴　斌　　　周光万　　　朱建公

**委　员**　　陈永强　　　党玉春　　　邓茂云　　　董仲良　　　范志勇

　　　　　　龚迪琛　　　何　俊　　　蒋　刚　　　李宏穆　　　李玉萍

　　　　　　刘念聪　　　刘转华　　　陆兆峰　　　罗　红　　　乔水明

　　　　　　秦小屿　　　邱亚玲　　　宋　琳　　　孙付春　　　汪　勇

　　　　　　王海军　　　王顺花　　　王　忠　　　谢　敏　　　徐立新

　　　　　　应　琴　　　喻洪平　　　张　静　　　张良栋　　　张玲玲

　　　　　　赵登峰　　　郑悦明　　　钟　良　　　朱　江

# 第 1 版总序

装备制造业是国民经济重要的支柱产业，随着国民经济的迅速发展，我国正由制造大国向制造强国转变。为了适应现代先进制造技术和现代设计理论和方法的发展，需要培养高素质复合型人才。近年来，各高校对机械类专业进行了卓有成效的教育教学改革，和过去相比，在教学理念、专业建设、课程设置、教学内容、教学手段和教学方法上，都发生了重大变化。

为了反映目前的教育教学改革成果，切实为高校的教育教学服务，西南交通大学出版社联合众多西部高校，共同编写系列适用教材，推出了这套"普通高等院校机械类"十二五"规划系列教材"。

本系列教材体现"夯实基础，拓宽前沿"的主导思想。要求重视基础知识，保持知识体系的必要完整性，同时，适度拓宽前沿，将反映行业进步的新理论、新技术融入其中。在编写上，体现三个鲜明特色：首先，要回归工程，从工程实际出发，培养学生的工程能力和创新能力；其次，具有实用性，所选取的内容在实际工作中学有所用；再次，教材要贴近学生，面向学生，在形式上有利于进行自主探究式学习。本系列教材，重视实践和实验在教学中的积极作用。

本系列教材特色鲜明，主要针对应用型本科教学编写，同时也适用于其他类型的高校选用。希望本套教材所体现的思想和具有的特色能够得到广大教师和学生的认同。同时，也希望广大读者在使用中提出宝贵意见，对不足之处，不吝赐教，以便让本套教材不断完善。

最后，衷心感谢西南地区机械设计教学研究会、四川省机械工程学会机械设计（传动）分会对本套教材编写提供的大力支持与帮助！感谢本套教材所有的编写者、主编、主审所付出的辛勤劳动！

首届国家级教学名师
西南交通大学教授 吴鹿鸣
2010 年 5 月

# 第 2 版前言

本书是根据教育部制定的"高等院校教育机械类专业人才培养目标及规格"要求编写的。

在认真汲取前几年高校教学改革和教学实践的基础上，综合一些兄弟院校对"精度设计与检测"课程提出的宝贵建议编写而成。

本书在内容上注意加强基础知识，力求反映国内外的最新成就。按照专业的理论知识体系、实践经验、学科发展等组织内容，不拘泥于专业规范的介绍和应用，将最新规范的内容融合在专业基础理论知识中，将标准规范的应用融合在解决实际问题的过程中，着重强调规范的正确、合理以及灵活应用，使学生在掌握专业基础理论知识的同时，培养分析、解决实际问题的能力。

全书共13章，包括：绪论、线性尺寸精度设计、测量技术基础与光滑极限量规设计、几何公差精度设计与检测、公差原则、表面粗糙度与检测、螺纹连接的精度设计与检测、键和花键的精度设计与检测、滚动轴承的精度设计、圆锥的精度设计与检测、渐开线圆柱齿轮的精度设计与检测、尺寸链、机械精度设计综合实例。每章后附有习题。

本教材是对2012年版《机械精度设计与检测》的再版，本次再版在每章开头部分添加"本章要点"进行学习导入；在每章结束时添加"本章小结"进行总结、归纳，并对知识点、重要内容等做加黑的提示处理，这样便于学生明白每章主要讨论的知识点、学完以后有一个归纳和梳理。

全书由西南科技大学应琴、金玉萍两位同志担任主编，参加本书编写的还有：四川轻化工大学张良栋、侯书增、王欢和张建平，西南石油大学邱亚玲和韩传军等，西南科技大学赵斐、赖建平等。

本书在编写过程中得到了许多兄弟院校和主编所在学校领导及教研室的大力支持和帮助，张剑教授以她多年的执教经验对本书进行了仔细审阅和修改，在此表示衷心的感谢。

本书再版修订过程中参考了已出版的同类教材，谨向这些同类教材的作者表示衷心感谢，并将列入本书参考文献中。

由于编者的水平有限，书中难免有欠妥之处，敬请广大读者批评指正。

编　者
2021年1月

# 第 1 版前言

本书是根据教育部制定的"高等院校教育机械类专业人才培养目标及规格"要求编写的。

本书是编者们在认真汲取前几年高校教学改革和教学实践的基础上,综合一些兄弟院校对"机械精度设计与检测"课程提出的宝贵建议编写而成的。

本书在内容上注意加强基础知识,力求反映国内外的最新成就。按照专业的理论知识体系、实践经验、学科发展等组织内容,不拘泥于专业规范的介绍和应用,将最新规范的内容融合在专业基础理论知识中,将标准规范的应用融合在解决实际问题的过程中,着重强调规范的正确、合理以及灵活应用。使学生在掌握专业基础理论知识的同时,培养分析、解决实际问题的能力。

全书共12章,包括:绪论、线性尺寸精度设计、测量技术基础与光滑极限量规设计、几何公差的精度设计与检测、公差原则、表面粗糙度的设计与检测、螺纹连接的精度设计与检测、键和花键的精度设计与检测、滚动轴承的精度设计、圆锥的精度设计与检测、渐开线圆柱齿轮的精度设计与检测、尺寸链。每章后附有习题。

参加本书编写的有:西南科技大学应琴(第1章、第2章)、四川理工学院张良栋(第4章、第5章、第7章、第8章、第9章),西南科技大学金玉萍(第10章)、李玉萍(第11章),西南石油大学邱亚玲(第3章、第6章),西南石油大学韩传军(第12章)。全书由应琴统稿并担任主编,由张剑教授担任主审。

本书在编写过程中得到了许多兄弟院校和主编所在学校领导及教研室的大力支持和帮助,在此表示衷心的感谢。

由于编者的水平有限,加之编写时间紧迫,书中难免有欠妥之处,敬请广大读者批评指正。

编　者

2010年8月

# 目　　录

# 第1章 绪 论

【案例导入】在日常生活中经常看到汽车、自行车上的零件坏了，维修人员将同样规格的零件换上，就能恢复汽车、自行车的功能而继续使用。圆柱齿轮减速器（见图1-1），由箱体1、端盖（轴承盖）2、滚动轴承3、输出轴4、平键5、齿轮6、轴套7、齿轮轴8、垫片9和挡油环、螺钉等许多零件组成，而这些零件分别由不同的工厂和车间制成。装配该圆柱齿轮减速器时，在制成的同一规格零部件中任取一件（不需经过任何选择或修配）就能安装成一台减速器，并能够达到规定的功能要求，这说明这样的零部件具有互换性。

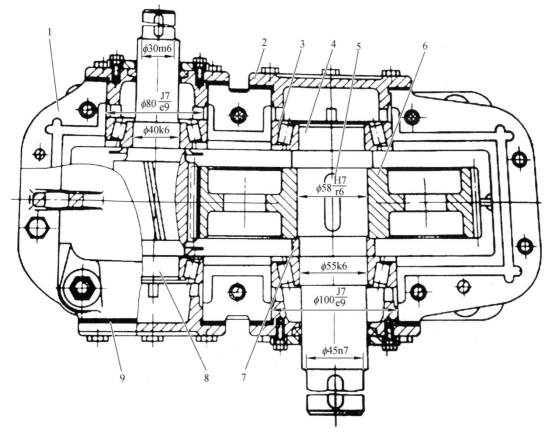

1—箱体；2—端盖；3—滚动轴承；4—输出轴；5—平键；6—齿轮；7—轴套；8—齿轮轴；9—垫片。

**图 1.1 圆柱齿轮减速器**

【学习目标】了解互换性的意义、标准化的概念、优先数的定义和优先数系的构成；明确机械精度设计的基本原则及主要方法。

# 1.1　概　述

## 1.1.1　机械精度设计与检测概述

随着科学技术与工业的迅速发展，机械学科体系正向以设计为目标的学科体系发展，而设计又由静态向动态、由单学科向多学科综合发展。

一般来说，在机械产品的设计过程中，需要进行运动、强度和几何量精度三方面的分析与计算。

### 1.1.1.1　运动分析与计算

运动分析与计算是指根据机器或机构欲实现的运动，由运动学原理来分析、计算机器或机构的合理运动数据，选择合适的机构或元件，以保证实现预定的动作，满足机器或机构运动性能的各种要求。

### 1.1.1.2　强度分析与计算

强度分析与计算是指根据强度（包括刚度等方面）的要求，分析与计算各个零件合理的基本尺寸，并进行合理的结构设计，使其在工作时能承受预定的负荷，达到强度（包括刚度等方面）的要求。

### 1.1.1.3　几何量精度分析与计算

零件公称尺寸确定后，还需要进行几何量精度设计，即确定产品各个部件的装配精度以及零件的几何参数和公差，本书主要讨论的是几何量精度的分析与计算。

机械精度的分析与计算是多方面的，但归纳起来，设计人员总是要根据给定的整机精度，最终确定出各个组成零件的几何量精度，如尺寸公差、形状和位置公差、表面粗糙度等参数。

一直以来，机械精度设计与检测是与机械工业发展密切相关的基础学科，不仅涉及机械设计、机械制造计量测试、质量管理与质量控制等许多方面，也与计算机的发展紧密相连，与 CAD/CAM/CAE 相辅相成，是一门综合性应用技术基础学科。

随着科学技术与工业的发展，机械精度设计与检测已经不仅是现代机械工业发展的基础，而且与微型电子计算机、激光、通信、新能源、新材料、精密工程、环境工程、生物工程等学科的发展密切相关。因此，加强本学科的教学和科研，不断改革和完善、努力提高本学科的理论水平和应用水平，对于培养、提高工程科技人才的素质，促进我国机械制造业的改造与发展，提高我国工业产品在国际市场上的竞争能力有着十分重要的意义。

现代机械产品的质量包括工作精度、可靠性、耐用性、效率等，与产品零、部件的几何精度密切有关。进行运动和强度设计后，在正确确定结构和选用材料的前提下，合理进行精度设计（选用零、部件的几何精度）是保证产品质量的决定因素。

本门课程将为学生进行机械精度设计与检测奠定基础。它是各类机械、仪器仪表设计与制造专业学生必修的一门主干技术基础课。

## 1.1.2　机械精度设计与检测的一般步骤

机械精度设计与检测的任务包括：机器的改型精度设计与检测，扩大机器使用范围的附件精度设计与检测以及新机器的精度设计与检测。随着科学技术的发展，在 CAD/CAM/CAE 日益普及的今天，计算机辅助精度设计、并行设计、虚拟现实以及动态精度设计等新的方法与技术被不断采用和推广。采用现代化的设计手段使得机械精度设计进入一个崭新的领域。

具体的机械精度设计步骤可大致归纳为如下四个方面。

### 1.1.2.1　明确设计任务和技术要求

机械精度设计对象的技术要求是设计的原始依据，所以必须首先明确。除此以外还要明确设计对象的质量、材料、工艺和批量以及机器或仪器的使用范围、生产率要求、通用化程度和使用条件等。

### 1.1.2.2　调查研究

在明确设计任务和技术要求的基础上，必须进行深入的调查研究，主要是做到深入掌握现实情况和大量已有技术资料两方面。务必做到在主要方面无遗漏，对各种情况了如指掌。

具体来说要调查清楚以下几个问题：

（1）设计对象有什么特点，应用在什么场合。

（2）目前在使用中的同类机器或仪器有哪些，各有什么特点，包括原理、精度、使用范围、结构特点、使用性能等。特别是从整体来看要明确这类机器"改善性能"的趋势，以及它们在设计上会出现问题的地方。

（3）征询需求方对现有机器或仪器改进的意见和要求，以及对新产品设计的需求和希望。

（4）了解承担机器或仪器制造工厂的生产条件、工艺方法，以及生产设备的先进程度、自动化程度和制造精度等。

（5）查阅资料，充分掌握国内外有关这一设计问题的实践经验和基础研究两方面的动态和趋势。

### 1.1.2.3　总体精度设计

在明确设计任务和深入调查之后，可进行总体精度设计。总体精度设计包括：

（1）系统精度设计，包括设计原理、设计原则的依据以及总体精度方案的确定等。

（2）主要参数精度的确定。

（3）各部件精度的要求。

（4）总体精度设计中其他问题的考虑。总体精度设计是机器设计的关键一步，在分析时，要画出示意草图，画出关键部件的结构草图，进行初步的精度试算和精度分配。

### 1.1.2.4　具体结构精度设计计算

结构精度设计包括以下内容：

（1）部件精度设计计算。

（2）零件精度设计计算。

结构精度设计计算包括机、光、电等各个部分的精度设计和计算，在零、部件精度设计过程中，总体精度设计中原有考虑不周的地方，以及原来考虑错误的地方，要注意结合多数精度的相互配合，结合参数精度更改时要考虑相互协调统一。

# 1.2　机械零件几何精度设计原则

由于各种机械或仪器产品的不同，如机床、汽车与拖拉机、机车车辆、流体机械、动力机械、精密仪器和仪器仪表等，其机械精度设计的要求和方法不同，但从机械精度设计总的角度来看，应遵循互换性原则、经济性原则、匹配性原则和最优化原则。

## 1.2.1　互换性原则

互换性是指某一产品、过程或服务能用来代替另一产品、过程或服务并满足同样要求的能力。由此可见，要使产品能够满足互换性的要求，不仅要使产品的几何参数（包括尺寸、宏观几何形状、微观几何形状）充分近似，而且要使产品的机械性能、理化性能以及其他功能参数充分近似。

产品在制造过程中，加工设备、工具等或多或少都存在着误差，要使同种产品的几何参数、功能参数完全相同是不可能的，它们之间或多或少地存在着误差。在此情况下，要使同种产品具有互换性，只能使其几何参数、功能参数充分近似。其近似程度可按产品质量要求的不同而不同。为使产品的几何参数、功能参数充分近似就必须将其变动量限制在某一范围内，即规定一定的公差。

### 1.2.1.1　机械零件几何参数的互换性

机械零件几何参数的互换性是指同种零件在几何参数方面能够彼此互相替换的性能。机械零件的形体千差万别，仅从一些典型零件来看，就有圆柱形、圆锥形、单键、花键、螺纹、齿轮等。虽然其形体各异，但它们都是由一些点、线、面等几何要素所构成。实际零件在制造中由于"机床—刀具—夹具—工件"工艺系统有误差存在，致使其尺寸、几何要素之间的相互位置、线与面的宏观几何形状以及表面的微观几何形状都或多或少地出现误差，这些误差被称为尺寸误差、位置误差、形状误差和表面粗糙度。为了实现机械零件几何参数的互换性，就必须按照一定的要求把这些几何参数的误差限制在相应的尺寸公差、位置公差、形状公差和表面粗糙度的范围内。

机械零件的用途各式各样，有主要用于连接的，如圆柱连接，圆锥连接、单键连接、花键连接以及螺纹连接等；有主要用于传动的，如螺旋副、齿轮副、蜗轮副等；有主要用于支承的，如床身、箱体、支架等；有主要用于基准的，如长度量块、角度量块、基准棱体等。无论起什么作用，为实现同种零件的互换性，必须对机械零件的几何参数公差提出相应的要求。但是，根据用途的不同，确定几何参数公差的依据也有所不同。用于连接的，主要依据是配合性质；用于传动的，主要依据是传动和接触精度；用于支承的，主要依据是支承的精度和刚度；用于基准的，主要依据是尺寸传递精度。

### 1.2.1.2  互换性的种类

按照同种零、部件加工好以后是否可以互换的情形，可把互换性分为完全互换性与不完全互换性两类。

完全互换性是指同种零、部件加工好以后，不需经过任何挑选、调整或修配等辅助处理，在功能上便具有彼此互相替换的性能。完全互换性包括概率互换性（大数互换性），这种互换性是以一定置信水平为依据（如置信水平为 95%、99% 等），使同种的绝大多数零、部件加工好以后不需经任何挑选、调整或修配等辅助处理，在功能上即具有彼此互相替换的性能。

不完全互换性是指同种零、部件加工好以后，在装配前需经过挑选、调整或修配等辅助处理，在功能上才具有彼此互相替换的性能。在不完全互换性中，按实现方法的不同又可分为以下几种：

（1）分组互换。

分组互换是指同种零、部件加工好以后，在装配前要先进行检测分组，然后按组进行装配，仅仅同组的零、部件可以互换，组与组之间的零、部件不能互换。例如，滚动轴承内、外因滚道与滚动体的结合、活塞销与活塞销孔、连杆孔的结合，都是分组互换的。

（2）调整互换。

调整互换是指同种零、部件加工好以后，在装配时要用调整的方法改变它在部件或机构中的尺寸或位置，方能满足功能要求。例如燕尾导轨中的调整攘条，在装配时要沿导轨移动方向调整它的位置，方可满足间隙的要求。

（3）修配互换。

修配互换指同种零、部件加工之后，在装配时要用去除材料的方法改变它的某一实际尺寸的大小，方能满足功能上的要求。例如，普通车床尾座部件中的垫板，在装配时要对其厚度再进行修磨，方可满足普通车床头、尾顶尖中心的等高要求。

从使用要求出发，人们总希望零件都能完全互换，实际上大部分零件也能做到。但有些情形，如受限于加工零件的设备精度、经济效益等因素，要做到完全互换就显得比较困难，或不够经济，这时就只有采用不完全互换方法了。

对于标准化的部件，如滚动轴承，由于其精度要求较高，按完全互换的办法进行生产不尽合适，所以轴承内部零件的结合（内、外因滚道与滚动体的结合）采用分组互换。而轴承内圈与轴，外围与壳体孔等外部零件的结合，采用完全互换。前者通常称为内互换，后者通常称为外互换。所有标准化的部件，当其内部结合不宜采用完全互换时，可以采用不完全互换的办法，但其外部结合应尽可能采用完全互换，以便用户使用。

### 1.2.1.3  互换性的作用

广义来讲，互换性已经成为国民经济各个部门生产建设中必须遵循的一项原则。现代机械制造中，无论大量生产还是单件生产，都应遵循这一原则。

任何机械的生产，其设计过程都是：整机—部件—零件。无论设计过程还是制造过程，都要把互换性的原则贯彻始终，如图 1.2 所示。

从设计看，互换性可使其简便，因此可以在设计中选用具有互换性的标准化零、部件，从而使设计简化。另外，设计者在设计机械时，应充分考虑互换性要求，在满足功能要求的前提下，要使机构的组成零件尽可能少，公差尽可能放大，以便于制造和互换。

从制造看，一方面，互换性可方便于制造，以取得更好的技术经济效益；另一方面，制造者在制造机械时，也应充分考虑互换性要求，如尽可能选用标准化的刀具、夹具、量具，工艺尽可

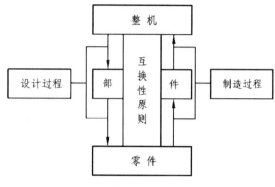

图 1.2　机械生产过程

能保持稳定。不仅被加工的零件能严格地控制在规定公差之内，而且还能使其误差分布合理。

从使用看，互换性可使用户更换零、部件方便、及时。这不仅对个人、家庭生活用品生产带来极大益处，而且对军事武器、装备的制造其有重要影响。

## 1.2.2　经济性原则

经济性原则是一切设计工作都要遵守的一条基本原则，机械精度设计也不例外。经济性可以从以下几个方面来考虑：

（1）工艺性。

工艺性包括加工工艺及装配工艺，若工艺性较好，则易于组织生产，节省工时，节省能源，降低管理费用。

（2）合理的精度要求。

如果不选择合理的精度，而是盲目地提高零、部件的加工及装配精度，往往会使加工费用成倍增加。

（3）合理选材。

材料费用不应占机器或仪器整个费用的太大比例。元器件成本太高，往往会使所生产的机器无法推广应用。

（4）合理的调整环节。

通过设计合理的调整环节，往往可以降低对零、部件的精度要求，达到降低机器成本的目的。

（5）提高寿命。

如果一台机械设备的寿命延长一倍，则相当于一台设备当两台用，成本便降低了一半。

## 1.2.3　匹配性原则

在对整机进行精度分析的基础上，根据机器或位置中各部分各环节对机械精度影响程度的不同，根据现实可能，分别对各部分各环节提出不同的精度要求和恰当的精度分配，做到

恰到好处，这就是精度匹配原则。例如，一般机械中，运动链中各环节要求精度高，应当设法使这些环节保持足够的精度，对于其他链中的各环节则应根据不同的要求分配不同的精度。另外，对于一台机器的机、电、光等各个部分的精度分配要恰当，要互相照顾和适应，特别要注意各部分之间相互牵连、相互要求上的衔接问题。

## 1.2.4 最优化原则

机械精度是由许多零、部件精度构成的集合体，可以主动重复获得其组成零、部件精度间的优化协调。

所谓最优化原则，即探求并确定各组成零、部件精度处于最佳协调时的集合体。例如，探求并确定先进工艺，优质材料等，这是一种创造性、探索性的劳动。

由于各组成零、部件间精度的最佳协调是有条件的，故可通过实现此条件来主动重复获得精度间的最佳协调。例如，主动推广先进工艺，发展优质产品等。

按最优化原则，充分利用创造性劳动成果免除重复探索性劳动的损失，反复应用成功的经验，可获得巨大的经济效果。

计算机的广泛使用，特别是微型机的普及和推广，对机械精度设计正在产生极为深远的影响。计算机能够处理大量的数据，提高计算的精度和运算速度，准确地分析结果，合理地进行机械的最优化精度设计。

## 1.2.5 几何精度设计的主要方法

考虑到绝大多数零件都是由多个几何要素构成的，而机构又是由各种零件组成的，因此，在必要时还应对零件各要素的精度和组成机构的有关零件的精度进行综合设计与计算，以确保机械的总体精度。对精度进行综合设计与计算通常采用相关要求的方法。

几何精度设计的方法主要有类比法、计算法和试验法三种。

### 1.2.5.1 类比法

类比法也称经验法，是与经过实际使用证明合理的类似产品的相应要素进行比较，确定所设计零件几何要素精度的设计方法。采用类比法进行精度设计时，必须正确选择类比产品，分析它与所设计产品在使用条件和功能要求等方面的异同，并考虑到实际生产条件、制造技术的发展、市场供求信息等多种因素。

采用类比法进行精度设计的基础是资料的收集、分析与整理。类比法是大多数零件要素精度设计采用的方法。

### 1.2.5.2 计算法

计算法就是根据由某种理论建立起来的功能要求与几何要素公差之间的定量关系，计算确定零件要素精度的设计方法。

例如，根据液体润滑理论计算确定滑动轴承的最小间隙；根据弹性变形理论计算确定圆柱结合的过盈；根据机构精度理论和概率设计方法计算确定传动系统中各传动件的精度等。

目前，用计算法确定零件几何要素的精度，只适用于某些特定的场合。而且，用计算法得到的公差，往往还需要根据多种因素进行调整。

### 1.2.5.3　试验法

试验法是先根据一定条件，初步确定零件要素的精度，并按此进行试制，再将试制产品在规定的使用条件下运转，同时对其各项技术性能指标进行监测，并与预定的功能要求相比较，根据比较结果再对原设计进行确认或修改。经过反复试验和修改，就可以最终确定满足功能要求的合理设计。试验法的设计周期较长且费用较高，因此主要用于新产品设计中个别重要因素的精度设计。

计算机科学的兴起与发展为机械设计提供了先进的手段和工具。但是，在计算机辅助设计（CAD）的领域中，计算机辅助公差设计（CAT）的研究还刚刚开始。它不仅需要建立和完善精度设计的理论与精确设计的方法，而且要建立具有实用价值和先进水平的数据库以及相应的软件系统，只有这样才可能使计算机辅助公差设计进入实用化的阶段。

## 1.3　标准与标准化

现代工业生产的特点是规模大、分工细、协作单位多、互换性要求高。为了适应生产中各部门的协调和各生产环节的衔接，必须有一种手段，使分散的、局部的生产部门和生产环节保持必要的技术统一，成为一个有机的整体，以实现互换性生产。标准与标准化正是联系这种关系的主要途径和手段。标准化是互换性生产的基础。

### 1.3.1　标准化

为在既定范围内获得最佳秩序，促进共同效益，对现实问题或潜在问题确立共同使用和重复使用的条款以及编制、发布和应用文件的活动，称为标准化。

标准化是伴随现代工业的发展而发展起来的一门新兴科学。标准化的基本原理应揭示标准化的发展规律，即反映标准化的内在矛盾。标准化的目的可能包括品种控制、可用性、兼容性、互换性、健康、安全、环境保护、产品防护、相互理解、经济绩效、贸易等，以使产品、过程或服务适合其用途。总结来说标准化是发展商品经济，促进技术进步，改进产品质量，提高社会经济效益，维护国家和人民的利益。

标准化又是一门系统工程，其任务就是设计、组织和建立标准体系。在机械制造中，标准化的目的是提高产品质量，发展产品品种，加强企业的科学管理，组织现代化生产，便于协作和使用维修，巩固推广技术革新成果，提高社会劳动生产率和经济效益等。目前，世界上各工业发达国家都高度重视标准化工作。

科技创新体系将标准化作为面向创新的科技创新体系的重要支撑以及技术创新体系、知识社会环境下技术的重要轴心。标准化是实现互换性生产的前提，发展互换性生产，必须将产品、零部件、原材料、工夹量具及机床设备的规格、质量指标、检测方法统一和简化，制定相互协调的标准，并按照统一的术语、符号、计量单位，将它们的几何性能参数及其公差数值注在图样上，在生产过程中加以贯彻。这样做不仅可取得最好的经济效益，而且有利于推行互换性，扩大互换的范围。

## 1.3.2 标 准

标准是科学、技术和实践经验的总结。GB/T 20000.1—2014 标准化工作指南第一部分对标准做如下定义："标准是通过**标准化**活动，按照规定的程序经**协商一致制定**，为各种活动或其结果提供规则、指南或特性，供共同使用和重复使用的文件。"该定义包含以下几个方面的含义：

（1）标准的本质属性是一种"协商一致"。这种协商一致代表着普遍同意，即有关重要利益相关方对于实质性问题没有坚持反对意见，同时按照程序考虑了有关各方的观点并且协调了所有争议。根据《中华人民共和国标准化法》规定，我国标准分为强制性标准（GB）和非强制性标准（如 GB/T、GB/Z）两类。强制性标准必须严格执行，做到全国统一、推荐性标准是国家鼓励企业自愿采用。但推荐性标准如经协商，并计入经济合同或企业向用户作出明示担保，有关各方则必须执行，做到统一。

（2）标准制定的对象是共同使用和重复使用的事物和概念。这里讲的"共同使用和重复使用"指的是同一事物或概念反复多次出现的性质。例如，批量生产的产品在生产过程中的重复投入、重复加以及重复检验等；同一类技术管理活动中反复出现同一概念的术语、符号、代号等被反复利用等。只有当事物或概念具有重复出现的特性并处于相对稳定时才有制定标准的必要，使标准作为今后实践的依据，既能以最大限度地减少不必要的重复劳动，又能扩大"标准"重复利用范围。

（3）标准产生的客观基础是"科学、技术和经验的综合成果"。这就是说标准既是科学技术成果，又是实践经验的总结，并且这些成果和经验都是在经过分析、比较和综合验证的基础上，加以规范化，只有这样制定出来的标准才能具有科学性。

（4）制定标准过程要"按照规定的程序协商一致"，就是制定标准要发扬技术民主，与有关方面协商一致，做到"三稿定标"，即征求意见稿—送审稿—报批稿。即制定产品标准不仅要有生产部门参加，还应当有用户、科研、检验等部门参加共同讨论研究，"协商一致"，这样制定出来的标准才具有权威性、科学性和适用性。

（5）标准文件有其自己一套特定格式和制定颁布的程序。标准的编写、印刷、幅面格式和编号、发布的统一，既可保证标准的质量，又便于资料管理，体现了标准文件的严肃性。所以，标准必须由主管机构批准，以特定形式发布。标准从制定到批准发布的一整套工作程序和审批制度，是使标准本身具有法规特性的表现。

## 1.3.3 标准的分类

标准的类型划分有很多种，按使用范围划分有国际标准、区域标准、国家标准、行业标准、地方标准、企业标准；按内容划分有基础标准（一般包括名词术语、符号、代号、机械制图、公差与配合等）、产品标准、辅助产品标准（工具、模具、量具、夹具等）、原材料标准、方法标准（包括工艺要求、过程、要素、工艺说明等）；按成熟程度划分有法定标准、推荐标准、试行标准、标准草案。机械设计所采用的技术标准大致分成下列四类：

（1）基础标准。

基础标准是在一定范围内作为其他标准的基础并普遍使用，具有广泛指导意义的标准。如计量单位、术语、符号、优先数系、机械制图、公差与配合等标准。

（2）产品标准。

产品标准是为保证产品的适用性，产品必须达到的某些或全部要求所制定的标准。其范围包括品种、规格、技术性能、试验方法及检验规则等。

（3）方法标准。

方法标准是以试验、检查、分析、抽样、统计、计算、测定和作业等各种方法为对象制定的标准。如设计计算方法、工艺规程和测试方法等标准。

（4）安全标准和环境保护标准。

安全标准和环境保护标准是以安全与环境保护为目的而制定的标准。

标准的制定：国际标准由国际标准化组织（ISO）理事会审查，ISO 理事会接纳国际标准并由中央秘书处颁布；国家标准在中国由国务院标准化行政主管部门制定；行业标准由国务院有关行政主管部门制定；企业生产的产品没有国家标准和行业标准的，应当制定企业标准，作为组织生产的依据，并报有关部门备案。法律对标准的制定另有规定，依照法律的规定执行。制定标准应当有利于合理利用国家资源，推广科学技术成果，提高经济效益，保障人民安全和身体健康，保护消费者的利益，保护环境，有利于产品的通用互换及标准的协调配套等。

## 1.3.4　产品几何技术规范（GPS）简介

为了促进国际工业标准的协调和统一，1947 年世界各国成立了国际标准化组织，简称 ISO。1979 年我国参加了 ISO 组织，并参照国际标准修订或制定了各项国家标准。这是对外开放政策的需要，有利于加强我国在国际上的技术交流，促进我国四个现代化的建设。

国际 ISO 的 JHG "联合协调工作组" 于 1995 年提出了产品几何技术规范（Geometrical Product Specification，GPS）的概念，是规范所有几何形体产品的一套几何技术标准，覆盖了从宏观到微观的产品几何特性，涉及产品开发、设计、制造、验收、使用以及维修、报废等产品生命周期的全过程。GPS 体系包括 GPS 基本规则、原则和定义，尺寸、形位、表面结构等几何性能规范及其检验认证，也包括几何量计量器具的特性及其校准规范及不确定度的评价。GPS 系列标准是国际标准中影响最广的重要基础标准之一，是所有机电产品的技术标准与计量规范的基础，也是制造业信息化的基础。GPS 不仅仅是设计人员、产品开发人员以及计量测试人员等为了达到产品的功能要求而进行的信息交流基础，更重要的是为几何产品在国际市场的竞争中提供了唯一可靠的交流与评判工具。图 1.2 为全国产品尺寸和几何技术规范标准化委员会制定的我国 GPS 标准规划体系图。

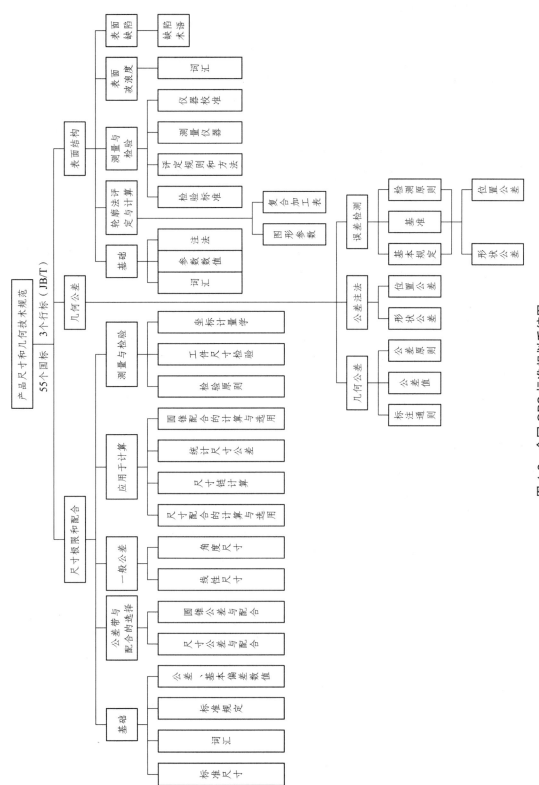

**图 1.3 全国 GPS 标准规划系统图**

# 1.4　优先数与优先数系

工程上各种技术参数的简化协调和统一，是标准化的重要内容。

在机械设计中，常常需要确定很多参数，而这些参数往往不是孤立的，一旦选定，这个数值就会按照一定规律，向一切有关的参数传播。例如，螺栓的尺寸一旦确定，将会影响螺母的尺寸、丝锥板牙的尺寸、螺栓孔的尺寸以及加工螺栓孔的钻头的尺寸等。这种技术参数的传播扩散在生产实际中是极为普遍的现象。

由于数值如此不断关联、不断传播，所以机械产品中的各种技术参数不能随意确定，否则会出现规格品种恶性膨胀的混乱局面，给生产组织、协调配套以及使用维护带来极大的困难。

为使产品的参数选择能遵守统一的规律，使参数选择一开始就纳入标准化轨道，必须对各种技术参数的数值作出统一规定。人们在生产实践的基础上，总结了一种合乎科学的统一的数字标准——优先数及优先数系。这种优先数和优先数系就是对技术参数的数值进行简化和统一的数值制度。《优先数和优先数系》（GB/T 321—2005）就是其中最重要的一个标准，要求工业产品技术参数尽可能采用它。

GB/T 321—2005 中规定以十进制等比数列为优先数系，并规定了 5 个系列，它们分别用系列符号 R5、R10、R20、R40 和 R80 表示，其中前 4 个系列作为基本系列，R80 为补充系列，仅用于分级很细的特殊场合。各系列的公比为：

R5 的公比：$q_5 = \sqrt[5]{10} \approx 1.60$

R10 的公比：$q_{10} = \sqrt[10]{10} \approx 1.25$

R20 的分比：$q_{20} = \sqrt[20]{10} \approx 1.12$

R40 的公比：$q_{40} = \sqrt[40]{10} \approx 1.06$

R80 的公比：$q_{80} = \sqrt[80]{10} \approx 1.03$

这种优先数系的主要优点如下：

（1）各种相邻项的相对差相等，分档合理，疏密恰当，简单易记，有利于简化统一。

（2）便于插入和延伸。如在 R5 系列中插入比例中项，即得 R10 系列，在 R10 系列中插入比例中项，即得 R20 系列，余类推。数系两端都可按公比任意延伸。

（3）计算方便。理论优先数（未经近似圆整）的积，商，整数乘方仍为优先数，其对数为等差数列，对数值的传播有利。工程中一些常数也近似为优先数，如 $\pi = 3.14$；$\pi/4 = 0.8$；$\pi^2 = 10$；$\sqrt{2} = 1.4$；$\sqrt[3]{2} = 1.26$ 等。例如，直径用优先数，则传播到圆面积 $A = \pi D^2/4$，仍为优先数。

在优先数系的 5 个系列中，任一个项值均为优先数。按公比计算得到的优先数的理论值，除 10 的整数幂外，都是无理数，工程技术上不能直接应用，实际应用的都是经过圆整后的近似值。根据圆整的精确程度，可分为：

（1）计算值：取 5 位有效数字，供精确计算用。

（2）常用值：即经常使用的通常所称的优先数，取 3 位有效数字。

表 1.1 中列出了 1~10 内基本系列的常用值。如将表中所列优先数乘 10、100、…，或

乘 0.1、0.01、⋯，即可得到所有大于 10 或小于 1 的优先数。

表 1.1　优先数的基本系列

| 基本系列（常用值） | | | |
|---|---|---|---|
| R5 | R10 | R20 | R40 |
| 1.00 | 1.00 | 1.00 | 1.00<br>1.06 |
| | 1.25 | 1.12 | 1.12<br>1.18 |
| | | 1.25 | 1.25<br>1.32 |
| 1.60 | 1.60 | 1.40 | 1.40<br>1.50 |
| | | 1.60 | 1.60<br>1.70 |
| | 2.00 | 1.80 | 1.80<br>1.90 |
| | | 2.00 | 2.00<br>2.12 |
| 2.50 | 2.50 | 2.24 | 2.24<br>2.36 |
| | | 2.5 | 2.50<br>2.65 |
| | 3.15 | 2.80 | 2.80<br>3.00 |
| | | 3.15 | 3.15<br>3.35 |
| 4.00 | 4.00 | 3.55 | 3.55<br>3.75 |
| | | 4.00 | 4.00<br>4.25 |
| | 5.00 | 4.50 | 4.50<br>4.75 |
| | | 5.00 | 5.00<br>5.30 |
| 6.30 | 6.30 | 5.60 | 5.60<br>6.00 |
| | | 6.30 | 6.30<br>6.70 |
| | 8.00 | 7.10 | 7.10<br>7.50 |
| | | 8.00 | 8.00<br>8.50 |
| 10.00 | 10.00 | 9.00 | 9.00<br>9.50 |
| | | 10.00 | 10.00 |

标准还允许从基本系列和补充系列中隔项取值组成派生系列。如在 R10 系列中每隔两项取值得到 R10/3 系列，即 1.00、2.00、4.00、8.00、⋯，它即是常用的倍数系列。

　　国家标准规定的优先数系分档合理，疏密均匀，有广泛的适用性，简单易记，便于使用。常见的量值，如长度、直径、转速及功率等分级，基本上都是按一定的优先数系进行的。本课程所涉及的有关标准中，诸如尺寸分段、公差分级及表面粗糙度的参数系列等，基本上采用优先数系。选用基本系列时，应遵守先疏后密的规则，即应当按照 R5、R10、R20、R40 的顺序，优先采用公比较大的基本系列，以免规格过多。当基本系列不能满足分级要求时，可选用派生系列。选用时应优先采用公比较大和延伸项含有项值 1 的派生系列。

　　有了优先数系的标准供统一使用，这对保证各种工业产品品种、规格的合理简化分档和协调配套具有重大的意义，也对互换性和标准化有很重要的意义。

# 小　结

　　1. 互换性的概念

　　互换性是指同一规格的零件具有彼此能够互相替换的性能。按不同场合对零件互换的形式和程度的不同要求，互换性可以分为完全互换性和不完全互换性两类。

　　2. 实现互换性的基础和条件

　　标准化是组织现代化生产的重要手段，是实现互换性的必要前提。

　　3. 优先数与优先数系

　　优先数系由一系列十进制等比数列构成，代号为 Rr。在每个优先数系中，相隔 $r$ 项的末项与首相相差 10 倍，每个十进制区间中各有 $r$ 个优先数。

# 习　题

　　1-1　机械精度设计的基本原则有哪些？

　　1-2　什么叫作机械零件参数的互换性？

　　1-3　互换性的种类有哪些？

　　1-4　机械精度有哪些设计方法？

　　1-5　什么叫标准与标准化？

　　1-6　液晶电视机的屏幕分为：19、22、26、32、37、40、42、47、50、52 英寸，它属于哪种优先数系？

　　1-7　下面两组数据分别属于哪种优先数系？

　　（1）电动机转速（单位为 r/min）：375、750、1500、3000 等。

　　（2）摇臂钻的主参数（最大钻孔直径，单位为 mm）：25、40、63、80、100、125 等。

　　1-8　举出生活中的互换性实例，并分析说明其互换性的作用。

　　1-9　调查机床（车床、铣床、刨床、钻床、磨床等）主轴的转速，确定其属于何种优先数系。

# 第 2 章　线性尺寸精度设计

【案例导入】在生活实践和机械产品中，零件之间需要相对运动（旋转门的转轴与孔）、固定连接（销与销孔）和定位可拆卸连接（减速器齿轮与轴）的使用要求，这些都涉及零件孔与轴的精度要求和尺寸配合。如图 2.1 所示为车床主轴与支承轴承结构，图中的尺寸精度设计直接影响零件的精度要求，并影响设备的性能和成本。

【学习目标】通过本章的学习，能识记线性尺寸公差与配合的有关术语及定义；公差配合在图样上的表达方法。领会公差配合国家标准的体系与结构。能利用公差配合的选用原则、方法和表格，合理选择相关公差与配合，并对零件进行精度设计。

机械零件精度取决于该零件的尺寸精度、几何精度以及表面粗糙度轮廓精度等。它们根据零件在机器中的使用要求确定。为了满足使用要求，保证零件的互换性，我国发布了一系列与孔、轴尺寸精度有直接联系的极限与配合方面的国家标准。这些标准分别是：《产品几何技术规范（GPS）线性尺寸公差 ISO 代号体系 第 1 部分：公差、偏差和配合的基础》（GB/T 1800.1—2020），《产品几何技术规范（GPS）线性尺寸公差 ISO 代号体系 第 2 部分：标准公差等级和孔、轴极限偏差表》（GB/T 1800.2—2020），《一般公差 未注公差的线性和角度尺寸的公差》（GB/T 1804—2000）。

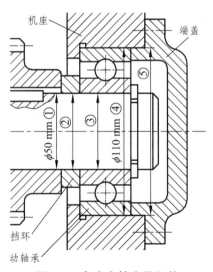

图 2.1　车床主轴支承机构

## 2.1　有关精度设计的基本概念和术语

为了统一设计、工艺、检验等人员对极限与配合标准的正确理解，熟练掌握极限与配合国家标准，《产品几何技术规范（GPS）线性尺寸公差 ISO 代号体系 第 1 部分：公差、偏差和配合的基础》（GB/T 1800.1—2020）明确规定了有关极限与配合基本术语和定义。

### 2.1.1　孔和轴

#### 2.1.1.1　孔

孔通常是指工件的圆柱形内表面，**也包括非圆柱形的内表面**（由两平行平面或切面所形成的包容面）。如图 2.2 所示，典型的孔有圆柱形内表面、键槽、凹槽的宽度表面。

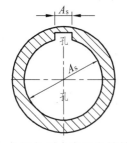 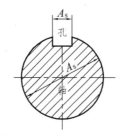 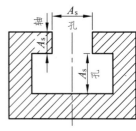

（a）圆柱形内表面和键槽　　　（b）圆柱形外表面和键槽　　　（c）凹槽和突肩

图 2.2　孔和轴的定义示意图

#### 2.1.1.2　轴

轴通常是指工件的圆柱形外表面，也包括非圆柱形的表面（由两反向的平行平面或切平面所形成的被包容面）。如图 2.2 所示，典型的轴有圆柱形外表面、平键的宽度表面、凸肩的厚度表面。

极限与配合标准中孔、轴都是由单一的主要尺寸构成。广义定义孔和轴是便于对工件具有包容性质的尺寸采用孔公差带，便于对工件具有被包容性质的尺寸采用轴公差带，便于确定工件的尺寸极限与相互配合关系。

**孔、轴的区别**：① 从装配关系看，孔是包容面，轴是被包容面；② 从加工过程看，孔的表面尺寸 $A_s$ 由小变大，轴的表面尺寸 $A_s$ 由大变小。

### 2.1.2　有关尺寸的术语

精度设计的基本概念

#### 2.1.2.1　尺　寸

尺寸通常分为线性尺寸和角度尺寸两类。线性尺寸（简称尺寸）是指以特定单位表示线性尺寸值的数值，也称长度尺寸。如直径、半径、宽度、高度、深度、厚度及中心距等。在技术图样上，尺寸通常都以毫米（mm）为单位进行标注，并可以省略；角度尺寸通常以度、分、秒为单位进行标注，且必须标明单位。

#### 2.1.2.2　公称尺寸

**公称尺寸是指由图样规范确定的理想形状要素的尺寸。**

公称尺寸是根据零件强度、刚度、运动条件、工艺需求、结构要求、外观要求等，经计算或直接选用确定后**取标准值的尺寸**。通常，孔用 $D$ 表示，轴用 $d$ 表示。

### 2.1.2.3  实际尺寸（提取要素的局部尺寸）

**实际尺寸是指零件加工后通过测量所得到的某一尺寸**。通常孔用 $D_a$ 表示，轴用 $d_a$ 表示。实际尺寸是用一定的方法和相关的测量工具，在一定的环境条件下，从测量工具上所获得的数值。由于测量过程必定存在误差，故实际尺寸不是被测工件尺寸的真实大小（真值）。

### 2.1.2.4  极限尺寸

允许尺寸变化的上、下两个界限值称为极限尺寸，如图 2.3 所示。两个界限值中上界限值称为上极限尺寸，下界限值称为下极限尺寸。孔、轴的上、下极限尺寸分别用 $D_{max}$、$D_{min}$ 和 $d_{max}$、$d_{min}$ 表示。

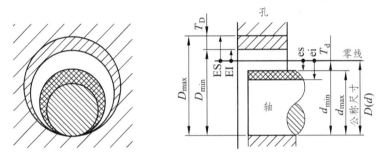

图 2.3  公差与配合示意图

公称尺寸和极限尺寸是设计给定的。孔、轴的**合格条件**为：局部尺寸应限制在极限尺寸范围内，也可达到极限尺寸，即：

$$D_{max} \geqslant D_a \geqslant D_{min}, \quad d_{max} \geqslant d_a \geqslant d_{min} \tag{2.1}$$

## 2.1.3  有关偏差和公差的术语及定义

### 2.1.3.1  偏  差

**偏差是指某一尺寸减去其公称尺寸所得的代数差**。偏差可以为正、负或零值。除零外，偏差值前面必须冠以正、负号。偏差分为实际偏差和极限偏差。

（1）极限偏差。

极限尺寸减去其公称尺寸所得的代数差，有**上极限偏差**和**下极限偏差**。

上极限偏差是指上极限尺寸减去公称尺寸所得的代数差。孔、轴的上极限偏差分别用符号 ES 和 es 表示，计算公式为：

$$ES = D_{max} - D, \quad es = d_{max} - d \tag{2.2}$$

下极限偏差是指下极限尺寸减去公称尺寸所得的代数差。孔、轴的下极限偏差分别用符号 EI 和 ei 表示，计算公式为：

$$EI = D_{min} - D , \quad ei = d_{min} - d \tag{2.3}$$

（2）实际偏差。

实际尺寸减去其公称尺寸所得到的代数差。孔、轴的实际偏差分别用 $E_a$ 和 $e_a$ 表示，计算公式为：

$$E_a = D_a - D , \quad e_a = d_a - d \tag{2.4}$$

**孔、轴合格条件**为：实际偏差应限制在极限偏差范围内，或达到极限偏差，即

$$EI \leqslant E_a \leqslant ES , \quad ei \leqslant e_a \leqslant es \tag{2.5}$$

### 2.1.3.2　尺寸公差

尺寸公差简称公差，是指上极限尺寸与下极限尺寸之差或上极限偏差与下极限偏差之差，是**允许尺寸的变动量**。孔、轴的公差分别用 $T_D$、$T_d$ 表示。公差与极限尺寸、极限偏差关系的计算公式为：

$$T_D =| D_{max} - D_{min} |=| ES - EI | , \quad T_d =| d_{max} - d_{min} |=| es - ei | \tag{2.6}$$

公差仅表示尺寸允许变动的范围，也就是一个区域大小的数量，所以公差不是代数差，而是一个**没有符号的绝对值**，也无正、负之分，不可能为零。

### 2.1.4　公差带

#### 2.1.4.1　公差带的概念

**为清晰而直观地表示公称尺寸、极限偏差与公差间的相互关系**，不必画出孔、轴实体，可采用简单明了的示意图表示这种相互关系，这种示意图称为尺寸公差带示意图，简称公差带图，如图 2.4 所示。

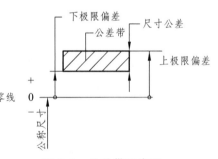

图 2.4　公差带示意图

在公差带图中，由一条代表公称尺寸的基准直线作为零线，正偏差位于零线的上方，负偏差位于零线的下方。由代表上极限偏差和下极限偏差或上极限尺寸和下极限尺寸的两条直线所限定的一个区域，称为公差带。

公差带在零线垂直方向上的宽度代表公差值。作图时，公差带的位置和大小应选取合适比例绘制；沿零线横向宽度没有实际意义，长度可适当选取。一般 45°方向斜线表示孔公差带，135°方向斜线表示轴公差带。图中，公称尺寸和上下极限偏差的量纲可省略。

#### 2.1.4.2　极限制

在国家标准中，公差带包括了"公差带大小"（即宽度）和"公差带位置"（指相对于零线的位置）两个参数。**前者由标准公差确定，后者由基本偏差确定。**

用标准化的公差与极限偏差组成标准化的孔、轴公差带的制度称为极限制。

### 2.1.4.3　标准公差

标准公差是指国家标准所规定的公差，用符号 IT 表示。

### 2.1.4.4　基本偏差

基本偏差是指国家标准所规定的上极限偏差或下极限偏差，一般为靠近零线或位于零线的那个偏差。GB/T 1800.1—2020 规定了标准公差和基本偏差的数值。

【例 2-1】公称尺寸为 $\phi50$ mm 的相互结合的孔、轴极限尺寸分别为：$D_{max} = 50.025$ mm，$D_{min} = 50$ mm，$d_{max} = 49.950$ mm，$d_{min} = 49.934$ mm。完工后的孔和轴，测得其局部尺寸分别为：$D_a = 50.010$ mm，$d_a = 49.946$ mm。确定孔、轴的极限偏差、公差和实际偏差，判断孔、轴的合格性，并画出该孔、轴的公差带示意图。

【解】由公式（2.2）、（2.3）计算孔、轴的极限偏差：

$$ES = D_{max} - D = 50.025 - 50 = +0.025 \text{ mm}；\quad EI = D_{min} - D = 50 - 50 = 0；$$
$$es = d_{max} - d = 49.950 - 50 = -0.050 \text{ mm}；\quad ei = d_{min} - d = 49.934 - 50 = -0.066$$

由公式（2.6）计算孔、轴的公差：

$$T_D = D_{max} - D_{min} = 50.025 - 50 = 0.025 \text{ mm}$$
$$T_d = es - ei = -0.050 - (-0.066) = 0.016 \text{ mm}$$

由公式（2.4）计算孔、轴的实际偏差：

$$E_a = D_a - D = 50.010 - 50 = +0.010 \text{ mm}$$
$$e_a = d_a - d = 49.946 - 50 = -0.054 \text{ mm}$$

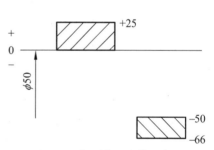

由公式（2.1）或（2.5）判断孔、轴合格性：

$D_{min} = 50 \leqslant D_a = 50.010 \leqslant 50.025 = D_{max}$，孔合格。

$ei = -0.066 \leqslant e_a = -0.054 \leqslant -0.050 = ei$，轴合格。

孔、轴公差带示意图如图 2.5 所示。

**图 2.5　孔、轴公差带示意图**

## 2.1.5　有关配合的概念

### 2.1.5.1　配合、间隙和过盈的概念

配合是指公称尺寸相同并且相互结合的孔和轴公差带之间的关系。

**间隙**是指孔的尺寸与相配合的轴的尺寸之代数差，为正值，用"$X$"表示。

**过盈**是指孔的尺寸与相配合的轴的尺寸之代数差，为负值，用"$Y$"表示。

**形成配合的两个条件**：① 孔和轴的公称尺寸相同；② 具有包容和被包容的特性，即孔和轴的结合。孔、轴公差带位置不同，可以形成不同的配合性质。

### 2.1.5.2　配合的种类

配合可分为**间隙配合**、**过渡配合**和**过盈配合**。

1. 间隙配合

具有间隙（包括最小间隙为零）的配合称为间隙配合，如图 2.6 所示中，**孔公差带位于轴公差带上方**。

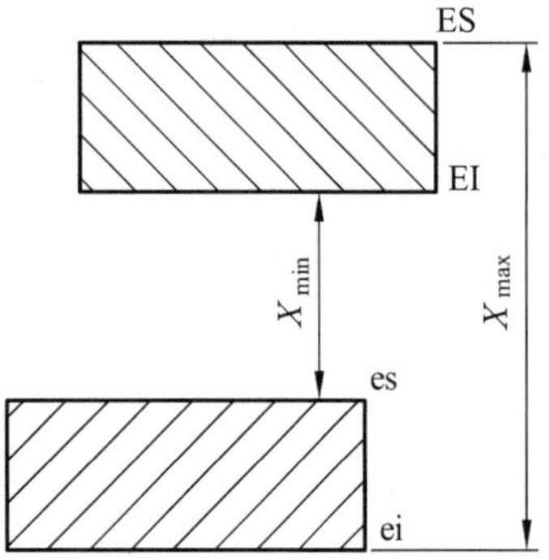

表示间隙配合松紧变化程度的特征值是最大间隙 $X_{max}$ 和最小间隙 $X_{min}$。

孔的上极限尺寸减去轴的下极限尺寸所得的代数差称为最大间隙，用 $X_{max}$ 表示，即

$$X_{max} = D_{max} - d_{min} = ES - ei \qquad (2.7)$$

孔的下极限尺寸减去轴的上极限尺寸所得的代数差称为最小间隙，用 $X_{min}$ 表示，即

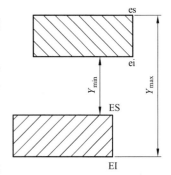

图 2.6 间隙配合

$$X_{min} = D_{min} - d_{max} = EI - es \qquad (2.8)$$

实际生产中，平均间隙更能体现其配合性质，用 $X_{av}$ 表示，即

$$X_{av} = \frac{X_{max} + X_{min}}{2} \qquad (2.9)$$

2. 过盈配合

具有过盈（包括最小过盈等于零）的配合称为过盈配合，如图 2.7 所示，**孔公差带位于轴公差带的下方**。

表示过盈配合松紧变化程度的特征值是最大过盈 $Y_{max}$ 和最小过盈 $Y_{min}$。孔的下极限尺寸减去轴的上极限尺寸所得的代数差称为最大极限过盈，用 $Y_{max}$ 表示，即

$$Y_{max} = D_{min} - d_{max} = EI - es \qquad (2.10)$$

孔的上极限尺寸减去轴的下极限尺寸所得的代数差称为最小过盈，用 $Y_{min}$ 表示，即

图 2.7 过盈配合

$$Y_{min} = D_{max} - d_{min} = ES - ei \qquad (2.11)$$

其平均过盈 $Y_{av}$ 为

$$Y_{av} = \frac{Y_{max} + Y_{min}}{2} \qquad (2.12)$$

3. 过渡配合

可能具有间隙也可能具有过盈的配合称为过渡配合，如图 2.8 所示，**孔公差带与轴公差带相互重叠**。

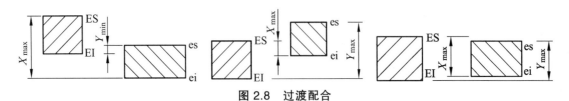

图 2.8 过渡配合

表示过渡配合松紧变化程度的特征值是最大间隙 $X_{max}$ 和最大过盈 $Y_{max}$。

实际生产中，过渡配合的平均松紧程度可以表示为平均间隙，也可以表示为平均过盈，即

$$X_{av} \ \text{或} \ Y_{av} = \frac{X_{max} + Y_{max}}{2} \qquad (2.13)$$

### 2.1.5.3　配合公差与配合公差带图

1. 配合公差

配合公差是指组成配合的孔与轴的公差之和，**是允许间隙或过盈的变动量**。它是设计人员根据机器配合部位使用性能的要求对配合松紧程度给定的允许值。它反映配合的松紧程度，表示配合精度，是评定配合质量的一个重要的综合指标。在数值上，它是一个没有正、负号，也不能为零的绝对值。它的数值用公式表示为：

间隙配合：$T_f = |X_{max} - X_{min}|$

过盈配合：$T_f = |Y_{max} - Y_{min}|$

过渡配合：$T_f = |X_{max} - Y_{max}|$ $\qquad (2.14)$

配合公差的共同公式为：$T_f = T_D + T_d$ $\qquad (2.15)$

**配合的性质即配合的松紧和配合松紧的变动**。配合的松紧主要与间隙或过盈及其大小有关，即与孔、轴公差带的相互位置（配合种类）有关；配合精度（配合公差）、配合的松紧变动取决于相互配合的孔和轴的尺寸精度（尺寸公差）。

式（2.14）、（2.15）表明，配合间隙或过盈的允许变动量（使用要求）越小，满足此要求的孔、轴公差就应越小，孔、轴精度要求越高。反之，则孔、轴的精度要求就越低。

2. 配合公差带图

配合公差的特性也可用配合公差带来表示。配合公差带的图示方法，称为配合公差带图，如图 2.10 所示。**配合公差带图能直观反映配合的特性**。它的特点如下：

（1）零线代表间隙或过盈等于零；零线以上的纵坐标为正值，代表间隙；零线以下的纵坐标为负值，代表过盈。

（2）符号 I 代表配合公差带，配合公差带两条横线之间的距离代表配合公差，表示孔、轴配合的极限间隙或极限过盈。当配合公差带 I 完全处在零线上方时是间隙配合；当配合公差带 I 完全处在零线下方时是过盈配合；当配合公差带 I 跨越零线时是过渡配合。

③　配合公差带图直观地反映配合的性质。

【例 2-2】求下列三种孔、轴配合的极限间隙或极限过盈、配合公差，画出尺寸公差带图和配合公差带图，并说明配合类别。

（1）孔 $\phi 50^{+0.025}_{0}$ mm 与轴　$\phi 50^{-0.025}_{-0.041}$ mm

（2）孔 $\phi 50^{+0.025}_{0}$ mm 与轴　$\phi 50^{+0.059}_{+0.043}$ mm

（3）孔 $\phi 50^{+0.025}_{0}$ mm 与轴　$\phi 50^{+0.018}_{+0.002}$ mm

【解】各种计算结果见表 2.1。尺寸公差带图如图 2.9 所示。配合公差带图如图 2.10 所示。

表 2.1　例题 2-2 计算结果

| | | （1） | （2） | （3） |
|---|---|---|---|---|
| 极限间隙或过盈 | 最大间隙（最大过盈） | $X_{\max} = \text{ES} - \text{ei}$<br>$= +0.025 - (-0.041)$<br>$= +0.066 \text{ mm}$ | $Y_{\max} = \text{EI} - \text{es}$<br>$= 0 - (+0.059)$<br>$= -0.059 \text{ mm}$ | $X_{\max} = \text{ES} - \text{ei}$<br>$= +0.025 - (+0.002)$<br>$= +0.023 \text{ mm}$ |
| | 最小间隙（最小过盈） | $X_{\min} = \text{EI} - \text{es}$<br>$= 0 - (-0.025)$<br>$= +0.025 \text{ mm}$ | $Y_{\min} = \text{ES} - \text{ei}$<br>$= +0.025 - (+0.043)$<br>$= -0.018 \text{ mm}$ | $Y_{\max} = \text{EI} - \text{es}$<br>$= 0 - (+0.018)$<br>$= -0.018 \text{ mm}$ |
| 配合公差 $T_f$ | | $T_f = \|X_{\max} - X_{\min}\|$<br>$= \|+0.066 - 0.025\|$<br>$= 0.041 \text{ mm}$ | $T_f = \|Y_{\max} - Y_{\min}\|$<br>$= \|-0.018 - (-0.059)\|$<br>$= 0.041 \text{ mm}$ | $T_f = \|X_{\max} - Y_{\max}\|$<br>$= \|+0.023 - (-0.018)\|$<br>$= 0.041 \text{ mm}$ |
| 配合类别 | | 间隙配合 | 过盈配合 | 过渡配合 |

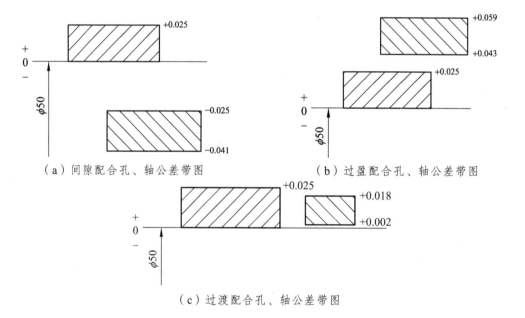

（a）间隙配合孔、轴公差带图　　　　　　（b）过盈配合孔、轴公差带图

（c）过渡配合孔、轴公差带图

图 2.9　三种尺寸公差带示意图

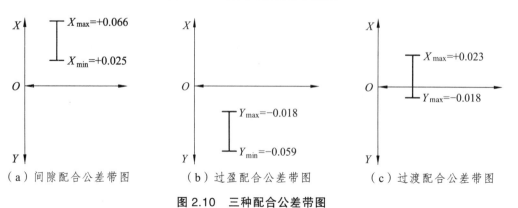

（a）间隙配合公差带图　　　（b）过盈配合公差带图　　　（c）过渡配合公差带图

图 2.10　三种配合公差带图

# 2.2　标准公差和基本偏差

国家标准对孔和轴的尺寸极限（极限偏差）进行了标准化，规定了一系列标准的公差数值和标准的极限偏差数值。标准公差和基本偏差是精度设计的重要依据，本节主要介绍《产品几何技术规范（GPS）线性尺寸公差 ISO 代号体系第 2 部分：标准公差等级和孔、轴极限偏差表》（GB/T 1800.2—2020）中的标准公差表和基本偏差表。

## 2.2.1　标准公差系列

### 2.2.1.1　公差等级及其代号

公差等级：确定尺寸精确程度的等级，是公差数值的分级。

标准公差等级代号：由符号 IT 和阿拉伯数值两部分组成。

国家标准规定，孔、轴的**标准公差等级分为 20 个等级**，按加工精度由高到低的顺序依次排列为 IT01、IT0、IT1、IT2、IT3、…、IT17、IT18。

### 2.2.1.2　标准公差因子和尺寸分段

标准公差因子是计算标准公差的基本单位，它是公称尺寸的函数。公称尺寸 $D \leqslant 500$ mm，IT5 ~ IT8 的标准公差因子 $i$ 的计算表达式为：

$$i = 0.45\sqrt[3]{D} + 0.001D \qquad (2.16)$$

式中，公称尺寸 $D = \sqrt{D_1 D_2}$，以所属尺寸分段内的首尾两个尺寸（$D_1$、$D_2$）的几何平均值来进行计算。式中右边第一项反映的是加工误差的影响，式中右边第二项反映的是测量误差。

公差数值与公称尺寸相关，理论上，对于每一个标准公差等级，每一个公称尺寸都应有一个相应的标准公差值，但这样在实际使用时非常不便。为了减少标准公差数值的数目，统一和简化标准公差数值表格，**采用对公称尺寸分段的方法**，使得同一公差等级、同一尺寸分段内的各公称尺寸的标准公差数值是相同的。

### 2.2.1.3　标准公差数值的计算及表格

根据表 2.2 给出的计算公式，可以计算出各个标准公差等级的标准公差数值。

表 2.2　标准公差数值（GB/T 1800.1—2020）

| 标准公差等级 | 公式 | 标准公差等级 | 公式 | 标准公差等级 | 公式 |
|---|---|---|---|---|---|
| IT01 | $0.3 + 0.008D$ | IT5 | $7i$ | IT12 | $160i$ |
| IT0 | $0.5 + 0.012D$ | IT6 | $10i$ | IT13 | $250i$ |
| IT1 | $0.8 + 0.020D$ | IT7 | $16i$ | IT14 | $400i$ |
| IT2 | $(IT1)(IT5/IT1)^{1/4}$ | IT8 | $25i$ | IT15 | $640i$ |
| IT3 | $(IT1)(IT5/IT1)^{2/4}$ | IT9 | $40i$ | IT16 | $1000i$ |
| IT4 | $(IT1)(IT5/IT1)^{3/4}$ | IT10 | $64i$ | IT17 | $1600i$ |
| | | IT11 | $100i$ | IT18 | $2500i$ |

根据公式（2.16）和表 2.2，即可分别计算出各个尺寸段的各个标准公差等级的标准公差数值，圆整尾数，得到 GB/T 1800.1—2020 中的标准公差数值表，见表 2.3。

表 2.3　标准公差数值（GB/T 1800.1—2020）

| 公称尺寸 /mm | | 标准公差等级 | | | | | | | | | | | | | | | | | |
|---|---|---|---|---|---|---|---|---|---|---|---|---|---|---|---|---|---|---|---|
| 大于 | 至 | IT1 | IT2 | IT3 | IT4 | IT5 | IT6 | IT7 | IT8 | IT9 | IT10 | IT11 | IT12 | IT13 | IT14 | IT15 | IT16 | IT17 | IT18 |
| | | μm | | | | | | | | | | | mm | | | | | | |
| — | 3 | 0.8 | 1.2 | 2 | 3 | 4 | 6 | 10 | 14 | 25 | 40 | 60 | 0.1 | 0.14 | 0.25 | 0.4 | 0.6 | 1 | 1.4 |
| 3 | 6 | 1 | 1.5 | 2.5 | 4 | 5 | 8 | 12 | 18 | 30 | 48 | 75 | 0.12 | 0.18 | 0.3 | 0.48 | 0.75 | 1.2 | 1.8 |
| 6 | 10 | 1 | 1.5 | 2.5 | 4 | 6 | 9 | 15 | 22 | 36 | 58 | 90 | 0.15 | 0.22 | 0 36 | 0.58 | 0.9 | 1.5 | 2.2 |
| 10 | 18 | 1.2 | 2 | 3 | 5 | 8 | 11 | 18 | 27 | 43 | 70 | 110 | 0.18 | 0.27 | 0.43 | 0.7 | 1.1 | 1.8 | 2.7 |
| 18 | 30 | 1.5 | 2.5 | 4 | 6 | 9 | 13 | 21 | 33 | 52 | 84 | 130 | 0.21 | 0.33 | 0 52 | 0.84 | 1.3 | 2.1 | 3.3 |
| 30 | 50 | 1.5 | 2.5 | 4 | 7 | 11 | 16 | 25 | 39 | 62 | 100 | 160 | 0.25 | 0.39 | 0.62 | 1 | 1.6 | 2.5 | 3.9 |
| 50 | 80 | 2 | 3 | 5 | 8 | 13 | 19 | 30 | 46 | 74 | 120 | 190 | 0.3 | 0.46 | 0.74 | 1.2 | 1.9 | 3 | 4.6 |
| 80 | 120 | 2.5 | 4 | 6 | 10 | 15 | 22 | 35 | 54 | 87 | 140 | 220 | 0.35 | 0.54 | 0.87 | 1.4 | 2.2 | 3.5 | 5.4 |
| 120 | 180 | 3.5 | 5 | 8 | 12 | 18 | 25 | 40 | 63 | 100 | 160 | 250 | 0.4 | 0.63 | 1 | 1.6 | 2.5 | 4 | 6.3 |
| 180 | 250 | 4.5 | 7 | 10 | 14 | 20 | 29 | 46 | 72 | 115 | 185 | 290 | 0.46 | 0.72 | 1.15 | 1.85 | 2.9 | 4.6 | 7.2 |
| 250 | 315 | 6 | 8 | 12 | 16 | 23 | 32 | 52 | 81 | 130 | 210 | 320 | 0.52 | 0.81 | 1.3 | 2.1 | 3.2 | 5.2 | 8.1 |
| 315 | 400 | 7 | 9 | 13 | 18 | 25 | 36 | 57 | 89 | 140 | 230 | 360 | 0.57 | 0.89 | 1.4 | 2.3 | 3.6 | 5.7 | 8.9 |
| 400 | 500 | 8 | 10 | 15 | 20 | 27 | 40 | 63 | 97 | 155 | 250 | 400 | 0.63 | 0.97 | 1.55 | 2.5 | 4 | 6.3 | 9.7 |
| 500 | 630 | 9 | 11 | 16 | 22 | 32 | 44 | 70 | 110 | 175 | 280 | 440 | 0.7 | 1.1 | 1.75 | 2.8 | 4.4 | 7 | 11 |
| 630 | 800 | 10 | 13 | 18 | 25 | 36 | 50 | 80 | 125 | 200 | 320 | 500 | 0.8 | 1.25 | 2 | 3.2 | 5 | 8 | 12.5 |
| 800 | 1 000 | 11 | 15 | 21 | 28 | 40 | 56 | 90 | 140 | 230 | 360 | 560 | 0.9 | 1.4 | 2.3 | 3.6 | 5.6 | 9 | 14 |
| 1 000 | 1 250 | 13 | 18 | 24 | 33 | 47 | 66 | 105 | 165 | 260 | 420 | 660 | 1.05 | 1.65 | 2.6 | 4.2 | 6.6 | 10.5 | 16.5 |
| 1 250 | 1 600 | 15 | 21 | 29 | 39 | 55 | 78 | 125 | 195 | 310 | 500 | 780 | 1.25 | 1.95 | 3.1 | 5 | 7.8 | 12.5 | 19.5 |
| 1 600 | 2 000 | 18 | 25 | 35 | 46 | 65 | 92 | 150 | 230 | 370 | 600 | 920 | 1.5 | 2.3 | 3.7 | 6 | 9.2 | 15 | 23 |
| 2 000 | 2 500 | 22 | 30 | 41 | 55 | 78 | 110 | 175 | 280 | 440 | 700 | 1 100 | 1.75 | 2.8 | 4.4 | 7 | 11 | 17.5 | 28 |
| 2 500 | 3 150 | 26 | 36 | 50 | 68 | 96 | 135 | 210 | 330 | 540 | 860 | 1 350 | 2.1 | 3.3 | 5.4 | 8.6 | 13.5 | 21 | 33 |

注：1. 公称尺寸>500～3150mm 的 IT1～IT5 的标准公差数值为试行的。

　　2. 公称尺寸小于或等于 1 mm 时，无 IT14～IT18。

## 2.2.2　基本偏差系列

基本偏差是由国家标准规定的，确定公差带相对零线位置的那个极限偏差，**一般是靠近零线较近或位于零线的那个极限偏差**，可以是上极限偏差或下极限偏差。

公差带由"大小"和"位置"构成,**其大小由标准公差决定,位置由基本偏差确定**。在各种机器中,需要各种不同性质和不同松紧程度的配合,进而要求一系列不同位置的公差带组成各种不同的配合。

国家标准对孔、轴的**基本偏差规定了 28 种标准**。每种基本偏差都用一个(或两个)拉丁字母表示,称为基本偏差代号。孔用大写英文字母表示,轴用小写英文字母表示。在 26 个英文字母中,去掉 5 个容易与其他符号含义混淆的字母 I (i)、L(l)、O(o)、Q(q)、W(w),增加 7 组双字母 CD(cd)、EF(ef)、FG(fg)、JS(js)、ZA(za)、AB(zb)、ZC(zc),共计 28 种,组成孔、轴基本偏差系列。

### 2.2.2.1　轴的基本偏差及数值的确定

(1)轴的基本偏差系列如图 2.11 所示。a ~ h 的基本偏差是轴的上极限偏差(es),且为负值(或零);h 代表基准轴,基本偏差上极限偏差 es=0;js 是对零线对称配置的公差带;j ~ zc 的基本偏差为下极限偏差(ei)。

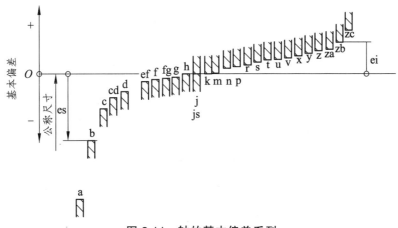

**图 2.11　轴的基本偏差系列**

(2)以基本偏差代号为 H 的基孔制为基础,按照不同基本偏差轴形成的各种配合要求,根据生产实践和试验结果,总结出轴的基本偏差计算的一系列经验公式,所得的偏差数值除 j 和 js 特殊情况外均与选用的标准公差等级无关。轴的基本偏差数值见表 2.4。

**表 2.4　轴的基本偏差数值表(摘自 GB/T 1800.1—2020)**　　　　μm

| 公称尺寸<br>/mm | | 基本偏差数值(上极限偏差 es) | | | | | | | | | | |
| | | 所有标准公差等级 | | | | | | | | | | |
| 大于 | 至 | a | b | c | cd | d | e | ef | f | fg | g | h | js |
| — | 3 | −270 | −140 | −60 | −34 | −20 | −14 | −10 | −6 | −4 | −2 | 0 | 偏差=$\pm\dfrac{\mathrm{IT}_n}{2}$,式中 $\mathrm{IT}_n$ 是 IT 值数 |
| 3 | 6 | −270 | −140 | −70 | −46 | −30 | −20 | −14 | −10 | −6 | −4 | 0 | |
| 6 | 10 | −280 | −150 | −80 | −56 | −40 | −25 | −18 | −13 | −8 | −5 | 0 | |
| 10 | 14 | −290 | −150 | −95 | | −50 | −32 | | −16 | | −6 | 0 | |
| 14 | 18 | | | | | | | | | | | | |

续表

| 公称尺寸/mm | | 基本偏差数值（上极限偏差 es） | | | | | | | | | | | |
|---|---|---|---|---|---|---|---|---|---|---|---|---|---|
| | | 所有标准公差等级 | | | | | | | | | | | |
| 大于 | 至 | a | b | c | cd | d | e | ef | f | fg | g | h | js |
| 18 | 24 | −300 | −160 | −110 | | −65 | −40 | | −20 | | −7 | 0 | |
| 24 | 30 | | | | | | | | | | | | |
| 30 | 40 | −310 | −170 | −120 | | −80 | −50 | | −25 | | −9 | 0 | |
| 40 | 50 | −320 | −180 | −130 | | | | | | | | | |
| 50 | 65 | −340 | −190 | −140 | | −100 | −60 | | −30 | | −10 | 0 | |
| 65 | 80 | −360 | −200 | −150 | | | | | | | | | |
| 80 | 100 | −380 | −220 | −170 | | −120 | −72 | | −36 | | −12 | 0 | |
| 100 | 120 | −410 | −240 | −180 | | | | | | | | | |
| 120 | 140 | −460 | −260 | −200 | | −145 | −85 | | −43 | | −14 | 0 | |
| 140 | 160 | −520 | −280 | −210 | | | | | | | | | |
| 160 | 180 | −580 | −310 | −230 | | | | | | | | | |
| 180 | 200 | −660 | −340 | −240 | | −170 | −100 | | −50 | | −15 | 0 | |
| 200 | 225 | −740 | −380 | −260 | | | | | | | | | |
| 225 | 250 | −820 | −420 | −280 | | | | | | | | | |
| 250 | 280 | −920 | −480 | −300 | | −190 | −110 | | −56 | | −17 | 0 | |
| 280 | 315 | −1 050 | −540 | −330 | | | | | | | | | |
| 315 | 355 | −1 200 | −600 | −360 | | −210 | −125 | | −62 | | −18 | 0 | |
| 355 | 400 | −1 350 | −680 | −400 | | | | | | | | | |
| 400 | 450 | −1 500 | −760 | −440 | | −230 | −135 | | −68 | | −20 | 0 | |
| 450 | 500 | −1 650 | −840 | −480 | | | | | | | | | |
| 500 | 560 | | | | | −260 | −145 | | −76 | | −22 | 0 | |
| 560 | 630 | | | | | | | | | | | | |
| 630 | 710 | | | | | −290 | −160 | | −80 | | −24 | 0 | |
| 710 | 800 | | | | | | | | | | | | |
| 800 | 900 | | | | | −320 | −170 | | −86 | | −26 | 0 | |
| 900 | 1 000 | | | | | | | | | | | | |
| 1 000 | 1 120 | | | | | −350 | −195 | | −98 | | −28 | 0 | |
| 1 120 | 1 250 | | | | | | | | | | | | |
| 1 250 | 1 400 | | | | | −390 | −220 | | −110 | | −30 | 0 | |
| 1 400 | 1 600 | | | | | | | | | | | | |
| 1 600 | 1 800 | | | | | −430 | −240 | | −120 | | −32 | 0 | |
| 1 800 | 2 000 | | | | | | | | | | | | |
| 2 000 | 2 240 | | | | | −480 | −260 | | −130 | | −34 | 0 | |
| 2 240 | 2 500 | | | | | | | | | | | | |
| 2 500 | 2 800 | | | | | −520 | −290 | | −145 | | −38 | 0 | |
| 2 800 | 3 150 | | | | | | | | | | | | |

续表

| 公称尺寸/mm 大于 | 至 | j (IT5和IT6) | j (IT7) | j (IT8) | k (IT4~IT7) | k (≤IT3 >IT7) | m | n | p | r | s | t | u | v | x | y | z | za | zb | zc |
|---|---|---|---|---|---|---|---|---|---|---|---|---|---|---|---|---|---|---|---|---|
| — | 3 | -2 | -4 | -6 | 0 | 0 | +2 | +4 | +6 | +10 | +14 | | +18 | | +20 | | +26 | +32 | +40 | +60 |
| 3 | 6 | -2 | -4 | | +1 | 0 | +4 | +8 | +12 | +15 | +19 | | +23 | | +28 | | +35 | +42 | +50 | +80 |
| 6 | 10 | -2 | -5 | | +1 | 0 | +6 | +10 | +15 | +19 | +23 | | +28 | | +34 | | +42 | +52 | +67 | +97 |
| 10 | 14 | -3 | -6 | | +1 | 0 | +7 | +12 | +18 | +23 | +28 | | +33 | | +40 | | +50 | +64 | +90 | +130 |
| 14 | 18 | -3 | -6 | | +1 | 0 | +7 | +12 | +18 | +23 | +28 | | +33 | +39 | +45 | | +60 | +77 | +108 | +150 |
| 18 | 24 | -4 | -8 | | +2 | 0 | +8 | +15 | +22 | +28 | +35 | | +41 | +47 | +54 | +63 | +73 | +98 | +136 | +188 |
| 24 | 30 | -4 | -8 | | +2 | 0 | +8 | +15 | +22 | +28 | +35 | +41 | +48 | +55 | +64 | +75 | +88 | +118 | +160 | +218 |
| 30 | 40 | -5 | -10 | | +2 | 0 | +9 | +17 | +26 | +34 | +43 | +48 | +60 | +68 | +80 | +94 | +112 | +148 | +200 | +274 |
| 40 | 50 | -5 | -10 | | +2 | 0 | +9 | +17 | +26 | +34 | +43 | +54 | +70 | +81 | +97 | +114 | +136 | +180 | +242 | +325 |
| 50 | 65 | -7 | -12 | | +2 | 0 | +11 | +20 | +32 | +41 | +53 | +66 | +87 | +102 | +122 | +144 | +172 | +225 | +300 | +405 |
| 65 | 80 | -7 | -12 | | +2 | 0 | +11 | +20 | +32 | +43 | +59 | +75 | +102 | +120 | +146 | +174 | +210 | +274 | +350 | +480 |
| 80 | 100 | -9 | -15 | | +3 | 0 | +13 | +23 | +37 | +51 | +71 | +91 | +124 | +146 | +178 | +214 | +258 | +335 | +445 | +585 |
| 100 | 120 | -9 | -15 | | +3 | 0 | +13 | +23 | +37 | +54 | +79 | +104 | +144 | +172 | +210 | +254 | +310 | +400 | +525 | +690 |
| 120 | 140 | -11 | -18 | | +3 | 0 | +15 | +27 | +43 | +63 | +92 | +122 | +170 | +202 | +248 | +300 | +365 | +470 | +620 | +800 |
| 140 | 160 | -11 | -18 | | +3 | 0 | +15 | +27 | +43 | +65 | +100 | +134 | +190 | +228 | +280 | +340 | +415 | +535 | +700 | +900 |
| 160 | 180 | -11 | -18 | | +3 | 0 | +15 | +27 | +43 | +68 | +108 | +146 | +210 | +252 | +310 | +380 | +465 | +600 | +780 | +1 000 |
| 180 | 200 | -13 | -21 | | +4 | 0 | +17 | +31 | +50 | +77 | +122 | +166 | +236 | +284 | +350 | +425 | +520 | +670 | +880 | +1 150 |
| 200 | 225 | -13 | -21 | | +4 | 0 | +17 | +31 | +50 | +80 | +130 | +180 | +258 | +310 | +385 | +470 | +575 | +740 | +960 | +1 250 |
| 225 | 250 | -13 | -21 | | +4 | 0 | +17 | +31 | +50 | +84 | +140 | +196 | +284 | +340 | +425 | +520 | +640 | +820 | +1 050 | +1 350 |
| 250 | 280 | -16 | -26 | | +4 | 0 | +20 | +34 | +56 | +94 | +158 | +218 | +315 | +385 | +475 | +580 | +710 | +920 | +1 200 | +1 550 |
| 280 | 315 | -16 | -26 | | +4 | 0 | +20 | +34 | +56 | +98 | +170 | +240 | +350 | +425 | +525 | +650 | +790 | +1 000 | +1 300 | +1 700 |
| 315 | 355 | -18 | -28 | | +4 | 0 | +21 | +37 | +62 | +108 | +190 | +268 | +390 | +475 | +590 | +730 | +900 | +1 150 | +1 500 | +1 900 |
| 355 | 400 | -18 | -28 | | +4 | 0 | +21 | +37 | +62 | +114 | +208 | +294 | +435 | +530 | +660 | +820 | +1 000 | +1 300 | +1 650 | +2 100 |
| 400 | 450 | -20 | -32 | | +5 | 0 | +23 | +40 | +68 | +126 | +232 | +330 | +490 | +595 | +740 | +920 | +1 100 | +1 450 | +1 850 | +2 400 |
| 450 | 500 | -20 | -32 | | +5 | 0 | +23 | +40 | +68 | +132 | +252 | +360 | +540 | +660 | +820 | +1 000 | +1 250 | +1 600 | +2 100 | +2 600 |
| 500 | 560 | | | | 0 | 0 | +26 | +44 | +78 | +150 | +280 | +400 | +600 | | | | | | | |
| 550 | 630 | | | | 0 | 0 | +26 | +44 | +78 | +155 | +310 | +450 | +660 | | | | | | | |
| 630 | 710 | | | | 0 | 0 | +30 | +50 | +88 | +175 | +340 | +500 | +740 | | | | | | | |
| 710 | 800 | | | | 0 | 0 | +30 | +50 | +88 | +185 | +380 | +560 | +840 | | | | | | | |
| 800 | 900 | | | | 0 | 0 | +34 | +56 | +100 | +210 | +430 | +620 | +940 | | | | | | | |
| 900 | 1 000 | | | | 0 | 0 | +34 | +56 | +100 | +220 | +470 | +680 | +1 050 | | | | | | | |
| 1 000 | 1 120 | | | | 0 | 0 | +40 | +66 | +120 | +250 | +520 | +780 | +1 150 | | | | | | | |
| 1 120 | 1 250 | | | | 0 | 0 | +40 | +66 | +120 | +260 | +580 | +840 | +1 300 | | | | | | | |
| 1 250 | 1 400 | | | | 0 | 0 | +48 | +78 | +140 | +300 | +640 | +960 | +1 450 | | | | | | | |
| 1 400 | 1 600 | | | | 0 | 0 | +48 | +78 | +140 | +330 | +720 | +1 050 | +1 600 | | | | | | | |
| 1 600 | 1 800 | | | | 0 | 0 | +58 | +92 | +170 | +370 | +820 | +1 200 | +1 850 | | | | | | | |
| 1 800 | 2 000 | | | | 0 | 0 | +58 | +92 | +170 | +400 | +920 | +1 350 | +2 000 | | | | | | | |
| 2 000 | 2 240 | | | | 0 | 0 | +68 | +110 | +195 | +440 | +1 000 | +1 500 | +2 300 | | | | | | | |
| 2 240 | 2 500 | | | | 0 | 0 | +68 | +110 | +195 | +460 | +1 100 | +1 650 | +2 500 | | | | | | | |
| 2 500 | 2 800 | | | | 0 | 0 | +76 | +135 | +240 | +550 | +1 250 | +1 900 | +2 900 | | | | | | | |
| 2 800 | 3 150 | | | | 0 | 0 | +76 | +135 | +240 | +580 | +1 400 | +2 100 | +3 200 | | | | | | | |

注：公称尺寸小于或等于 1 mm 时，基本偏差 a 和 b 均不采用。公差带 js7~js11，若 $IT_n$ 值数是奇数，则取偏差 $=\pm\dfrac{IT_n-1}{2}$。

#### 2.2.2.2 孔的基本偏差及数值的确定

（1）孔的基本偏差系列如图 2.12 所示。A～H 的基本偏差为孔的下极限偏差（EI），为正值；代号 H，基本偏差为下极限偏差，EI=0，**代表基准孔**；K～ZC 的基本偏差为孔的上极限偏差（ES），为负值，基本偏差 JS 是对零线对称配置的公差带。

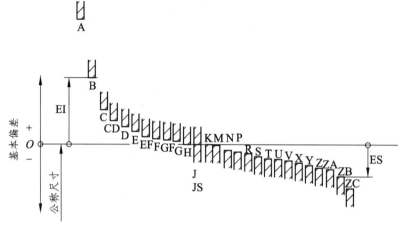

**图 2.12　孔的基本偏差系列**

（2）孔的基本偏差数值与相同字母代号轴的基本偏差数值，在保证配合性质不变时换算而得，主要采取**两种规则换算**。

① 通用原则：

同名代号孔的基本偏差数值与轴的基本偏差数值，相对于零线是完全对称的，即：孔与轴的基本偏差对应（例如 A 对应 a）时，两者的基本偏差的绝对值相等，而符号相反：

$$EI = -\,es \text{ 或 } ES = -\,ei$$

适用范围：a. A～H；b. 公差等级>IT8 的 K、M、N；c. 公差等级>IT7 的 P～ZC。

② 特殊规则：

公称尺寸>3～500 mm，标准公差等级≤IT8，代号为 K、M、N，以及标准公差等级≤IT7，代号 P～ZC 的孔的基本偏差数值按特殊规则计算。

在同名基孔制或基轴制配合中，给定某一公差等级的孔要与更高一级的轴相配（例如 H7/p6 和 P7/h6），并要求具有同等的间隙或过盈，即配合性质相同，此时，计算的孔的基本偏差应附加一个 $\Delta$ 值，即

$$ES = -\,ei + \Delta \qquad\qquad (2.17)$$

式中，$\Delta$ 是公称尺寸段内给定的某一标准公差等级 $IT_n$ 与更高一级的标准公差等级 $IT(n-1)$ 的差值，即：

$$\Delta = IT_n - IT_{(n-1)} = T_D - T_d \qquad\qquad (2.18)$$

按上述通用规则或特殊规则，可计算出孔的基本偏差数值，经圆整得到孔的基本偏差数值表见表 2.5。

## 表 2.5　孔的基本偏差数值表（摘自 GB/T 1800.1—2020）　　　μm

说明：下极限偏差 EI 对应列 A、B、C、CD、D、E、EF、F、FG、G、H、JS（所有标准公差等级）；上极限偏差 ES 对应列 J、K、M、N、P~ZC。J 列分 IT6、IT7、IT8；K、M、N 列分 ≤IT8、>IT8；P~ZC 列为 ≤IT7。

| 公称尺寸/mm 大于 | 至 | A | B | C | CD | D | E | EF | F | FG | G | H | JS | J IT6 | J IT7 | J IT8 | K ≤IT8 | K >IT8 | M ≤IT8 | M >IT8 | N ≤IT8 | N >IT8 | P~ZC ≤IT7 |
|---|---|---|---|---|---|---|---|---|---|---|---|---|---|---|---|---|---|---|---|---|---|---|---|
| — | 3 | +270 | +140 | +60 | +34 | +20 | +14 | +10 | +6 | +4 | +2 | 0 | 偏差 $\pm\frac{IT_n}{2}$，式中 $IT_n$ 是 IT 值数 | +2 | +4 | +6 | 0 | 0 | −2 | −2 | −4 | −4 | 在大于 IT7 的对应数值上增加一个 Δ 值 |
| 3 | 6 | +270 | +140 | +70 | +45 | +30 | +20 | +14 | +10 | +6 | +4 | 0 | | +5 | +6 | +10 | −1+Δ | | −4+Δ | −4 | −8+Δ | 0 | |
| 6 | 10 | +280 | +150 | +80 | +56 | +40 | +25 | +18 | +13 | +8 | +5 | 0 | | +5 | +8 | +12 | −1+Δ | | −6+Δ | −6 | −10+Δ | 0 | |
| 10 | 14 | +290 | +150 | +95 | | +50 | +32 | | +16 | | +6 | 0 | | +6 | +10 | +15 | −1+Δ | | −7+Δ | −7 | −12+Δ | 0 | |
| 14 | 18 | | | | | | | | | | | | | | | | | | | | | | |
| 18 | 24 | +300 | +160 | +110 | | +65 | +40 | | +20 | | +7 | 0 | | +8 | +12 | +20 | −2+Δ | | −8+Δ | −8 | −15+Δ | 0 | |
| 24 | 30 | | | | | | | | | | | | | | | | | | | | | | |
| 30 | 40 | +310 | +170 | +120 | | +80 | +50 | | +25 | | +9 | 0 | | +10 | +14 | +24 | −2+Δ | | −9+Δ | −9 | −17+Δ | 0 | |
| 40 | 50 | +320 | +180 | +130 | | | | | | | | | | | | | | | | | | | |
| 50 | 65 | +340 | +190 | +140 | | +100 | +60 | | +30 | | +10 | 0 | | +13 | +18 | +28 | −2+Δ | | −11+Δ | −11 | −20+Δ | 0 | |
| 65 | 80 | +360 | +200 | +150 | | | | | | | | | | | | | | | | | | | |
| 80 | 100 | +380 | +220 | +170 | | +120 | +72 | | +36 | | +12 | 0 | | +16 | +22 | +34 | −3+Δ | | −13+Δ | −13 | −23+Δ | 0 | |
| 100 | 120 | +410 | +240 | +180 | | | | | | | | | | | | | | | | | | | |
| 120 | 140 | +460 | +260 | +200 | | +145 | +85 | | +43 | | +14 | 0 | | +18 | +26 | +41 | −3+Δ | | −15+Δ | −15 | −27+Δ | 0 | |
| 140 | 160 | +520 | +280 | +210 | | | | | | | | | | | | | | | | | | | |
| 160 | 180 | +580 | +310 | +230 | | | | | | | | | | | | | | | | | | | |
| 180 | 200 | +660 | +340 | +240 | | +170 | +100 | | +50 | | +15 | 0 | | +22 | +30 | +47 | −4+Δ | | −17+Δ | −17 | −31+Δ | 0 | |
| 200 | 225 | +740 | +380 | +260 | | | | | | | | | | | | | | | | | | | |
| 225 | 250 | +820 | +420 | +280 | | | | | | | | | | | | | | | | | | | |
| 250 | 280 | +920 | +480 | +300 | | +190 | +110 | | +56 | | +17 | 0 | | +25 | +36 | +55 | −4+Δ | | −20+Δ | −20 | −34+Δ | 0 | |
| 280 | 315 | +1 050 | +540 | +330 | | | | | | | | | | | | | | | | | | | |
| 315 | 355 | +1 200 | +600 | +360 | | +210 | +125 | | +62 | | +18 | 0 | | +29 | +39 | +60 | −4+Δ | | −21+Δ | −21 | −37+Δ | 0 | |
| 355 | 400 | +1 350 | +580 | +400 | | | | | | | | | | | | | | | | | | | |
| 400 | 450 | +1 500 | +760 | +440 | | +230 | +135 | | +68 | | +20 | 0 | | +33 | +43 | +66 | −5+Δ | | −23+Δ | −23 | −40+Δ | 0 | |
| 450 | 500 | +1 550 | +840 | +480 | | | | | | | | | | | | | | | | | | | |
| 500 | 560 | | | | | +260 | +145 | | +76 | | +22 | 0 | | | | | 0 | | −26 | | −44 | | |
| 550 | 630 | | | | | | | | | | | | | | | | | | | | | | |
| 630 | 710 | | | | | +290 | +160 | | +80 | | +24 | 0 | | | | | 0 | | −30 | | −50 | | |
| 710 | 800 | | | | | | | | | | | | | | | | | | | | | | |

续表

| 公称尺寸/mm | | 基本偏差数值 | | | | | | | | | | | | | | | | | | | | |
|---|---|---|---|---|---|---|---|---|---|---|---|---|---|---|---|---|---|---|---|---|---|---|
| | | 下极限偏差 EI | | | | | | | | | | | 上极限偏差 ES | | | | | | | | | |
| | | 所有标准公差等级 | | | | | | | | | | | | IT6 | IT7 | IT8 | ≤IT8 | >IT8 | ≤IT8 | >IT8 | ≤IT8 | >IT8 | ≤IT7 |
| 大于 | 至 | A | B | C | CD | D | E | EF | F | FG | G | H | JS | J | J | J | K | K | M | M | N | N | P~ZC |
| 800 | 900 | | | | | +320 | +170 | | +86 | | +26 | 0 | 偏差 $\pm\dfrac{IT_n}{2}$，式中 $IT_n$ 是 IT 值数 | | | | 0 | | −34 | | −56 | | 在大于 IT7 的对应数值上增加一个 Δ 值 |
| 900 | 1 000 | | | | | | | | | | | | | | | | | | | | | | |
| 1 000 | 1 120 | | | | | +350 | +195 | | +98 | | +28 | 0 | | | | | 0 | | −40 | | −66 | | |
| 1 120 | 1 250 | | | | | | | | | | | | | | | | | | | | | | |
| 1 250 | 1 400 | | | | | +390 | +220 | | +110 | | +30 | 0 | | | | | 0 | | −48 | | −78 | | |
| 1 400 | 1 600 | | | | | | | | | | | | | | | | | | | | | | |
| 1 600 | 1 800 | | | | | +430 | +240 | | +120 | | +32 | 0 | | | | | 0 | | −58 | | −92 | | |
| 1 800 | 2 000 | | | | | | | | | | | | | | | | | | | | | | |
| 2 000 | 2 240 | | | | | +480 | +260 | | +130 | | +34 | 0 | | | | | 0 | | −68 | | −110 | | |
| 2 240 | 2 500 | | | | | | | | | | | | | | | | | | | | | | |
| 2 500 | 2 800 | | | | | +520 | +290 | | +145 | | +38 | 0 | | | | | 0 | | −76 | | −135 | | |
| 2 800 | 3 150 | | | | | | | | | | | | | | | | | | | | | | |

| 公称尺寸/mm | | 基本偏差数值 | | | | | | | | | | | Δ 值 | | | | | |
|---|---|---|---|---|---|---|---|---|---|---|---|---|---|---|---|---|---|---|
| | | 上极限偏差 ES | | | | | | | | | | | | | | | | |
| | | 标准公差等级大于 IT7 | | | | | | | | | | | 标准公差等级 | | | | | |
| 大于 | 至 | P | R | S | T | U | V | X | Y | Z | ZA | ZB | ZC | IT3 | IT4 | IT5 | IT6 | IT7 | IT8 |
| — | 3 | −6 | −10 | −14 | | −18 | | −20 | | −26 | −32 | −40 | −60 | 0 | 0 | 0 | 0 | 0 | 0 |
| 3 | 6 | −12 | −15 | −19 | | −23 | | −28 | | −35 | −42 | −50 | −80 | 1 | 1.5 | 1 | 3 | 4 | 6 |
| 6 | 10 | −15 | −19 | −23 | | −28 | | −34 | | −42 | −52 | −67 | −97 | 1 | 1.5 | 2 | 3 | 6 | 7 |
| 10 | 14 | −18 | −23 | −28 | | −33 | | −40 | | −50 | −64 | −90 | −130 | 1 | 2 | 3 | 3 | 7 | 9 |
| 14 | 18 | | | | | | −39 | −45 | | −60 | −77 | −108 | −150 | | | | | | |
| 18 | 24 | −22 | −28 | −35 | | −41 | −47 | −54 | −63 | −73 | −98 | −136 | −188 | 1.5 | 2 | 3 | 4 | 8 | 12 |
| 24 | 30 | | | | −41 | −48 | −55 | −64 | −75 | −88 | −118 | −160 | −218 | | | | | | |
| 30 | 40 | −26 | −34 | −43 | −48 | −60 | −68 | −80 | −94 | −112 | −148 | −200 | −274 | 1.5 | 3 | 4 | 5 | 9 | 14 |
| 40 | 50 | | | | −54 | −70 | −81 | −97 | −114 | −136 | −180 | −242 | −325 | | | | | | |
| 50 | 65 | −32 | −41 | −53 | −56 | −87 | −102 | −122 | −144 | −172 | −226 | −300 | −405 | 2 | 3 | 5 | 6 | 11 | 16 |
| 65 | 80 | | −43 | −59 | −75 | −102 | −120 | −146 | −174 | −210 | −274 | −360 | −480 | | | | | | |
| 80 | 100 | −37 | −51 | −71 | −91 | −124 | −146 | −178 | −214 | −258 | −335 | −445 | −585 | 2 | 4 | 5 | 7 | 13 | 19 |
| 100 | 120 | | −54 | −79 | −104 | −144 | −172 | −210 | −254 | −310 | −400 | −525 | −690 | | | | | | |
| 120 | 140 | −43 | −63 | −92 | −122 | −170 | −202 | −248 | −300 | −365 | −470 | −620 | −800 | 3 | 4 | 6 | 7 | 15 | 23 |
| 140 | 160 | | −65 | −100 | −134 | −190 | −228 | −280 | −340 | −415 | −535 | −700 | −900 | | | | | | |
| 160 | 180 | | −68 | −108 | −146 | −210 | −252 | −310 | −380 | −465 | −600 | −780 | −1 000 | | | | | | |
| 180 | 200 | −50 | −77 | −122 | −165 | −236 | −284 | −350 | −425 | −520 | −670 | −880 | −1 150 | 3 | 4 | 6 | 9 | 17 | 26 |
| 200 | 225 | | −80 | −130 | −180 | −258 | −310 | −385 | −470 | −575 | −740 | −960 | −1 250 | | | | | | |
| 225 | 250 | | −84 | −140 | −196 | −284 | −340 | −425 | −520 | −640 | −820 | −1 050 | −1 350 | | | | | | |
| 250 | 280 | −56 | −94 | −158 | −218 | −315 | −385 | −475 | −580 | −710 | −920 | −1 200 | −1 550 | 4 | 4 | 7 | 9 | 20 | 29 |
| 280 | 315 | | −98 | −170 | −240 | −350 | −425 | −525 | −650 | −790 | −1 000 | −1 300 | −1 700 | | | | | | |
| 315 | 355 | −62 | −108 | −190 | −268 | −390 | −475 | −590 | −730 | −900 | −1 150 | −1 500 | −1 900 | 4 | 5 | 7 | 11 | 21 | 32 |
| 355 | 400 | | −114 | −208 | −294 | −435 | −530 | −660 | −820 | −1 000 | −1 300 | −1 650 | −2 100 | | | | | | |
| 400 | 450 | −58 | −126 | −232 | −330 | −490 | −595 | −740 | −920 | −1 100 | −1 450 | −1 850 | −2 400 | 5 | 5 | 7 | 13 | 23 | 34 |
| 450 | 500 | | −132 | −252 | −360 | −540 | −660 | −820 | −1 000 | −1 250 | −1 600 | −2 100 | −2 600 | | | | | | |

续表

| 公称尺寸 /mm | | 基本偏差数值 | | | | | Δ值 |
|---|---|---|---|---|---|---|---|
| | | 上极限偏差 ES | | | | | |
| | | 标准公差等级大于 IT7 | | | | | 标准公差等级 |
| 大于 | 至 | | | | | | |
| 500 | 560 | −78 | −150 | −280 | −400 | −600 | |
| 560 | 630 | | −155 | −310 | −450 | −660 | |
| 630 | 710 | −88 | −175 | −340 | −500 | −740 | |
| 710 | 800 | | −185 | −380 | −560 | −840 | |
| 800 | 900 | −100 | −210 | −430 | −620 | −940 | |
| 900 | 1 000 | | −220 | −470 | −680 | −1 050 | |
| 1 000 | 1 120 | −120 | −250 | −520 | −780 | −1 150 | |
| 1 120 | 1 250 | | −260 | −580 | −840 | −1 300 | |
| 1 250 | 1 400 | −140 | −300 | −640 | −960 | −1 450 | |
| 1 400 | 1 600 | | −330 | −720 | −1 050 | −1 600 | |
| 1 600 | 1 800 | −170 | −370 | −820 | −1 200 | −1 850 | |
| 1 800 | 2 000 | | −400 | −920 | −1 350 | −2 000 | |
| 2 000 | 2 240 | −195 | −440 | −1 000 | −1 500 | −2 300 | |
| 2 240 | 2 500 | | −460 | −1 100 | −1 650 | −2 500 | |
| 2 500 | 2 800 | −240 | −550 | −1 250 | −1 900 | −2 900 | |
| 2 800 | 3 150 | | −580 | −1 400 | −2 100 | −3 200 | |

注：1. 公称尺寸小于或等于 1 mm 时，基本偏差 A 和 B 及大于 IT8 的 N 均不采用。公差 JS7～JS11，若 $IT_n$ 值数是

奇数，则取偏差 $= \pm \dfrac{IT_n - 1}{2}$。

2. 对小于或等于 IT8 的 K，M，N 和小于或等于 IT7 的 P～ZC，所需 Δ 值从表内右侧选取，例如：18～30 mm 段

的 K7，$\Delta = 8$ μm，所以 ES $= -2 + 8 = +6$ μm；18～30 mm 段的 S6，$\Delta = 4$ μm，所以 ES $= -35 + 4 = -31$ μm

特殊情况，250～315 mm 段的 M6，ES $= -9$ μm（代替 $= -11$ μm）。

【例 2-3】利用标准公差数值表和基本偏差数值表确定：①$\phi$20H7/k6 和②$\phi$20K7/h6 两配合的孔、轴极限偏差和配合的极限间隙（或极限过盈），画出尺寸公差带图，并比较。

【解】（1）$\phi$20H7/k6，由表 2.3 查得，IT6 $= 13$ μm，IT7 $= 21$ μm。

对于 H7：基本偏差 EI $= 0$，则 ES $=$ EI $+$ IT7 $= 0 + 21 = +21$ μm；

对于 k6：查表 2.4 可得，基本偏差：ei $= +2$ μm，则 es $=$ ei $+$ IT6 $= +2 + 13 = +15$ μm。

配合的最大间隙：$X_{max} =$ ES $-$ ei $= +21 - (+2) = +19$ μm；

配合的最大过盈：$Y_{max} =$ EI $-$ es $= 0 - (+15) = -15$ μm。

$\phi$20H7/k6 的尺寸公差带图如图 2.13（a）所示。

（2）$\phi$20K7/h6，对于 K7：由表 2.5 得，ES $= -2 + \Delta$，且 $\Delta = 8 = (IT7 - IT6 = 21 - 13)$ μm，

则 ES $= -2 + 8 = +6$ μm，EI $=$ ES $-$ IT7 $= +6 - 21 = -15$ μm；

对于 h6：es $= 0$，则 ei $=$ es $-$ IT6 $= 0 - 13 = -13$ μm。

配合的最大间隙：$X'_{max} =$ ES $-$ ei $= +6 - (-13) = +19$ μm；

配合的最大过盈：$Y'_{max} =$ EI $-$ es $= (-15) - 0 = -15$ μm。

$\phi$20H7/h6 的尺寸公差带图如图 2.13（b）所示。

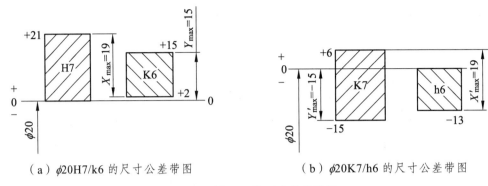

（a）$\phi 20$H7/k6 的尺寸公差带图    （b）$\phi 20$K7/h6 的尺寸公差带图

图 2.13    例 2-3 的尺寸公差带图

（3）比较分析。从上面的计算可以看出，$X_{max} = X'_{max}$，$Y_{max} = Y'_{max}$，所以 $\phi 20$H7/k6 和 $\phi 20$K7/h6 的配合性质相同。

## 2.2.3    线性尺寸精度在图样上的标注

装配图上，在公称尺寸后面标注孔、轴配合代号，如 $\phi 50\dfrac{H7}{f6}$、$\phi 50$H7/f6，如图 2.14（a）所示。零件图上，在公称尺寸后面标注孔或轴的公差带代号，如图 2.14（b）和（c）分别所示的 $\phi 50$H7 和 $\phi 50$f6，或者标注上、下极限偏差数值，或者同时标注公差带代号及上、下极限偏差数值。例如：$\phi 50$H7 的标注可换为 $\phi 50^{+0.025}_{0}$ 或 $\phi 50$H7($^{+0.025}_{0}$)；$\phi 50$f6 的标注可换为 $\phi 50^{+0.025}_{+0.041}$ 或 $\phi 50$f6($^{+0.025}_{+0.041}$)。标注极限偏差一般适合单件小批量生产，标注公差带代号一般适合大批量生产。

在零件图上标准上、下极限偏差数值时，零偏差必须用数字“0”标出，不得省略，如 $\phi 50^{+0.025}_{0}$、$\phi 50^{0}_{-0.016}$。

当上、下极限偏差绝对值相等而符号相反时，则在极限偏差数值前面标注“±”号，如 $\phi 50 \pm 0.008$。

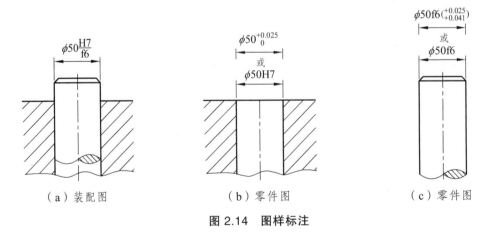

（a）装配图    （b）零件图    （c）零件图

图 2.14    图样标注

# 2.3 尺寸精度设计的基本原则和方法

尺寸精度设计

零件的尺寸精度设计主要包括：**基准制的选择与应用设计，尺寸精度设计，配合的选择和应用设计**。零件的精度设计对产品的功能和制造成本有重要影响。精度设计的关键在于正确、合理地应用"极限与配合"标准。精度和配合设计的基本原则是经济地满足功能要求。

## 2.3.1 基准制的选择

在机械产品中，有各种不同的配合要求，这就需要各种不同的孔、轴公差带来实现。为了获得最佳的技术经济效益，可以把其中孔公差带（或轴公差带）的位置固定，而改变轴公差带（或孔公差带）的位置，来实现所需要的各种配合。

国家标准对配合规定有**两种基准制，即基孔制配合与基轴制配合**。

基准制的选择主要考虑：零件的加工工艺可行性和检测经济性，产品结构形式的合理性。基准制的选择基本原则是：**优先采用基孔制**，其次采用基轴制，特殊情况采用非基准制。

GB/T 1800.1—2020 标准中规定的配合制不仅适用于圆柱（包括平行平面）结合，同样也适用于螺纹结合、圆锥结合、键和花键结合等典型零件的结合。

### 2.3.1.1 基孔制的选择

基孔制配合是指基本偏差为一定的孔的公差带，与不同基本偏差的轴的公差带形成各种配合的一种制度。基孔制配合的孔称为**基准孔**，标准规定基准孔的基本偏差（下偏差）为零（即 $EI = 0$），基准孔的代号为"H"。

一般情况下，优先采用采用基孔配合制。选用基孔制可以减少加工劳动量、减少定值刀具、量具的规格和数量，能获得较好的经济效果。

### 2.3.1.2 基轴制的选择

基轴制配合是指基本偏差为一定的轴的公差带，与不同基本偏差的孔的公差带形成的各种配合的一种制度。基轴制配合的轴称为**基准轴**，标准规定基准轴的基本偏差（上偏差）为零（即 $es = 0$），基准轴的代号为"h"。

基轴制主要应用于以下场合：

① 配合精度较低（IT9~IT11），外圆表面不需加工的冷拔钢直接作轴时，如农业机械、纺织机械等。

② 轴是标准件或标准部件，如滚动轴承外圈与箱体孔的配合。

③ 同一轴跟多个孔进行配合且配合的松紧程度要求不同，如图 2.15 所示的活塞连杆机构的配合。根据使用要求活塞销与活塞应为过渡配合，活塞销与连杆为间隙配合（一轴与多孔配合），如采用基孔制，精度高的轴不好加工，也影响装配，如图 2.15（a）所示；采用基轴制，既便于加工和装配，又可降低孔、轴加工成本，保证配合质量。

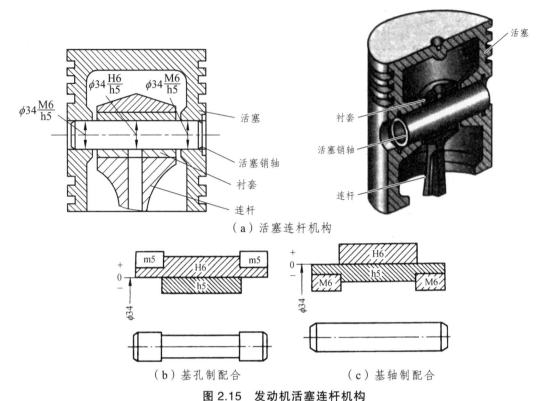

（a）活塞连杆机构

（b）基孔制配合　　　　　　　（c）基轴制配合

图 2.15　发动机活塞连杆机构

### 2.3.1.3　非基准制的选择

国家标准中规定，为满足配合的特殊需要而获得最佳的经济效益，允许采用非基准制，即采用任何孔、轴公差带组成的配合。

【例 2-4】分析如图 2.16 所示的圆柱齿轮减速器，选择轴套孔与该轴颈的配合、箱体孔与端盖的配合。根据配合要求轴承内圈确定为 $\phi 50j6$，轴承外圈确定为 $\phi 110J7$。

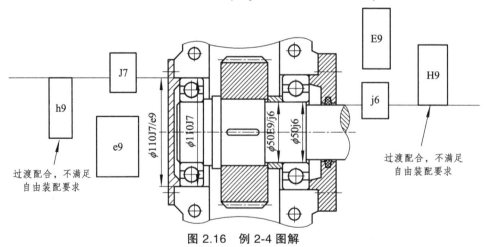

图 2.16　例 2-4 图解

【解】轴承为标准件，轴颈孔与轴承内圈采用基孔制，箱体孔与轴承外圈的配合采用基轴制。

（1）轴套孔与该轴颈的配合。轴套具有轴向定位的作用，要求拆卸方便，故间隙要求较大，而精度要求低。若轴套孔和轴颈（j6）采用基孔制配合（过渡配合），轴套孔采用 H9，不能满足两者的使用要求，故按轴颈的上极限偏差和最小间隙值，确定轴套孔的下极限偏差，从而选择轴套孔公差带为$\phi$50E9。轴套孔与该轴颈的配合为$\phi$50E9/j6，公差带图见图 2.16。

（2）箱体孔与端盖定位面的配合。箱体孔一部分与轴承外圈配合，一部分与端盖配合，同样要求拆卸方便，间隙较大，精度要求低。若箱体孔与轴承外圈（J7）采用基轴制（过渡配合），端盖采用 h9，不能很好地满足两者的使用要求，综合考虑端盖性能要求和加工经济性，故端盖定位面公差带为$\phi$110e9。箱体孔与端盖的配合为$\phi$110J7/e9，公差带图见图 2.16。

## 2.3.2　尺寸精度设计

### 2.3.2.1　尺寸公差等级的选择

零件尺寸公差等级的高低直接影响产品的性能和加工成本，公差等级太高，将使加工成本剧增，甚至不能进行加工；公差等级太低，可能达不到产品的功能要求。因此，正确合理地选择公差等级是零件精度设计的一项重要工作。

公差等级的选择原则是：在满足功能要求的前提下，尽可能选取较低的公差等级。

### 2.3.2.2　公差等级的选择方法

（1）类比法。

类比法也称经验法，是指参考经实践证明合理的类似产品的公差等级，将所设计的机械的性能、工作条件、加工工艺装备等情况与之进行比较，从而确定合理的公差等级的一种方法。类比法通过查阅资料、手册，并进行分析比较后确定公差等级，主要应用于一般配合。

（2）计算法。

计算法是指根据一定的理论和计算公式进行计算，并结合"极限与配合"的标准来确定合理的公差等级。计算法多用于重要配合。

### 2.3.2.3　类比法应注意的事项

对于初学者，采用类比法较容易上手。但在应用过程中，须注意以下事项：

（1）掌握各个公差等级的应用范围和配合尺寸公差等级的应用范围。

公差等级的应用范围见表 2.6，配合尺寸公差等级的应用范围见表 2.7。

表 2.6　公差等级的应用范围

| 应用 | 公差等级（IT） | | | | | | | | | | | | | | | | | | |
|---|---|---|---|---|---|---|---|---|---|---|---|---|---|---|---|---|---|---|---|
| | 01 | 0 | 1 | 2 | 3 | 4 | 5 | 6 | 7 | 8 | 9 | 10 | 11 | 12 | 13 | 14 | 15 | 16 | 17 | 18 |
| 量块 | — | — | — | | | | | | | | | | | | | | | | | |
| 量规 | | | — | — | — | — | — | | | | | | | | | | | | | |
| 特精件配合 | | | | — | — | — | — | | | | | | | | | | | | | |
| 一般配合 | | | | | | | — | — | — | — | — | — | — | — | | | | | | |
| 原材料公差 | | | | | | | | | | — | — | — | — | — | — | — | | | | |
| 未注公差尺寸 | | | | | | | | | | | | | | — | — | — | — | — | — | — |

表 2.7　配合尺寸公差等级的应用范围

| 公差等级 | 重要处 | | 常用处 | | 次要处 | |
|---|---|---|---|---|---|---|
| | 孔 | 轴 | 孔 | 轴 | 孔 | 轴 |
| 精密机械 | IT4 | IT4 | IT5 | IT5 | IT7 | IT6 |
| 一般机械 | IT5 | IT5 | IT7 | IT6 | IT8 | IT9 |
| 较粗机械 | IT7 | IT6 | IT8 | IT9 | IT10~IT12 | |

（2）熟悉各种加工方法的加工精度。

各种加工方法可能达到的公差等级见表 2.8。

表 2.8　各种加工方法可能达到的公差等级

| 加工方法 | 公差等级范围 | 加工方法 | 公差等级范围 |
|---|---|---|---|
| 研磨 | IT01~IT5 | 砂型铸造、气割 | IT16~IT18 |
| 珩磨 | IT4~IT7 | 镗 | IT7~IT11 |
| 内、外圆磨 | IT5~IT8 | 铣 | IT8~IT11 |
| 平磨 | IT5~IT8 | 刨、插 | IT10~IT11 |
| 金刚石车 | IT5~IT7 | 钻孔 | IT10~IT13 |
| 金刚石镗 | IT5~IT7 | 滚压、挤压 | IT10~IT11 |
| 拉削 | IT5~IT8 | 冲压 | IT10~IT14 |
| 铰孔 | IT6~IT10 | 压铸 | IT11~IT14 |
| 车 | IT7~IT11 | 粉末冶金成型 | IT6~IT8 |
| 粉末冶金烧结 | IT7~IT10 | 锻造 | IT15~IT16 |

（3）考虑轴和孔的工艺等价性，尽量使配合的孔、轴的加工难易程度大致相当。标准公差等级≤IT8 的间隙和过渡配合，标准公差等级≤IT7 的过盈配合，推荐孔的公差等级比轴的公差等级低一级配合。低精度的孔和轴采用同级配合。

（4）协调与相配合零部件的精度关系。

（5）配合精度要求不高时，允许孔、轴公差等级相差 2~3 级，以降低加工成本。

（6）考虑加工成本。图 2.17 是公差等级和相对成本之间的关系。

## 2.3.3　配合的选择

配合的选择主要是根据配合部位的工作条件和功能要求，确定配合的松紧程度，并确定配合代号。基准制和孔、轴的公差等级都确定后，就要选择配合，以确定非基准件的基本偏差代号。

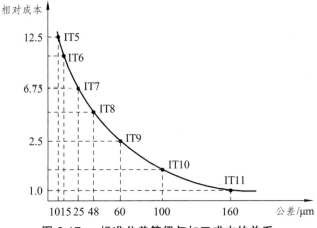

图 2.17　标准公差等级与加工成本的关系

### 2.3.3.1　配合选择的方法

配合选择的方法有三种，除了前面所述的**类比法、计算法（查表法）**外还有**实验法**。

实验法是指对所设计的配合进行模拟实验，以确定工作条件要求的最佳间隙或过盈及其允许变动的范围，然后确定配合的性质。实验法主要用于新产品和特别重要配合的选择。

### 2.3.3.2　配合选择的步骤

（1）确定配合的类别。

配合的选择首先要确定配合的类别。配合的类别应根据配合部位的功能要求来确定。功能要求和对应的配合类别见表 2.9。

表 2.9　功能要求和对应的配合

| | | 永久结合 | 过盈配合 |
|---|---|---|---|
| 无相对运动 | 要传递扭矩 | 要精确同轴 | |
| | | 可拆结合 | 过渡配合或基本偏差为 H（h）[①] 的间隙配合加紧固件[②] |
| | | 不需要精确同轴 | 间隙配合加紧固件 |
| | 不需要传递扭矩 | | 过渡配合或轻的过盈配合 |
| 有相对运动 | 只有移动 | | 基本偏差为 H（h）、G（g）等间隙配合 |
| | 转动或转动和移动形成的复合运动 | | 基本偏差为 A~F（a~f）等间隙配合 |

注：① 指非基准件的基本偏差代号；
　　② 紧固件指键、销钉和螺钉等。

（2）确定非基准件的基本偏差代号。

通过查表、计算，参考各种配合的性能特征，选择合适的配合。

#### 2.3.3.3 各类配合的选择

（1）间隙配合的选择。

间隙配合主要应用在孔、轴有相对运动和需要拆卸的无相对运动的配合部位。基孔制配合的间隙配合，轴的基本偏差代号为 a ~ h；基轴配合制的间隙配合，孔的基本偏差代号为 A ~ H。间隙配合的性能特征见表 2.10。

表 2.10　各种间隙配合的性能特征

| 基本偏差代号 | a、b<br>（A、B） | c<br>（C） | d<br>（D） | e<br>（E） | f<br>（F） | g<br>（G） | h<br>（H） |
|---|---|---|---|---|---|---|---|
| 间隙大小 | 特大间隙 | 很大间隙 | 大间隙 | 中等间隙 | 小间隙 | 较小间隙 | 很小间隙<br>$X_{\min}=0$ |
| 配合松紧程度 | 松 ————————————————————————————→ 紧 | | | | | | |
| 定心要求 | 无对中、定心要求 | | | | | 略有定心功能 | 有一定定心功能 |
| 摩擦类型 | 紊流流体摩擦 | | 层流液体摩擦 | | | | 半液体摩擦 |
| 润滑性能 | 差 ——————————→ 好 ←—————————— 差 | | | | | | |
| 相对运动速度 | | 慢速转动 | 高速转动 | | 中速转动 | 低速转动或移动<br>（或手动移动） | |

（2）过渡配合的选择。

过渡配合主要应用于孔与轴之间有定心要求，并且需要拆卸的静连接的配合部位。基孔配合制的过渡配合，轴的基本偏差代号为 js ~ m（n，p）；基轴配合制过渡配合，孔的基本偏差代号为 JS ~ M（N）；过渡配合的性能特征见表 2.11。

表 2.11　各种过渡配合的特征性能

| 基本偏差代号 | js<br>（JS） | k<br>（K） | m<br>（M） | n<br>（N） |
|---|---|---|---|---|
| 间隙或过盈量 | 过盈率很小稍有平均间隙 | 过盈率中等平均间隙（过盈）接近零 | 过盈率较大平均过盈较小 | 过盈率大平均过盈稍大 |
| 定心要求 | 可达较好的定心精度 | 可达较高的定心精度 | 可达精密的定心精度 | 可达很精密的定心精度 |
| 装配和拆卸性能 | 木锤装配拆卸方便 | 木锤装配拆卸比较方便 | 最大过盈时需要相当的压入力可以拆卸 | 用锤或压力机装配拆卸困难 |

（3）过盈配合的选择。

过盈配合主要应用于孔与轴之间需要传递扭矩的静连接的部位。基孔配合制的过盈配合，轴的基本偏差代号为（n，p）r~zc；基轴配合制的过盈配合，孔的基本偏差代号为（N）P~ZC。过盈配合的性能特征见表 2.12。

**表 2.12　各种过盈配合的性能特征**

| 基本偏差代号 | p、r（P、R） | s、t（S、T） | u、v（U、V） | x、y、z（X、Y、Z） |
|---|---|---|---|---|
| 过盈量 | 较小与小的过盈 | 中等与大的过盈 | 很大的过盈 | 特大过盈 |
| 传递扭矩的大小 | 加紧固件传递一定的扭矩与轴向力，属轻型过盈配合；不加紧固件可用于准确定心，仅传递小扭矩，需轴向定位部位 | 不加紧固件传递较小的扭矩与轴向力，属中型过盈配合 | 不加紧固件可传递大的扭矩与动载荷，属重型过盈配合 | 需传递特大扭矩和动载荷，属特重型过盈配合 |
| 装配和拆卸性能 | 装配时使用吨位小的压力机，用于需要拆卸的配合中 | 用于很少拆卸的配合中 | 用于不拆卸（永久结合）的配合 | |

## 2.3.4　优先常用公差带和配合的选择

### 2.3.4.1　优先、常用公差带

公称尺寸≤500 mm 的孔和轴的公差带分别如图 2.18 和图 2.19 所示。在进行公差带选择时，**优先选用方框中的公差带**，最后选用其他公差带。

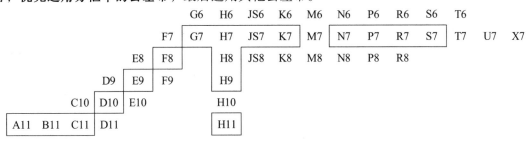

**图 2.18　公称尺寸≤500 mm 孔的公差带（摘自 GB/T 1801—2020）**

### 2.3.4.2　优先、常用配合

选择配合时，要尽量**选用优先配合**。优先、常用配合选用说明见表 2.13。公称尺寸>500~3 150 mm 的配合，一般采用基孔制的同级配合。根据零件制造特点和生产实际情况，可采用配制配合，采用配制配合可参考 GB/T 1801—2020。

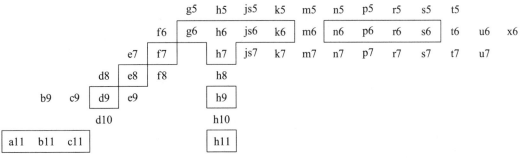

**图 2.19　公称尺寸≤500 mm 的轴的公差带（摘自 GB/T 1800.1—2020）**

### 表 2.13　优先配合选用说明

| 优先配合 | | 说　明 |
|---|---|---|
| 基孔制 | 基轴制 | |
| H11/c11 | C11/h11 | 间隙非常大，用于很松的、转动很慢的动配合，要求大公差与大间隙的外露组件，要求装配方便、很松的配合部位 |
| H9/d9 | D9/h9 | 间隙很大的自由转动配合，用于非主要配合，或有较大的温度变化、高转速或有大的轴颈压力的配合部位 |
| H8/f7 | F8/h7 | 间隙不大的转动配合，用于中等转速与中等轴颈压力的精确转动，装配较容易的中等精度的定位配合 |
| H7/g6 | G7/h6 | 间隙很小的滑动配合，用于不希望自由转动，但可自由移动和滑动并且有精密定位要求的配合部位；也可用于要求明确的定位配合 |
| H7/h6、H8/h7 H9/h9、H11/h11 | | 均为间隙定位配合，零件可自由拆装，而工作时一般相对静止不动。在最大实体要求条件下的间隙为零；在最小实体要求条件下的间隙由公差等级及形状精度决定 |
| H7/k6 | K7/h6 | 过渡配合，用于精密定位 |
| H7/n6 | N7/h6 | 过渡配合，允许有较大过盈的更精密定位 |
| H7/p6 | P7/h6 | 过盈定位配合（轻型过盈配合），用于定位精度高的配合部位，能以最好的定位精度达到部件的刚性及对中的性能要求。而对内孔承受压力无特殊要求，不依靠配合的紧固性传递摩擦负荷 |
| H7/s6 | S7/h6 | 中等压力配合，使用与一般钢件薄壁件的冷缩配合，也可用于铸铁件可要求最紧的配合 |
| H7/u6 | U7/h6 | 压入配合，适用于可承受高压力的零件或不宜承受大压力的冷缩配合 |

　　国家标准在公称尺寸≤500 mm 范围内，规定了基孔制和基轴制的优先和常用配合，见表 2.14 和表 2.15。

### 表 2.14　基孔制配合的优先配合（摘自 GB/T1800.1—2020）

| 基准孔 | 轴公差带代号 | | | | | | | | | | | | | | | | | |
|---|---|---|---|---|---|---|---|---|---|---|---|---|---|---|---|---|---|---|
| | 间隙配合 | | | | | 过渡配合 | | | | 过盈配合 | | | | | | | | |
| H6 | | | | g5 | h5 | js5 | k5 | m5 | | n5 | p5 | | | | | | | |
| H7 | | | f6 | g6 | h6 | js6 | k6 | m6 | n6 | p6 | r6 | s6 | t6 | u6 | x6 | | | |
| H8 | | e7 | f7 | | h7 | js7 | k7 | m7 | | | | s7 | | u7 | | | | |
| | d8 | e8 | f8 | | h8 | | | | | | | | | | | | | |
| H9 | d8 | e8 | f8 | | h8 | | | | | | | | | | | | | |
| H10 | b9 | c9 | d9 | e9 | | h9 | | | | | | | | | | | | |
| H11 | b11 | c11 | d10 | | h10 | | | | | | | | | | | | | |

表 2.15　基轴制优先、常用配合

| 基准孔 | 孔公差带代号 | | |
| --- | --- | --- | --- |
| | 间隙配合 | 过渡配合 | 过盈配合 |
| h5 | G6　H6 | JS6　K6　M6 | N6　P6 |
| h6 | F7　G7　H7 | JS7　K7　M7　N7 | P7　R7　S7　T7　U7　X7 |
| h7 | E8　F8　H8 | | |
| h8 | d9　E9　F9　H9 | | |
| h9 | E8　F8　H8 | | |
| | D9　E9　F9　H9 | | |
| | B11　C10　D10　　　H10 | | |

另外还必须注意，在表 2.14 中，当轴的标准公差≤IT7 级时，要与低一级的孔相配合；≥IT8 级时，与同级基准孔相配。在表 2.15 中，当孔的标准公差小于 IT8 级或一些等于 IT8 级时，要与高一级的基准轴相配，其余是孔、轴同级配合。

国家标准还给出了基孔制和基轴制常用配合的极限间隙和极限过盈数值。2.16 列出基孔制和基轴制优先配合的极限间隙和极限过盈数值。

表 2.16　基孔制和基轴制优先配合的极限间隙和极限过盈数值

| 基孔制 | | H7/g6 | H7/h6 | H8/f7 | H8/h7 | H9/d9 | H9/h9 | H11/c11 | H11/h11 | H7/k6 | H7/n6 | H7/p6 | H7/s6 | H7/u6 |
| --- | --- | --- | --- | --- | --- | --- | --- | --- | --- | --- | --- | --- | --- | --- |
| 基轴制 | | G7/h6 | H7/h6 | F8/h7 | H8/h7 | D9/h9 | H9/h9 | C11/h11 | H11/h11 | K7/h6 | N7/h6 | P7/h6 | S7/h6 | U7/h6 |
| 公称尺寸/mm | >10~18> | +35 / +6 | +29 / 0 | +61 / +16 | +45 / 0 | +136 / +50 | +86 / 0 | +315 / +95 | +220 / 0 | +17 / -12 | +6 / -23 | 0 / -29 | -10 / -39 | -15 / -44 |
| | >18~24 | +41 | +34 | +74 | +54 | +169 | +104 | +370 | +260 | +19 | +6 | -1 | -14 | -20 / -54 |
| | >24~30 | +7 | 0 | +20 | 0 | +65 | 0 | +110 | 0 | -15 | -28 | -35 | -48 | -27 / -61 |
| | >30~40 | +50 | +41 | +89 | +64 | +204 | +124 | +440 / +120 | +320 | +23 | +8 | -1 | -18 | -35 / -76 |
| | >40~50 | +9 | 0 | +25 | 0 | +80 | 0 | +450 / +130 | 0 | -18 | -33 | -42 | -59 | -45 / -86 |
| | >50~65 | +59 | +49 | +106 | +76 | +248 | +148 | +520 / +140 | +380 | +28 | +10 | -2 | -23 / -72 | -57 / -106 |
| | >65~80 | +10 | 0 | +30 | 0 | +100 | 0 | +530 / +150 | 0 | -21 | -39 | -51 | -29 / -78 | -72 / -121 |
| | >80~100 | +69 | +57 | +125 | +89 | +294 | +174 | +610 / +170 | +440 | +32 | +12 | -2 | -36 / -93 | -89 / -146 |
| | >100~120 | +12 | 0 | +36 | 0 | +120 | 0 | +620 / +180 | 0 | -5 | -45 | -59 | -44 / -101 | -109 / -166 |
| | >120~140 | +79 | +65 | +146 | +103 | +345 | +200 | +700 / +200 | +550 | +37 | +13 | -3 | -52 / -117 | -130 / -195 |
| | >140~160 | | | | | | | +720 / +210 | | | | | -60 / -125 | -150 / -215 |
| | >160~180 | +14 | 0 | +43 | 0 | +145 | 0 | +730 / +230 | 0 | -28 | -52 | -68 | -68 / -133 | -170 / -230 |

【例 2-5】公称尺寸 $\phi30$ mm 的孔、轴配合，要求间隙 $X$ 在 + 0.017~ + 0.076 mm 之间，试用查表法设计该孔、轴配合。

【解】根据"所选极限间隙 $X_{min}$、$X_{max}$ 不允许超过极限间隙[$X_{min}$]、[$X_{max}$]"的原则，查表 2.16 可知：

$$X_{min} = +20\ \mu m \geqslant [X_{min}] = +17\ \mu m, \quad X_{max} = +74\ \mu m \leqslant [X_{max}] = +76\ \mu m$$

所以，该孔、轴配合代号选择基孔制的 $\phi30H8/f7$。

【例 2-6】有一孔、轴配合，公称尺寸是 $\phi50$ mm，最大间隙 $X_{max}$ = + 0.049 mm，最大过盈 $Y_{max}$ = − 0.015 mm。试用计算法确定此配合的孔、轴公差等级和配合代号。

【解】（1）确定孔、轴公差等级。

由题目给定的条件可知，此配合为过渡配合，其允许的配合公差为

$$T_f =| X_{max} - Y_{max} |=| 0.049 - (-0.015) |= 0.064$$

假设孔与轴为同级配合，则

$$T_D = T_d = \frac{T_f}{2} = \frac{0.064}{2} = 0.032$$

根据公称尺寸 $\phi50$，查标准公差数值表可知，0.032 介于 IT7 = 0.025 和 IT8 = 0.039 之间，而在该公差范围内，要求孔比轴低一级的配合，故取孔的公差等级为 IT8，轴的公差等级为 IT7。则

$$T_f' = IT7 + IT8 = 0.025 + 0.039 = 0.064$$

（2）确定孔和轴的公差带代号。

由于没有特殊的要求，故优先选用基孔配合制，则孔的公差带代号为 $\phi50H8$。孔的上、下极限偏差为

$$EI - 0,\ ES - EI + IT8 - 0 + 0.039 - +0.039$$

根据

$$ES - ei \leqslant X_{max},\ ei \geqslant ES - X_{max}\ 0.039 - 0.049 = -0.010$$

根据公称尺寸 $\phi50$，查表可得基本偏差代号为 j 的下极限偏差 ei = −0.010，刚好满足要求，对应的上极限偏差为 es = ei + IT7 = −0.010 + 0.025 = 0.015，故轴的公差带代号为 $\phi50j7$。

（3）选择配合。

综合（1）、（2），选择的配合为 $\phi50 \dfrac{H8(^{+0.039}_{0})}{j7(^{+0.015}_{-0.010})}$

（4）验算。

$$X_{max}' = ES - ei = 0.039 - (-0.010) = +0.049$$
$$Y_{max}' = EI - es = 0 - 0.015 = -0.015$$
$$(Y_{max}', X_{max}') = (Y_{max}, X_{max}) = (-0.015, +0.049)，故满足要求。$$

实际应用时，若计算出的公差数值和极限偏差数值与表中的数据不一致时，应根据实际的精度要求，适当选择。对于大批量生产，一般规定 $\frac{|\Delta|}{T_f}<10\%$ 仍可满足使用要求（$\Delta$ 为实际极限盈隙与给定极限盈隙的差值）。

【例 2-7】试分析确定图 2.20 所示 C6132 车床尾座有关部分的配合选择。

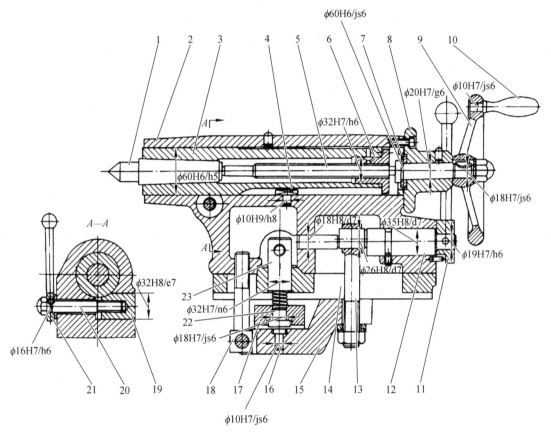

1—顶尖；2—尾座；3—顶尖套筒；4—定位块；5—丝杠；6—螺母；7—挡圈；8—后盖；9—手轮；10—手柄；
11—扳手；12—偏心轴；13—拉紧螺钉；14—底板；15—丝杠；16—小压板；17—压板；18—螺钉；
19—夹紧套；20—螺杆；21—小扳手；22—压块；23—柱。

**图 2.20  车床尾座装配图**

【解】该车床属中等精度，小批量生产的机械。尾座的作用主要是以顶尖顶持工件或安装钻头、铰刀等，并承受切削力。尾座与主轴有严格的同轴度要求。

尾座应能沿床身导轨移动，移动到位可扳动扳手 11，通过偏心轴 12 使拉紧螺钉 13 上提，使压板 17 紧压床身，从而规定尾座位置。转动手轮 9，通过丝杠 5，推动螺母 6、顶尖套筒 3 和顶尖 1 沿轴向移动，顶紧工件。最后扳动小扳手 21，由螺杆 20 拉紧夹紧套 19，使顶尖的位置固定。

极限与配合选用如表 2.17 所示。

表2.17　线性尺寸的极限偏差数值

| 序号 | 配合部位 | 配合代号 | 说　明 |
|---|---|---|---|
| （1） | 顶尖套筒 3 的外圆柱面与尾座体 2 上孔的配合 | $\phi60$H6/h5 | 保证套筒要求能在孔中沿轴向移动 |
| （2） | 螺母 6 与顶尖套筒 3 上 $\phi32$ 内孔的配合 | $\phi32$H7/h6 | $\phi32$ 内孔具有径向定位作用，要求装配方便，保证螺同心和丝杠转动的灵活性 |
| （3） | 后盖 8 凸肩与尾座体 2 上 $\phi60$ 孔的配合 | $\phi60$H6/js6 | 要求后盖 8 能沿径向移动，补偿其与丝杠轴装配后可能产生的偏心误差，保证丝杠的灵活性 |
| （4） | 后盖 8 与丝杠 5 上的 $\phi20$ 轴颈的配合 | $\phi20$H7/g6 | 要求低速转动，间隙比轴向移动时稍大即可 |
| （5） | 手轮 9 与丝杠 5 右端 $\phi18$ 轴颈的配合 | $\phi18$h7/js6 | 手轮有半圆键带动丝杠转动，要求装卸方便且不产生相对运动 |
| （6） | 手柄 10 与手轮 9 上的 $\phi10$ 孔合 | $\phi10$H7/js6 | 手轮为铸件，过盈不能太大，装配后不拆卸要求 |
| （7） | 定位块 4 与尾座体 2 上的 $\phi10$ 孔的配合 | $\phi10$H9/h8 | 要求定位块装配方便，轴向在 $\phi10$ 孔内稍作回转 |
| （8） | 偏心轴 12 与尾座体 2 上 $\phi18$ 和 $\phi35$ 两支承孔的配合 | $\phi18$H8/d7 $\phi35$H8/d7 | 保证偏心轴顺利回转且能补偿偏心轴与另支承孔的同轴度误差 |
| （9） | 偏心轴 12 与拉紧螺钉 13 上 $\phi26$ 的孔的配合 | $\phi26$H8/d7 | 保证偏心轴顺利回转且能补偿偏心轴与另支承孔的同轴度误差 |
| （10） | 偏心轴 12 与扳手 11 的配合 | $\phi19$H7/h6 | 装配时销与偏心轴配合。要求调整手柄处于紧固位置时，偏心轴处于偏心向上位置 |
| （11） | 丝杠 15 上 $\phi10$ 孔与小压块 16 的配合 | $\phi10$H7/js6 | 保证装配方便，且装拆时不易掉出 |
| （12） | 压板 17 上 $\phi18$ 孔与压块 22 的配合 | $\phi18$H7/js6 | 保证装配方便，且装拆时不易掉出 |
| （13） | 底板 14 上 $\phi32$ 孔与柱 23 的配合 | $\phi32$H7/n6 | 要求在有横向力时不松动，装配时可用锤击 |
| （14） | 夹紧套 19 与尾座体 2 上 $\phi32$ 孔的配合 | $\phi32$H8/e6 | 要求当小扳手 21 松开后，夹紧套很容易退出 |
| （15） | 小扳手 21 上 $\phi16$ 孔与螺杆 20 的配合 | $\phi18$H7/js6 | 保证两证用半圆键联结时，功能与手轮和丝杠相近 |

# 2.4　线性尺寸的未注公差

本节介绍《一般公差》（GB/T 1804—2000），其应用于线性尺寸。

## 2.4.1 线性尺寸的未注公差的基本概念

线性尺寸的未注公差是指在普通工艺条件下，机床设备一般加工能力可以保证的公差。线性尺寸的未注公差也称为一般公差。在正常维护和操作条件下，它代表较为经济的加工精度。当零件上的某尺寸采用未注公差时，在零件图上该尺寸仅标注其公称尺寸，极限偏差在技术要求中统一说明。

使用线性尺寸的未注公差，具有如下优点：

（1）可简化制图，使图样清晰；

（2）可节省图样设计时间；

（3）有助于质量管理；

（4）可突出重要的要素，以便在加工和检验时得到保证；

（5）便于供需双方达成加工和销售合同协议。

线性尺寸的未注公差主要应用于精度要求较低的非配合尺寸。未注公差可用于金属切削加工的尺寸，也适用于一般的冲压加工的尺寸。非金属材料和其他工艺方法加工的尺寸也可参考使用。

## 2.4.2 线性尺寸的未注公差的公差等级和极限偏差

一般公差分精密 f、中等 m、粗糙 c、最粗 v 共 4 个公差等级。线性（长度）尺寸的极限偏差数值见表 2.18，倒角半径和倒角高度尺寸的极限偏差数值见表 2.19，角度尺寸的极限偏差数值见表 2.20。

**表 2.18　线性尺寸的极限偏差数值**　　mm

| 公差等级 | 尺 寸 分 段 | | | | | | | |
|---|---|---|---|---|---|---|---|---|
| | 0.5~3 | >3~6 | >6~30 | >30~120 | >120~400 | >400~1 000 | >1 000~2 000 | >2 000~4 000 |
| 精密 f | ±0.05 | ±0.05 | ±0.1 | ±0.15 | ±0.2 | ±0.3 | ±0.5 | — |
| 中等 m | ±0.1 | ±0.1 | ±0.2 | ±0.3 | ±0.5 | ±0.8 | ±1.2 | ±2 |
| 粗糙 c | ±0.2 | ±0.3 | ±0.5 | ±0.8 | ±1.2 | ±2 | ±3 | ±4 |
| 最粗 v | — | ±0.5 | ±1 | ±1.5 | ±2.5 | ±4 | ±6 | ±8 |

**表 2.19　倒圆半径和倒角高度尺寸的极限偏差数值**　　mm

| 公差等级 | 基本尺寸分段 | | | |
|---|---|---|---|---|
| | 0.5~3 | >3~6 | >6~30 | >30 |
| 精密 f | ±0.2 | ±0.5 | ±1 | ±2 |
| 中等 m | | | | |
| 粗糙 c | ±0.4 | ±1 | ±2 | ±4 |
| 最粗 v | | | | |

注：倒圆半径和倒角高度的含义参见GB/T 6403.4。

表 2.20　角度尺寸的极限偏差数值　　　　　　mm

| 公差等级 | 长度分段 | | | | |
|---|---|---|---|---|---|
| | >0～10 | >10～50 | >50～120 | >120～400 | >400 |
| 精密 f | ±1° | ±30′ | ±20′ | ±10′ | ±5′ |
| 中等 m | | | | | |
| 粗糙 c | ±1°30′ | ±1° | ±30′ | ±15′ | ±10′ |
| 最粗 v | ±3° | ±2° | ±1° | ±30′ | ±20′ |

### 2.4.3　图样表示和判定

若采用 GB/T 1804—2000 规定的线性未注公差，**在图样标题栏附近或技术要求、技术文件中需标出标准号和公差等级代号**。例如，选中等 m 级时，标注：

线性尺寸的未注公差 GB/T 1804-m。

零件功能所允许的公差通常大于线性尺寸的未注公差，所以当零件的任一要素超出未注公差时，一般不会损害零件的功能。所以，超出未注公差的零件若未达到损害其功能要求时，通常不判定为拒收。当生产和使用双方有争议或有特别规定时，应在表中查得的极限偏差作为依据来判定零件的合格性。

# 小　结

1. 公差尺寸是设计给定的。实际组成要素是通过测量获得的。极限尺寸第允许尺寸变动的最大或最小尺寸的两个极限值。

2. 公差是允许尺寸的变动范围，其值是五正负的线性尺寸或角度量值，且不能为零。

3. 偏差是某一尺寸减去公称尺寸的代数差，其值可为正、负或零。

4. 配合是公称尺寸相同的相互结合的孔、轴公差带之间的关系。配合分为间隙配合、过盈配合和过渡配合。

配合公差是允许间隙或过盈的变动量，是配合部位松紧变化程度的允许值。

有关尺寸、公差、偏差的术语、代号、公式见表 2.21。

有关配合的术语、公式见表 2.22。

表 2.21　角度尺寸的极限偏差数值

| 名称 | | | 代号 | | 公式及要求 | 特点要求 |
|---|---|---|---|---|---|---|
| | | | 孔 | 轴 | | |
| 尺寸 | 公差尺寸 | | $D$ | $d$ | 设计给定的 | 可为整数、小数，符合标准公差系列 |
| | 极限尺寸 | 上极限尺寸 | $D_{max}$ | $d_{max}$ | 是允许的尺寸的最大或最小两个极限值 | 极限值 |
| | | 下极限尺寸 | $D_{min}$ | $d_{min}$ | | |

| 名　称 | | 代号 | | 公式及要求 | 特点要求 |
|---|---|---|---|---|---|
| | | 孔 | 轴 | | |
| 实际组成要素（实际尺寸） | | $D_a$ | $d_a$ | 合格条件 $$D_{max} \geqslant D_a \geqslant D_{min}$$ $$d_{max} \geqslant d_a \geqslant d_{min}$$ | 通过测量获得的尺寸，实际值 |
| 尺寸偏差 | 极限偏差 | 上极限偏差　ES | es | $$ES = D_{max} - D$$ $$es = d_{max} - d$$ | 可为正值、负值或零，数值前冠以符号 |
| | | 下极限偏差　EI | ei | $$EI = D_{min} - D$$ $$ei = d_{min} - d$$ | |
| | 实际偏差 | $E_a$ | $e_a$ | $$E_a = D_a - D$$ $$e_a = d_a - d$$ | |
| 尺寸公差 | | $T_D$ | $T_d$ | $$T_D = \mid D_{max} - D_{min} \mid$$ $$T_d = \mid d_{max} - d_{min} \mid$$ | 公差是没有符号的绝对值 |

**表 2.22　配合的术语、公式**

| 配合种类 | 孔、轴公差带位置 | 特征量值计算公式 | 配合公差及计算公式 |
|---|---|---|---|
| 间隙配合 | 孔公差带在轴公差带上方 | $$X_{max} = D_{max} - d_{min} = ES - ei$$ $$X_{min} = D_{min} - d_{max} = EI - es$$ | $$T_f = X_{max} - X_{min}$$ |
| 过渡配合 | 孔公差带与轴公差带相互重叠 | $$X_{max} = D_{max} - d_{min} = ES - ei$$ $$Y_{max} = D_{min} - d_{max} = EI - es$$ | $$T_f = X_{max} - Y_{max}$$ |
| 过盈配合 | 孔公差带在轴公差带上方 | $$Y_{max} = D_{min} - d_{max} = EI - es$$ $$Y_{min} = D_{max} - d_{min} = ES - ei$$ | $$T_f = Y_{min} - Y_{max}$$ |

# 习　题

2-1　思考题:

（1）极限尺寸、极限偏差和尺寸公差的联系和区别是什么？

（2）什么是配合？配合的分类？其特征是什么？

(3) 为什么对尺寸分段？如何分段？

（4）什么是基孔制、基轴制？如何选择？

（5）什么是未注线性公差？它在图样中如何标注？

2-2　判断题:

（1）公称尺寸是设计给定的尺寸，所以零件的实际尺寸越接近公称尺寸越好。

（2）孔、轴加工误差越小，它们的配合精度越高。

（3）尺寸公差是尺寸允许的最大偏差。

（4）基孔制过渡配合的轴，其上偏差必大于零。

2-3　根据下表中提供的数据，求出空格中数据并填空。

| 公称尺寸 | 孔 | | | 轴 | | | 最大间隙 $X_{max}$ 或最小过盈 $Y_{min}$ | 最小间隙 $X_{min}$ 或最大过盈 $Y_{max}$ | 配合公差 $T_f$ |
|---|---|---|---|---|---|---|---|---|---|
| | ES | EI | $T_D$ | es | ei | $T_d$ | | | |
| 20 | | | 0.033 | −0.007 | | | | +0.007 | 0.054 |
| 40 | | 0 | | | +0.009 | 0.025 | +0.030 | | |
| 60 | | | 0.030 | 0 | −0.019 | | | −0.051 | |

2-4　查表确定下列公差带极限偏差，画出尺寸公差带图。

（1）$\phi30S5$；（2）$\phi65F9$；（3）$\phi50P5$；（4）$\phi110d8$；（5）$\phi85js5$；（6）$\phi40n5$。

2-5　（1）确定下列各孔、轴公差带极限偏差，画出孔、轴公差带图；（2）说明基准制；（3）计算配合的特征量值，判断配合种类并画出配合公差图。

（1）$\phi50\dfrac{H8}{js7}$；（2）$\phi40\dfrac{N7}{h6}$；（3）$\phi40\dfrac{H8}{h8}$；（4）$\phi85\dfrac{P7}{h6}$；（5）$\phi85\dfrac{H7}{g6}$；（6）$\phi65\dfrac{H7}{u6}$。

2-6　按给定的尺寸 $\phi60^{+0.046}_{0}$ mm（孔）和 $\phi60^{+0.041}_{+0.011}$ mm（轴）加工孔和轴，现取一对孔、轴，经实测后得孔的尺寸为 $\phi60.035$ mm，轴的尺寸为 $\phi60.039$ mm。试求该孔和轴的实际偏差以及该孔和轴配合的实际盈隙，并说明它们的配合类型。

2-7　已知下列三对孔、轴配合：

①孔：$\phi20^{+0.033}_{0}$　　　轴：$\phi20^{-0.065}_{-0.098}$

②孔：$\phi35^{+0.007}_{-0.018}$　　　轴：$\phi35^{0}_{-0.016}$

③孔：$\phi55^{+0.030}_{0}$　　　轴：$\phi55^{+0.060}_{+0.041}$

要求：（1）分别绘出公差带图，并说明它们的配合类型；（2）分别计算三对配合的最大与最小间隙（$X_{max}$，$X_{min}$）或过盈（$Y_{max}$，$Y_{min}$）及配合公差；（3）查表确定孔、轴公差带代号。

2-8　有下列孔和轴的配合，根据给定的数值，用计算法和查表法确定它们的公差等级并选用适当的配合，并画出孔、轴公差带示意图。

（1）配合的公称尺寸为 25 mm，$X_{max} = +0.086$ mm，$X_{min} = +0.020$ mm。

（2）配合的公称尺寸为 40 mm，$Y_{max} = -0.076$ mm，$Y_{min} = -0.035$ mm。

（3）配合的公称尺寸为 60 mm，$Y_{max} = -0.032$ mm，$X_{max} = +0.046$ mm。

# 第 3 章　测量技术基础与光滑极限量规设计

【**案例导入**】图 3.1 是一级圆柱齿轮减速器输出轴零件图。轴加工完成后，如何知悉加工出来的工件是否合格？零件图遵守相关规则或要求时，采用何种形式判断其合格？

【**学习目标**】本章以轴为例，介绍长度基准及传递、量块、测量器具与测量方法的分类、测量误差的种类及其特征和数据处理、通规、止规、验收极限等知识。领会尺寸传递系统、测量误差产生的原因、光滑极限量规的公差带、验收方式。具有测量器具与测量方法的选用、光滑极限量规判断零件的合格性、验收方式确定的能力，尤其是合理选用计量器具的能力。

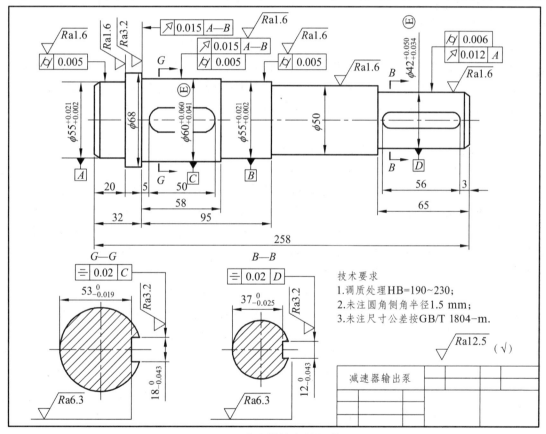

**图 3.1　减速器输出轴零件图**

## 3.1　概　述

在机械设计制造过程中，需要通过测量来判断加工后的零件是否符合设计要求。**测量技术主要是研究对零件的几何量进行测量和检验的一门技术**。国家标准是实现互换性的基础，测量技术是实现互换性的保证。测量技术在生产中占据着举足轻重的地位。

**几何量测量就是将被测几何量与作为计量单位的标准量进行比较，从而确定被测量量值的一种实验过程**。若以 $L$ 表示被测量，以 $E$ 表示所采用的计量单位，则比值为

$$q = L/E \qquad\qquad (3.1)$$

在被测量 $L$ 一定的情况下，比值 $q$ 的大小完全取决于所采用的计量单位 $E$，计量单位的选择取决于被测量所要求的精确程度，则测量结果为

$$L = qE \qquad\qquad (3.2)$$

上式说明：如果采用的计量单位 $E$ 为 mm，与一个被测量比较所得的比值 $q$ 为 30，则其被测量值也就是测量结果应为 30 mm。计量单位越小，比值就越大。计量单位的选择取决于被测几何量所要求的测量精度，精度要求越高，计量单位就应选得越小。

**一个完整的几何量测量过程应包括**：被测对象、计量单位、测量方法和测量精度四个要素。

（1）**被测对象**：本课程研究的被测对象主要指零件的几何量，包括长度、角度、几何形状、相互位置以及表面结构参数等。

（2）**计量单位**：指用于度量被测量量值的标准量，是指国家的法定计量单位。我国规定采用以国际单位制（SI）为基础的法定计量单位制，基本长度单位为米（m），基本角度单位为度（°）。在机械制造中，常用的长度单位为毫米（mm）；在精密测量中，长度单位多采用微米（μm）；在超精密测量中，多采用纳米（nm）。采用的角度单位为弧度（rad）、微弧度（μrad）及度（°）、分（′）、秒（″）。

（3）**测量方法**：指测量时所采用的测量器具、测量原理以及检测条件的总和。对几何量的测量而言，则是根据被测零件的特点（如材料硬度、外形尺寸、重量、批量大小等）和被测对象的精度要求及与其他参数的关系来拟定测量方案、选择计量器具和规定测量条件。

（4）**测量精度**：指测量结果与真值的一致程度。任何测量过程都不可避免会产生测量误差。因此，任何测量结果都是一个表示真值的近似值。精度和误差是两个相互对应的概念。**测量误差的大小反映测量精度的高低**。精度高，说明测量结果更接近真值，测量误差更小；反之，精度低，说明测量结果远离真值，测量误差大。不知测量精度的测量是毫无意义的测量。

对技术测量提出的基本要求是：保证计量单位的统一和量值准确，控制测量误差，保证测量精确度，正确、经济、合理地选择计量器具和测量方法，保证一定的测量条件。

技术测量的先进性或测量精度的高低是衡量制造业水平的重要依据。

在生产实际中，常常使用"**检验**"一词，它与测量的区别在于"检验"通常只是确定被测几何量是否在规定的验收极限范围内，从而判断零件是否合格的过程，"检验"不一定要得出具体的量值。"检验"是一个比"测量"含义更广泛的概念。对于金属内部质量的检验、表面裂纹的检验等，就不能用"测量"这一概念。

# 3.2　长度基准与量值传递

## 3.2.1　长度基准

测量需要标准量，而标准量所体现的量值需要由基准提供，因此，为了保证测量的准确

性，首先必须要建立统一、稳定可靠的计量单位基准。计量单位是有明确定义和名称且其数值为 1 的一个固定物理量。对计量单位的要求是：统一稳定，能够复现，便于应用。**在我国法定计量单位制中，长度的基本单位是米。**

1983 年第 17 届国际计量大会上定义"米"为："米是光在真空中 1/299 792 458 s 时间间隔内所行进的路程的长度。""米"的定义用稳频激光来复现。以稳频激光的波长作为长度基准具有极好的稳定性和复现性，可以保证计量单位稳定、可靠和统一，使用方便，提高测量精度。

## 3.2.2　长度量值传递系统

实际测量时，一般不便于直接采用光波波长，需要把复现的长度基准量值逐级准确地传递到实际所使用的计量器具和被测工件上，建立长度量值传递系统，如图 3.2 所示。

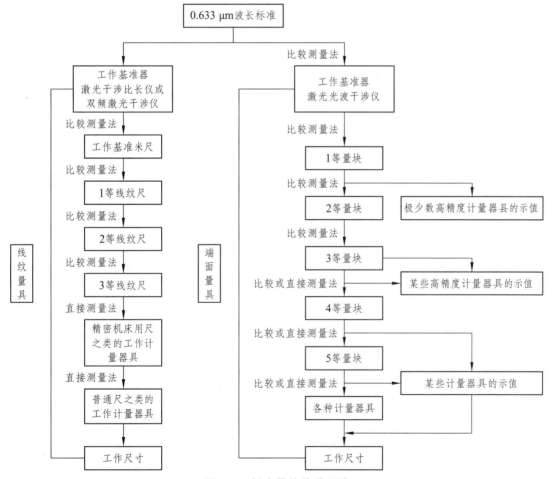

**图 3.2　长度量值传递系统**

长度量值从国家基准波长开始，**通过两个平行的**系统向下传递：① 断面量具（量块）系统；② 刻线量具（线纹尺）系统。量块和线纹尺中，量块的应用更为广泛。

### 3.2.3　量　块

**量块是没有刻度、截面为矩形的平面平行端面量具，是以两相互平行的测量面之间的距离来决定其长度的一种高精度的单值量具**。量块在机械制造和仪器制造中应用很广。除了作为长度基准的传递媒介以外，作为长度尺寸传递的实物基准，量块还广泛应用于计量器具的校准和鉴定，相对测量时用来调整仪器的零位，也可直接用于机械行业精密设备的调整、精密划线和精密工件的测量等。

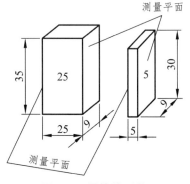

量块

#### 3.2.3.1　量块的材料

量块一般用特殊合金钢材料（铬锰钢）制造，这种材料具有线膨胀系数小、不易变形、硬度高、耐磨性好、有极好的抛光性和研合性等特点。

#### 3.2.3.2　量块的形状和尺寸

量块的形状一般为矩形截面的长方体和圆形截面的圆柱体（主要应用于千分尺的校对棒）两种，常用的为长方体如图 3.3 所示。量块有两个相互平行的测量面（工作面）和四个非测量面。两个平行的测量面之间的距离为量块的**工作长度**，量块上标出的长度，称为**标称长度**。测量面极为光滑平整。标称尺寸小于 5.5 mm 的量块，有数字的一面为上测量面；尺寸大于 5.5 mm 的量块，有数字平面的右侧为上测量面。

图 3.3　量块的形状

#### 3.2.3.3　量块的精度

为了满足不同的使用需要，国家标准对量块规定了若干"**级**"和若干"**等**"。

按 GB/T 6093—2001 的规定，量块按制造技术要求分为 5 级，**即** K、0、1、2、3 级。其中 0 级精度最高，3 级精度最低，K 级为校准级。分级的主要根据是量块长度极限偏差、量块长度变动允许值、测量面的平面度及测量面的表面粗糙度等。

按我国《量块检定规程》（JJG146—2011）规定，**将量块分为 5 等，即 1、2、3、4、5**。其中 1 等量块技术要求最高，5 等技术要求最低。低一等的量块尺寸是由高一等的量块传递而来。

量块按"级"使用时，是以刻在量块上的标称长度作为工作尺寸，该尺寸包含了量块的制造误差；量块按"等"使用时，是以检定后测得的实际尺寸作为工作尺寸，该尺寸排除了量块制造误差的影响，仅包含检定时较小的测量误差。所以**量块按"级"使用较按"等"使用方便，量块按"等"使用比按"级"使用时的测量精度高**。

#### 3.2.3.4　量块的组合使用

量块是单值量具，需成套配制使用。根据 GB/T 6093—2001 的规定，生产的成套量块有 91 块、83 块、46 块和 38 块等 17 种组套别。表 3.1 列出了 91、83 和 46 块组量块的尺寸系列。

量块除了具有稳定性、耐磨性和准确性等基本特性外，量块还具有一个重要特性——**研合性**。利用量块的研合性可以进行**量块组合**。在进行量块组合时，为了减少量块的组合误差，通常应遵循以下原则：

（1）选择量块时，无论是按"级"测量还是按"等"测量，都应按照量块的名义尺寸（量块上标出的尺寸）进行选取。

（2）选用量块时，应从消去所需尺寸最小尾数开始，逐一选取，每选一块应使尺寸至少去掉一位小数。

（3）使量块块数尽可能少，以减少积累误差，一般不超过 4 块。

（4）必须从同一套量块中选取，决不能在两套或两套以上的量块中混选。

（5）组合时，下测量面一律朝下。

【**例 3-1**】从一套 83 块量块中选取量块，组合成尺寸 36.375 mm。

【**解**】量块组合的过程如图 3.4 所示。

（1）量块组合尺寸为 36.375 mm，选取第一块量块尺寸为 1.005 mm。

（2）剩余尺寸为 35.37 mm，选取第二块量块尺寸为 1.37 mm。

（3）剩余尺寸为 34 mm，选取第三块量块尺寸为 4 mm。

（4）剩余尺寸为 30 mm，选取第四块量块尺寸为 30 mm。

即：$36.375 = 1.005 + 1.37 + 4 + 30$

研合量块组的正确方法如图 3.5 所示。

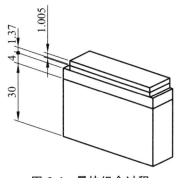

图 3.4　量块组合过程

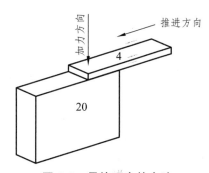

图 3.5　量块研合的方法

表 3.1　成套量块的组合尺寸（摘自 GB/T 6093—2001）

| 套别 | 总块数 | 级别 | 尺寸系列/mm | 间隔/mm | 块数 |
|---|---|---|---|---|---|
| 1 | 91 | 0，1 | 0.5 | — | 1 |
| | | | 1 | — | 1 |
| | | | 1.001，1.002，…，1.009 | 0.001 | 9 |
| | | | 1.01，1.02，…，1.49 | 0.01 | 49 |
| | | | 1.5，1.6，…，1.9 | 0.1 | 5 |
| | | | 2.0，2.5，…，9.5 | 0.5 | 16 |

续表

| 套别 | 总块数 | 级别 | 尺寸系列/mm | 间隔/mm | 块数 |
|---|---|---|---|---|---|
| 2 | 83 | 0, 1, 2 | 0.5 | — | 1 |
| | | | 1 | — | 1 |
| | | | 1.005 | — | 1 |
| | | | 1.01, 1.02, …, 1.49 | 0.01 | 49 |
| | | | 1.5, 1.6, …, 1.9 | 0.1 | 5 |
| | | | 2.0, 2.5, …, 9.5 | 0.5 | 16 |
| | | | 10, 20, …, 1000 | 10 | 10 |
| 3 | 46 | 0, 1, 2 | 1 | — | 1 |
| | | | 1.001, 1.002, …, 1.009 | 0.001 | 9 |
| | | | 1.01, 1.02, …, 1.09 | 0.01 | 9 |
| | | | 1.1, 1.2, …, 1.9 | 0.1 | 9 |
| | | | 2, 3, …, 9 | 1 | 8 |
| | | | 10, 20, …, 100 | 10 | 10 |

# 3.3 角度传递系统

角度也是机械设计制造中的重要几何参数之一。平面角的计量单位弧度，是指从一个圆的圆周上截取的弧长与该圆的半径相等时所对的中心平面角。对任意一个圆周进行机械细致的等分，就可以获得任何精确的平面角，形成封闭的360°中心角。因此，任何一个圆周都可以视为角度的自然基准。但是在实际应用中，为了特定角度的测量方便和便于对测角量具量仪进行检定，仍需建立角度量值基准。现在最常用的实物基准是分度盘或多面棱体。我国目前作为角度量的最高基准是分度值为0.1″的精密测角仪。机械制造业中的一般角度基准则是角度量块、测角仪或分度头。

以前常用角度量块作为基准，并以它进行角度传递。现在最常用的是多面棱体。目前生产的多面棱体有4、6、8、12、24、36、72面等。图3.6所示为八面棱体，在任一横切面上其相邻两面法线间的夹角为45°。用它作基准可以测 $n \times 45°$ 的角（$n = 1, 2, 3 \cdots$）。

以多面棱体作角度基准的量值传递系统，如图3.7所示。

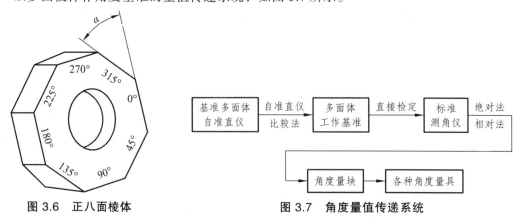

图 3.6  正八面棱体          图 3.7  角度量值传递系统

用多面棱体测量时，可以把它直接安放在被检定量仪上使用，也可以利用它中间的圆孔，将其安装在心轴上使用。多面棱体通常与高精度自准直仪联用。

# 3.4　计量器具和测量方法

计量器具和误差

## 3.4.1　计量器具的分类

**计量器具（又称为测量器具）是指能够单独地或连同辅助设备一起用以进行测量的器具。**按用途和特点，计量器具可分为用于几何量测量的量具、量规、量仪（计量仪器）和计量装置 4 类。

### 3.4.1.1　量　具

**量具是指以固定形态复现量值的计量器具。**量具又可分为单值量具、多值量具和标准量具等。单值量具是用来复现单一量值的量具，如量块、角度量块、直角尺等，它们通常都是成套使用。多值量具是能够复现一定范围的一系列不同量值的量具，如线纹尺、游标卡尺、千分尺等。标准量具是用作计量标准，供量值传递用的量具，如量块、基准米尺等。量具一般没有放大装置，常在单件小批量生产中使用。

### 3.4.1.2　量　规

**量规是一种没有刻度的专用计量器具，用以检验零件要素实际尺寸和几何误差的综合结果。**它只能判断零件是否合格，而不能得出具体实际尺寸和几何误差值，如光滑极限量规、螺纹量规、位置量规等。量规一般在成批、大量生产中使用。

### 3.4.1.3　量　仪

**量仪即计量仪器，是指能将被测量值转换成可直接观察的指示值或等效信息的计量器具。**量仪一般有放大系统和指示系统。根据所测信号的转换原理和量仪本身的结构特点，量仪可分为机械式、光学式、电动式、气动式，以及它们的组合形式——光、机、电一体的现代量仪。

（1）机械式量仪。

机械式量仪是指用机械方法实现原始信号转换的量仪，一般都具有机械测微机构，如百分表、千分表、杠杆比较仪及扭簧比较仪等。这种量仪结构简单、性能稳定、使用方便。

（2）光学式量仪。

光学式量仪是指用光学方法实现原始信号转换的量仪，一般都具有光学放大（测微）机构，如光学比较仪、测长仪、工具显微镜、光学分度头、干涉仪等。这种量仪精度高、性能稳定。

（3）电动式量仪。

电动式量仪是指将原始信号转换为电量形式的测量信号（电流、电感、电容等）的量仪，一般都具有放大、滤波等电路，如电感比较仪、电容比较仪、电动轮廓仪、圆度仪等。这种量仪精度高，测量信号经模数（A/D）转换后，易于与计算机接口，实现测量和数据处理的自动化。

（4）气动式量仪。

气动式量仪是指以压缩空气为介质，通过气动系统流量或压力的变化来实现原始信号转换的量仪，如水柱式气动量仪、浮标式气动量仪等。这种量仪结构简单、测量精度和效率高、操作方便，可进行远距离测量，也可以对难以用其他转换原理测量的部位进行测量（如深孔部位测量），但示值范围小，对于不同的被测参数需要不同的测头。

#### 3.4.1.4　计量装置

**计量装置（又称测量装置、测量系统、检验夹具）是指为确定被测几何量量值所必需的计量器具和辅助设备的总体。**即指组装起来以进行特定测量的全套测量仪器和其他设备。计量装置是一种专用检验工具，可以迅速地检验更多或更复杂的参数，从而有助于实现自动测量和自动控制。如齿轮综合精度检查仪、发动机缸体孔的几何精度综合测量仪、自动分选机、检验夹具、主动测量装置等。

### 3.4.2　计量器具的基本技术性能指标

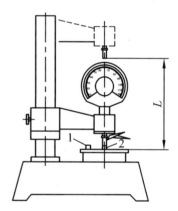

计量器具的基本技术性能指标是合理选样和使用计量器具的重要依据。下面以机械式测微比较仪（外形见图 3.8）为例介绍计量器具的基本技术性能指标。

（1）标尺间距。

**标尺间距是指计量器具的标尺或分度盘上相邻两刻线中心之间的距离或圆弧长度。**为了便于读数，刻线间距不宜太小，一般为 1 ~ 2.5 mm。

图 3.8　机械式测微比较仪

（2）分度值。

**分度值也称刻度值，是指标尺或刻度盘上每一标尺间距所代表的量值**在几何量测量中，常用的分度值有 0.1 mm、0.05 mm、0.02 mm、0.01 mm、0.002 mm 和 0.001 mm 等几种。图 3.8 所示的机械式比较仪的刻度值为 0.002 mm。对于没有标尺或刻度盘的量具或量仪（如数值式量仪）就不能使用分度值这一概念，而将其称为分辨力。分辨力是指计量器具所能显示的最末一位数所代表的量值。它反映了指示装置对紧密相邻量值的有效辨别能力。一般来说，若某一计量器具的分度值或分辨力越小，则该计量器具的精度就越高。

（3）示值范围。

**示值范围是计量器具指示的被测几何量最低值与最高值的范围（或起始值到终止值）。**例如，图 3.8 所示的机械式比较仪所能指示的最低值为 – 60 μm，最高值为 60 μm，因此，该机械比较仪的示值范围为 – 60 ~ + 60 μm。

（4）测量范围。

**测量范围是指使计量器具在允许的误差限内所能测量的被测几何量值的下限值至上限值的范围。**例如，图 3.8 所示机械式比较仪的测量范围 $L$ 为 0 ~ 180 mm，则其量程为 180 mm。

（5）灵敏度。

**灵敏度是指计量器具对被测量变化的反应能力。** 若被测量变化为 $\Delta x$，所引起的计量器具的相应变化为 $\Delta L$，则灵敏度 $S$ 为

$$S - \frac{\Delta L}{\Delta x} \qquad\qquad (3.3)$$

当分子和分母为同一类量时，灵敏度又称为放大比或放大倍数，其值为常数。对于具有等分刻度的标尺或分度盘的量仪。放大倍数（$K$）可用下式表示：

$$K = \frac{c}{i} \qquad\qquad (3.4)$$

式中，$c$ 为标尺间距；$i$ 为分度值。

一般来说。分度值越小，计量器具的灵敏度就越高。

（6）回程误差。

**回程误差是指在相同测量条件下，计量器具按正、反行程对同一被测量进行测量时，计量器具示值之差的绝对值。**

（7）测量力。

**测量力**是指在接触测量过程中，计量器具的测头与被测表面之间的接触压力。

（8）计量器具的示值误差。

**示值误差是指计量器具上的示值与被测量真值（或约定真值）的代数差。** 一般来说，示值误差越小，量器具精度越高。示值误差允许值可以从仪器的使用说明书或检定规程中查得。

（9）修正值。

**修正值（校正值）** 是指为消除系统误差，用代数法加到未修正的测量结果上的值。修正值与示值误差绝对值相等而符号相反。例如，示值误差为 – 0.004 mm，则修正值为 + 0.004 mm。

（10）测量结果的重复性。

测量结果的重复性是指在相同的测量条件下，对同一被测量进行等精度连续多次测量时，所有测量结果的一致性。重复性可以用测量结果的分散程度（测量重复性误差）定量地表示，通常以测量重复性误差的极限值（正、负偏差）来表示。它是计量器具本身各种误差的综合反映。

（11）不确定度。

**计量器具的不确定度是指在规定的条件下，由于测量误差的存在而对被测量的真实值不能肯定的程度**，它反映了计量器具精度的高低。不确定度是一个综合指标，包括示值误差、回程误差、测量重复性误差等，也可理解为测量极限误差。如分度值为 0.01 mm 的外径千分尺，在车间条件下测量一个尺寸小于 50 mm 的零件时，其不确定度为 0.004 mm。

## 3.4.3　测量方法分类

广义的测量方法是指测量时所采用的测量原理、测量器具和测量条件的总和。而在实际测量中，测量方法通常是指获得测量结果的具体方式，是根据测量对象的特点来选择和确定

的。测量方法可以从多个角度进行各种不同的分类。

### 3.4.3.1　直接测量和间接测量

**直接测量**　用计量器具直接测量被测量值或相对于标准量的偏差。如用游标卡尺、外径千分尺直接测量圆柱体直径。

**间接测量**　测量与被测量有函数关系的量，通过函数关系式算出被测量。如对大圆柱形零件的直径 $D$ 测量时，可先测出圆周长 $L$，然后通过函数关系式 $D = L/\pi$ 计算出零件的直径。

直接测量过程简单，其测量精度只与这一测量过程有关，而间接测量过程烦琐，其测量精度不仅取决实测量值的精度，而且还与计算公式及计算精度有关。一般来说，直接测量的精度比间接测量的精度高。间接测量只适用于受条件限制无法使用直接测量法的场合。

### 3.4.3.2　绝对测量和相对测量

按示值是否是被测量的整个量值进行分类，可分为绝对测量和相对测量。

**绝对测量**　计量器具显示或指示的示值即被测量的量值，如用游标卡尺、千分尺测量轴径等。

**相对测量**（比较测量）　计量器具显示或指示出被测量相对于已知标准量的偏差，被测量的量值为计量器具的示值与标准量的代数和。如用比较仪测量轴径，先用量块调整比较仪的示值至零位，然后对被测量进行测量，比较仪的示值与量块尺寸的代数和就是轴径的尺寸大小。一般而言，相对测量比绝对测量的测量精度高。

### 3.4.3.3　接触测量和非接触测量

按测量时被测表面与计量器具的测头是否接触分类，可分为接触测量和非接触测量。

**接触测量**　计量器具在测量时，其测头与零件被测表面直接接触，并存在机械作用测量力，如用游标卡尺、千分尺、立式光学比较仪测量轴径以及电动轮廓仪测量表面粗糙度等。

**非接触测量**　测量时计量器具的侧头与被测量表面不接触的，如用光切显微镜测量表面粗糙度和用气动量仪测量孔径等。易变形的软质表面或薄壁工件多用非接触测量。

### 3.4.3.4　单项测量和综合测量

按同时测量被测量的多少分类，可分为单项测量和综合测量。

**单项测量**　同时只能测量工件上的一个单项参数。如用万能工具显微镜分别测量螺纹中径、螺距和牙型半角，用公法线千分尺测量齿轮的公法线长度，用跳动检查仪测量齿轮的齿圈径向跳动等。

**综合测量**　一次对被测工件上的某些相关联的参数误差的综合效果进行测量，以综合判断工件是否合格。其目的在于限制被测工件的轮廓应在规定的极限内，以保证互换性的要求。如用极限量规检验工件，用花键塞规检验花键孔，用齿轮单啮仪检验齿轮的切向综合误差，用螺纹塞规检验螺纹单一中径、螺距和牙型半角的综合结果是否合格等。

单项测量能分别确定每个参数的误差，便于进行工艺性分析，加工中为了分析造成加工废品的原因时，常采用单项测量。综合测量效率比单项测量高，且综合测量反映的结果比较符合零件的实际工作情况，综合测量用于只要求判断合格与否而不需要得到具体测得值的场合。

### 3.4.3.5　在线测量和离线测量

按被测量是否在加工过程中分类，可分为在线测量和离线测量。

**在线测量**　在工件的加工过程中对工件进行测量，也称为主动测量。测量的结果直接用来控制零件的加工过程，决定是否继续加工、调整机床或采取其他措施。它能及时防止与消灭废品。在线测量主要用于自动化生产线上。在线测量是测量技术的重要发展方向。

**离线测量**　对完工零件进行测量，也称为被动测量。测量的结果仅用于发现和剔除废品。

### 3.4.3.6　静态测量和动态测量

按被测量在测量过程中的状态分类，可分为静态测量和动态测量。

**静态测量**　测量时，被测表面与计量器具的测头处于相对静止状态，如用千分尺测量工件的直径等。

**动态测量**　测量时，被测表面与测头之间处于相对运动状态。它能反映被测参数的变化过程，如用激光检测仪测量丝杆等。动态测量也是测量技术的发展方向之一。

### 3.4.3.7　等精度测量和不等精度测量

按决定测量结果的全部因素或条件是否改变分类，可分为等精度测量和不等精度测量。

**等精度测量**　在测量过程中，决定测量结果的全部因素或条件不变的。大多数情况下的测量都是采用等精度测量。

**不等精度测量**　在测量过程中，决定测量结果的全部因素或条件，可能全部或部分改变。不等精度测量一般用于重要的高精度测量。

测量方法的分类可以从不同的角度考虑，对于一个具体的测量过程，可能同时具有几种测量方法。如用三坐标测量机对工件的轮廓进行测量，则同时属于直接测量、接触测量、在线测量、动态测量等。选择测量方法应考虑被测对象的结构特点、精度要求、生产批量、技术条件和经济性等因素。

## 3.5　测量误差及其处理

### 3.5.1　测量误差的基本概念

在一个具体的测量过程中，由于受到各种条件的限制，测得值往往只在一定程度上近似于被测几何量的真值，这种近似程度在数值上就表现为测量误差。**测量误差是指测量结果和被测量的真值之差**。测量误差有下列两种形式。

（1）绝对误差 $\delta$。

**绝对误差**是指被测量的测得值 $x$ 与其真值 $x_0$ 之差，即

$$\delta = x - x_0 \tag{3.5}$$

测量误差 $\delta$ 可能是正值也可能是负值。因此，真值可用下式表示

$$x_0 = x \pm \delta \qquad\qquad (3.6)$$

式（3.6）表示，可用测得值 $x$ 和测量误差 $\delta$ 来估算真值 $x_0$ 所在的范围。测量误差的绝对值越小，说明测得值越接近真值，因此测量精度就越高；反之，测量精度就越低。

（2）相对误差 $\varepsilon$。

**相对误差 $\varepsilon$ 是指绝对误差 $\delta$ 的绝对值与被测量真值之比**，相对误差是无量纲的数值，通常用百分数（%）表示。即

$$\varepsilon = \frac{|x - x_0|}{x_0} \times 100\% = \frac{|\delta|}{x_0} \times 100\% \qquad\qquad (3.7)$$

实际应用中常以被测量的测得值 $x$ 代替真值 $x_0$ 进行估算。

绝对误差只适用于被测量值相同的情况下，评定被测量的精度，而相对误差可用于不同的被测量值。例如，用长度量仪测量 20 mm 的长度，绝对误差为 0.002 mm；测量 250 mm 的长度，绝对误差为 0.02 mm。两个被测量值大小不同，用相对误差来比较其测量精度

$$\varepsilon_1 = \frac{0.002}{20} \times 100\% = 0.01\%, \quad \varepsilon_2 = \frac{0.02}{250} \times 100\% = 0.008\% \qquad\qquad (3.8)$$

故后者测量精度比前者高。所以，相对误差可以更好地说明测量的精确程度。

## 3.5.2　测量误差的来源

测量误差是不可避免的。测量误差影响测量精确度。正确认识测量误差的来源和性质，采取适当的措施减少测量误差的影响，提高测量精度。产生测量误差的原因很多，主要有以下几个方面：

（1）计量器具误差。

**计量器具误差**是指计量器具本身所具有的误差，可用计量器具的示值误差或不确定度来表示，不同的计量器具的不确定度是不一样的。

计量器具误差主要包括原理性误差、制造和装配调整误差。如原理性误差是指在仪器设计中，为了简化结构有时采用近似的机构实现理论要求的运动，有时用均匀刻度的标尺代替非均匀刻度的标尺，有时采用了与阿贝测长原则不相符的设计等引起的误差，这些误差都属于原理性误差，也称理论误差。除此之外在计量器具的制造和装配调整过程中，也会产生制造和装配调整误差，如装配间隙调整不当、分度盘安装偏心、标尺刻度不准确、光学元器件及光学元器件装配调整不当等，均会以各自不同的传递规律构成测量误差。

计量器具的各种误差的综合表现主要反映在示值误差和示值的不稳定性。测量时可根据计量器具的校正值图表或公式来校正测量结果，以减少计量器具误差的影响。

（2）测量方法误差。

**测量方法误差**是指测量方法不完善所引起的误差。如测量时采用了近似的甚至不合理的测量方法，或选择了不当的测量基准；在接触式测量中由于测头的形状选择不当，或测量力引起的计量器具和零件表面的弹性变形也会产生测量误差;间接测量中的计算公式的不精确；测量过程中工件安装定位不合理等。各种误差最终都会反映到测量结果中来。

（3）测量环境误差。

**测量环境误差**是指测量时的湿度、温度、振动、气压、电磁场以及灰尘等环境条件不符合标准条件所引起的误差。在这些环境因素中，以温度的影响最大。测量时应根据测量精度要求，合理控制环境温度等各项环境因素，减少对测量精度的影响。

（4）人员误差。

**人员误差**是指由于人的主观和客观原因所引起的测量误差。

造成测量误差的因素很多，各种误差来源最终都会反映到测量结果中。测量者应对可能产生测量误差的原因进行分析，找出主要因素，分析其影响规律，采取相应的措施，设法消除或减小测量误差对测量结果的影响，以保证测量精度。

## 3.5.3　测量误差的分类及其特性

测量误差按其性质可分为**随机误差**、**系统误差**和**粗大误差**。系统误差属于有规律性的误差，随机误差则属于无规律性的误差，而粗大误差属于明显失误造成的误差。

### 3.5.3.1　系统误差

系统误差是指在同一条件下多次测量同一几何量时，误差的大小和符号均不变，或按一定规律变化的测量误差，前者称为**定值系统误差**，后者称为**变值系统误差**。定值系统误差如一部分仪器的原理误差和制造误差，在光学比较仪上用相对测量法测量轴直径时，按量块的标称尺寸调整光学比较仪的零点，由量块的制造误差所引起的测量误差就是定值系统误差。变值系统误差如百分表指针的回转中心与刻度盘上各条刻线中心的偏心所产生的按正弦规律周期性变化的测量误差。环境温度变化、气压变化等环境条件改变引起的测量误差，是变值系统误差。

系统误差的大小表明测量结果的准确度。系统误差越小，则测量结果的准确度就越高。系统误差对测量结果影响较大，要尽量减小或消除系统误差，提高测量精度。

### 3.5.3.2　随机误差

**随机误差**指在相同条件下多次测量同一量值时，绝对值和符号以不可预定的方式变化的误差，也称为偶然误差。随机误差主要是由测量过程中一些偶然性因素或不确定因素引起的综合结果。随机误差是不可避免的，既不能用实验方法消除，也不能修正。

（1）随机误差的分布规律及特性。

就某一次具体的测量而言，随机误差的大小和符号是没有规律的，但对同一被测量进行多次连续测量而得到的一系列测得值，它们的随机误差的总体存在着一定的规律性。因此，可以用概率论和数理统计的一些方法来掌握随机误差的分布特性，估算误差范围，对测量结果进行处理。随机误差可用试验方法确定。大量的实验证明：大多数情况下，**随机误差通常符合正态分布规律**。例如，在立式光学计上对某圆柱销的同一部位重复测量 150 次，得到 150 个测得值（这一系列的测得值，常称为测量列）。按测得值的大小将 150 个测得值分别归入 11 组，分组间隔为 0.001 mm，每组的尺寸范围、每组出现的次数、出现的频率等见表 3.2。

表 3.2 测量数据分组统计表

| 组号 | 尺寸分组区间/mm | 区间中心值 $x_i$/mm | 出现次数 $n_i$ | 频率 $n_i/n$ |
|---|---|---|---|---|
| 1 | 12.040 5 ~ 12.041 5 | 12.041 | 1 | 0.007 |
| 2 | >12.041 5 ~ 12.042 5 | 12.042 | 3 | 0.020 |
| 3 | >12.042 5 ~ 12.043 5 | 12.043 | 8 | 0.053 |
| 4 | >12.043 5 ~ 12.044 5 | 12.044 | 18 | 0.120 |
| 5 | >12.044 5 ~ 12.045 5 | 12.045 | 28 | 0.187 |
| 6 | >12.045 5 ~ 12.046 5 | 12.046 | 34 | 0.227 |
| 7 | >12.046 5 ~ 12.047 5 | 12.047 | 29 | 0.193 |
| 8 | >12.047 5 ~ 12.048 5 | 12.048 | 17 | 0.113 |
| 9 | >12.048 5 ~ 12.049 5 | 12.049 | 9 | 0.060 |
| 10 | >12.049 5 ~ 12.050 5 | 12.050 | 2 | 0.013 |
| 11 | >12.050 5 ~ 12.051 5 | 12.051 | 1 | 0.007 |
| 间隔区间 $\Delta x = 0.001$ | 测得值的平均值 $\bar{x} = \dfrac{1}{n}\sum\limits_{i=1}^{n} x_i = 12.046$ | $n = \sum\limits_{i=1}^{n} x_i = 150$ | $\sum\limits_{i=1}^{n}\left(\dfrac{n_i}{n}\right) = 1$ | |

根据表中数据以测得值 $x_i$ 为横坐标，以相对出现的次数 $n_i/n$（频率）为纵坐标，则可得到图 3.9 所示的图形，称为频率直方图。连接各矩形顶部线段中点，得一折线，称为测得值的实际分布曲线。显然，如将上述实验的测量次数 $n$ 无限增大（$n \to \infty$），而分组间隔 $\Delta x$ 无限减小（$\Delta x \to 0$），则实际分布曲线就会变成一条光滑的曲线，即随机误差的正态分布曲线（高斯曲线），如图 3.10 所示。

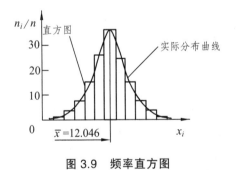

图 3.9 频率直方图

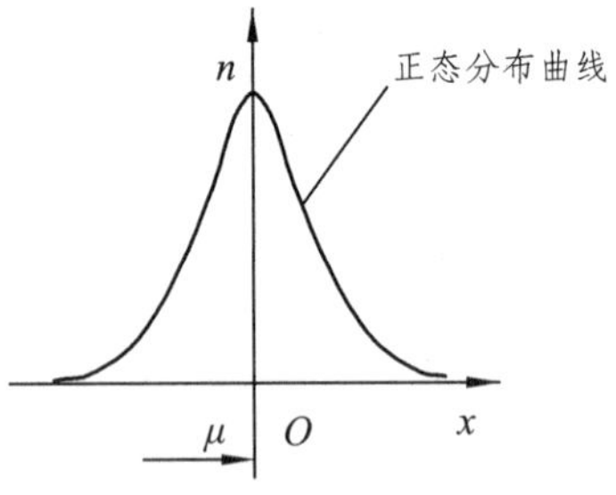

图 3.10 正态分布曲线

图 3.22 所示的正态分布曲线说明了**随机误差的分布具有以下特性：**

① **对称性** 相对某一中心 $\mu$，符号相反、误差值相等的随机误差出现的次数大致相同。

② **单峰性** 相对某一中心 $\mu$，绝对值小的误差比绝对值大的误差出现的次数多，曲线有最高点。

③ **有界性** 在一定的条件下，随机误差的绝对值不会超越某一确定的界限。

④ **抵偿性** 在同一条件下进行重复测量，其随机误差的算术平均值随测量次数的增加而趋近于零，即对称中心两侧的随机误差的代数和趋近于零。这一特性是对称性的必然反映。

⑤ **离散性（或分散性）**　随机误差的绝对值有大有小、有正有负，即随机误差呈离散型分布。

因此，可以用概率论和数理统计的方法来分析随机误差的分布特性，估算误差的范围，对测量结果进行数据处理。

（2）随机误差的评定指标——标准偏差。

根据概率论原理，正态分布曲线的数学表达式为

$$y = \frac{1}{\sigma\sqrt{2\pi}} e^{-\frac{\delta^2}{2e^2}} \tag{3.9}$$

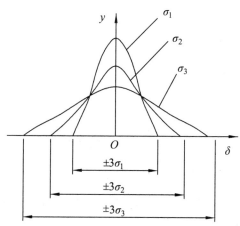

**图 3.11　三种不同 $\sigma$ 的正态分布曲线**

式中，$y$ 为概率密度函数，表示随机误差的概率分布密度；$\delta$ 为随机误差，即消除系统误差后测得值与真值之差；$\sigma$ 为标准偏差（均方根误差），标准偏差 $\sigma$ 是表征随机误差集中与分散程度的指标，它表示的是测量列中单次测量值（任一测得值）的标准偏差。

由式（3.9）可知，概率密度 $y$ 与随机误差 $\delta$ 及标准偏差 $\sigma$ 有关。当 $\delta = 0$ 时，概率密度最大值为

$$y_{max} = \frac{1}{\sigma\sqrt{2\pi}} \tag{3.10}$$

概率密度最大值随标准偏差大小的变化而变化。不同的 $\sigma$ 对应不同形状的正态分布曲线。图 3.11 所示的三条正态分布曲线中，$\sigma_1 < \sigma_2 < \sigma_3$，而 $y_{1max} > y_{2max} > y_{3max}$。由此可见：$\sigma$ 越小，$y_{max}$ 值越大，曲线越陡峭，即测得值的分布越集中，测量的精密度越高；反之，$\sigma$ 越大，$y_{max}$ 值越小，曲线越平坦，随机误差分布越分散，测量的精密度越低。

随机误差的标准偏差的数学表达式如下：

$$\sigma = \pm\sqrt{\frac{\delta_1^2 + \delta_2^2 + \cdots + \delta_n^2}{n}} = \pm\frac{\sqrt{\sum_{i=1}^{n}\delta_i^2}}{n} \tag{3.11}$$

式中，$\sigma_1$，$\sigma_2$，$\sigma_3$ 为测量列中各测得值相应的随机误差；$n$ 为测量次数。

根据误差理论，正态分布曲线的对称中心位置，代表被测量的真值 $x_0$；标准偏差 $\sigma$ 代表

测得值的分散程度，即被测零件的制造误差。

（3）随机误差的极限值 $\delta_{\lim}$。

随机误差具有有界性，其误差大小不会超过一定范围。随机误差的极限值就是测量极限误差。由正态分布图可知：正态分布曲线和横坐标轴间所包含的面积等于所有随机误差出现的概率总和。实际生产中，常取 $\delta$ 为 $-3\sigma \sim +3\sigma$。随机误差在 $\pm 3\sigma$ 范围内出现的概率称为置信概率，随机误差在 $\pm 3\sigma$ 范围内的置信度（可信度）达 99.73%，即随机误差超出 $\pm 3\sigma$ 范围的概率仅为 0.27%。由于测量次数有限，随机误差绝对值超出 $3\sigma$ 的情况实际上很少出现。因此，可将 $\pm 3\sigma$ 称为随机误差的极限值，即

$$\delta_{\lim} = \pm 3\sigma \qquad (3.14)$$

$\delta_{\lim}$ **也表示测量列中单次测得值的极限误差。**

### 3.5.3.3　粗大误差

粗大误差（也叫过失误差）是指超出了在规定条件下可能出现的误差，即明显歪曲测量结果的误差，含有粗大的测得值称为异常值。引起粗大误差有主观和客观原因，如测量时疏忽大意导致读数错误、计算错误、计量器具使用不正确或环境条件的突变（冲击、振动等）而造成的某些较大的误差。在分析测量误差和处理数据时应根据判断粗大误差的准则予以剔除，通常采用拉依达准则（$3\sigma$ 准则）判断。

## 3.5.4　测量精度分类

**测量精度是指几何量的测得值与其真值的接近程度**。它与测量误差是两个相对应的概念。测量误差越大，测量精度就越低。

为了反映系统误差和随机误差对测量结果的影响，**测量精度可分为精密度、正确度和精确度**。

（1）精密度。

**精密度**是指在一个测量过程中，在同一条件下对同一几何量进行多次重复测量时，测量结果的一致程度。它表示测量结果随机分散的特性，即测量结果受随机误差的影响程度。若随机误差小，则精密度高。

（2）正确度。

**正确度**是指在一个测量过程中，在同一条件下对同一几何量进行多次重复测量时，测量结果与其真值的符合程度。它表示测量结果中系统误差的影响程度。若系统误差小，则正确度高。

（3）精确度（或准确度）。

**精确度**是指在一个测量过程中，在同一条件下对同一几何量进行多次重复测量时，测得值与其真值的一致程度，是精密度和正确度的综合反映，反映测量结果中系统误差和随机误差的综合影响程度。若系统误差和随机误差都小，则精确度高。

以射击打靶为例，如图 3.12 所示，圆心表示靶心，黑点表示弹孔。图 3.12（a）表现为弹孔密集但偏离靶心，说明随机误差小而系统误差大，即精密度高、正确度低；图 3.12（b）表现为弹孔较为分散，但基本围绕靶心分布，说明随机误差大而系统误差小，即正确度高而

精密度低；图 3.12（c）表现为弹孔密集而且围绕靶心分布，说明随机误差和系统误差都非常小，即精确度高（精密度、正确度都高）；图 3.12（d）表现为弹孔既分散又偏离靶心，说明随机误差和系统误差都较大，即精确度低（精密度、正确度都低）。

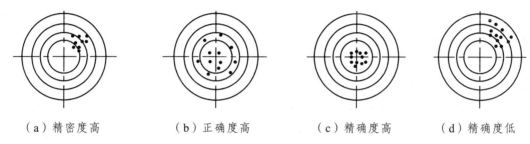

（a）精密度高　　　　　（b）正确度高　　　　　（c）精密度高　　　　　（d）精确度低

**图 3.12　精密度、正确度和准确度示意图**

### 3.5.5　测量结果的数据处理

在同一条件下，对某一量进行 $n$ 次重复测量获得测量列 $x_1$，$x_2$，$\cdots$，$x_n$。在这些测得值中，可能同时含有系统误差、随机误差和粗大误差。为获得可靠的测量结果，对测量列的各项误差分析和处理，消除或减小测量误差的影响，提高测量精度。

#### 3.5.5.1　测量列中随机误差的处理

随机误差是客观存在不可避免和无法消除的。为了正确评定随机误差，可用概率论与数据统计的方法对测量列进行处理，估算随机误差的数值和分布规律，确定测量结果。在假定测量列中不存在系统误差和粗大误差的前提下，可按下列步骤对随机误差进行处理。

（1）计算测量列的算术平均值。

当测量列中没有系统误差时，若测量次数无限增加，则算术平均值必然等于真值。在进行有限次测量时，算术平均值最接近真值 $x_0$。当测量列中没有系统误差和粗大误差时，一般取测算术平均值 $\bar{x}$ 作为测量结果。实际上**算术平均值只能近似地等于真值**。

$$\bar{x} = \frac{1}{n}(x_1 + x_2 + \cdots + x_n) = \frac{1}{n}\sum_{i=1}^{n}x_i \tag{3.12}$$

（2）计算残差 $v_i$。

测得值 $x_i$ 与算术平均值 $\bar{x}$ 之差称为**残余误差（简称残差）** $v_i$，即

$$v_i = x_i - \bar{x} \tag{3.13}$$

① 残差的代数和等于零，即 $\sum\limits_{i=1}^{n}v_i = 0$。这个特性可校核算术平均值及残差计算的准确性。

② 残差的平方和最小，即 $\sum\limits_{i=1}^{n}v_i^2 = \min$。用算术平均值作为测量结果最可靠、最合理。

（3）计算标准偏差（测量列中单次测量值的标准偏差）。

实际测量时常用残差 $v_i$ 代表 $\delta_i$，用算术平均值 $\bar{x}$ 代替真值 $x_0$，按贝赛尔公式得出测量列中单次测量值（任一测得值）的标准偏差 $\sigma$ 的估算值为

$$\sigma = \sqrt{\frac{1}{n-1}(v_1^2 + v_2^2 + \cdots + v_n^2)} = \sqrt{\frac{1}{n-1}\sum_{i=1}^{n} v_i^2} \tag{3.14}$$

由式（3.14）计算出 $\sigma$ 值后，便可确定任一测得值的测量结果。若只考虑随机误差，则**单次测量的测量结果**可表示为

$$x = x_i \pm \delta_{\lim} = x_i \pm 3\sigma \tag{3.15}$$

式中，$x_i$ 为某次测得值。

例如，某次测量的测得值为 50.003 mm，若已知标准偏差 $\sigma = 0.000\,7$ mm，可信度取 99.73%，则该测得值的测量极限误差为 $\pm 3 \times 0.000\,7$ mm = 0.002\,1 mm。测量结果为

$$50.003 \text{ mm} \pm 3 \times 0.000\,7 \text{ mm} = 50.003 \text{ mm} \pm 0.002\,1 \text{ mm}$$

上述结果说明，该测得值的真值有 99.73%的可能性在 50.000\,9 ~ 50.005\,1 mm 范围内，可写作（50.003±0.002\,1）mm。

（4）计算测量列算术平均值的标准偏差。

如果在等精度条件下对同一被测几何量进行 m 组（每组 $n$ 次）等精度测量，则对应每组 $n$ 次测量都有一个算术平均值，每组算术平均值也不一定相同。它们分布范围一定比单次测得值的分布范围要小得多。根据误差理论，测量列算术平均值的标准偏差 $\sigma_{\bar{x}}$ 与测量列单次测得值的标准偏差，存在如下关系：

$$\sigma_{\bar{x}} = \frac{\sigma}{\sqrt{n}} = \sqrt{\frac{\sum_{i=1}^{n} v_i^2}{n(n-1)}} \tag{3.16}$$

由式（3.16）可知，在一定的测量条件下（即 $\sigma$ 一定），重复测量 $n$ 次得到的算术平值的标准偏差是单次测量的 $\sigma$ 的 $1/\sqrt{n}$。多次测量结果的精度比单次测量的精度高，增加测量重复次数，可提高测量的精度。但是，$n$ 也不能无限大，$\sigma$ 一定时，当 $n>10$ 以后，再增加重复测量次数，$\sigma_x$ 减小已很缓慢，对提高测量精度效果不大，而且随着测量次数的增多，恒定的测量条件越难保证，最终将产生新的误差。因此，一般取 $n = 10 \sim 15$。

（5）计算测量列算术平均值的极限误差。

若按正态分布，则算术平均值测量极限误差为

$$\delta_{\lim(x)} = \pm 3\sigma_x \tag{3.17}$$

多次测量的测量结果可表示为

$$\bar{x} \pm \delta_{\lim(x)} = \bar{x} \pm 3\sigma_x = \bar{x} \pm 3\frac{\sigma}{\sqrt{n}} \tag{3.18}$$

### 3.5.5.2　测量列中系统误差的处理

系统误差的大小表明测量结果的准确度。系统误差越小，则测量结果的准确度就越高。

揭示系统误差出现的规律，消除系统误差对测量结果的影响，是提高测量精度的有效措施。

（1）**发现系统误差的方法**。

① 实验对比法。为了发现存在的定值误差，可采用实验对比法，即通过改变测量条件来发现误差。在误差分布曲线图上，常值系统误差不改变测量误差分布曲线的形状，只改变测量误差分布中心的位置。从测量列的原始数据本身看不出是否存在常值系统误差。但如果改变测量条件，对同一被测量进行等精度重复测量，若前后两次测量列的值有明显差异，则表示有常值系统误差存在。例如，用比较仪测量某一线性尺寸时，若按"级"使用量块进行测量，其结果必定存在常值系统误差，该常值系统误差只有用级别更高的量块进行测量对比才能发现。

② 残差观察法。变值系统误差不仅改变测量误差分布曲线的形状，而且改变测量误差分布中心的位置。揭示变值系统误差，可使用残差观察法。据测量列的各个残差大小和符号的变化规律，直接由残差数据或残差曲线图形来判断有无系统误差，如图 3.13 所示。

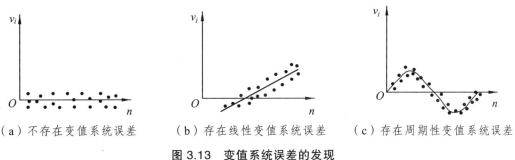

（a）不存在变值系统误差　　（b）存在线性变值系统误差　　（c）存在周期性变值系统误差

图 3.13　变值系统误差的发现

若残差大体上呈正负相间出现且无规律性变化，则不存在变值系统误差，如图 3.13（a）所示；若残差按近似的线性规律递增或递减，则可判定存在线性变值系统误差，如图 3.13（b）所示；若残差的大小和符号呈规律性周期变化，则可判定存在周期性变值系统误差，如图 3.13（c）所示。当然这种方法不能发现定值系统误差。

这种观察法要求有足够的连续测量次数，否则规律不明显，会降低判断的可靠性。

（2）**消除系统误差的方法**。

① 从产生根源上消除系统误差。在测量前对采用的测量原理、方法、计量器具、标准器以及定位方式、计算方法、环境条件等各个环节进行分析检查，排除可能引起系统误差的因素。

② 用修正法消除系统误差。若发现系统误差的存在，且知道其大小和正负号，则可采用修正的方法加以消除或减小。这种方法可消除定值系统误差。

③ 用抵消法消除定值系统误差。这种方法要求在对称位置上分别测量一次。以使这两次测量数据所含的系统误差大小相等，符号相反。取这两次测量数据的平均值作为测得值，即可抵消其定值系统误差。例如，在工具显微镜上测量螺纹螺距以及牙型半角时，为了消除被测螺纹轴心线与仪器的纵向导轨不平行而引起的系统误差，可分别测量左右牙侧的螺距，然后取平均值作为测得值，则可抵消测量时因安装不正确（被测螺纹轴心线与仪器的纵向导轨不平行）引起的大小相同、符号相反的系统误差。

④ 用半周期法消除周期性系统误差。对周期性系统误差，可以每相隔半个周期进行一

次测量，以相邻两次测量数据的平均值作为一个测得值，即可有效消除周期性系统误差。

消除和减小系统误差的关键是找出误差产生的根源和规律，系统误差不可能完全消除。一般来说，系统误差若能减小到使其影响值相当于随机误差的程度，便可认为已经被消除。

### 3.5.5.3　测量列中粗大误差的处理

粗大误差的数值（绝对值）相当大，会对测量结果产生明显的歪曲，在测量中应尽可能避免。如果粗大误差已经产生，则应根据判断粗大误差的准则将其从测量列中剔除。**粗大误差的判断准则通常采用拉依达准则（又称$3\sigma$准则）。**

拉依达准则的判断式为

$$|v_i| > 3\sigma \tag{3.19}$$

具体判断方法是：计算标准偏差，用$\pm 3\sigma$准则检查所有的残余误差$v_i$。若某个$v_i$的绝对值$>3\sigma$，则该残余误差判断为粗大误差，予以剔除。然后重新计算剩余测量列的标准偏差，再用新算出的残余误差进行判断，直到剔除完为止。注意，每次操作只能剔除一个粗大误差。

拉依达准则主要用于服从正态分布的误差，重复次数又比较多的情况。还必须注意的是，当测量次数小于10次时，一般不能使用拉依达准则。

其他判断准则请参阅有关误差理论的书籍。

### 3.5.5.4　测量列中综合误差的处理

测量列的测得值中可能同时含有系统误差、随机误差和粗大误差，或者只含有其中某一类或某两类误差，因此应对各类误差分别进行处理，最后再综合分析，从而得出正确的测量结果。

（1）直接测量列的数据处理。

① 判断测量列中是否存在系统误差，如存在，应设法加以消除和减小；② 依次计算测量列的算术平均值、残余误差和任一测得值的标准偏差；③ 判断是否存在粗大误差，如存在，则应剔除并重新组成测量列；④ 重复上述计算，直到不含有粗大误差为止；⑤ 计算测量列算术平均值的标准偏差和测量极限误差；⑥ 确定测量结果，并说明置信概率。

下面通过例子说明直接测量列的数据处理的步骤和方法。

表 3.3　数据处理计算表

| 序号 | 测得值 $x_i$/mm | 残差 $v_i$/μm<br>$v_i = x_i - \bar{x}$ | 残差的平方 $v_i^2$/(μm)² |
|:---:|:---:|:---:|:---:|
| 1 | 28.784 | −3 | 9 |
| 2 | 28.789 | +2 | 4 |
| 3 | 28.789 | +2 | 4 |
| 4 | 28.784 | −3 | 9 |
| 5 | 28.788 | +1 | 1 |
| 6 | 28.789 | +2 | 4 |
| 7 | 28.786 | −1 | 1 |

续表

| 序号 | 测得值 $x_i$/mm | 残差 $v_i$/μm<br>$v_i = x_i - \overline{x}$ | 残差的平方 $v_i^2$/(μm)$^2$ |
|------|------------------|------------------|------------------|
| 8 | 28.788 | $+1$ | 1 |
| 9 | 28.788 | $+1$ | 1 |
| 10 | 28.785 | $-2$ | 4 |
| 11 | 28.788 | $+1$ | 1 |
| 12 | 28.786 | $-1$ | 1 |
| | $\overline{x} = 28.787$ | $\sum\limits_{i=1}^{12} v_i = 0$ | $\sum\limits_{i=1}^{12} v_i^2 = 40$ |

【例 3-2】用立式光学计对某轴同一部位直径等精度测量 12 次，按测量顺序将各测得值列于表 3.3，试求测量结果。

【解】① 判断定值系统误差。假设计量器具已经检定、测量环境得到有效控制，可认为测量列中不存在定值系统误差。

② 求测量列算术平均值。

$$\overline{x} = \frac{1}{n} \sum_{i=1}^{n} x_i = \frac{1}{12} \sum_{i=1}^{12} x_i = 28.787 \text{ mm}$$

③ 计算残差 $v_i = x_i - \overline{x}$，同时计算出 $v_i^2$、$\sum\limits_{i=1}^{n} v_i$、$\sum\limits_{i=1}^{n} v_i^2$，见表 3.6。

④ 判断变值系统误差：根据残差观察法判断，测量列中的残差的符号大体上正、负相间，无明显规律变化，因此可以认为测量列中不存在变值系统误差。

⑤ 计算测量列单次测量值的标准偏差，得

$$\sigma = \sqrt{\frac{\sum\limits_{i=1}^{12} v_i^2}{n-1}} = \sqrt{\frac{40}{11}} = 1.9 \text{ μm}$$

⑥ 判断粗大误差。

由标准偏差，可求得粗大误差的界限，$|v_i| > 3\sigma = 5.7$ μm。

按拉依达准则，测量列中没有出现绝对值大于 5.7 μm 的残差，即测量列中不存在粗大误差。

⑦ 计算测量列算术平均值的标准偏差，得

$$\sigma_x = \frac{\sigma}{\sqrt{n}} = \frac{1.9}{\sqrt{12}} = 0.55 \text{ μm}$$

⑧ 计算测量列算术平均值的测量极限误差，得

$$\delta_{\lim \overline{x}} = \pm 3\sigma_{\overline{x}} = 0.001\,6 \text{ mm}$$

⑨ 得出测量结果，即

$$x_0 = \overline{x} \pm \delta_{\lim \overline{x}} = (28.787 \pm 0.001\,6) \text{ mm}$$

这时的置信概率为 99.73%。

（2）间接测量列的数据处理。

**间接测量是指通过测量与被测几何量有一定关系的几何量，按照已知的函数关系式计算出被测几何量的量值。** 因此间接测量的被测几何量是测量所得到的各个实测几何量的函数。而间接测量的误差则是各个实测几何量误差的函数，故称这种误差为函数误差。

① 函数误差的基本计算公式。

间接测量中，被测几何量通常是实测几何量的多元函数，它表示为

$$y = F(x_1, x_2, \cdots, x_m) \tag{3.20}$$

式中，$y$ 为被测几何量（函数）；$x_i$ 为实测的几何量。

函数的全微分表达式为

$$\mathrm{d}y = \frac{\partial F}{\partial x_1}\mathrm{d}x_1 + \frac{\partial F}{\partial x_2}\mathrm{d}x_2 + \cdots + \frac{\partial F}{\partial x_m}\mathrm{d}x_m \tag{3.21}$$

式中，$\mathrm{d}y$ 为被测几何量（函数）的测量误差；$\mathrm{d}x_i$ 为实测的几何量的测量误差；$\dfrac{\mathrm{d}F}{\mathrm{d}x_i}$ 为各实测几何量的测量误差传递系数。

② 函数系统误差的计算式。

由各实测几何量测得值的系统误差，可近似得到被测几何量（函数）的系统误差，其表达式为

$$\Delta y = \frac{\partial F}{\partial x_1}\Delta x_1 + \frac{\partial F}{\partial x_2}\Delta x_2 + \cdots + \frac{\partial F}{\partial x_m}\Delta x_m \tag{3.22}$$

式中，$\Delta y$ 为被测几何量（函数）的系统误差；$\Delta x$ 为实测几何量的系统误差。

式（3.22）表示各自变量直接测量的系统误差与函数系统误差的关系，即为函数系统误差的计算公式。

③ 函数随机误差的计算式。

由于各实测几何量的测得值中不可避免存在随机误差，因此，被测几何量（函数）也一定存在随机误差。根据误差理论，函数的标准偏差 $\sigma_y$ 与各个实测几何量的标准偏差 $\sigma_{xm}$ 有如下关系：

$$\sigma_y = \sqrt{\left(\frac{\partial F}{\partial x_1}\right)^2 \sigma_{x_1}^2 + \left(\frac{\partial F}{\partial x_2}\right)^2 \sigma_{x_2}^2 + \cdots + \left(\frac{\partial F}{\partial x_m}\right)^2 \sigma_{x_m}^2} \tag{3.23}$$

式中，$\sigma_y$ 为被测几何量（函数）的标准偏差；$\sigma_{xm}$ 为实测几何量的标准偏差。

式（3.23）表示了各独立自变量与其函数之间随机误差的关系，即为函数随机误差的计算公式。同理，如果各个实测几何量的随机函数符合正态分布，则被测几何量（函数）的测量极限误差的计算公式为

$$\delta_{\lim(y)} = \pm\sqrt{\left(\frac{\partial F}{\partial x_1}\right)^2 \delta_{\lim(x_1)}^2 + \left(\frac{\partial F}{\partial x_2}\right)^2 \delta_{\lim(x_2)}^2 + \cdots + \left(\frac{\partial F}{\partial x_m}\right)^2 \delta_{\lim(x_m)}^2} \tag{3.24}$$

式中，$\delta_{\lim(y)}$ 为被测几何量（函数）的测量极限误差；$\delta_{\lim(x_m)}$ 为实测几何量的测量极限误差。

**④ 间接测量列数据处理的步骤。**

- 确定函数表达式 $y = F(x_1, \ x_2, \ \cdots, \ x_3)$；
- 求出被测几何量（函数）量值 $y$；
- 计算被测几何量（函数）的系统误差值 $\Delta y$；
- 计算被测几何量（函数）的标准偏差值 $\sigma_y$ 和测量极限误差值；
- 得出被测几何量（函数）的结果表达式并说明置信概率为 99.73%。

$$y_f = (y - \Delta y) \pm \delta_{\lim(y)} \tag{3.25}$$

【例 3-3】用弦长弓高法测量圆弧样板半径 $R$，已知测得值弓高 $h = 4$ mm，弦长 $b = 40$ mm，其系统误差分别为：$\Delta h = +0.001\,2$ mm，$\Delta b = -0.002$ mm。其测量极限误差分别为：$\delta_{\lim(h)} = \pm0.001\,5$ mm，$\delta_{\lim(b)} = \pm0.002$ mm。试确定半径 $R$ 的测量结果。

【解】① 计算圆弧半径 $R$：

$$R = \frac{b^2}{8h} + \frac{h}{2} = \frac{40^2}{8 \times 4} + \frac{4}{2} = 52 \text{ mm}$$

② 计算圆弧半径 $R$ 的系统误差 $\Delta R$：

$$\Delta R = \frac{\partial F}{\partial b} \Delta b + \frac{\partial F}{\partial h} \Delta h = \frac{b}{4h} \Delta b - \left( \frac{b^2}{8h^2} - \frac{1}{2} \right) \Delta h$$

得

$$\Delta R = \frac{40 \times (-0.002)}{4 \times 4} - \left( \frac{40^2}{8 \times 4^2} - \frac{1}{2} \right) \times 0.001\,2 = -0.019\,4 \text{ mm}$$

③ 计算圆弧半径 $R$ 的测量极限误差 $\delta_{\lim(R)}$：

$$\delta_{\lim(R)} = \pm \sqrt{\left( \frac{b}{4h} \right)^2 \delta_{\lim(b)}^2 + \left( \frac{b^2}{8h^2} - \frac{1}{2} \right)^2 \delta_{\lim(h)}}$$

$$= \pm \sqrt{\left( \frac{40}{4 \times 4} \right)^2 \times 0.002^2 + \left( \frac{40^2}{8 \times 4^2} - \frac{1}{2} \right)^2 \times 0.001\,5^2} = \pm 0.018\,7 \text{ mm}$$

④ 确定圆弧半径 $R$ 的测量结果 $R_e$：

$$R_e = (R - \Delta R) \pm \delta_{\lim(R)} = [52 - (-0.019\,4)] \pm 0.018\,7 = (52.019\,4 \pm 0.018\,7) \text{ mm}$$

此时的置信概率为 99.73%。

# 3.6  光滑工件尺寸的检测

《产品几何技术规范（GPS）光滑工件尺寸的检验》（GB/T 3177—2009）对通用计量器具的验收原则、验收极限、计量器具的测量不确定度允许值和计量器具选用原则做了统一规定。

## 3.6.1  验收原则与验收条件

由于测量误差的影响，当真实尺寸位于极限尺寸附近时，按测量尺寸验收工件时，就有可能把实际尺寸超出极限尺寸范围的工件误认为合格工件而接受，称为**误收**；也可能把实际尺寸在极限尺寸范围内的工件误认为不合格工件而被废弃，称为**误废**。

为了确保产品质量，国家标准规定的**验收原则**：所采用的验收方案，应当只接收位于所规定的极限尺寸之内的工件，**即只允许有误废，而不允许有误收**。

考虑车间检验的实际情况，验收条件为：

（1）形状误差靠工艺和工装保证，应控制在尺寸公差之内。

（2）尺寸合格与否，按一次检验来判断。

（3）对温度、压陷效应及计量器具的系统误差均不修正。

验收原则和验收条件是确定验收方案的基础。验收方案将由规定验收极限与计量器具的选择来实现。

## 3.6.2　验收极限与安全裕度

### 3.6.2.1　验收极限方式的确定

根据验收原则，国家标准规定了验收极限。**验收极限**是判断所检验工件尺寸合格与否的尺寸界限。国家标准规定，验收极限可按下列两种方式之一确定。

**（1）内缩方式。**

验收极限是从工件的最大实体尺寸（MMS）和最小实体尺寸（LMS）分别向工件公差带内移动一个安全裕度 $A$（内缩量）来确定，如图 3.14 所示。

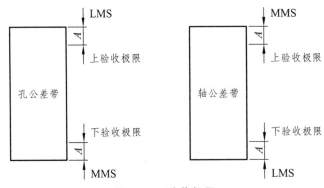

**图 3.14　验收极限**

孔尺寸的验收极限为

$$上验收极限 = 最小实体尺寸（LMS） - 安全裕度（A） \tag{3.26}$$

$$下验收极限 = 最大实体尺寸（MMS） + 安全裕度（A） \tag{3.27}$$

轴尺寸的验收极限为

$$上验收极限 = 最大实体尺寸（MMS） - 安全裕度（A） \tag{3.28}$$

$$下验收极限 = 最小实体尺寸（LMS） + 安全裕度（A） \tag{3.29}$$

安全裕度的作用在于减小由测量不确定度 $u$ 引起的误收率。按内缩方案验收工件，并合理的选择内缩的安全裕度 $A$，将会减少误收，并能将误废量控制在所要求的范围内。

（2）**不内缩方式**。

验收极限等于规定的最大实体尺寸（MMS）和最小实体尺寸（LMS），即安全裕度 $A=0$。此方案使误收和误废都有可能发生。

### 3.6.2.2　验收极限方式的选择

上述两种方案具体选择哪一种方案，要结合工件尺寸功能要求及其重要程度、尺寸公差等级、测量不确定和工艺能力等多种因素综合考虑。选择方案时一般应遵循以下原则：

（1）对遵循包容要求的尺寸、公差等级高的尺寸，其验收极限应选内缩方式。

（2）对于非配合尺寸和一般公差要求的尺寸，其验收极限应选不内缩方式。

（3）当工艺能力指数 $C_p$ 大于或等于 1 时，其验收极限可按不内缩方式确定；但对采用包容要求的尺寸，其最大实体尺寸一侧仍应按内缩方式确定验收极限（单边内缩），如图 3.15 所示。

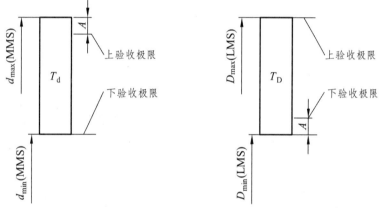

**图 3.15　最大实体尺寸一侧的内缩方式**

（4）对偏态分布的尺寸，可以仅对尺寸偏向的一边采用内缩方式确定验收极限（单边内缩），如图 3.16 所示。

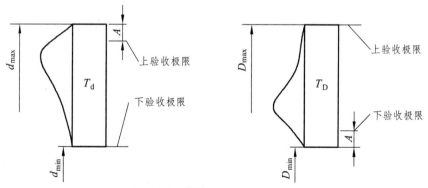

**图 3.16　偏态分布的内缩方式**

安全裕度 $A$ 的确定，必须从技术上和经济两个方面综合考虑。$A$ 值按照检测工件公差大小来确定，标准规定 $A=(1/10)T$，其数值见表 3.4。

表 3.4　安全裕度（A）与计量器具的不确定度允许值（u₁）　　　　μm

| 公差等级 | 基本尺寸/mm | | 6 | | | | | 7 | | | | | 8 | | | | | 9 | | | | | 10 | | | | | 11 | | | | |
|---|---|---|---|---|---|---|---|---|---|---|---|---|---|---|---|---|---|---|---|---|---|---|---|---|---|---|---|---|---|---|---|---|---|
| | | | | | $u_1$ | | | | | $u_1$ | | | | | $u_1$ | | | | | $u_1$ | | | | | $u_1$ | | | | | $u_1$ | | |
| | 大于 | 至 | $T$ | $A$ | I | II | III | $T$ | $A$ | I | II | III | $T$ | $A$ | I | II | III | $T$ | $A$ | I | II | III | $T$ | $A$ | I | II | III | $T$ | $A$ | I | II | III |
| | | 3 | 6 | 0.6 | 0.54 | 0.9 | 1.4 | 10 | 1 | 0.9 | 1.5 | 2.3 | 14 | 1.4 | 1.3 | 2.1 | 3.2 | 25 | 2.5 | 2.3 | 3.8 | 5.6 | 40 | 4.0 | 3.6 | 6.0 | 9.0 | 60 | 6.0 | 5.4 | 9.0 | 14 |
| | 3 | 6 | 8 | 0.8 | 0.72 | 1.2 | 1.8 | 12 | 1.2 | 1.1 | 1.8 | 2.7 | 18 | 1.8 | 1.6 | 2.7 | 4.1 | 30 | 3.0 | 2.7 | 4.5 | 6.8 | 48 | 4.8 | 4.3 | 7.2 | 11 | 75 | 7.5 | 6.8 | 11 | 17 |
| | 6 | 10 | 9 | 0.9 | 0.81 | 1.4 | 2.0 | 15 | 1.5 | 1.4 | 2.3 | 3.4 | 22 | 2.2 | 2.0 | 3.3 | 5.0 | 36 | 3.6 | 3.3 | 5.4 | 8.1 | 58 | 5.8 | 5.2 | 8.7 | 13 | 90 | 9.0 | 8.1 | 14 | 20 |
| | 10 | 18 | 11 | 1.1 | 1.0 | 1.7 | 2.5 | 18 | 1.8 | 1.7 | 2.7 | 4.1 | 27 | 2.7 | 2.4 | 4.1 | 6.1 | 43 | 4.3 | 3.9 | 6.5 | 9.7 | 70 | 7.0 | 6.3 | 11 | 16 | 110 | 11 | 10 | 17 | 25 |
| | 18 | 30 | 13 | 1.3 | 1.2 | 2.0 | 2.9 | 21 | 2.1 | 1.9 | 3.2 | 4.7 | 33 | 3.3 | 3.0 | 5.0 | 7.4 | 52 | 5.2 | 4.7 | 7.8 | 12 | 84 | 8.4 | 7.6 | 13 | 19 | 130 | 13 | 12 | 20 | 29 |
| | 30 | 50 | 16 | 1.6 | 1.4 | 2.4 | 3.6 | 25 | 2.5 | 2.3 | 3.8 | 5.6 | 39 | 3.9 | 3.5 | 5.9 | 8.8 | 62 | 6.2 | 5.6 | 9.3 | 14 | 100 | 10 | 9.0 | 15 | 23 | 160 | 16 | 14 | 24 | 36 |
| | 50 | 80 | 19 | 1.9 | 1.7 | 2.9 | 4.3 | 30 | 3.0 | 2.7 | 4.5 | 6.8 | 46 | 4.6 | 4.1 | 6.9 | 10 | 74 | 7.4 | 6.7 | 11 | 17 | 120 | 12 | 11 | 18 | 27 | 190 | 19 | 17 | 29 | 43 |
| | 80 | 120 | 22 | 2.2 | 2.0 | 3.3 | 5.0 | 35 | 3.5 | 3.2 | 5.3 | 7.9 | 54 | 5.4 | 4.9 | 8.1 | 12 | 87 | 8.7 | 7.8 | 13 | 20 | 140 | 14 | 13 | 21 | 32 | 220 | 22 | 20 | 33 | 50 |
| | 120 | 180 | 25 | 2.5 | 2.3 | 3.8 | 5.6 | 40 | 4.0 | 3.6 | 6.0 | 9.0 | 63 | 6.3 | 5.7 | 9.5 | 14 | 100 | 10 | 9.0 | 15 | 23 | 160 | 16 | 15 | 24 | 36 | 250 | 25 | 23 | 38 | 56 |
| | 180 | 250 | 29 | 2.9 | 2.6 | 4.4 | 6.5 | 46 | 4.6 | 4.1 | 6.9 | 10 | 72 | 7.2 | 6.5 | 11 | 16 | 115 | 12 | 10 | 17 | 26 | 185 | 18 | 17 | 28 | 42 | 290 | 29 | 26 | 44 | 65 |
| | 250 | 315 | 32 | 3.2 | 2.9 | 4.8 | 7.2 | 52 | 5.2 | 4.7 | 7.8 | 12 | 81 | 8.1 | 7.3 | 12 | 18 | 130 | 13 | 12 | 19 | 29 | 210 | 2.0 | 19 | 32 | 47 | 320 | 32 | 29 | 48 | 72 |
| | 315 | 400 | 36 | 3.6 | 3.2 | 5.4 | 8.1 | 57 | 5.7 | 5.1 | 8.4 | 13 | 89 | 8.9 | 8.0 | 13 | 20 | 140 | 14 | 13 | 21 | 32 | 230 | 23 | 21 | 35 | 52 | 360 | 36 | 32 | 54 | 81 |
| | 400 | 500 | 40 | 4.0 | 3.6 | 6.0 | 9.0 | 63 | 6.3 | 5.7 | 9.5 | 14 | 97 | 9.7 | 8.7 | 14 | 22 | 155 | 16 | 14 | 23 | 35 | 250 | 25 | 23 | 38 | 56 | 400 | 40 | 36 | 60 | 90 |

续表

| 基本尺寸/mm | | 12 | | | | 13 | | | | 14 | | | | 15 | | | | 16 | | | | 17 | | | | 18 | | | |
|---|---|---|---|---|---|---|---|---|---|---|---|---|---|---|---|---|---|---|---|---|---|---|---|---|---|---|---|---|---|
| 大于 | 至 | $T$ | $A$ | $u_1$ I | $u_1$ II | $T$ | $A$ | $u_1$ I | $u_1$ II | $T$ | $A$ | $u_1$ I | $u_1$ II | $T$ | $A$ | $u_1$ I | $u_1$ II | $T$ | $A$ | $u_1$ I | $u_1$ II | $T$ | $A$ | $u_1$ I | $u_1$ II | $T$ | $A$ | $u_1$ I | $u_1$ II |
| — | 3 | 100 | 10 | 9.0 | 15 | 140 | 14 | 13 | 21 | 250 | 25 | 23 | 38 | 400 | 40 | 36 | 60 | 600 | 60 | 54 | 90 | 1 000 | 100 | 90 | 150 | 1 400 | 140 | 125 | 210 |
| 3 | 6 | 120 | 12 | 11 | 18 | 180 | 18 | 16 | 27 | 300 | 30 | 27 | 45 | 480 | 48 | 43 | 72 | 750 | 75 | 68 | 110 | 1 200 | 120 | 110 | 180 | 1 800 | 180 | 160 | 270 |
| 6 | 10 | 150 | 15 | 14 | 22 | 220 | 22 | 20 | 33 | 360 | 36 | 32 | 54 | 580 | 58 | 52 | 87 | 900 | 90 | 81 | 140 | 1 500 | 150 | 140 | 230 | 2 200 | 220 | 200 | 330 |
| 10 | 18 | 180 | 18 | 16 | 27 | 270 | 27 | 24 | 41 | 430 | 43 | 39 | 65 | 700 | 70 | 63 | 110 | 1 100 | 110 | 100 | 170 | 1 800 | 180 | 160 | 270 | 2 700 | 270 | 240 | 400 |
| 18 | 30 | 210 | 21 | 19 | 32 | 330 | 33 | 30 | 50 | 520 | 52 | 47 | 78 | 840 | 84 | 76 | 130 | 1 300 | 130 | 120 | 200 | 2 100 | 210 | 190 | 320 | 3 300 | 330 | 300 | 490 |
| 30 | 50 | 250 | 25 | 23 | 38 | 390 | 39 | 35 | 59 | 620 | 62 | 56 | 93 | 1 000 | 100 | 90 | 150 | 1 600 | 160 | 140 | 240 | 2 500 | 250 | 220 | 380 | 3 900 | 390 | 350 | 580 |
| 50 | 80 | 300 | 30 | 27 | 45 | 460 | 46 | 41 | 69 | 740 | 74 | 67 | 110 | 1 200 | 120 | 110 | 180 | 1 900 | 190 | 170 | 290 | 3 000 | 300 | 270 | 450 | 4 600 | 460 | 410 | 690 |
| 80 | 120 | 350 | 35 | 32 | 53 | 540 | 54 | 49 | 61 | 870 | 87 | 78 | 130 | 1 400 | 140 | 130 | 210 | 2 200 | 220 | 200 | 330 | 3 500 | 350 | 320 | 530 | 5 400 | 540 | 480 | 810 |
| 120 | 180 | 400 | 40 | 36 | 60 | 630 | 63 | 57 | 95 | 1 000 | 100 | 90 | 150 | 1 600 | 160 | 150 | 240 | 2 500 | 250 | 230 | 380 | 4 000 | 400 | 360 | 600 | 6 300 | 630 | 570 | 940 |
| 180 | 250 | 460 | 46 | 41 | 69 | 720 | 72 | 65 | 110 | 1 150 | 115 | 100 | 170 | 1 850 | 185 | 170 | 280 | 2 900 | 290 | 260 | 440 | 4 600 | 460 | 410 | 690 | 7 200 | 720 | 650 | 1080 |
| 250 | 315 | 520 | 52 | 47 | 78 | 810 | 81 | 73 | 120 | 1 300 | 130 | 120 | 190 | 2 100 | 210 | 190 | 320 | 3 200 | 320 | 290 | 480 | 5 200 | 520 | 470 | 780 | 8 100 | 810 | 730 | 1210 |
| 315 | 400 | 570 | 57 | 51 | 86 | 890 | 89 | 80 | 130 | 1 400 | 140 | 130 | 210 | 2 300 | 230 | 210 | 350 | 3 600 | 360 | 320 | 540 | 5 700 | 570 | 510 | 860 | 8 900 | 890 | 800 | 1330 |
| 400 | 500 | 630 | 63 | 57 | 95 | 970 | 97 | 87 | 150 | 1 500 | 150 | 140 | 230 | 2 500 | 250 | 230 | 380 | 4 200 | 420 | 360 | 600 | 6 300 | 630 | 570 | 950 | 9 700 | 970 | 870 | 1450 |

### 3.6.3　计量器具的选择

计量器具的选择，主要取决于计量器具的技术指标和经济指标。其要求如下：

（1）应使所选计量器具的测量范围能满足工件的测量精度要求。

（2）应使所选计量器具的不确定度既能保证测量精度要求，又能符合经济性要求。

安全裕度 $A$ 由两部分组成，即计量器具的**测量不确定度**（$u_1$）和由温度、压陷效应及工件形状误差等因素引起的不确定度（$u_2$）。

国家标准规定**计量器具的选用原则**：按照计量器具所导致的测量不确定度（计量器具的测量不确定度）的允许值 $u_1$ 选择计量器具。选择时，应使所选用的计量器具的测量不确定度数值等于或小于选定的 $u_1$ 值。

**表 3.5　千分尺和游标卡尺的不确定度**

| 尺寸范围 | | 计量器具类型 | | | |
|---|---|---|---|---|---|
| 大于 | 至 | 分度值为 0.01 的外径千分尺 | 分度值为 0.01 的内径千分尺 | 分度值为 0.02 的游标卡尺 | 分度值为 0.05 的游标卡尺 |
| 0 | 50 | 0.004 | | | |
| 50 | 100 | 0.005 | 0.008 | | 0.05 |
| 100 | 150 | 0.006 | | 0.020 | |
| 150 | 200 | 0.007 | | | |
| 200 | 250 | 0.008 | 0.013 | | |
| 250 | 300 | 0.009 | | | |
| 300 | 350 | 0.010 | | | |
| 350 | 400 | 0.011 | 0.020 | | 0.100 |
| 400 | 450 | 0.012 | | | |
| 450 | 500 | 0.013 | 0.025 | | |
| 500 | 600 | | | | |
| 600 | 700 | | 0.030 | | |
| 700 | 1 000 | | | | 0.150 |

注：当采用比较测量时，千分尺的不确定度可小于本表规定的数值，一般可减小 40%。

计量器具的测量不确定度允许值 $u_1$ 按测量不确定度 $u$ 与工件公差的比值分挡：对 IT6 ~ IT11 的分为 Ⅰ、Ⅱ、Ⅲ 三挡，对 IT12 ~ IT18 的分为 Ⅰ、Ⅱ 两挡。测量不确定度 $u$ 的 Ⅰ、Ⅱ、Ⅲ 三挡值分别为工件公差的 1/10、1/6、1/4。计量器具的测量不确定度允许值 $u_1$ 约为测量不确定度 $u$ 的 0.9 倍。三挡值列于表 3.4 中。在一般情况下，优先选用 Ⅰ 挡，其次选用 Ⅱ、Ⅲ 挡。表 3.5 ~ 3.7 分别列出了千分尺和游标卡尺、比较仪的不确定度、指示表的不确定度。

表 3.6 比较仪的不确定度

| 尺寸范围 | | 所使用的计量器具 | | | |
|---|---|---|---|---|---|
| | | 分度值为 0.000 5 mm（相当于放大 2 000 倍）的比较仪 | 分度值为 0.001 mm（相当于放大 1 000 倍）的比较仪 | 分度值为 0.002 mm（相当于放大 500 倍）的比较仪 | 分度值为 0.005 mm（相当于放大 200 倍）的比较仪 |
| 大于 | 至 | 不 确 定 度 | | | |
| 0 | 25 | 0.000 6 | 0.001 | 0.001 7 | 0.003 |
| 25 | 40 | 0.000 7 | 0.001 | 0.001 7 | 0.003 |
| 40 | 65 | 0.000 8 | 0.001 1 | 0.001 8 | 0.003 |
| 65 | 90 | 0.000 8 | 0.001 1 | 0.001 8 | 0.003 |
| 90 | 115 | 0.000 9 | 0.001 2 | 0.001 9 | 0.003 |
| 115 | 165 | 0.001 | 0.001 3 | 0.001 9 | 0.003 |
| 165 | 215 | 0.001 2 | 0.001 4 | 0.002 | 0.003 5 |
| 215 | 265 | 0.001 4 | 0.001 6 | 0.002 1 | 0.003 5 |
| 265 | 315 | 0.001 6 | 0.001 7 | 0.002 2 | 0.003 5 |

注：测量时，使用的标准器由 4 块 1 级（或 4 等）量块组成。

表 3.7 指示表的不确定度

| 尺寸范围 | | 所用的计量器具 | | | |
|---|---|---|---|---|---|
| | | 分度值为 0.001 mm 的千分表（0 级在全程范围内）分度值为 0.002 mm 的千分表（在一转范围内） | 分度值为 0.001 mm、0.002 mm、0.005 mm 的千分表（1 级在全程范围内）分度值为 0.01 mm 的千分表（0 级在任意 1 mm 内） | 分度值为 0.01 mm 的千分表（0 级在全程范围内，1 级在任意 1 mm 内） | 分度值为 0.01 mm 的百分表（1 级在全程范围内） |
| 大于 | 至 | 不 确 定 度 | | | |
| 0 | 25 | 0.005 | 0.01 | 0.018 | 0.03 |
| 25 | 40 | 0.005 | 0.01 | 0.018 | 0.03 |
| 40 | 65 | 0.005 | 0.01 | 0.018 | 0.03 |
| 65 | 90 | 0.005 | 0.01 | 0.018 | 0.03 |
| 90 | 115 | 0.005 | 0.01 | 0.018 | 0.03 |
| 115 | 165 | 0.006 | 0.01 | 0.018 | 0.03 |
| 165 | 215 | 0.006 | 0.01 | 0.018 | 0.03 |
| 215 | 265 | 0.006 | 0.01 | 0.018 | 0.03 |
| 265 | 315 | 0.006 | 0.01 | 0.018 | 0.03 |

【例 3-4】如图 3.1 为一级减速器输出轴，要求检验工件 $\phi 42^{+0.050}_{+0.034}$ Ⓔ。试确定验收极限并选择适当的计量器具。

【解】此工件遵守包容要求，应按内缩方式确定验收极限。

（1）确定尺寸公差及极限偏差值：

该尺寸上偏差 es = + 0.050，下偏差 ei = + 0.030，公差 $T_d$ = 0.016，查表确定为 IT6 级。

（2）确定安全裕度：查表 3.4 得安全裕度 $A$ = 1.6 μm

（3）确定验收极限：

$$上验收极限 = MMS - A = 42.050 - 0.001\ 6 = 42.048\ 4\ mm$$

$$下验收极限 = LMS + A = 42.034 + 0.001\ 6 = 42.035\ 6\ mm$$

（4）确定计量器具的测量不确定度允许值 $u_1$：

按优先选用 I 挡的原则查表 3.4，得计量器具的测量不确定度允许值 $u_1$ = 1.4 μm。

（5）选择计量器具：

查表 3.6，在工件尺寸 40 ~ 65 mm 尺寸段，查得分度值为 0.001 mm 的比较仪的不确定度为 0.001 1 mm，小于计量器具的测量不确定度允许值 0.001 4 mm，所以能满足使用要求。

# 3.7　光滑极限量规设计

量规的作用

## 3.7.1　量规的作用

**光滑工件的检测有两种方法**：用通用计量器具检测和用光滑极限量规检测。当零件图样上被测要素的尺寸公差和几何公差遵守独立原则时，该零件加工后的局部尺寸和几何误差采用通用计量器具来测量；当零件图样上被测要素的尺寸公差和几何公差遵守相关要求（包容要求）时，应采用光滑极限量规来检测。前者是通过选择合适的通用计量器具测量出工件局部尺寸的具体数值，并按规定的验收极限来判断工件是否合格的一种定量检测过程。**光滑极限量规（简称量规）是一种无刻度的定值检验量具**，属于专用量具的范畴。光滑极限量规检测只能判断工件尺寸是否合格，而无法测出工件的实际尺寸和几何误差的数值，是一种定性检测过程。量规结构简单，使用方便、可靠，检验零件的效率高，并且能保证工件的互换性，在成批或大量生产中得到了广泛的应用。

《光滑极限量规　技术条件》（GB/T 1957—2006）规定了光滑极限量规的术语和定义、公差、要求、检验、标志与包装。本标准适用于孔与轴基本尺寸至 500 mm、公差等级 IT6 ~ IT16 级的光滑极限量规。

用于孔径检验的光滑极限量规叫作塞规，其测量面为外圆柱面。用于轴径检验的光滑极限量规称为环规或卡规，其测量面为内圆环面或两平行平面。光滑极限量规是塞规和环规的统称。

塞规或环规包括两个量规：一个是按被测工件的最大实体尺寸（孔的最小极限尺寸，轴的最大极限尺寸）制造，称为**通规**，也叫**通端**，用代号"T"表示；另一个是按被测工件的最小实体尺寸（孔的最大极限尺寸，轴的最小极限尺寸）制造，称为**止规，也叫止端**，用代号"Z"表示。通规模拟最大实体边界，以检验孔、轴的体外作用尺寸是否超越最大实体尺寸，止规检验孔或轴的实际尺寸是否超越最小实体尺寸，如图 3.17、图 3.18 所示。

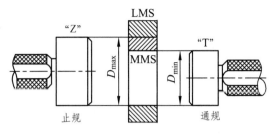

图 3.17　孔用光滑极限量规（塞规）

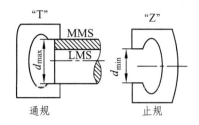

图 3.18　轴用光滑极限量规（卡规）

**"通规"和"止规"成对使用**，能判断被测孔径和轴径是否在规定的极限尺寸范围内。其中通规控制作用尺寸，止规控制实际尺寸。不论塞规还是卡规，检测工件时，如果通规能通过被测工件，止规不能通过被测工件，则可确定该工件为合格品；反之，如果通规通不过被测工件，或者止规通过了被测工件，即可确定被测工件是不是合格品。

## 3.7.2　量规的分类

根据使用场合及用途的不同，光滑极限量规可分为**工作量规**、**验收量规**和**校对量规**三类。

（1）工作量规。

工作量规是指在制造工件的过程中操作者所使用的量规，操作者应使用新的或磨损较少的通规。

（2）验收量规。

验收量规是指在验收零件时检验部门和用户代表所使用的量规。一般不另行制造新的验收量规，检验部门应该使用与操作者相同类型的且已磨损较多但未超过磨损极限的旧通规。用户代表在用量规验收工件时，通规应接近工件的最大实体尺寸，止规应接近工件的最小实体尺寸。这样，由操作者自检合格的零件，检验人员验收时也一定合格，从而保证了零件的合格率。

用符合本标准的量规检验工件，如判断有争议，应该使用下述尺寸的量规予以解决：

① 通规应等于或接近工件的最大实体尺寸；

② 止规应等于或接近工件的最小实体尺寸。

（3）校对量规。

校对量规是指用来检验工作量规或验收量规的量规。量规在制造时也是一种高精度的工件，同样需要检验。孔用量规（塞规），便于用精密计量器具测量，不需要校对量规。所以，只有轴用量规（环规、卡规）才使用校对量规（塞规），也可用量块作为校对量规。校对量规用于检查轴用工作量规在制造时是否符合制造公差，在使用中是否已达到磨损极限。校对量规又可分为以下三种：

① "校通-通" 量规（代号为 TT），检验轴用量规通规的校对量规。

② "校止-通" 量规（代号为 ZT），检验轴用量规止规的校对量规。

③ "校通-损" 量规（代号为 TS），检验轴用量规通规磨损极限的校对量规。

### 3.7.3　量规的公差

光滑极限量规是一个精密工件，故也规定了制造公差。

#### 3.7.3.1　工作量规尺寸公差带

（1）工作量规公差带的大小 $T_1$。

量规制造精度比被检验工件的精度高。工作量规通规公差由制造公差 $T_1$ 和磨损公差两部分组成，工作量规止规公差仅由制造公差 $T_1$ 组成。

（2）工作量规公差带的位置。

为了确保产品质量，GB/T 1957—2006 规定，量规公差带采用"内缩方案"。即量规的公差带全部限制在被测孔、被测轴公差带内，使它能有效地控制误收，从而保证产品质量。工作量规的公差带分布如图 3.19 所示，图中 $T_1$ 表示工作量规的尺寸公差（制造公差）。$Z_1$ 为通规尺寸公差带中心到工件最大实体尺寸之间的距离，称为**位置要素**。工作量规通规的制造公差带对称于 $Z_1$ 值，其磨损极限与工件的最大实体尺寸重合。工作量规止规的制造公差从工件的最小实体尺寸起，向工件公差带内分布。

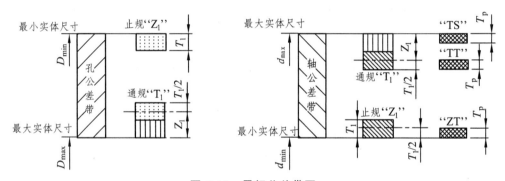

**图 3.19　量规公差带图**

GB/T 1957—2006 规定了基本尺寸至 500 mm、公差等级 IT6 ~ IT16 的孔和轴所用的工作量规的制造公差 $T_1$ 和位置要素 $Z_1$ 值，其数值见表 3.8。

**表 3.8　工作量规制造公差和位置要素值（摘自 GB/T 1957—2006）**　　　μm

| 工件尺寸/mm | | IT 6 | | | IT7 | | | IT8 | | | IT9 | | | IT10 | | | IT11 | | |
|---|---|---|---|---|---|---|---|---|---|---|---|---|---|---|---|---|---|---|---|
| 大于 | 至 | 工件公差 | $T_1$ | $Z_1$ | 工件公差 | $T_1$ | $Z_1$ | 工件公差 | $T_1$ | $Z_1$ | 工件公差 | $T_1$ | $Z_1$ | 工件公差 | $T_1$ | $Z_1$ | 工件公差 | $T_1$ | $Z_1$ |
| — | 3 | 6 | 1.0 | 1.0 | 10 | 1.2 | 1.6 | 14 | 1.6 | 2 | 25 | 2 | 2 | 40 | 2.4 | 4 | 60 | 3 | 6 |
| 3 | 6 | 8 | 1.2 | 1.4 | 12 | 1.4 | 2 | 18 | 2 | 2.6 | 30 | 2.4 | 4 | 48 | 3 | 5 | 75 | 4 | 8 |
| 6 | 10 | 9 | 1.4 | 1.6 | 15 | 1.8 | 2.4 | 22 | 2.4 | 3.2 | 36 | 2.8 | 5 | 58 | 3.6 | 6 | 90 | 5 | 9 |
| 10 | 18 | 11 | 1.6 | 2 | 18 | 2 | 2.8 | 27 | 2.8 | 4 | 43 | 3.4 | 6 | 70 | 4 | 8 | 110 | 6 | 11 |
| 18 | 30 | 13 | 2 | 2.4 | 21 | 2.4 | 3.4 | 33 | 3.4 | 5 | 52 | 4 | 7 | 84 | 5 | 9 | 130 | 7 | 13 |
| 30 | 50 | 16 | 2.4 | 2.8 | 25 | 3 | 4 | 39 | 4 | 6 | 62 | 5 | 8 | 100 | 6 | 11 | 160 | 8 | 16 |

续表

| 工件尺寸/mm | | IT6 | | | IT7 | | | IT8 | | | IT9 | | | IT10 | | | IT11 | | |
|---|---|---|---|---|---|---|---|---|---|---|---|---|---|---|---|---|---|---|---|
| 大于 | 至 | 工件公差 | $T_1$ | $Z_1$ | 工件公差 | $T_1$ | $Z_1$ | 工件公差 | $T_1$ | $Z_1$ | 工件公差 | $T_1$ | $Z_1$ | 工件公差 | $T_1$ | $Z_1$ | 工件公差 | $T_1$ | $Z_1$ |
| 50 | 80 | 19 | 2.8 | 3.4 | 30 | 3.6 | 4.6 | 46 | 4.6 | 7 | 74 | 6 | 9 | 120 | 7 | 13 | 190 | 9 | 19 |
| 80 | 120 | 22 | 3 | 3.8 | 35 | 4.2 | 5.4 | 54 | 5.4 | 8 | 87 | 7 | 10 | 140 | 8 | 15 | 220 | 10 | 22 |
| 120 | 180 | 25 | 3.8 | 4.4 | 40 | 4.8 | 6 | 63 | 6 | 9 | 100 | 8 | 12 | 160 | 9 | 18 | 250 | 12 | 25 |
| 180 | 250 | 29 | 4.4 | 5 | 46 | 5.4 | 7 | 72 | 7 | 10 | 115 | 9 | 14 | 185 | 10 | 20 | 290 | 14 | 29 |
| 250 | 315 | 32 | 4.8 | 5.6 | 52 | 6 | 8 | 81 | 8 | 11 | 130 | 10 | 16 | 210 | 12 | 22 | 320 | 16 | 32 |
| 315 | 400 | 36 | 5.4 | 6.2 | 57 | 7 | 9 | 89 | 9 | 12 | 140 | 11 | 18 | 230 | 14 | 25 | 360 | 18 | 36 |
| 400 | 500 | 40 | 6 | 7 | 63 | 8 | 10 | 97 | 10 | 14 | 155 | 12 | 20 | 250 | 16 | 28 | 400 | 20 | 40 |

| 工件尺寸/mm | | IT12 | | | IT13 | | | IT14 | | | IT15 | | | IT16 | | |
|---|---|---|---|---|---|---|---|---|---|---|---|---|---|---|---|---|
| 大于 | 至 | 工件公差 | $T_1$ | $Z_1$ | 工件公差 | $T_1$ | $Z_1$ | 工件公差 | $T_1$ | $Z_1$ | 工件公差 | $T_1$ | $Z_1$ | 工件公差 | $T_1$ | $Z_1$ |
| — | 3 | 100 | 4 | 9 | 140 | 6 | 14 | 250 | 9 | 20 | 400 | 14 | 30 | 600 | 20 | 40 |
| 3 | 6 | 120 | 5 | 9 | 180 | 6 | 16 | 300 | 11 | 25 | 480 | 16 | 35 | 750 | 25 | 50 |
| 6 | 10 | 150 | 6 | 11 | 220 | 7 | 20 | 360 | 13 | 30 | 580 | 20 | 40 | 900 | 30 | 60 |
| 10 | 18 | 180 | 7 | 13 | 270 | 8 | 24 | 430 | 15 | 35 | 700 | 25 | 50 | 1 100 | 35 | 75 |
| 18 | 30 | 210 | 8 | 15 | 330 | 10 | 28 | 520 | 18 | 40 | 840 | 28 | 60 | 1 300 | 40 | 90 |
| 30 | 50 | 250 | 10 | 18 | 390 | 12 | 34 | 620 | 22 | 50 | 1 000 | 34 | 75 | 1 600 | 50 | 110 |
| 50 | 80 | 300 | 12 | 22 | 460 | 14 | 40 | 740 | 26 | 60 | 1 200 | 40 | 90 | 1 900 | 60 | 130 |
| 80 | 120 | 350 | 14 | 26 | 540 | 16 | 46 | 870 | 20 | 70 | 1 400 | 46 | 100 | 2 200 | 70 | 150 |
| 120 | 180 | 400 | 16 | 30 | 630 | 20 | 52 | 1 000 | 35 | 80 | 1 600 | 52 | 120 | 2 500 | 80 | 100 |
| 180 | 250 | 460 | 18 | 35 | 720 | 22 | 60 | 1 150 | 40 | 90 | 1 850 | 60 | 130 | 2 900 | 90 | 200 |
| 250 | 315 | 520 | 20 | 40 | 810 | 26 | 66 | 1 300 | 45 | 100 | 2 100 | 66 | 150 | 3 200 | 100 | 220 |
| 315 | 400 | 570 | 22 | 45 | 890 | 28 | 74 | 1 400 | 50 | 110 | 2 300 | 74 | 170 | 3 600 | 110 | 250 |
| 400 | 500 | 630 | 24 | 50 | 970 | 32 | 80 | 1 550 | 55 | 120 | 2 500 | 80 | 190 | 4 000 | 120 | 280 |

### 3.7.3.2　校对量规尺寸公差带

（1）校通-通量规（TT）。

**校通–通量规（TT）**的作用是防止轴用通规尺寸过小（检验通规尺寸是否小于极限尺寸）。检验时应通过被校对的轴用通规，如图 3.19 所示。

（2）校止-通量规（ZT）。

**校止–通量规（ZT）**的作用是防止轴用止规尺寸过小（检验止规尺寸是否小于最小极限尺寸）。检验时应通过被校对的轴用止规，如图 3.19 所示。

（3）校通-损量规（TS）。

**校通–损量规（TS）**的作用是检查使用中的轴用通规磨损是否过多，防止通规超过工件的最大实体尺寸。检验时若通过了，说明所校对的量规已磨损到超过磨损极限，应予以报废；若不被通过，所校对的量规仍可以继续使用，如图 3.19 所示。

### 3.7.3.3　量规的几何公差

量规的几何公差与尺寸公差之间的关系，应遵守包容要求，即量规的形状和位置误差应控制在其尺寸公差带内。其公差值不大于量规尺寸公差的 50%。当量规尺寸公差小于或等于 0.002 mm 时，考虑到制造和测量都比较困难，其形状和位置公差都规定取 0.001 mm。

## 3.7.4　量规设计

### 3.7.4.1　量规的设计原则

对遵守包容要求的孔和轴应按**极限尺寸判断原则——泰勒原则**予以验收，即光滑极限规的设计应遵循泰勒原则。泰勒原则是孔或轴的局部尺寸和形状误差的综合结果形成的体外作用尺寸（$D_{fe}$ 和 $d_{fe}$）不允许超出最大实体尺寸（$D_M$ 或 $d_M$），同时孔或轴任何位置上的局部尺寸（$D_a$ 或 $d_a$）不允许超过最小实体尺寸（$D_L$ 或 $d_L$），即

对于孔应满足：

$$D_{fe} \geqslant D_{min}，且 D_a \leqslant D_{max} \tag{3.30}$$

对于轴应满足：

$$d_{fe} \leqslant d_{max}，且 d_a \geqslant d_{min} \tag{3.31}$$

包容要求是从设计的角度出发，反映对孔、轴的设计要求，而泰勒原则是从验收的角度出发反映对孔、轴的验收要求。从保证孔与轴的配合性质的角度看，两者是一致的。用光滑极限量规检验工件时，符合泰勒原则的量规如下：

**"通规"**用于控制工件的作用尺寸，它的测量面理论上应具有与被检验孔或轴形状相对应的完整表面（通常称为全形量规），通规的尺寸应等于被测孔或被测轴的最大实体尺寸，且长度应与被测孔或被测轴的配合长度一致。

**"止规"用于控制工件的实际尺寸**，它的测量面理论上应为点状的，称为不全形量规，两测量面之间的尺寸应等于被测孔或被测轴的最小实体尺寸。

泰勒原则是设计极限量规的依据，严格遵守泰勒原则设计的量规，既能控制零件尺寸，又能控制零件形状误差。用这种极限量规检验工件，基本上可保证工件极限与配合的要求，达到互换的目的。国家标准中还规定，符合泰勒原则的量规，如在某些场合下应用不方便或有困难时，可在保证被检验工件的形状误差（尤其是轴线的直线度、圆度等）不致影响配合性质的条件下，使用偏离泰勒原则的量规。

为了尽量减少在使用偏离泰勒原则的量规检验时造成的误判，操作量规的方法一定要正确。例如，使用非全形的通端塞规时，应在被检测的孔的全长上沿圆周的几个位置上检验；使用卡规时，应在被检测轴的配合长度的几个部位并在围绕被检测轴的圆周上的几个位置检验。

### 3.7.4.2　量规工作尺寸的计算

光滑极限量规的尺寸及偏差计算步骤如下：

（1）按极限与配合国家标准来确定被测孔或轴的标准公差和上、下极限偏差。

（2）查出工作量规的制造公差 $T_1$ 和位置要素 $Z_1$ 值。

（3）根据工作量规的制造公差 $T_1$ 确定工作量规的形状公差。

（4）根据工作量规的制造公差 $T_1$ 确定校对量规的制造公差 $T_p$。

（5）计算各种量规的极限偏差或工作尺寸。

根据量规公差带图（见图 3.19），可以得出量规极限偏差的计算公式，见表 3.9。

表 3.9　量规极限偏差的计算公式

| 量　　规 | | 上极限偏差计算式 | 下极限偏差计算式 |
|---|---|---|---|
| 孔用工作量规 | 通规（T） | $= EI + Z_1 + T_1/2$ | $= EI + Z_1 - T_1/2$ |
| | 止规（Z） | $= ES$ | $= ES - T_1$ |
| 轴用工作量规 | 通规（T） | $= es - Z_1 + T_1/2$ | $= es - Z_1 - T_1/2$ |
| | 止规（Z） | $= ei + T_1$ | $= ei$ |
| 轴用校对量规 | 校-通-通（TT） | $= es - Z_1 - T_1/2 + T_p$ | $= es - Z - T_1/2$ |
| | 校-通-损（TS） | $= es$ | $= es - T_p$ |
| | 校-止-通（ZT） | $= ei + T_p$ | $= ei$ |

注：式中 ES、EI 分别为被检验孔的上、下极限偏差；es，ei 分别为被检验轴的上、下极限偏差。

### 3.7.4.3　量规设计应用举例

**【例 3-5】** 设计检验 $\phi 20H8/f7Ⓔ$ 的孔和轴用各种量规的极限偏差和工作尺寸，并画出工作量规简图。

**【解】** 由极限偏差表查出孔与轴的上、下极限偏差为：

$\phi$20H8 孔的上极限偏差 ES = + 0.033 mm；下极限偏差 EI = 0

$\phi$20f7 轴的上极限偏差 es = − 0.020 mm；下极限偏差 ei = − 0.041 mm

由表 3.8 查得工作量规的制造公差 $T_1$ 和位置要素 $Z_1$：

孔用塞规      $T_1$ = 0.003 4 mm；$Z_1$ = 0.005 mm

轴用卡规      $T_1$ = 0.002 4 mm；$Z_1$ = 0.003 4 mm

确定工作量规的形状公差：

孔用塞规      $T_1/2$ = 0.001 7 mm

轴用卡规      $T_1/2$ = 0.001 2 mm

确定校对量规的制造公差：$T_p = T_1/2$ = 0.001 2 mm

计算量规的极限偏差和工作尺寸并画出量规公差带图.

（1）$\phi$20H8 孔用塞规。

① 通规（T）：

$$上偏差 = EI + Z_1 + T_1/2 = 0 + 0.005 + 0.003\ 4/2 = + 0.006\ 7\ mm$$

$$下偏差 = EI + Z_1 - T_1/2 = 0 + 0.005 - 0.003\ 4/2 = + 0.003\ 3\ mm$$

$$工作尺寸 = 20^{+0.006\ 7}_{+0.003\ 3}\ mm$$

$$磨损极限 = D_{min} = 20\ mm$$

② 止规（Z）：

$$上偏差 = ES = + 0.33\ mm$$

$$下偏差 = ES - T_1 = 0.033 - 0.003\ 4 = + 0.029\ 6\ mm$$

$$工作尺寸 = 20^{+0.033\ 0}_{+0.029\ 6}\ mm$$

（2）$\phi$20f7 轴用卡规。

① 通规（T）：

$$上偏差 = es - Z_1 + T_1/2 = - 0.02 - 0.003\ 4 + 0.002\ 4/2 = - 0.022\ 2\ mm$$

$$下偏差 = es - Z_1 - T_1/2 = -0.02 - 0.003\ 4 - 0.002\ 4/2 = -0.024\ 6\ mm$$

$$工作尺寸 = 20^{-0.022\ 2}_{-0.024\ 6}\ mm$$

$$磨损极限 = d_{max} = 19.980\ mm$$

② 止规（Z）：

$$上偏差 = ei + T_1 = -0.04\ 1 + 0.002\ 4 = - 0.038\ 6\ mm$$

$$下偏差 = ei = - 0.041\ mm$$

$$工作尺寸 = 20^{-0.038\ 6}_{-0.041\ 0}\ mm$$

（3）轴用卡规的校对量规。

① 校通-通量规（TT）：

$$上偏差 = es + Z - T_1/2 + T_p = -0.02 - 0.003\ 4 - 0.002\ 4/2 + 0.001\ 2\ mm = - 0.023\ 4\ mm$$

$$下偏差 = es - Z - T_1/2 = - 0.02 - 0.003\ 4 - 0.002\ 4/2\ mm = -0.024\ 6\ mm$$

　　　　　工作尺寸 = $20^{-0.023\,4}_{-0.024\,6}$ mm

② 校通-损量规（TS）：

　　　　　上偏差 = es = $-0.02$ mm

　　　　　下偏差 = es $- T_p = -0.02 - 0.001\,2$ mm $= -0.021\,2$ mm

　　　　　工作尺寸 = $20^{-0.020\,0}_{-0.021\,2}$ mm

③ 校止-通量规（ZT）：

　　　　　上偏差 = ei $+ T_p = -0.041 + 0.001\,2$ mm $= -0.039\,8$ mm

　　　　　下偏差 = ei $= -0.041$ mm

　　　　　工作尺寸 = $20^{-0.039\,8}_{-0.041\,0}$ mm

$\phi$20H8/f7 孔、轴用各种量规工作尺寸计算结果见表 3.10，量规公差带图如图 3.20 所示。

**表 3.10　量规工作尺寸计算结果**　　　　　　　　　　mm

| 被检工件 | 量规代号 | 量规公差 $T_1$（$T_p$） | 位置要素 $Z_1$ | 量规极限偏差 | | 量规尺寸标注 |
|---|---|---|---|---|---|---|
| | | | | 上极限偏差 | 下极限偏差 | |
| $\phi$20H8($^{+0.33}_{0}$) | 通规（T） | 0.003 4 | 0.000 5 | $+0.006\,7$ | $+0.003\,3$ | $\phi20^{+0.006\,7}_{+0.003\,3}$ |
| | 止规（Z） | 0.003 4 | — | $+0.03\,3$ | $+0.029\,6$ | $\phi20^{+0.033\,0}_{+0.029\,6}$ |
| $\phi$20f7($^{-0.020}_{-0.041}$) | 通规（T） | 0.002 4 | 0.003 4 | $-0.022\,2$ | $-0.024\,6$ | $\phi20^{-0.022\,2}_{-0.024\,6}$ |
| | 止规（Z） | 0.002 4 | — | $-0.038\,6$ | $-0.041$ | $\phi20^{-0.022\,2}_{-0.041\,0}$ |
| | 校-通-通（TT） | 0.001 2 | — | $-0.023\,4$ | $-0.024\,6$ | $\phi20^{-0.023\,4}_{-0.024\,6}$ |
| | 校-通-损（TS） | 0.001 2 | — | $-0.02$ | $-0.021\,2$ | $\phi20^{-0.020\,0}_{-0.021\,2}$ |
| | 校-止-通（ZT） | 0.001 2 | — | $-0.039\,8$ | $-0.041$ | $\phi20^{-0.039\,8}_{-0.041\,0}$ |

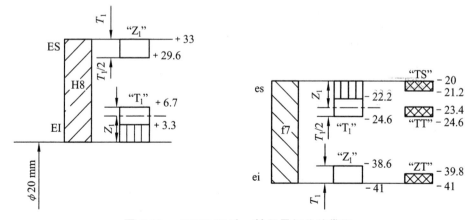

**图 3.20　$\phi$20H8/f7 孔、轴用量规公差带图**

画出量规工作简图如图 3.21 所示。

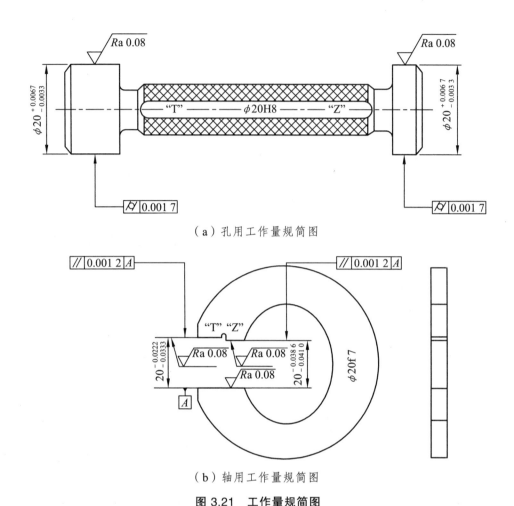

（a）孔用工作量规简图

（b）轴用工作量规简图

**图 3.21　工作量规简图**

　　量规工作简图中工作面的粗糙度要求比被测零件的粗糙度要求要严格些，校对量规测量面的表面粗糙度比工作量规更小。**量规测量面的粗糙度**，主要是从量规使用寿命、被检验工件的基本尺寸、公差等级和表面粗糙度参数值以及量规制造的工艺水平考虑的。

# 小　结

　　1. 本章介绍了有关检测的基本概念、术语、长度量植传递系统；量块"级""等"、使用量块等知识。

　　2. 对于实测工件，能正确选择测量器具、确定验收极限、写出测量结果及报告。

　　3. 光滑极限量规是一种无刻线专用量具，**由通规和止规组成，塞规检验孔，环规检验轴**。

　　4. 使用光滑极限量规等可检验零件的合格与否，而不必得出被测量值的具体数值。测量可确定具体数值。"通规"通过，而"止规"不能通过，则为合格件。

# 习　题

3-1　什么是尺寸传递系统？为什么要建立尺寸传递系统？

3-2　测量误差按性质可分为哪几类？各有何特征？

3-3　何为测量误差？其主要来源有哪些？

3-4　计量器具的基本度量指标有哪些？

3-5　为什么要用多次重复测量的算术平均值表示测量结果？以它表示测量结果可减少哪一类测量误差对测量结果的影响？

3-6　什么是阿贝原则？为什么测量要遵守阿贝原则？

3-7　在尺寸检测时，误收与误废是怎样产生的？检测标准中是如何解决这个问题的？

3-8　产生测量误差的原因是什么？

3-9　说明下列术语的区别：

（1）绝对测量和相对测量；

（2）直接测量和间接测量；

（3）测量范围与示值范围；

（4）正确度与准确度；

（5）量块长度与量块标称长度。

3-10　量块按级使用与按等使用有何区别？按等使用时，如何选择量块并处理数据？

3-11　尺寸从 83 块一套的量块中选取合适尺寸的量块，组合出尺寸 29.765 mm 和 38.995 mm 的量块组。

3-12　测量 80 和 150 两个长度量值，其绝对测量误差的绝对值分别为 6 μm 和 8 μm，试比较两者的测量精度的高低。

3-13　用弓高弦长法测量某一圆弧半径 $R$，得到测量值为：弦长 $b = 50^{+0.006}_{-0.006}$ mm，弓高 $h = 16^{+0.005}_{-0.005}$ mm，试求 $R$ 值及测量精度。

3-14　用千分尺对某一零件的尺寸等精度测量 10 次，各次测量值（单位为 mm）按测量顺序分别为：23.31、23.45、23.46、23.18、23.70、23.21、23.65、23.55、23.46、23.35。

设测量列中不存在定值系统误差，试确定：

（1）测量列算术平均值；

（2）残差，并判断测量列中是否存在变值系统误差；

（3）测量列中的标准偏差；

（4）测量列中的粗大误差；

（5）测量列算术平均值的标准偏差；

（6）测量列算术平均值的测量极限误差；

（7）写出测量结果；

（8）以第 2 次测量值作为测量结果的表达式。

3-15    计算遵守包容要求的 $\phi$50M8/h7 配合的孔、轴工作量规及轴用校对量规的工作尺寸，并画出量规公差带图。

3-16    试确定测量 $\phi$20g8Ⓔ轴时的验收极限，并选择相应的选择计量器具。该轴可否使用标尺分度值为 0.01 mm 的外径千分尺进行比较测量？

# 第4章　几何公差精度设计与检测

【案例导入】如图 4.1 为一减速器输出轴。根据功能要求，轴上有两处分别与轴承、齿轮配合。图中设计的配合尺寸公差是否能满足轴的使用要求？如果加工中零件存在几何误差，对配合性质是否有影响？如何限制这些几何误差？

【学习目标】能识记几何公差的基本术语、定义、项目、符号及其公差带特点(大小、方向、位置和形状四要素)；几何公差在图样上的表达方法。理解几何误差的评定准则——最小条件及其常用评定方法。领会几何误差的检测原则和常用检测方法。

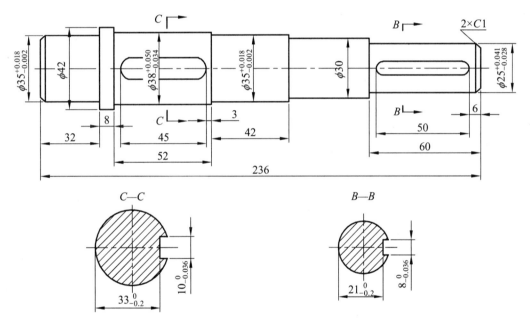

图 4.1　减速器输出轴

零件在加工过程中受机床-刀具-夹具-工件组成的工艺系统的各种因素的影响，其几何要素不仅产生尺寸误差，同时实际形状、方向和位置相对于所要求的理想形状、方向和位置，不可避免会出现误差，即几何误差。这些误差对产品的使用性能、寿命和零件的互换性有着很大的影响。零件的几何误差越大，其几何参数的精度越低，质量也越差。为了保证零件的互换性和使用性能，需要正确地给定零件的几何公差。

为了保证互换性，我国颁布的国家标准有：《产品几何技术规范（GPS）几何公差　形状、方向、位置和跳动公差标注》（GB/T 1182—2018），《公差原则》（GB/T 4249—2018），《产品几何技术规范（GPS）几何公差　最大实体要求、最小实体要求和可逆要求》（GB/T 16671—2009）等。

# 4.1 概　述

## 4.1.1　几何误差对零件使用性能的影响

零件的几何误差直接影响零件的使用性能，主要表现在以下几个方面：

**1. 影响零件的配合性质**

几何误差会影响零件表面之间的配合性质，造成间隙或过盈不一致。对于间隙配合，局部磨损加快，降低零件的运动精度，缩短零件的使用寿命。例如，导轨表面的直线度、平面度不好，将影响沿导轨移动的运动部件的运动精度。对于过盈配合，影响连接强度。钻模、冲模、锻模、凸轮等几何误差，将直接影响零件的加工精度。

**2. 影响零件的功能要求**

几何误差对零件的使用功能有很大的影响。例如，圆柱表面的形状误差，在间隙配合中会使间隙大小分布不均匀，造成局部磨损加快，从而降低零件的使用寿命。平面的形状误差，会减少对接触零件的实际支承面积，导致单位面积压力增大，使接触表面的变形增加。又例如，机床主轴装卡盘的定心锥面对两轴颈的跳动误差，会影响卡盘的旋转精度；在齿轮传动中，两轴承孔的轴线平行度误差过大，会降低齿轮的接触精度。

**3. 影响零件的可装配性**

位置误差不仅会影响零件表面之间的配合性质，还会直接影响零部件的可装配性。例如，法兰端面上孔的位置存在位置误差，就会影响零件的自由装配，电子产品中，电路板、芯片插脚的位置误差将会影响各个电子器件在电路板上的正确安装。

零件的几何误差对机器的工作精度、寿命等性能有着直接的影响，对高温重载等条件下工作的机器及精密仪器的影响更为严重。制造出完全没有几何误差的零件，既不可能也没必要，所以为了满足零件的使用要求，保证零件的互换性和制造的经济性，设计时应对零件的几何误差给以必要的而又合理的限制，即对零件规定几何公差。几何公差是设计给定的，几何误差是通过测量获得的。

## 4.1.2　几何精度研究的对象

### 4.1.2.1　几何要素

**几何公差研究的对象是构成零件几何特征的点、线、面等几何要素。** 如图 4.2 所示的零

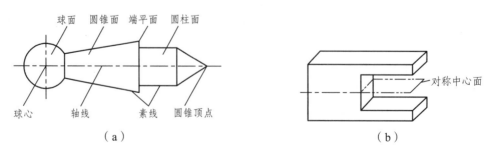

（a）　　　　　　　　　　　　　　　　（b）

**图 4.2　几何要素**

件，其几何要素由球面、球心、中心线、圆锥面、端平面、圆柱面、圆锥顶点、素线、轴线以及槽的对称中心面等组成。

#### 4.1.2.2　基本术语及定义

**几何要素就是构成零件上的点、线、面**。要素按层次分为公称组成要素、实际（组成）要素、提取（组成）要素、导出要素、拟合要素。表 4.1 为几何要素定义之间的相互关系。

表 4.1　几何要素定义之间的相互关系

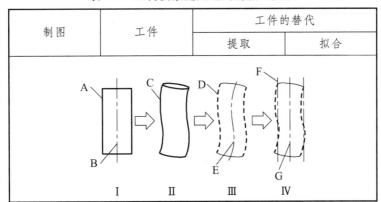

注：A—公称组成要素；B—公称导出要素；C—实际（组成）要素；
D—提取组成要素；E—提取导出要素；F—拟合组成要素；G—拟合导出要素。

（1）**公称组成要素**：
由技术制图或其他方法确定的理论正确组成要素。
（2）**实际（组成）要素**：
由接近实际（组成）要素所限定的工件实际表面的组成要素部分。
（3）**提取（组成）要素**：
按规定方法，由实际（组成）要素提取有限数目的点所形成的实际（组成）要素的近似替代。
（4）**导出要素**：
由一个或几个组成要素得到的中心点、中心线或中心面。例如，球心是由球面得到的导出要素，该球面为组成要素。圆柱的中心线是由圆柱面得到的导出要素，该圆柱面为组成要素。
（5）**拟合要素**：
按规定的方法由提取（组成）要素形成的并具有理想形状的组成要素。

### 4.1.3　几何公差的特征项目和符号

国家标准（GB/T 1182—2018）把几何公差分为**四种"公差类型"**，即：**形状公差、方向公差、位置公差和跳动公差**等 19 种公差。几何公差项目的名称和符号见表 4.2，几何公差项目的附加符号见表 4.3。

表4.2　几何公差项目及符号表

| 公差类型 | 几何特征 | 符号 | 有无基准要求 |
|---|---|---|---|
| 形状公差 | 直线度 | — | 无 |
| | 平面度 | ▱ | 无 |
| | 圆　度 | ○ | 无 |
| | 圆柱度 | ⌭ | 无 |
| | 线轮廓度 | ⌒ | 无 |
| | 面轮廓度 | ⌓ | 无 |
| 方向公差 | 平行度 | // | 有 |
| | 垂直度 | ⊥ | 有 |
| | 倾斜度 | ∠ | 有 |
| | 线轮廓度 | ⌒ | 有 |
| | 面轮廓度 | ⌓ | 有 |
| 位置公差 | 位置度 | ⊕ | 有或无 |
| | 同心度（用于中心点） | ◎ | 有 |
| | 同轴度（用于轴线） | ◎ | 有 |
| | 对称度 | ⹀ | 有 |
| | 线轮廓度 | ⌒ | 有 |
| | 面轮廓度 | ⌓ | 有 |
| 跳动公差 | 圆跳动 | ↗ | 有 |
| | 全跳动 | ↗↗ | 有 |

表4.3　几何公差项目附加符号表

| 说　明 | 符　号 |
|---|---|
| 被测要素 | 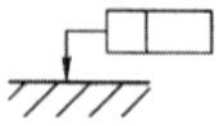 |
| 基准要素 |  Ⓐ |
| 基准目标 | Ⓐⓞ₂/A1 |
| 理论正确尺寸 | 20 |
| 延伸公差带 | Ⓟ |

续表

| 说　　明 | 符　　号 |
|---|---|
| 最大实体要求 | Ⓜ |
| 最小实体要求 | Ⓛ |
| 自由状态条件（非刚性零件） | Ⓕ |
| 全周（轮廓） |  |
| 包容要求 | Ⓔ |
| 组合公差带 | CZ |
| 小　径 | LD |
| 大　径 | MD |
| 中径、节径 | PD |
| 线　素 | LE |
| 不凸起 | NC |
| 任意横截面 | ACS |

注：① GB/T 1182—1996 中规定的基准符号为：Ⓐ ；

② 如需要标准可逆要求时可采用符号Ⓡ。

### 4.1.4　几何公差标注

几何公差应按 GB/T 1182—2018 规定的标注方法，在图样上按要求进行正确的标注。在图样上标注几何公差时应采用代号标注。

**几何公差代号包括**：公差框格、指引线、几何公差特征项目符号、几何公差值、基准符号和相关要求符号等，如图 4.3 所示。

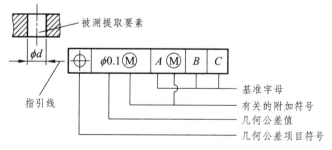

**图 4.3　图样中几何公差的标示**

#### 4.1.4.1　公差框格

几何公差的标注采用公差框格。在标注几何公差时，公差框格**由两格或多格组成，从左到右或从下到上的顺序填写**以下内容：

第 1 格——几何公差特征项目符号。

第 2 格——几何公差值及相关符合。几何公差值（单位为 mm）从相关表格中查得，单位可省略。公差带为圆形或者圆柱形，公差值前加注 Φ；公差带为球形，则在公差值前加 SΦ。

第 3、4、5 格——基准符号和相关要求符号。代表基准的字母用大写英文字母表示。

除项目的特征符号外，由于零件的功能要求而给出几何公差附加符号如表 4.2 所示。

在技术图样中，公差框格一般应水平或垂直绘制，不允许倾斜。

#### 4.1.4.2　基准符号

对于有方向、位置和跳动公差要求的零件，在图样上必须标明基准。**基准用一个大写字母表示，字母水平书写在基准方格内**，与一个涂黑的或空白的三角形相连以表示基准。为了不引起误解，基准字母不得采用 *E*、*F*、*I*、*J*、*L*、*M*、*O*、*P*、*R* 等字母。

带基准字母的三角形应按如下规定放置：

（1）当基准要素是轮廓线或轮廓面时，基准三角形放置在要素的轮廓线或其延长线上，且与尺寸线明显错开，如图 4.4（a）所示；基准三角形也可放置在该轮廓面引出线的水平线上，如图 4.4（b）所示。

（2）当基准是尺寸要素确定的轴线、中心平面或中心点时，基准三角形应放置在该尺寸线的延长线上，如图 4.4（c）、（d）、（e）所示。如果没有足够的位置标注基准要素尺寸的两个尺寸箭头，其中一个箭头可用基准三角形代替，如图 4.4（d）、（e）所示。

（3）如果只以要素的某一局部作基准，则应用粗点画线示出该部分并加注尺寸，如图 4.4（f）所示。

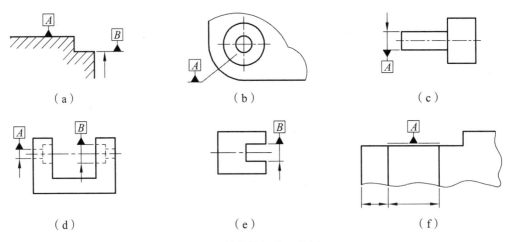

（a）　　　　　　　　　（b）　　　　　　　　　（c）

（d）　　　　　　　　　（e）　　　　　　　　　（f）

**图 4.4　基准的标注示意图**

（4）以单个要素作基准时，用一个大写字母表示，见图 4.5（a）。

以两个要素建立公共基准时，用中间加连字符的两个大写字母表示（如 *A—B*），如图 4.5（b）所示。

以两个或三个基准建立基准体系（即采用多基准）时，表示基准的大写字母按**基准的优先顺序**自左至右填写在框格内，如图 4.5（c）所示。

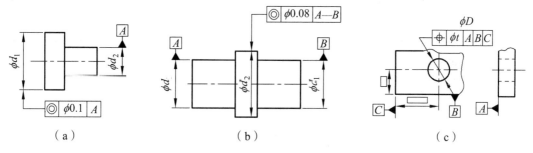

图 4.5　单一基准、公共基准及基准体系标注

### 4.1.4.3　指引线

　　**带箭头的指引线应指向有关的被测要素，用细实线绘制**。指引线一端与公差框格相连，可从框格的左端或右端引出，指引线引出时必须垂直于公差框格的一边；另一端带有箭头，可以弯折，但是一般不得多于两次。指引线箭头的方向应是公差带的宽度方向或直径方向。

　　当被测要素为轮廓线或轮廓面（组成要素）时，与指引线相连的箭头应指向该要素的轮廓线或其延长线上，且与该要素的尺寸线明显错开（大于 3 mm），如图 4.6（a）、（b）所示；箭头也可指向引出线的水平线，引出线引自被测面，若受视图方向的限制，箭头也可以指向以圆点由被测面引出的引出线的水平线，如图 4.6（c）所示。

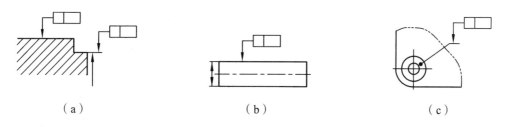

图 4.6　被测要素为组成要素时的标注

　　当被测要素为中心线、中心面或中心点时，指引线的箭头应位于该要素尺寸线的延长线上，如图 4.7（a）、（b）、（c）所示。

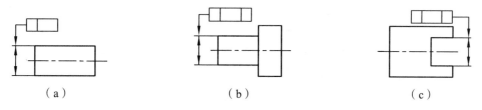

图 4.7　被测要素为中心线、中心面或中心点标注

### 4.1.4.4　特殊情况的标注

　　（1）被测要素需要加以注明时的标注。

　　当被测要素为轮廓面的线素而不是面时，应在公差框格的下方标注"LE"，如图 4.8（a）

所示。通常该线素是被测面与公差框格所在投影面的交线，有时也可能需要另外规定被测线素的方向。

如果需要限制被测要素在公差带内的形状，应在公差框格的下方注明，如图 4.8（b）所示。该标注表示对被测要素的平面度公差的要求，实际表面不得（向材料外）凸起（只允许是平的或是向材料内凹下的）。

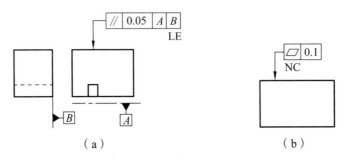

（a）　　　　　　　　　　　　　　　　（b）

**图 4.8　被测要素需要注明时的标注**

（2）同一被测要素有多项公差要求的标注。

当同一要素有多项公差要求且测量方向相同时，可以将一个公差框格放在另一个公差框格的下面，并且公用同一指引线并指向被测要素，如图 4.9 所示，采用这种标注方法时，两个框格的上下位置次序没有严格的规定，但是如果测量方向不完全相同，则必须将测量方向不同的项目分开标注。

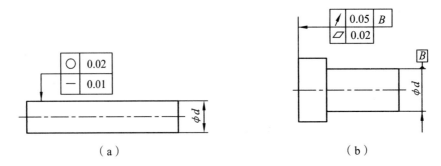

（a）　　　　　　　　　　　　　　　　（b）

**图 4.9　同一被测要素有多项公差要求的标注**

（3）多个被测要素有同一项公差要求的标注。

一个公差框格可以用于具有相同几何特征和公差值的若干个分离要素，即从框格引出指引线上绘制出多个箭头，分别指向各个被测要素，如图 4.10（a）所示。

当某项公差应用于几个相同要素时，应在公差框格的上方注明表示要素的个数的数字及符号"×"，如图 4.10（b）所示。若被测要素为尺寸要素，则还应在符号"×"后加注被测要素的尺寸，如图 4.10（c）所示。

（4）全周符号表示法。

如果轮廓度特征适用于横截面的整周轮廓或由该轮廓所示的整周表面时，应采用"全周"符号表示，即在公差框格的指引线上画上一个小圆圈，如图 4.11（a）、（b）所示。

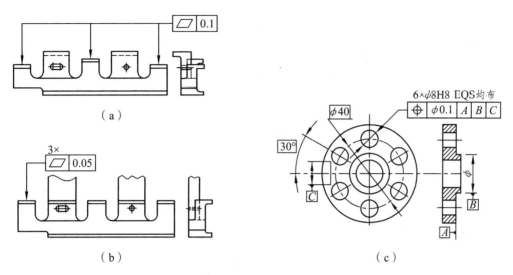

图 4.10　不同的被测要素有相同的几何公差要求的标注

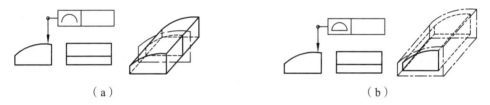

图 4.11　全周符号表示法的标注

（5）螺纹、齿轮、花键轴线需要指明要素的标注。

以螺纹轴线为被测要素或基准要素时，默认螺纹中径圆柱的轴线，否则应另有说明，例如，用"MD"表示大径，用"LD"表示小径，如图 4.12 所示。以齿轮、花键轴线为被测要素或基准要素时，需说明所指的要素，如用"PD"表示节径，用"MD"表示大径，用"LD"表示小径。

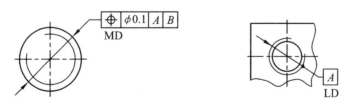

图 4.12　螺纹轴线为被测要素或基准要素的标注

（6）理论正确尺寸的标注。

当给出一个或一组要素的位置、方向或轮廓度公差时，分别用来确定其理论正确位置、方向或轮廓的尺寸称为理论正确尺寸（TED），理论正确尺寸也用于确定基准体系中各基准之间的方向、位置关系，**理论正确尺寸没有公差，并标注在一个方框中**，如图 4.13 所示。

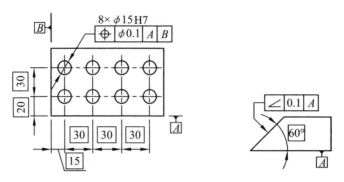

图 4.13　理论正确尺寸的标注

（7）限定性规定。

需要对整个被测要素上任意限定范围标注同样几何特征的公差时，可在公差值的后面加
注限定范围的线性尺寸值，并在两者之间用斜线隔开，
如图 4.14（a）所示。如果标注的是两项或两项以上同
样几何特征的公差，可直接在整个要素公差框格的下
方放置另一个公差框格，如图 4.14（b）所示。

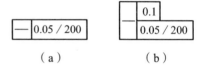

（8）延伸公差带的标注。

延伸公差带用规定的附加符号"Ⓟ"表示，标注

图 4.14　公差值有附加说明时的标注

在公差框格内的公差值后面，同时也应加注在图样上延伸公差带长度数值的前面，如图 4.15
所示。

（9）非刚性零件自由状态下的公差要求的标注。

非刚性零件自由状态下的公差要求应该在相应公差值的后面加注规定的附加符号"Ⓕ"
来表示，表示被测要素的几何公差是在自由状态下的公差值，未加"Ⓕ"则表示的是在受约
束力的情况下的公差值，如图 4.16 所示。

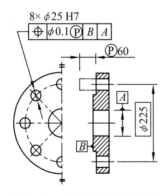

图 4.15　延伸公差带的标注

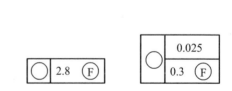

图 4.16　自由状态下的标注

## 4.1.5　几何公差带

几何公差是限制被测实际要素几何误差的指标。几何公差是提取（实际）被测要素对其理

想要素的允许变动区域。几何公差带是提取（实际）被测要素允许变动的区域。**几何公差带的四要素是几何公差带的形状、方向、位置和大小。**

几何公差带的形状由被测要素的理想形状和给定的公差特征所决定，其**主要形状**有：一个圆内的（平面）区域；两个同心圆之间的（平面）区域；两等距线或两平行直线之间的（平面）区域；一个圆柱面之间的（空间）区域；两同轴圆柱面之间的（空间）区域；两等距面或两平行平面之间的（空间）区域；一个圆球面内的（空间）区域；如图 4.17 所示。

（a）圆内的区域　（b）两同心圆间的区域　（c）球面内的区域　（d）两等距曲线间的区域　（e）两平行直线间的区域

（f）圆柱面内的区域　（g）两同轴的圆柱面间的区域　（h）两等距曲面间的区域　（i）两平行平面间的区域

**图 4.17　几何公差带的形状**

**几何公差带的大小**是由公差带的宽度或直径来表示的，且等于给定的公差值 $t$。所以上述几种主要几何公差带的形状的大小分别对应于：圆的直径，两同心圆的半径差，两等距线或两平行直线之间的距离，圆柱面的直径，两同轴圆柱面的半径差，两等距面或两平行平面之间的距离，圆球面的直径。

**几何公差带的方向**为公差带的宽度方向，通常为指引线箭头所指的方向。

有的几何特征的公差带具有唯一的形状，如平面度；有的几何特征的公差带却可以根据设计要求的不同而具有不同的形状，如直线度。

**几何公差带的方向和位置可以是固定的，也可以是浮动的。**

在公差框格中没有标注基准的被测要素，其几何公差带是浮动的。浮动的几何公差带的方向或位置可以随实际被测要素的方向或位置的变动而变动。

在公差框格中标有基准的被测要素，其几何公差带对基准的方向或位置由理论正确尺寸确定，因而其方向和（或）位置是固定的，不能随实际被测要素的方向或位置的变动而变动。

# 4.2　几何公差

## 4.2.1　形状公差

形状公差是单一被测实际要素对其拟合要素的允许变动量，形状公差带是表示单一实际被测要素允许变动的区域。形状公差有直线度、平面度、圆度和圆柱度，以及线轮廓度和面轮廓度。**形状公差不涉及基准，形状公差带的方位可以浮动，**形状公差只能控制被测要素的形状误差。

#### 4.2.1.1　直线度

**直线度公差**是指单一实际直线所允许的变动全量，用于控制平面内或空间直线的形状误差，其公差带根据不同的情况有几种不同的形状。

① 在给定平面内的直线度公差。公差带是在给定平面内，间距等于公差值 t 的两平行直线所限定的区域，如图 4.18 所示。图示零件上表面的**直线度公差含义**是：在任一平行于图示投影面的平面内，上平面的提取实际线应限定在间距等于 0.1 mm 的两平行直线之间。

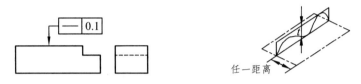

**图 4.18　给定平面内的直线度公差标注与公差带**

② 给定一个方向上的直线度公差。公差带为间距等于公差值 t 的两平行面所限定的区域，如图 4.19 所示。图示零件刃口的直线度公差含义是：被测刃口尺提取（实际）的棱线必须位于距离为公差值 0.02 mm，垂直于箭头指向方向的两平行平面内。

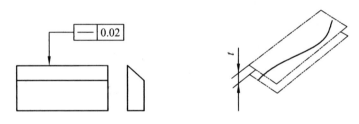

**图 4.19　给定一个方向上的直线度公差标注与公差带**

③ 给定两个互相垂直方向上的直线度公差。公差带为给定公差值 $t_1$、$t_2$ 的两组平行平面所限定的四棱柱内的区域，如图 4.20 所示。图示零件刃口的直线度公差的含义是：棱线必须位于水平方向距离为公差值 0.02 mm，竖直方向距离为公差值 0.01 mm 的两组平行平面围成的四棱柱内。

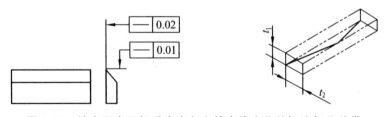

**图 4.20　给定两个互相垂直方向上的直线度公差标注与公差带**

④ 任意方向上的直线度公差。由于公差值前加注了符号"$\phi$"，公差带为直径等于公差值 t 的圆柱面所限定的区域，如图 4.21 所示。图示直线度公差的含义是：外圆柱面的提取（实际）中心线应限定在直径为公差值 0.04 mm 的圆柱面内。

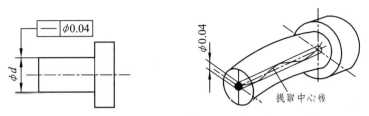

**图 4.21　任意方向上的直线度公差标注与公差带**

#### 4.2.1.2　平面度

平面度公差带为间距等于公差值 $t$ 的两平行平面之间所限定的区域,如图 4.22 所示。图示**平面度公差的含义**:提取实际表面应限定在间距等于 0.04 mm 的两平行面之间。

#### 4.2.1.3　圆度

公差带为在给定横截面内,半径差等于公

**图 4.22　平面度公差标注与公差带**

差值 $t$ 的两同心圆所限定的区域,如图 4.23 所示。**图示圆度公差的含义**是:在圆柱面和圆锥面的任意横截面内,提取(实际)圆周应限定在半径差为给定公差值 0.02 mm 的两同心圆之间。圆度公差也可以标注在圆锥面上,公差的指引线必须垂直于圆锥的轴线。圆度公差是控制圆柱、圆锥等回转体横截面的形状误差。

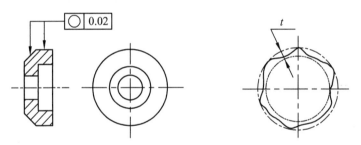

**图 4.23　圆度公差标注与公差带**

#### 4.2.1.4　圆柱度

圆柱度公差带为半径差等于公差值 $t$ 的两同轴圆柱面所限定的区域,如图 4.14 所示,图示零件**圆柱度的含义**是:提取(实际)圆柱面应限定在半径差等于公差值 0.05 mm 的两同轴的圆柱面之间。圆柱度可以对圆柱面纵横向截面的各种形状误差进行综合控制。

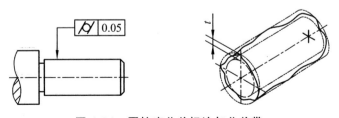

**图 4.24　圆柱度公差标注与公差带**

#### 4.2.1.5　线轮廓度及面轮廓度

（1）线轮廓度。

① 无基准的线轮廓度公差。无基准的线轮廓度公差带为直径等于公差值 $t$，圆心位于具有理论正确几何形状上的一系列圆的两包络线所限定的区域。公差带是两条等距曲线之间的区域，如图 4.25 所示。图示零件线轮廓度的含义是：在任一平行于图示投影面的截面内，提取（实际）轮廓线应限定在直径等于 0.04 mm，圆心位于被测要素理论正确几何形状上的一系列圆的两包络线之间。在图样上，理想轮廓线必须用带方框的理论正确尺寸（确定要素的理论正确位置、轮廓或角度的尺寸）表示出来。

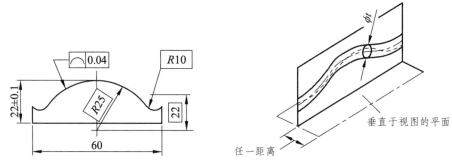

**图 4.25　无基准的线轮廓度公差标注与公差带**

② 相对于基准体系的线轮廓度公差。相对于基准体系的线轮廓度公差带为直径等于公差值 $t$，圆心位于由基准平面 $A$ 和基准平面 $B$ 确定的被测要素理论正确几何形状上的一系列圆的两包络线所限定的区域，如图 4.26 所示。图示零件线轮廓度的含义是：在任一平行于图示投影平面的截面内，提取（实际）轮廓线应限定在直径等于 0.04 mm，圆心位于基准平面 $A$ 和基准平面 $B$ 确定的被测要素理论正确几何形状上的一系列圆的两等距包络线之间。

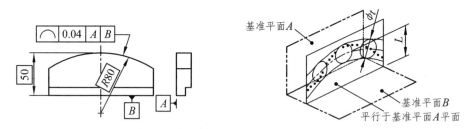

**图 4.26　相对于基准体系的线轮廓度公差标注与公差带**

无基准要求的理想轮廓线用尺寸加注公差（图 4.25 中 22 ± 0.1）来控制，这时理想轮廓线的位置是不定的。有基准要求的线轮廓度，其理想轮廓线用理论正确尺寸（图 4.26 中 50）加注基准来控制，这时理想轮廓线的位置是唯一确定的，不能移动。

（2）面轮廓度公差。

① 无基准的面轮廓度公差。无基准的面轮廓度公差带为直径等于公差值 $t$，球心位于被测要素理论正确几何形状上的一系列圆球的两包络面所限定的区域，如图 4.27 所示。图示零件**面轮廓度的含义**是：提取（实际）轮廓面应限定在直径等于 0.02 mm，球心位于被测要素理论正确几何形状上的一系列圆球的两等距包络面之间。

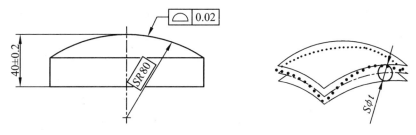

图 4.27　无基准的面轮廓度公差标注与公差带

② 相对于基准的面轮廓度公差。相对于基准的面轮廓度公差带为直径等于公差值 $t$，球心位于由基准平面 $A$ 确定的被测要素理论正确几何形状上的一系列圆球的两包络面所限定的区域，如图 4.28 所示。图示**零件面轮廓度的含义**是：提取（实际）轮廓面应限定在直径等于 0.1 mm，球心位于由基准平面 $A$ 确定的被测要素理论正确几何形状上的一系列圆球的两等距包络面之间。

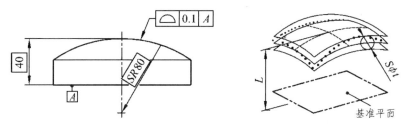

图 4.28　相对于基准的面轮廓度公差标注与公差带

## 4.2.2　方向公差

方向公差是实际要素对基准要素在规定方向上所允许的变动量。方向公差有平行度、垂直度和倾斜度、线轮廓度和面轮廓度等。

### 4.2.2.1　平行度

平行度公差是用于实际被测要素对基准要素平行的误差，是实际要素对具有确定方向的拟合要素所允许的变动全量。拟合要素的方向由基准及理论正确角度确定，理论正确角度为 0°。

① 线对基准体系的平行度公差。

公差带为间距等于公差值 $t$，平行于两基准的两平行平面所限定的区域，如图 4.29 所示。图示零件平行度的含义是：提取（实际）中心线应限定在间距等于 0.1 mm，平行于基准轴线 $A$ 和基准平面 $B$ 的两平行平面之间。

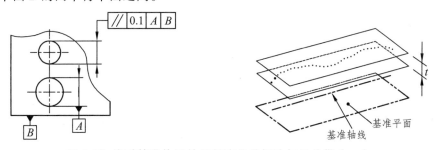

图 4.29　线对基准体系的平行度公差标注与公差带（一）

公差带为间距等于公差值 $t$，平行于基准轴线 $A$ 且垂直于基准平面 $B$ 的两平行平面所限定的区域，如图 4.30 所示。图示零件平行度的含义是：提取（实际）中心线应限定在间距等于 0.1 mm 的两平行平面之间。该两平行平面平行于基准轴线 $A$ 且垂直于基准平面 $B$。

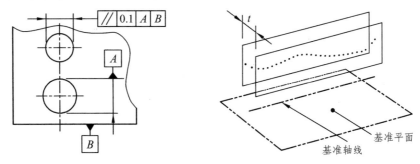

图 4.30　线对基准体系的平行度公差标注与公差带（二）

公差带为平行于基准轴线和平行或垂直于基准平面，间距分别等于公差值 $t_1$ 和 $t_2$，且相互垂直的两组平行平面所限定的区域，如图 4.31 所示。图示零件平行度的含义是：提取（实际）中心线应限定在平行于基准轴线 $A$ 和平行于基准平面 $B$，间距分别等于公差值 0.1 mm 和 0.2 mm，且相互垂直的两组平行平面之间。

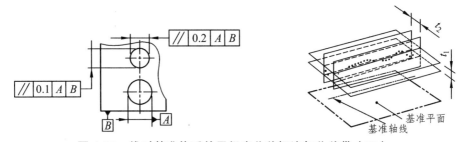

图 4.31　线对基准体系的平行度公差标注与公差带（三）

公差带为间距等于公差值 $t$ 的两平行直线所限定的区域。该两平行直线平行于基准平面 $A$ 且处于平行于基准平面 $B$ 的平面内，如图 4.32 所示。图示零件平行度的含义是：提取（实际）线应限定在间距等于 0.02 mm 的两平行直线之间。该两平行直线平行于基准平面 $A$，且处于平行于基准平面 $B$ 的平面内。

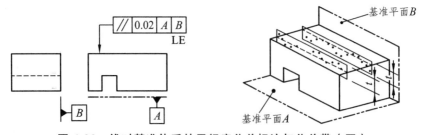

图 4.32　线对基准体系的平行度公差标注与公差带（四）

② 线对基准面的平行度公差。公差带为平行于基准平面，间距等于公差值 $t$ 的两平行平面所限定的区域，如图 4.33 所示。图示零件平行度的含义是：提取（实际）中心线应限定在平行于基准平面 $B$、间距等于 0.01 mm 的两平行平面之间。

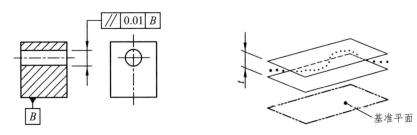

**图 4.33　线对基准面的平行度公差标注与公差带**

③ 线对基准线的平行度公差。若公差值前加注了符号"$\phi$"，公差带为平行于基准轴线，直径等于公差值 $t$ 的两圆柱面所限定的区域，如图 4.34 所示。图示零件平行度的含义是：提取（实际）中心线应限定在平行于基准轴线 $A$ 直径等于公差值 0.03 mm 圆柱面内。

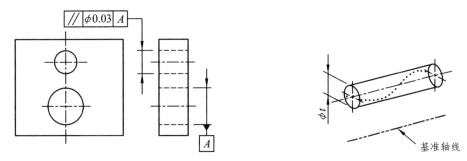

**图 4.34　线对基准线的平行度公差标注与公差带**

④ 面对基准线的平行度公差。公差带为间距等于公差值 $t$，平行于基准轴线的两平行平面所限定的区域，如图 4.35 所示。图示零件平行度的含义是：提取（实际）表面应限定在间距等于 0.1 mm、平行基准轴线 $C$ 的两平行平面之间。

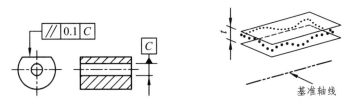

**图 4.35　面对基准线的平行度公差标注与公差带**

⑤ 面对基准面的平行度公差。

公差带为间距等于公差值 $t$，平行于基准平面的两平行平面所限定的区域，如图 4.36 所示。图示零件平行度的含义是：提取（实际）表面应限定在间距等于 0.01 mm、平行基准平面 $D$ 的两平行平面之间。

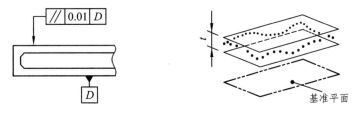

**图 4.36　面对基准面的平行度公差标注与公差带**

#### 4.2.2.2　垂直度

　　垂直度公差是指实际要素对具有确定方向的拟合要素所允许的变动全量，用于控制被测要素对基准在方向上的变动，拟合要素的方向由基准及理论正确角度确定，理论正确角度为 90°。

　　（1）线对基准线的垂直度公差。公差带为间距等于公差值 $t$，垂直于基准线的两平行平面所限定的区域，如图 4.37 所示。图示零件垂直度公差的含义是：提取（实际）中心线应限定在间距等于 0.06 mm，垂直于基准轴线 $A$ 的两平行平面之间。

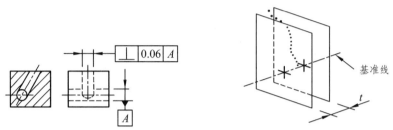

**图 4.37　线对基准线的垂直度公差标注与公差带**

　　（2）线对基准体系的垂直度公差。公差带为间距分别等于 $t$ 的两平行平面所限定的区域。该两平行平面垂直于基准平面 $A$，且平行于基准平面 $B$，如图 4.38 所示。图示零件垂直度公差的含义是：圆柱面的提取（实际）中心线应限定在间距等于 0.1 mm 的两平行平面之间。该两平行平面垂直于基准平面 $A$，且平行于基准平面 $B$。

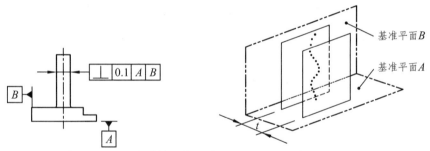

**图 4.38　线对基准体系的垂直度公差标注与公差带**

　　（3）面对基准体系的垂直度公差。公差带为间距分别等于 $t_1$ 和 $t_2$，且互相垂直的两组平行平面所限定的区域。该两组平行平面都垂直于基准平面 $A$。其中一组平行平面垂直于基准平面 $B$，另一组平行平面平行于基准平面 $B$，如图 4.39 所示。图示零件垂直度公差的含义是：圆柱的提取（实际）中心线应限定在间距分别等于 0.1 mm 和 0.2 mm，且互相垂直的两组平行平面内。该两组平行平面垂直于基准平面 $A$ 且垂直或平行于基准平面 $B$。

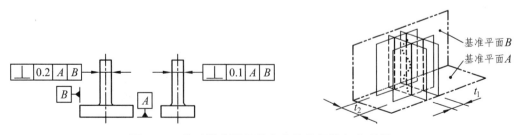

**图 4.39　线对基准面的垂直度公差标注与公差带**

（4）线对基准面的垂直度公差。若公差值前加注符号"$\phi$"，公差带为直径等于公差值 $t$，轴线垂直于基准平面的圆柱面所限定的区域，如图 4.40 所示。图示零件垂直度公差的含义是：圆柱面的提取（实际）中心线应限定在直径等于 0.01 mm、垂直于基准平面 $A$ 的圆柱面内。

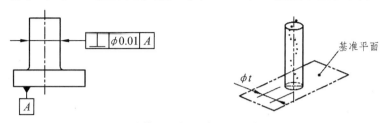

**图 4.40　面对基准线的垂直度公差标注与公差带**

（5）面对基准线的垂直度公差。公差带为间距等于公差值 $t$，且垂直于基准轴线的两平行平面所限定的区域，如图 4.41 所示。图示零件垂直度公差的含义是：提取（实际）表面应限定在间距等于 0.08 mm 的两平行平面之间，该两平行平面垂直于基准轴线 $A$。

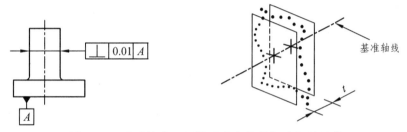

**图 4.41　面对基准平面的垂直度公差标注与公差带**

（6）面对基准平面的垂直度公差。公差带为间距等于公差值 $t$，垂直于基准平面的两平行平面所限定的区域，如图 4.42 所示。图示零件垂直度公差的含义是、提取（实际）表面应限定在间距等于 0.08 mm、垂直于基准平面 $A$ 的两平行平面之间。

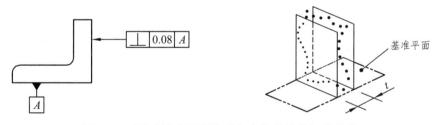

**图 4.42　面对基准平面的垂直度公差标注与公差带**

### 4.2.2.3　倾斜度

**倾斜度公差是指实际要素对具有确定方向的拟合要素所允许的变动全量，用于控制被测要素对基准在方向上的变动。**拟合要素的方向由基准及理论正确角度确定，理论正确角度为 0°~90°的任意角度。倾斜度公差有面对面、线对面、面对线和线对线四种形式。

（1）线对基准线的倾斜度公差。

① 被测线与基准线在同一平面上。公差带为间距等于公差值 $t$ 的两平行平面所限定的区

域。该两平行平面按给定角度倾斜于基准轴线，如图 4.43 所示。图示零件倾斜度公差的含义是：提取（实际）中心线应限定在间距等于 0.08 mm 的两平行平面之间。该两平行平面按理论正确角度 60°倾斜于公共基准轴线 $A—B$。

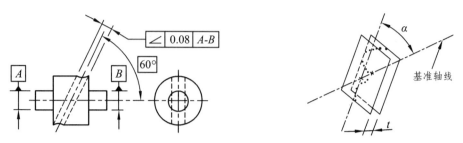

**图 4.43　被测线与基准线在同一平面上的倾斜度公差标注与公差带**

② 被测线与基准线在同一平面上。公差带为间距等于公差值 $t$ 的两平行平面所限定的区域。该两平行平面按给定角度倾斜于基准轴线，如图 4.44 所示。图示零件倾斜度公差的含义是：提取（实际）中心线应限定在间距等于 0.08 mm 的两平行平面之间。该两平行平面按理论正确角度 60°倾斜于公共基准轴线 $A—B$。

（2）线对基准面的倾斜度公差。

公差带为间距等于公差值 $t$ 的两平行平面所限定的区域。该两平行平面按给定角度倾斜于基准平面，如图 4.45 所示。图示零件倾斜度公差的含义是提取（实际）中心线应限定在间距等于 0.08 mm 的两平行平面之间。该两平行平面按理论正确角度 60°倾斜于基准平面 $A$。

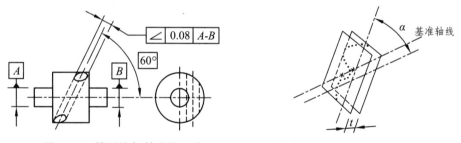

**图 4.44　被测线与基准线不在同一平面上的倾斜度公差标注与公差带**

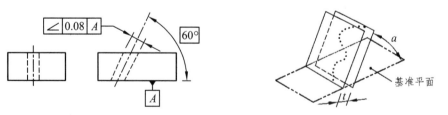

**图 4.45　线对基准面的倾斜度公差标注与公差带（一）**

若公差值前加注符号"$\phi$"，公差带为直径等于公差值 $t$ 的圆柱面所限定的区域。该圆柱面公差带的轴线按给定角度倾斜于基准平面 $A$ 且平行于基准平面 $B$，如图 4.46 所示。图示零件倾斜度公差的含义是：提取（实际）中心线应限定在直径等于 0.1 mm 的圆柱面内。该圆柱面的中心线按理论正确角度 60°倾斜于基准平面 $A$ 且平行于基准平面 $B$。

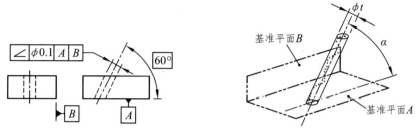

图 4.46　线对基准面的倾斜度公差标注与公差带（二）

③ 面对基准线的倾斜度公差。公差带为间距等于公差值 t 的两平行平面所限定的区域。该两平行平面按给定角度倾斜于基准轴线，如图 4.47 所示。图示零件倾斜度公差的含义是：提取（实际）表面应限定在间距等于 0.1 mm 的两平行平面之间。该两平行平面按理论正确角度 75°倾斜于基准轴线 A。

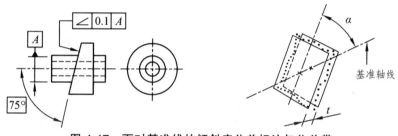

图 4.47　面对基准线的倾斜度公差标注与公差带

④ 面对基准面的倾斜度公差。公差带为间距等于公差值 t 的两平行平面所限定的区域。该两平行平面按给定角度倾斜于基准平面，如图 4.48 所示。图示零件倾斜度公差的含义是：提取（实际）表面应限定在间距等于 0.08 mm 的两平行平面之间。该两平行平面按理论正确角度 40°倾斜于基准平面 A。

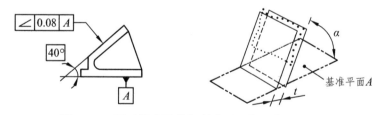

图 4.48　面对基准面的倾斜度公差标注与公差带

## 4.2.3　位置公差

位置公差是实际要素的位置对基准要素所允许的变动全量。位置公差有位置度、同心度和同轴度、对称度、线轮廓度和面轮廓度等。

### 4.2.3.1　位置度

（1）点的位置度公差。

公差值前加注"$S\phi$"公差带为直径等于公差值 t 的圆球面所限定的区域。该圆球面中心的理论正确位置由基准 $A$、$B$、$C$ 和理论正确尺寸确定，如图 4.49 所示。图示零件位置度公差的含义是：提取（实际）球心应限定在直径等于 0.3 mm 的圆球面内。该圆球面的中心由基准平面 $A$、基准平面 $B$、基准中心平面 $C$ 和理论正确尺寸 30、25 确定。

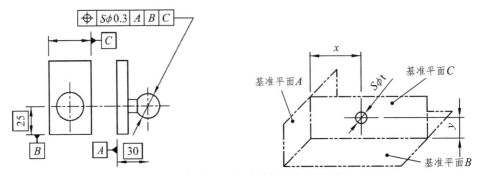

**图 4.49　点的位置度公差标注与公差带**

（2）线的位置度公差。

① 给定一个方向的线的位置度公差。

给定一个方向的公差时，公差带为间距等于公差值 $t$，对称于线的理论正确位置的两平行平面所限定的区域。线的理论正确位置由基准平面 $A$、$B$ 和理论正确尺寸确定，公差只在一个方向上给定，如图 4.50 所示。图示零件位置度公差的含义是：各条刻线的提取（实际）中心线应限制在间距等于 0.1 mm，对称于基准平面 $A$、$B$ 和理论正确尺寸 25、10 确定的理论正确位置的两平行平面之间。

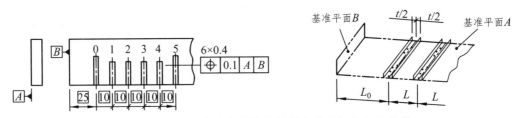

**图 4.50　给定一个方向的线的位置度公差标注与公差带**

② 给定两个方向的线的位置度公差。

给定两个方向时，公差带为间距分别等于公差值 $t_1$ 和 $t_2$，对称于线的理论正确（理想）位置的两对相互垂直的平行平面所限定的区域。线的理想正确位置由基准平面 $C$、$A$ 和 $B$ 及理论正确尺寸确定，该公差在基准体系的两个方向上给定，如图 4.51 所示。图示零件位置度公差的含义是：各孔的测得（实际）中心线在给定方向上应各自限定在间距分别等于 0.05 mm 和 0.2 mm，且相互垂直的两对平行平面内。每对平行平面对称于由基准平面 $C$、$A$ 和 $B$ 及理论正确尺寸 20、15、30 确定的各孔轴线的理论正确位置。

③ 给定任意方向的线的位置度公差。

公差值前加注"$\phi$"，公差带为直径等于公差值 $t$ 的圆柱面所限定的区域。该圆柱面的轴线的位置由基准平面 $C$、$A$、$B$ 和理论正确尺寸确定，如图 4.52 所示。图示零件位置度公差的含义是：提取（实际）中心线应限定在直径等于 0.08 mm 的圆柱面内。该圆柱面的轴线的位置应处于由基准平面 $C$、$A$、$B$ 和理论正确尺寸 100、68 确定的理论正确位置上。

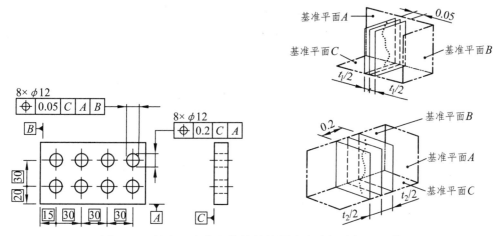

图 4.51 给定两个方向的线的位置度公差标注与公差带

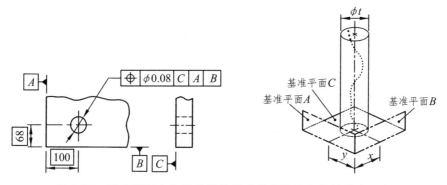

图 4.52 给定任意方向的线的位置度公差标注与公差带 (一)

图 4.53 所示零件的位置度公差的含义是：各提取（实际）中心线应各自限定在直径等于 0.1 mm 的圆柱面内。该圆柱面的轴线应处于由基准平面 C、A、B 和理论正确尺寸 20、15、30 确定的各孔轴线的理论正确位置上。

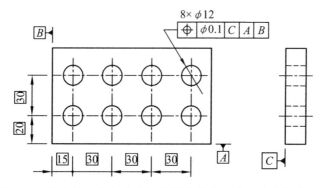

图 4.53 给定任意方向的线的位置度公差标注与公差带 (二)

（3）轮廓平面或者中心平面的位置度公差。公差带为间距等于公差值 $t$，且对称于被测面理论正确位置的两平行平面所限定的区域。面的理论正确位置由基准平面、基准轴线和理论正确尺寸确定，如图 4.54 所示。图示零件位置度公差的含义是：提取（实际）表面应限定在间距等于 0.05 mm，且对称于被测面的理论正确位置的两平行平面之间。该两平行平面对称于由基准平面 $A$、基准轴线 $B$ 和理论正确尺寸 15、105° 确定的被测面的理论正确位置。

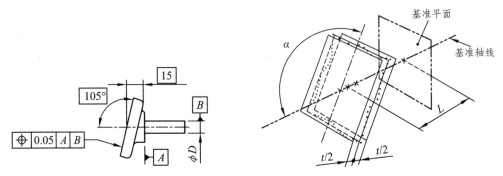

图 4.54　轮廓平面的位置度公差标注与公差带

图 4.55 所示零件位置度公差的含义是：提取（实际）中心面应限定在间距等于 0.05 mm 的两平行平面之间。该两平行平面对称于由基准轴线 $A$ 和理论正确角度 45° 确定的各被测面的理论正确位置。

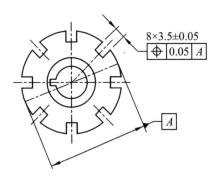

图 4.55　中心平面的位置度公差标注

#### 4.2.3.2　同心度和同轴度

（1）点的同心度公差。

公差值前加注符号"$\phi$"公差带为直径等于公差值 $t$ 的圆周所限定的区域。该圆周的圆心与基准点重合，如图 4.56 所示。图示零件同心度公差的含义是：在任意横截面内，内圆的提取（实际）中心应限定在直径等于 0.1 mm、以基准点 $A$ 为圆心的圆周内。

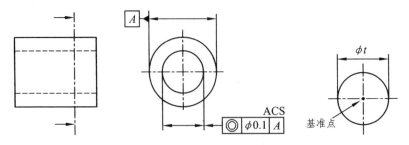

图 4.56　点的同心度公差标注与公差带

（2）轴线的同轴度公差。

公差值前加注符号"$\phi$"公差带为直径等于公差值 $t$ 的圆柱面所限定的区域。该圆柱面的轴线与基准轴线重合，如图 4.57 所示。图示零件同心度公差的含义是：大圆柱面的提取（实际）中心线应限定在直径等于 0.08 mm、以公共基准轴线 $A$—$B$ 为轴线的圆柱面内。

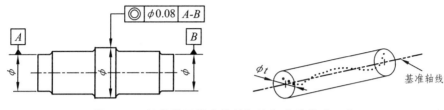

**图 4.57　轴线的同轴度公差标注与公差带（一）**

图 4.58（a）所示零件同轴度公差的含义是：大圆柱面的提取（实际）中心线应限定在直径等于 0.1 mm、以基准轴线 $A$ 为轴线的圆柱面内。

图 4.58（b）所示零件同轴度公差的含义是：大圆柱面的提取（实际）中心线应限定在直径等于 0.1 mm、以垂直于基准平面 $A$ 的基准轴线 $B$ 为轴线的圆柱面内。

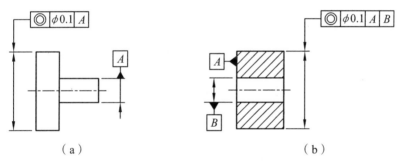

（a）　　　　　　　　　　　　　　　　（b）

**图 4.58　轴线的同轴度公差标注与公差带（二）**

### 4.2.3.3　对称度

**公差带为间距等于公差值 $t$，对称于基准中心平面的两平行平面所限定的区域**，如图 4.59 所示。图示零件对称度公差的含义是：提取（实际）中心面应限定在间距等于 0.08 mm、对称于基准中心平面 $A$ 的两平行平面之间。

图 4.60 所示零件对称度公差的含义是：提取（实际）中心面应限定在间距等于 0.08 mm、对称于基准中心平面 $A$—$B$ 的两平行平面之间。

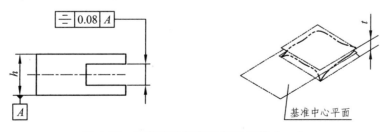

**图 4.59　对称度公差标注与公差带（一）**

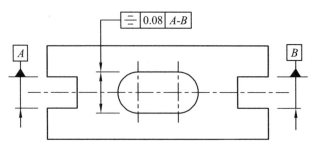

图 4.60  对称度公差标注与公差带（二）

### 4.2.4  跳动公差

跳动公差是以特定的检测方式为依据而给定的公差项目。**跳动公差是实际要素绕着基准轴线回转一周或连续回转时所允许的最大跳动量。** 跳动公差简单实用又具有一定的综合控制功能，能将某些几何误差综合反映在检测结果中，因而在生产中得到广泛的应用。

**跳动公差包括圆跳动和全跳动。**

#### 4.2.4.1  圆跳动

**圆跳动公差是被测实际要素某一固定参考点围绕基准轴线旋转一周时（零件或测量仪器间无轴向移动）允许的最大变动量，** 圆跳动公差适用于每一个不同的测量位置。圆跳动可能包括圆度、同轴度、垂直度或平面度误差，这些误差的总值不能超过给定的圆跳动公差。

（1）圆跳动公差。

圆跳动公差分为径向圆跳动公差、轴向圆跳动公差和斜向圆跳动公差。

① 径向圆跳动。公差带为在任一垂直于基准轴线的横截面内，半径差等于公差值 $t$，圆心在基准轴线上的两同心圆所限定的区域，如图 4.61 所示。图示零件径向圆跳动公差的含义是：在任一垂直于基准 $A$ 的横截面内，提取（实际）圆应限定在半径差等于 0.05 mm，圆心在基准轴线 $A$ 上的两同心圆之间。

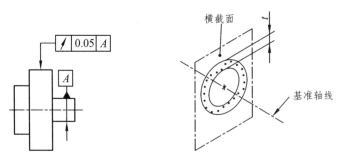

图 4.61  径向圆跳动公差标注与公差带（一）

图 4.62（a）所示零件径向圆跳动公差的含义是：在任一平行于基准平面 $B$，垂直于基准轴线 $A$ 的截面上，提取（实际）圆应限定在半径差等于 0.1 mm，圆心在基准轴线 $A$ 上的两同心圆之间。

图 4.62（b）所示零件径向圆跳动公差的含义是：在任一垂直于公共基准轴线 $A$—$B$ 的横截

面内，提取（实际）圆应限定在半径差等于 0.1 mm，圆心在基准轴线 *A—B* 的两同心圆之间。

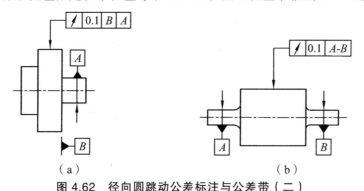

**图 4.62　径向圆跳动公差标注与公差带（二）**

圆跳动通常适用于整个要素，但也可规定只适用于局部要素的某一指定部分。

图 4.63（a）、（b）所示零件径向圆跳动公差的含义是：在任一垂直于基准轴线 *A* 的横截面内，提取（实际）圆弧应限定在半径差等于 0.2 mm，圆心在基准轴线 *A* 上的两同心圆弧之间。

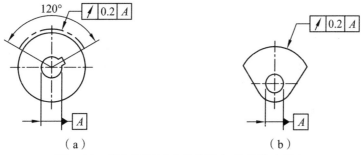

**图 4.63　径向圆跳动公差标注与公差带（三）**

② 轴向圆跳动公差。公差带为与基准轴线同轴的任一半径的圆柱截面上，间距等于公差值 *t* 的两圆所限定的圆柱面区域，如图 4.64 所示。图示零件轴向圆跳动公差的含义是：在与基准轴线 *D* 同轴的任一圆柱形截面上，提取（实际）圆应限定在轴向距离等于 0.1 mm 的两个等圆之间。

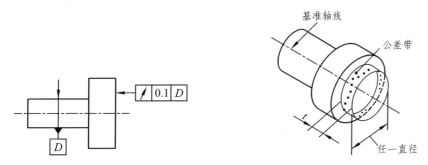

**图 4.64　轴向圆跳动公差标注与公差带**

③ 斜向圆跳动公差。公差带为与基准轴线同轴的某一圆锥截面上，间距等于公差值 *t* 的两圆所限定的圆锥面区域。除非另有规定，测量方向应沿被测表面的法向，如图 4.65 所示。图示零件斜向圆跳动公差的含义是：在与基准轴线 *C* 同轴的任一圆锥截面上，提取（实际）线应限定在素线方向间距等于 0.1 mm 的两不等圆之间。

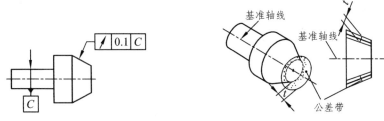

**图 4.65　斜向圆跳动公差标注与公差带**

当标注公差的素线不是直线时，圆锥截面的锥角要随所测圆的实际位置而改变。

给定方向的斜向圆跳动公差带为在与基准轴线同轴的，具有给定锥角的任一圆锥截面上，间距等于公差值 $t$ 的两不等圆所限定的区域，如图 4.66 所示。图示零件斜向圆跳动公差的含义是：在与基准轴线 $C$ 同轴且具有给定角度 60° 的任一圆锥截面上，提取（实际）线应限定在素线方向间距等于 0.1 mm 的两不等圆之间。

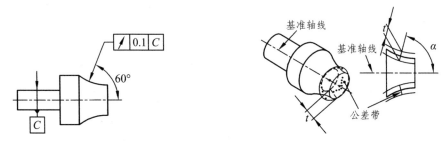

**图 4.66　给定方向的斜向圆跳动公差标注与公差带**

### 4.2.4.2　全跳动

**全跳动公差是被测实际要素绕基准轴线做无轴向移动回转**，同时指示器沿着理想素线连续移动（或被测实际要素每回转一周，指示器沿着理想素线做间断移动）时，**在垂直于指示器移动方向上所允许的最大跳动量。**

（1）全跳动公差。

全跳动分为径向全跳动和轴向全跳动两种。

① 径向全跳动公差。

公差带为半径差等于公差值 $t$，与基准轴线同轴的两圆柱面所限定的区域，如图 4.67 所示。图示零件径向全跳动公差的含义是：提取（实际）表面应限定在半径差等于 0.1 mm，与公共基准轴线 $A$—$B$ 同轴的两圆柱面之间。

**图 4.67　径向全跳动公差标注与公差带**

② 轴向全跳动公差。公差带为间距等于公差值 $t$，垂直于基准轴线的两平行平面所限定的区域，如图 4.68 所示。图示零件轴向全跳动公差的含义是：提取（实际）表面应限定在间距等

于 0.1 mm，垂直于基准轴线 $D$ 的两平行平面之间。

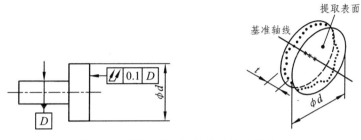

图 4.68　轴向全跳动公差标注与公差带

# 4.3　几何公差的检测

几何误差是指提取组成要素或提取导出要素对其公称要素的变动量。几何误差是否在几何公差范围内，判断零件合格与否。

## 4.3.1　几何误差的检测原则

几何误差项目繁多，为了能正确地测量几何误差、便于选择合理的检测方案，国家标准（GB/T 1958—2017）归纳出一套检测几何误差的方案，规定了五种检测原则，如表 4.4 所示。

表 4.4　几何公差的五种检测原则

| 检测原则编号 | 检测原则名称 | 说　明 | 示　例 |
|---|---|---|---|
| 1 | 与理想要素比较原则 | 将实际被测要素与理想要素要比较，量值由直接法或间接法获得理想要素用模拟法获得 | 量值由直接法获得<br>模拟理想要素<br><br>量值由间接法获得<br>模拟理想要素<br>自准直仪　反射镜 |

| 检测原则编号 | 检测原则名称 | 说　明 | 示　例 |
|---|---|---|---|
| 2 | 测量坐标值原则 | 测量实际被测要素的坐标值（如直角坐标系、极坐标值），并经过数据处理的方法获得几何误差值 | |
| 3 | 测量特征参数原则 | 测量被测实际要素上具有代表性的参数来表示几何误差值 | 两点法测量圆度特征参数<br> |
| 4 | 测量跳动原则 | 被测实际要素绕基准轴线回转过程中，沿给定方向测量其对某参考点或线的变动量。<br>变动量大小是指示器最大和最小读数之差 | 指定测量平面<br> |
| 5 | 控制边界原则 | 控制和检验被测实际要素是否超过理想边界，以判断合格与否 | 位置量规<br>工件<br>$d_M = \phi 25$<br> |

## 4.3.2　形状误差的评定

### 4.3.2.1　形状误差、最小条件 和最小包容区域

（1）形状误差。

**形状误差是指提取（实际）被测要素对其拟合要素的变动量**。拟合要素的位置由**最小条件**确定。国家标准规定，按最小条件评定形状误差。

将被测提取要素与其拟合要素比较，如果被测提取要素与其拟合要素完全重合，则形状误差为零；如果被测提取要素与其拟合要素产生了变动（或偏离），其变动量即为形状误差值。显然拟合要素处于不同的位置，就会得到大小不同的变动量。因此，评定实际要素的形状误差时，拟合要素相对于实际要素的位置，应遵循统一的原则——最小条件。

（2）最小条件。

**所谓最小条件，就是指被测提取要素相对于拟合要素的最大变动量为最小（即最小区域）**。如图 4.69（a）所示，$h_1$、$h_2$ 和 $h_3$ 分别是拟合要素处于不同位置时实际要素的最大变动量。由于 $h_1<h_2<h_3$，其中 $h_1$ 为最小，所以符合最小条件的拟合要素是 $A_1 - B_1$。

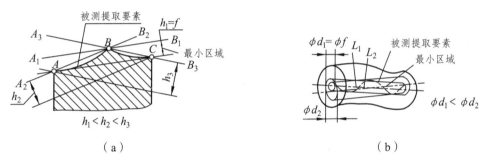

（a）　　　　　　　　　　　　　　　（b）

**图 4.69　最小条件**

对于导出要素，符合最小条件的拟合要素穿过实际导出要素，使实际对它的最大变动量为最小。如图 4.21（b）所示，符合最小条件的理想轴线为 $L_1$。

（3）最小包容区域。

形状误差值的大小用**最小包容区域**（简称为最小区域）的宽度或直径表示。所谓最小区域是指包容被测要素时，具有最小宽度或直径的区域，即由最小条件所确定的区域。**最小区域法是**评定形状误差的基本方法，按此评定的形状误差值也将是唯一的。国家标准规定拟合要素的位置应符合最小条件。

### 4.3.2.2　直线度误差的评定

直线度误差可以用刃口尺（或平尺）、优质钢丝和测量显微镜、水平仪和桥板、自准直仪和反射镜、平板和带指示表的表架、三坐标测量机等器具检测测量。

**直线度误差值用最小包容区域法来评定**。在实际测量中，只要零件满足功能要求，也允许采用其他近似的评定方法，如两端点连线法。

在给定平面内，两平行直线与实际被测直线呈高低相间的接触状态，即符合高、低、高或低、高、低接触准则，则认为这两条平行直线之间的区域即为最小包容区域，如图 4.70 所示。

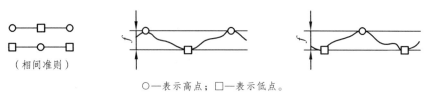

（相间准则）

○—表示高点；□—表示低点。

图 4.70　直线度评定准则

用优质钢丝和测量显微镜、平板和带指示表的表架、三坐标测量机等方法测量工件的直线度误差时，钢丝、坐标测量机的导轨以及平板是测量基准，所测得的数据是工件上各测点相对于基准的绝对误差，可直接利用这些数据作图或计算，从而求出其直线度误差。

用水平仪和桥板、自准直仪和反射镜等方法测量工件的直线度误差时，水平面或准直光线是测量基准，所测得的数据是工件上两测点间的相对高度差。这些数据需要换算到统一的坐标系上后，才能用于作图或计算，从而求出直线度误差值。通常选定原点的坐标值 $h_0 = 0$，将各个测点的读数按顺序依次累加即可得到相应各点的统一坐标值 $h_i$。

【例 4-1】用水平仪测量机床导轨的直线度误差，依次测得各测点的读数分别为：＋ 20，－ 10，＋ 40，－ 20，－ 10，－ 10，＋ 20，＋ 20（单位：μm）。试确定该导轨的直线度误差值。

【解】水平仪测得值为在测量长度上各个等距两点的相对差值，需计算出各点相对零点的高度差值，即各点的累计值，计算结果见表 4.5。

表 4.5　例 4-1 测量数据

| 序号 $i$ | 0 | 1 | 2 | 3 | 4 | 5 | 6 | 7 | 8 |
|---|---|---|---|---|---|---|---|---|---|
| 读数 $a_i$ | 0 | ＋ 20 | － 10 | ＋ 40 | － 20 | － 10 | － 10 | ＋ 20 | ＋ 20 |
| 累加值 $h_i = h_{i-1} + a_i$ | 0 | ＋ 20 | ＋ 10 | ＋ 50 | ＋ 30 | ＋ 20 | ＋ 10 | ＋ 30 | ＋ 50 |

误差图形如图 4.71 所示，连接测量点 0 和测量点 8，得到连线 $0A$。从高极点 3 和低极点 6 量得它们至 $0A$ 的纵坐标距离分别为 ＋ 31.25 μm 和 － 27.5 μm，因此，按两端点法评定的直线度误差为

$$f' = (+ 31.25) - (- 27.5) = 58.75 \ \mu m$$

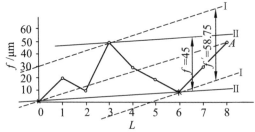

图 4.71　作图法求例 4.1 的直线度误差曲线

按照最小条件法评定时，过两个低极点（0，0）和（6，＋ 10）做一直线，过高极点（3，＋ 50）做一条平行于上述直线的直线，由图可见，这两条平行线包容全部误差曲线，且上包容线的接触点（高极点）与下包容线两接触点（低极点）相间，这两条平行线的区域即为最小包容区

域，两平行线在 $y$ 方向上的距离即为直线度误差值。

从图中量得按最小条件法评定的直线度误差为

$$f = 45 \ \mu m$$

在工程实际中，当采用两端点连线法、最小二乘法等近似方法来评定的直线度误差值不会小于用最小区域法所获得的直线度误差值，因此，用近似评定方法判断直线度的合格性要求更严格。但用最小区域法评定的直线度误差值具有唯一性，它是判断直线度的最后判定依据。

对给定平面内的直线度误差的检查时应该注意的是：

① 采用水平仪、自准直仪等测量直线度时，应对原始测量值进行累加后，才能做误差曲线图。

② 如所有测量结果均为相对于同一基准的坐标值，则不应当进行累加，应直接做误差曲线图。

③ 拟合直线可以做很多条，应尽量找出符合最小条件的拟合直线；评定的关键是确定拟合直线。两端点连线法是首末两点连线作拟合直线，包容区域是平行于两端点连线且与被测直线外接的两平行直线间区域。最小区域法是过两低点（或两高点）作拟合直线，包容区域是一条直线过两低点（或两高点），另一直线过高点（或低点）且平行于两低点（或两高点）连线。包容区域应包容所有点，并和实际直线（亦即误差曲线）外接。

④ 量取包容区域宽度时应按"坐标方向不变"的原则量取。

给定一个方向、给定两个方向、任意方向的直线度误差评定有所不同，可采取向某一个平面投影后再进行评定的近似方法。

### 4.3.2.3　平面度误差的评定

平面度误差可以采用三坐标测量机、平板和带指示表的表架、自准直仪和反射镜、水平仪、平晶等进行测量。

平面度误差评定方法有最小条件法、三点法和对角线法等。

（1）最小条件法。两平行理想平面与被测实际平面接触状态为下述三种情况之一，即符合最小条件。

① 三角形准则　被测实际平面与两平行理想平面的接触点，投影到一个面上呈三角形，如图 4.72（a）所示，三高夹一低或三低夹一高。

② 交叉准则　被测实际平面与两平行理想平面的接触点，投影到一个面上呈交叉形，如图 4.72（b）所示。

③ 直线准则　被测实际平面与两平行理想平面的接触点，投影到一个面上呈一直线，如图 4.72（c）所示，两高间一低或两低间一高。

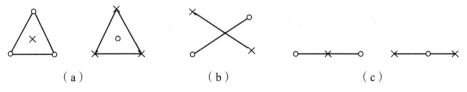

（a）　　　　　　　　　　（b）　　　　　　　　　　（c）

**图 4.72　平面度评定准则**

在实际测量中，以上三个准则中的高点均为最高点，低点均为最低点，平面度误差为最高点读数和最低点读数之差的绝对值。

（2）三点法。从实际被测平面上任选三点（不在同一直线上的相距最远的三个点）所形成的平面作为测量的理想平面，做平行该理想平面的两平行平面包容实际平面，该两平行平面之间的距离即为平面度误差值。

（3）对角线法。过实际被测平面上一对角线且平行于另一对角线的平面为测量的理想平面，做平行该理想平面的两平行平面包容实际平面，两平行平面间的距离即为平面度误差值。

三点法和对角线法在实际测量中，任选的三点或两对角线两端的点的高度应该分别相等，平面度误差为测得的最高点读数和最低点读数之差的绝对值。显然这两种方法都不符合最小条件，是一种近似方法，其数值比最小条件法稍大，且不是唯一的，但由于其处理方法较为简单，在生产中有时也应用。

按照最小条件法确定的误差值不超过其公差值可判该项要求合格，否则为不合格。按照三点法和对角线法确定的误差值不超过其公差值可判该项要求合格，否则既不能确定该项要求合格，也不能判定不合格，**应以最小条件法来仲裁**。

#### 4.3.2.4　圆度误差的评定

圆度误差可以用圆度仪、光学分度头、三坐标测量机或带计算机的测量显微镜、V 形块和带指示表的表架、千分尺以及投影仪等测量。

**圆度误差值采用最小包容区域来法评定**，其判别常用的近似方法有最小外接圆法、最大内接圆法以及最小二乘圆法，如图 4.73 所示。

○—外极点；□—内极点。

**图 4.73　评定圆度误差的最小区域法**

### 4.3.3　方向误差的评定

方向误差是指被测提取要素对其具有确定方向的拟合要素的变动量，该拟合要素的方向由基准确定。

方向误差值用最小包容区域的宽度或直径表示。该区域是指按照拟合要素的方向包容被测要素时，具有最小宽度或直径的包容区域。

图 4.74（a）所示为评定被测实际平面对基准平面的平行度误差，拟合要素首先要平行于基准平面，然后再按拟合要素的方向来包容实际要素，按此形成最小包容区域，即为该方误差评定的最小区域，其宽度 $f$ 即为被测平面对基准平面的平行度误差。

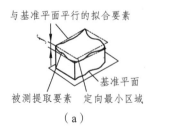

（a）

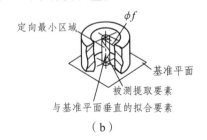

（b）

**图 4.74　方向误差评定的最小包容区域**

图 4.74（b）所示为被测提取中心线对基准平面的垂直度误差。包容提取中心线的最小包容区域为一圆柱体，该圆柱体的轴线为垂直于基准平面的理想轴线，圆柱体的直径 $\phi f$ 为提取中心线对基准平面的垂直度误差值。

平行度误差可以用平板和带指示表的表架、水平仪、自准直仪、三坐标测量机等器具测量。如图 4.75 所示。

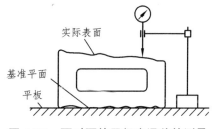

图 4.75　面对面的平行度误差的测量

## 4.3.4　位置误差的评定

位置误差是指被测提取要素对其具有确定位置的拟合要素的变动量。该拟合要素的位置由基准和理想正确尺寸确定。

位置误差用最小包容区域的宽度或直径表示。该类最小区域是指以拟合要素来包容被测提取要素时具有最小宽度或直径的包容区域。

图 4.76 所示为由基准和理论正确尺寸（图中带方框的尺寸）所确定的理想点的位置。在理想点已经确定的条件下，使被测实际点对其最大变动为最小，即以最小包容区域（一个圆）来包容实际要素。最小区域的直径 $\phi f$ 即为该点的位置度误差值。

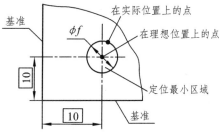

图 4.76　定位最小包容区域

位置度误差可用坐标测量装置或专用测量设备来测量。同轴度误差可用圆度仪、三坐标测量机、V 形架和带指示表的表架等测量。对称度误差可用三坐标测量机、平板和带指示表的表架等来检测。

## 4.3.5　跳动误差的评定

跳动误差是指当被测要素绕基准轴线旋转，并以指示器测量被测要素表面时，用测量点的示值变动来反映的几何误差。跳动误差是被测要素形状误差和位置误差的综合反映。跳动误差值的大小由指示器示值的变化情况来决定。

### 4.3.5.1　圆跳动误差的评定

圆跳动即为被测提取要素绕基准轴线做无轴向移动回转一周时，**由位置固定的指示器在给定方向上所测得的最大与最小示值之差**。

（1）径向圆跳动误差的测量简图如图 4.77（a）所示。用一对同轴的顶尖模拟体现基准，将被测零件装在两顶尖之间，保证大圆柱面绕基准轴线转动但不发生轴线移动。将指示表的测头沿与轴线垂直的方向并与被测圆柱面的最高点接触。在垂直于基准轴线的一个测量平面内，将被测零件回转一周，指示表的最大和最小读数之差即为单个测量平面上的径向圆跳动误差。用同样的方式测量若干个截面，取各个截面的径向圆跳动误差的最大值作为该零件的径向圆跳动误差。

（2）轴向圆跳动误差的测量简图如图 4.77（b）所示。用 V 形架来模拟体现基准，并用一定位支承使工件在轴向方向固定。使指示表的测头与被测表面（端面）垂直接触。在被测零件回转一周的过程中，指示表读数的最大差值即为单个测量圆柱面上的轴向圆跳动。沿铅垂方向移动指示表，按照上述方法测量若干个圆柱面，取各测量圆柱面的跳动量中的最大值作为该零件的轴向圆跳动误差。

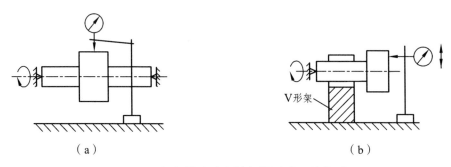

（a）　　　　　　　　　　　　　（b）

**图 4.77　径向圆跳动和轴向圆跳动误差检测**

（3）斜向圆跳动误差的测量简图如图 4.78 所示。将被测零件固定在导向套筒内，轴向固定。指示表的测头沿着垂直被测零件表面的方向与之接触。在被测零件回转一周的过程中，指示表读数的最大差值即为单个测量圆锥面上的斜向圆跳动。沿着图示方向（被测圆锥面素线方向）移动指示表，按照上述方法在若干测量圆锥面上测量，取各测量圆锥面上测得的跳动量中的最大值为该零件的斜向圆跳动误差。

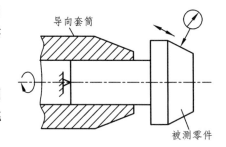

**图 4.78　斜向圆跳动误差的检测**

### 4.3.5.2　全跳动误差的评定

全跳动误差是指被测提取要素绕基准轴线做无轴向移动的连续回转，**同时指示表测头沿平行或垂直于基准轴线的方向上连续移动**（或被测提取要素每回转一周，指示表测头沿平行或垂直于基准轴线的方向间断地移动一个距离），指示表的最大与最小示值之差。

径向全圆跳动误差的测量简图如图 4.79 所示。将被测零件固定在两同轴的导向套内，同时在轴向固定零件，调整两套筒，使其公共轴线与平板平行，并使被测零件连续回转，同时使指示表沿其轴线的方向作直线运动，在整个测量过程中指示表读数的最大差值即为该零件的径向全跳动误差。此外基准轴线也可以用一对等高的 V 形支架或一对同轴且轴线与平板平行的顶尖来模拟体现。

如图 4.80 所示为轴向全圆跳动误差的测量简图。将被测零件支承在导向套筒内，同时在轴向固定零件，导向套筒的轴线应与平板垂直。在被测零件连续回转的过程中，指示表沿着被测表面的径向作直线移动，在整个测量过程中指示表读数的最大差值即为该零件的轴向全跳动误差。其基准轴线也可以用一 V 形支架等来模拟体现。

圆跳动公差是形状和位置误差的综合（圆度、同轴度等），是一项综合性公差。径向圆跳动可以控制圆度误差；径向全跳动可以控制圆柱度误差和同轴度误差；轴向全跳动可以控制垂直度误差等。由于跳动误差检测量具较为简单，检测方法简便易行，而且适合于车间生产条件使用，因此，跳动误差的检测应用较为广泛。

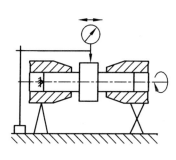

图 4.79　径向全跳动误差的检测

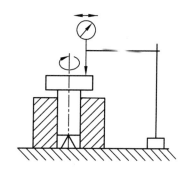

图 4.80　轴向全跳动误差的检测

# 小　结

1. 几何公差是研究几何要素在形状及其相互间方向或位置方面的精度问题。

几何公差有 19 种。

几何公差带是限制被测要素变动的区域，有大小、形状、方向和位置四个要素。

选择几何公差值时应满足 $t_{形状} < t_{方向} < t_{位置}$。

2. 评定几何误差的准则是最小条件，几何误差值的大小用最小包容区域法确定。检测方法应符合五种检测原则。

3. 几种几何要素定义间相互关系的结构框图见图 4.81。

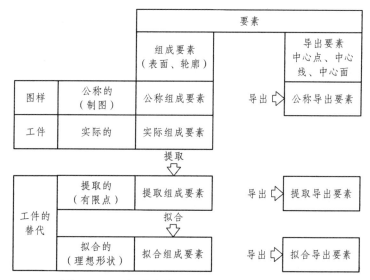

图 4.81　几何要素定义间相互关系的结构框图

# 习　题

4-1　试述几何公差的项目和符号。

4-2　什么是形状公差和形状误差？

4-3　几何公差带有哪几种形式？几何公差带由哪些要素组成？

4-4　径向圆跳动与同轴度、轴向全跳动与端面垂直度有哪些关系？

4-5　解释图 4.81 各项几何公差标注的含义，并填写在表 4.6 中。

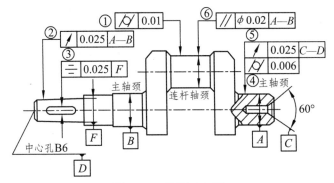

图 4.82　习题 4-5 图

表 4.6

| 序号 | 公差项目名称 | 公差带形状 | 公差带大小 | 解释（被测要素、基准要素及要求） |
|---|---|---|---|---|
| ① | | | | |
| ② | | | | |
| ③ | | | | |
| ④ | | | | |
| ⑤ | | | | |
| ⑥ | | | | |

4-6　解释图 4.83 各项几何公差标注的含义，要求包括被测要素、基准要素（如有）及公差带的特点。

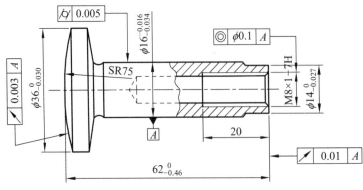

图 4.83　习题 4-6 图

4-7　将下列各项几何公差要求标注在图 4.84 中。

（1）$\phi40_{-0.03}^{0}$ 圆柱面对 $2\times\phi25_{-0.021}^{0}$ 公共轴线的圆跳动公差为 0.015 mm。

（2）$2\times\phi25_{-0.021}^{0}$ 轴颈的圆度公差为 0.01 mm。

（3）$\phi40_{-0.03}^{0}$ 圆柱面左右端面对 $2\times\phi25_{-0.021}^{0}$ 公共轴线的轴向圆跳动公差为 0.02 mm。

（4）键槽 $10_{-0.036}^{0}$ 中心平面对 $\phi40_{-0.03}^{0}$ 轴线的对称度公差为 0.015 mm。

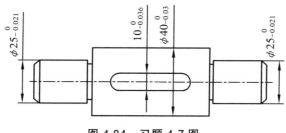

图 4.84　习题 4-7 图

4-8　将下列技术要求标注在图 4.85 中。

（1）$\phi25H7$ 的孔采用包容要求

（2）$\phi40P7$ 的孔对 $\phi25H7$ 中心线的同轴度公差值为 0.02 mm，且被测要素采用最大实体要求；

（3）端面 A 相对于 $\phi25H7$ 中心线的轴向圆跳动公差为 0.02 mm；

（4）圆柱面 B 的圆柱度公差为 0.08 mm；

（5）线性尺寸未注公差采用中等级（标准号为 1804）、未注几何公差采用 K 级（标准编号为 1184）

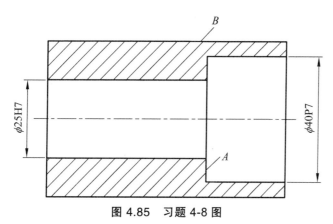

图 4.85　习题 4-8 图

4-9　三块平板用打表法测得平面度误差的原始数据（单位：μm）见图 4.86，试用三点法、对角线法求每块平板的平面度误差值。

| 0 | − 5 | − 15 | 0 | + 6 | + 7 | + 15 | + 15.5 | + 20 |
|---|---|---|---|---|---|---|---|---|
| + 20 | + 5 | − 10 | − 12 | + 10 | + 4 | + 9 | − 16.5 | + 2 |
| 0 | + 10 | 0 | + 5 | − 10 | + 2 | + 10 | + 21.5 | + 9 |

图 4.86　习题 4-9 测量数据

4-10　不改变几何公差特征项目，改正图 4.87 中标注错误。

4-11　不改变几何公差特征项目，改正图 4.88 中的标注错误。

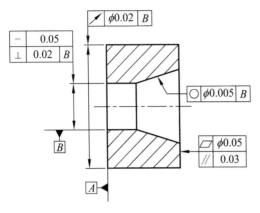

图 4.87　习题 4-10 图

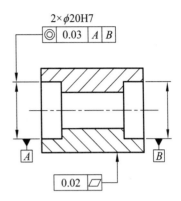

图 4.88　习题 4-11 图

# 第 5 章　公差原则

【案例导入】图 5.1 为一销轴零件，（a）图、（b）图与（c）图标注上有什么区别？机械零件设计时，对某些被测要素，有时既要给定尺寸公差，又要给定几何公差，这就产生了如何处理尺寸公差与几何公差之间的关系问题。

【学习目标】识记作用尺寸、实体状态、实体实效状态、边界等有关公差原则的基本概念。能查询相关几何公差的表格。具有合理选用几何公差项目和公差原则（独立原则、相关要求）的能力。

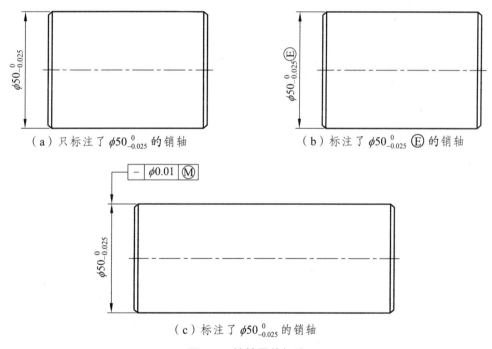

（a）只标注了 $\phi50_{-0.025}^{0}$ 的销轴　　　（b）标注了 $\phi50_{-0.025}^{0}$ Ⓔ 的销轴

（c）标注了 $\phi50_{-0.025}^{0}$ 的销轴

**图 5.1　销轴零件标注**

　　尺寸公差和几何公差是影响零件质量的两个方面，其中尺寸公差用于控制零件的尺寸误差，保证零件的尺寸精度要求；几何公差用于控制零件的几何误差，保证零件的几何精度要求。根据零件的功能要求，尺寸公差和几何公差可以相互独立，也可以相互影响、相互补偿。为了保证零件设计要求，正确判断零件是否合格，必须明确尺寸公差和几何公差的内在联系。**处理尺寸公差和几何公差之间相互关系的原则称为公差原则。**公差原则包括独立原则和相关要求，相关要求又可分为包容要求、最大实体要求、最小实体要求和可逆要求。公差原则的国家标准包括《产品几何技术规范（GPS）基础概念、原则和规则》（GB/T 4249—2018）和《产品几何技术规范（GPS）几何公差　最大实体要求（MMR）、最小实体要求（LMR）和可逆要求（RPR）》（GB/T 16671—2018）。

# 5.1 几何公差原则

## 5.1.1 独立原则

### 5.1.1.1 定 义

独立原则（IP）是指图样上给定的每一个尺寸和几何（形状、方向或位置）要求都独立的，应分别满足要求。**独立原则是处理尺寸公差与几何公差相互关系的最为基本的原则。**

**标注方法**：尺寸公差与几何公差单独标注，并无附加标注或说明，如图 5.2 所示。其含义是：轴线的直线度误差不允许大于 $\phi0.01$ mm，不受尺寸公差带控制。提取要素的局部尺寸可在 $\phi19.979 \sim \phi20$ mm 范围内变动，也不受轴线的直线度公差的控制。

**合格条件**：零件加工完成后，应分别对其提取要素的局部尺寸和直线度误差进行检测。该零件**只有同时满足**尺寸公差和几何公差的要求，才能被视为合格。

提取组成要素的局部尺寸是指一切提取组成要素上两对应点之间距离的统称。为了方便起见，可将提取组成要素的局部尺寸简称为**提取要素的局部尺寸**。

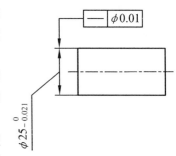

图 5.2　独立原则标注示例

内表面和外表面的提取要素的局部尺寸分别用 $D_a$、$d_a$ 表示。由于形状误差的存在，对同一要素在不同部位提取组成要素的局部尺寸是不相同的。

（1）提取圆柱面的局部尺寸（直径）是要素上两对应点之间的距离。

（2）两平行提取表面的局部尺寸是两平行对应提取表面上两对应点之间的距离。

### 5.1.1.2 应 用

独立原则的适用范围较广，大多数机械零件的几何精度都是遵循独立原则的。常见有以下几种场合：

（1）几何要求较高，但尺寸要求较低的要素。图 5.3 为测量平板，其上表面是一模拟零件基准的平面，要求较高的平面度。而平板的厚度尺寸则对功能没什么要求，采用未注公差。

（2）尺寸精度要求高，几何精度要求低的要素，图 5.4 所示为零件上通油孔，不需要配合，但需保证一定的尺寸精度以控制油的流量，所以孔的形状要求较低，其轴线直线度、圆度等均可按未注几何公差控制。

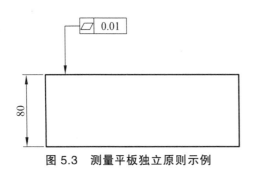

图 5.3　测量平板独立原则示例

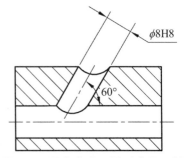

图 5.4　通油孔独立原则应用示例

（3）尺寸与几何精度要求均高，但不允许相互补偿的要素。图 5.5 所示为一连杆 $\phi$12.5 mm 孔和活塞销配合。孔内圆表面的尺寸精度与形状要求都较高，并不允许尺寸公差以补偿。采用独立原则，给出尺寸公差和圆柱度公差。

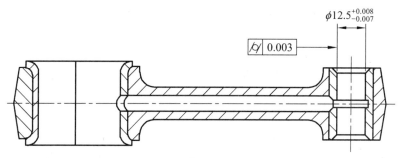

$$\phi 12.5^{+0.008}_{-0.007}$$

图 5.5　连杆采用独立原则

独立原则的其他应用场合见表 5.17。

提取要素采用独立原则时，其提取要素的局部尺寸用两点法测量，其几何误差值用普通计量器具检测。

公差原则的基本概念　　　公差原则

## 5.1.2　相关要求

图样上给定的尺寸公差和几何公差相互有关的要求称为相关要求。相关要求包括包容要求、最大实体要求（MMR）[包括附加于最大实体要求的可逆要求（RPR）]和最小实体要求（LMR）[包括附加于最小实体要求的可逆要求（RPR）]。

### 5.1.2.1　包容要求

（1）**定义**：包容要求（ER）尺寸要素的非理想要素不得违反其最大实体边界（MMVB）的一种尺寸要素要求。**包容要求适用于单一要素的尺寸公差和几何公差之间的关系。**

（2）**标注方法**：采用包容要求的单一要素应在其尺寸极限偏差或尺寸公差带代号之后加注符号Ⓔ，如图 5.7（a）所示。

（3）**合格条件**：采用包容要求表示提取组成要素不得超越其最大实体边界（MMB），其提取要素的局部尺寸不得超出最小实体尺寸（LMS），即提取组成要素的体外作用尺寸不得超越其最大实体尺寸，且提取要素的局部尺寸不得超出最小实体尺寸。

对于内尺寸要素（孔）：

$$D_{fe} \geqslant D_M = D_{min} \tag{5.1}$$

且 
$$D_a \leqslant D_L = D_{max} \tag{5.2}$$

对于外尺寸要素（轴）：

$$d_{fe} \leqslant d_M = d_{max} \tag{5.3}$$

且 
$$d_a \geqslant d_L = d_{min} \tag{5.4}$$

包容要求是用尺寸公差同时控制尺寸和几何误差的一种公差要求，用于必须保证配合性质的要素，用最大实体边界保证必要的最小间隙或最大过盈，用最小实体尺寸防止间隙过大或过盈最小。

（4）**体外作用尺寸（EFS）**：是指在提取要素给定长度上，与实际内表面（孔）体外相接的最大理想面或与实际外表面（轴）体外相接的最小理想面的直径或宽度。分别用代号 $D_{fe}$、$d_{fe}$ 表示孔和轴的体外作用尺寸，如图 5.6 所示。

对于有基准要求的要素，其理想面的轴线或中心平面必须与基准保持图样给定的几何关系。孔和轴的体外作用尺寸与其提取要素的局部尺寸、几何误差之间有如下关系：

$$D_{fe} = D_a - f, \quad d_{fe} = d_a + f \tag{5.5}$$

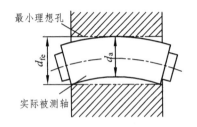
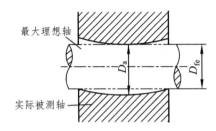

**图 5.6 孔、轴的体外作用尺寸**

（5）**最大实体状态（MMC）**：是指假定提取组成要素的局部尺寸处处位于极限尺寸且使其实体最大时的状态。

（6）**最大实体尺寸（MMS）**：是要素最大实体状态时的尺寸。即内尺寸要素的下极限尺寸，外尺寸要素的上极限尺寸。最大实体尺寸的内尺寸要素用 $D_M$，外尺寸要素用 $d_M$ 表示。即有

$$D_M = D_{min}, \quad d_M = d_{max} \tag{5.6}$$

（7）**最大实体边界（MMB）**：是最大实体状态的理想形状的极限包容面。

（8）**最小实体状态（LMC）**：是指假定提取组成要素的局部尺寸处处位于极限尺寸且使其具有实体最小时的状态。

（9）**最小实体尺寸（LMS）**：是要素最小实体状态时的尺寸。即内尺寸要素的上极限尺寸，外尺寸要素的下极限尺寸，分别用 $D_L$ 和 $d_L$ 表示。即有

$$D_L = D_{max}, \quad d_L = d_{min} \tag{5.7}$$

（10）**最小实体边界（LMB）**：是最小实体状态的理想形状的极限包容面。

【**例 5-1**】一轴的标注如图 5.7（a）所示，试说明其含义。

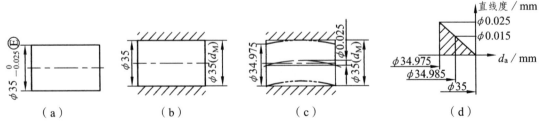

**图 5.7 例 5-1 图**

【解】根据图 5.5（a）中尺寸极限偏差后的符号Ⓔ可知：该轴的尺寸公差和形状公差（轴线的直线度公差）应符合包容要求。具体含义如下：

（1）实际外圆柱面的体外作用尺寸不能超越最大实体边界，即 $d_{fe} \leqslant d_M = d_{max} = \phi35$ mm。当轴的提取要素的局部尺寸 $d_a$ 处处为最大实体尺寸 $d_M = \phi35$ mm 时，不允许轴线有直线度误差，如图 5.7（b）所示。

（2）当轴的提取要素的局部尺寸偏离最大实体尺寸 $d_M$ 时，才允许轴线有直线度误差。如轴的 $d_a$ 处为 $\phi34.985$ mm 时，轴线的直线度误差的最大允许值 $f_{允许}$ 为 $\phi35$ mm − $\phi34.985$ mm = $\phi0.015$ mm；当轴的 $d_a = d_L = d_{min} = \phi34.975$ mm 时，轴线的 $f_{允许} = \phi35$ mm − $\phi34.975$ mm = $\phi0.025$ mm，该值为尺寸的公差值，如图 5.7（c）所示。

（3）轴的提取要素的局部尺寸 $d_a \geqslant d_L = d_{min} = \phi34.975$ mm。

尺寸公差与直线度公差的动态关系如图 5.7（d）所示。

【例 5-2】一孔的标注如图 5.8（a）所示，试说明其含义。

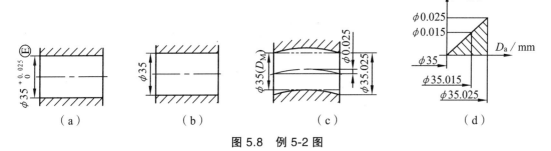

图 5.8　例 5-2 图

【解】根据图 5.8（a）中尺寸极限偏差后的符号Ⓔ可知：该孔的尺寸公差和形状公差（轴线的直线度公差）应符合包容要求。具体含义如下：

（1）实际孔的 $D_{fe} \geqslant D_M = D_{min} = \phi35$ mm。当孔的 $D_a$ 处为最大实体尺寸 $\phi35$ mm 时，不允许轴线有直线度误差，如图 5.8（b）所示。

（2）当孔 $D_a$ 偏离 $D_M$ 时，才允许轴线有直线度误差。例如，当孔的 $D_a = \phi35.015$ mm 时，轴线的直线度误差的最大允许值 $f_{允许} = \phi35.015$ mm − $\phi35$ mm = $\phi0.015$ mm；当孔的 $D_a = D_L = D_{min} = \phi35.025$ mm 时，轴线的 $f_{允许} = \phi0.025$ mm，该值为尺寸的公差值，如图 5.8（c）所示。

（3）孔的 $D_a \leqslant D_L = D_{max} = \phi35.025$ mm。

尺寸公差与直线度公差的动态关系如图 5.8（d）所示。

## 5.1.2.2　最大实体要求

（1）**定义**：是导出要素或基准要素偏离最大实体状态时，其几何公差获得补偿值的一种公差要求，即允许的几何误差值增大的一种尺寸要求，被测要素的实际轮廓应遵守最大实体实效边界。

（2）**标注方法**：最大实体要求应用于导出要素时，图样上用符号Ⓜ标注在导出要素的几何公差值之后。最大实体要求应用于基准要素时，图样上用符号Ⓜ标注在基准字母之后。

（3）**合格条件**：采用最大实体要求的被测要素的体外作用尺寸不得超越最大实体实效尺寸；且提取要素的局部尺寸在最大和最小实体尺寸之间，即内尺寸要素（孔）：

$$D_{fe} \geqslant D_{MV} = D_{min} - t \tag{5.8}$$

且

$$D_{min} \leqslant D_a \leqslant D_{max} \tag{5.9}$$

对于外尺寸要素（轴）：

$$d_{fe} \leqslant d_{MV} = d_{max} + t \tag{5.10}$$

且

$$d_{min} \leqslant d_a \leqslant d_{max} \tag{5.11}$$

最大实体要求适合于导出要素，主要用在需要保证零件装配互换性的场合。

（4）**最大实体实效尺寸（MMVS）**：是指尺寸要素的最大实体尺寸与其导出要素的几何公差（形状、方向或位置）共同作用产生的尺寸。

最大实体实效尺寸的内尺寸要素用 $D_{MV}$ 表示，外尺寸要素用 $d_{MV}$ 表示。即有

$$D_{MV} = D_M - t = D_{min} - t \tag{5.12}$$

$$d_{MV} = d_M + t = d_{max} + t \tag{5.13}$$

（5）**最大实体实效状态（MMVC）**：是拟合要素的尺寸为其最大实体实效尺寸时的状态。

（6）**最大实体实效边界（MMVB）**：最大实体实效状态对应的极限包容面，如图 5.9 所示。

当几何公差是方向公差时，最大实体实效状态和最大实体实效边界受其方向所约束；当几何公差是位置公差时，最大实体实效状态和最大实体实效边界受其位置所约束。

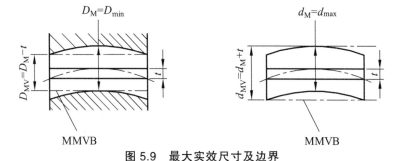

**图 5.9　最大实效尺寸及边界**

【**例 5-3**】一轴的标注如图 5.10（a）所示，试说明其含义。

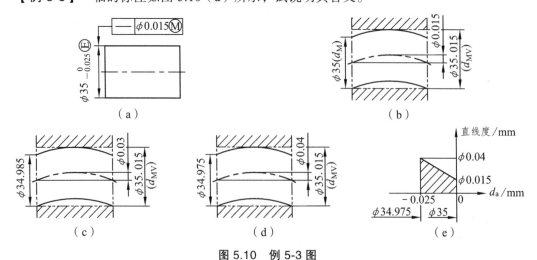

**图 5.10　例 5-3 图**

【解】根据几何公差值后面的符号Ⓜ和标注对象可知：该例是最大实体要求在被测导出要素上的应用，且被测导出要素是单一要素，轴的尺寸公差与形状公差（轴的直线度公差）应符合最大实体要求。

其含义是：

（1）实际轴的体外作用尺寸不能超越最大实体实效边界，即 $d_{fe} \leq d_{MV} = \phi 35 + \phi 0.015$ mm $= \phi 35.015$ mm；轴的提取要素的局部尺寸 $d_a$ 不得超出尺寸公差带所规定的最小极限尺寸 $\phi 34.975$ mm 和最大极限尺寸 $\phi 35$ mm 的范围，即 $34.975 \leq d_a \leq 35$。

（2）如图 5.7（b）、（c）、（d）所示，提取要素的局部尺寸 $d_a$ 和轴线的直线度误差的最大允许值 $f_{允许}$ 之间的关系说明见表 5.1。

提取要素的局部尺寸与直线度公差的对应关系如图 5.7（e）所示。

表 5.1　轴的 $d_a$ 和 $f_{允许}$ 之间的说明

| 提取要素的局部尺寸 $d_a$ | 轴线的直线度误差的最大允许值 $f_{允许}$ | 说　明 |
|---|---|---|
| $d_a = \phi 35$ mm | $f_{允许} = t = \phi 0.015$ mm | |
| $d_a = \phi 34.985$ mm | $f_{允许} = \phi 35.015$ mm $- \phi 34.985$ mm $= \phi 0.03$ mm | 当 $d_a$ 偏离 $d_M$ 时，轴线的直线度误差可以大于规定的公差值 $\phi 0.015$ mm |
| $d_a = d_L = \phi 34.975$ mm | $f_{允许} = \phi 35.015$ mm $- \phi 34.975$ mm $= \phi 0.04$ mm | $f_{允许} = T + t$<br>$T$：尺寸公差，$t$：几何公差 |

【例 5-4】有一带孔零件的标注如图 5.11（a）所示，试说明其含义。

【解】该例是最大实体要求在被测导出要素上的应用。

（1）孔的合格条件为：$D_{fe} \geq D_{MV} = \phi 20$ mm $- \phi 0.05$ mm $= \phi 19.95$ mm，

且：$\phi 20 \leq d_a \leq 20.033$

（2）当孔的 $D_a$ 偏离 $D_M$ 时，轴线的垂直度误差可以大于规定的公差值 $\phi 0.05$ mm。如 $D_a = \phi 20.015$ mm 时，轴线的垂直度误差的最大允许值 $f_{允许} = \phi 20.015$ mm $- \phi 19.95$ mm $= \phi 0.065$ mm；当 $D_a = D_L = \phi 20.033$ mm 时，$f_{允许} = \phi 20.033$ mm $- \phi 19.95$ mm $= \phi 0.083$ mm，此时刚好等于尺寸公差值与垂直公差值之和；当 $D_a = D_M = \phi 20$ mm 时，$f_{允许} = 0.05$ mm $= t$，如图 5.11（b）、（c）所示。

提取组成要素的局部尺寸与垂直度公差的对应关系如图 5.11（d）所示。

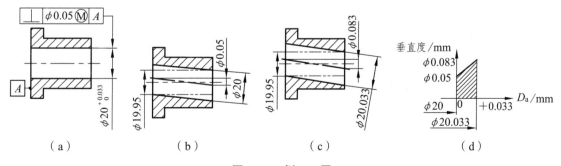

（a）　　　　　（b）　　　　　（c）　　　　　（d）

图 5.11　例 5-4 图

### 5.1.2.3　最小实体要求

（1）**定义**：被测要素或基准要素偏离最小实体状态，其几何公差获得补偿值的一种公差原则，即当其提取要素的局部尺寸偏离最小实体尺寸时，允许其几何误差值超出其给定的公差值。

（2）**标注方法**：最小实体要求（LMR）是用最小实体实效边界来控制实际要素的轮廓，用于被测导出要素时，在图样上的几何公差框格中的公差值后面加注符号Ⓛ；用于基准导出要素时，在图样上的几何公差框格中的相应基准字母代号后面加注符号Ⓛ；还可两者同时应用最小实体要求。

（3）**合格条件**：最小实体要求用于被测导出要素时，要素的实际轮廓应遵守最小实体实效边界，即：体内作用尺寸不得超越最小实体实效尺寸，提取要素的局部尺寸不得超出尺寸公差带所规定的最大极限尺寸和最小极限尺寸的范围。

对于内尺寸要素（孔）：

$$D_{fi} \leqslant D_{LV} = D_{max} + t \tag{5.14}$$

且　　　　　　$$D_{min} \leqslant D_a \leqslant D_{max} \tag{5.15}$$

对于外尺寸要素（轴）：

$$d_{fi} \geqslant d_{LV} = d_{min} - t \tag{5.16}$$

且　　　　　　$$d_{min} \leqslant d_a \leqslant d_{max} \tag{5.17}$$

最小实体要求使用于导出要素，主要用在仅需要保证零件的强度和壁厚的场合。

（4）**最小实体实效尺寸**（LMVS）：是指尺寸要素的最小实体尺寸与其导出要素的几何公差（形状、方向或位置）共同作用产生的尺寸。

最小实体实效尺寸的内尺寸要素用 $D_{LV}$ 表示，外尺寸要素用 $d_{LV}$ 表示。即有：

$$D_{LV} = D_L + t = D_{max} + t \tag{5.18}$$

$$d_{LV} = d_L - t = d_{min} - t \tag{5.19}$$

（5）**最小实体实效状态**（LMVC）：是拟合要素的尺寸为其最小实体实效尺寸时的状态。

（3）**最小实体实效边界**（LMVB）：最小实体实效状态对应的极限包容面，如图 5.12 所示。

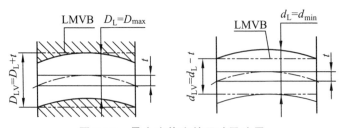

**图 5.12　最小实体实效尺寸及边界**

当几何公差是方向公差时，最小实体实效状态和最小实体实效边界受其方向所约束；当几何公差是位置公差时，最小实体实效状态和最小实体实效边界受其位置所约束。

【**例 5-5**】有一带孔零件的标注如图 5.13（a）所示，试说明其含义。

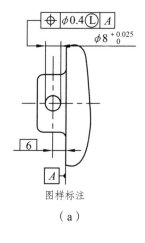

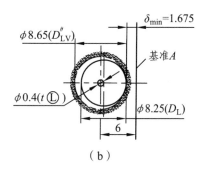

图样标注

（a）

（b）

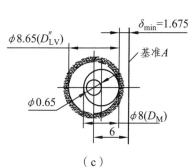

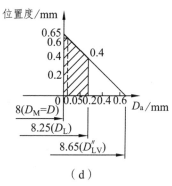

（c）

（d）

**图 5.13　例 5-5 图**

【解】该图样标注方式表明孔的轴线对基准平面在任意方向上的位置度公差采用的是最小实体要求。

（1）零件合格条件：$D_{fi} \leqslant D_{LV} = D_{max} + t = \phi 8.25\ mm + \phi 0.4\ mm = \phi 8.65\ mm$，

且：$\phi 8 = D_{min} \leqslant D_a \leqslant D_{max} = \phi 8.25$

（2）几何公差的补偿：当孔的提取组成要素的局部尺寸 $D_a$ 偏离最小实体尺寸 $D_L = \phi 8.25\ mm$ 时，则其轴线对基准平面的位置度误差可以超出图样所给定的公差值 $t = \phi 0.4\ mm$。如，当 $D_a = \phi 8.23\ mm$ 时，轴线的位置度误差的最大允许值 $f_{允许} = \phi 0.42\ mm$（$= \phi 8.65\ mm - \phi 8.23\ mm$）；当 $D_a = \phi 8\ mm$ 时，$f_{允许} = \phi 0.65\ mm$（$= \phi 8.65\ mm - \phi 8\ mm$），即为尺寸公差值与位置度公差值之和，如图 5.9（b）、（c）所示。图 5.9（d）为其动态公差图。

### 5.1.2.4　可逆要求

（1）**定义**：可逆要求是允许尺寸公差补偿给几何公差，也允许几何公差补偿给尺寸公差的一种公差要求。可逆要求不能单独使用，必须与最大实体要求或最小实体要求一起使用，仅适用于导出要素。

（2）**标注方法**：可逆要求与最大实体要求或最小实体要求合用时，应将符号Ⓡ标注在最大实体要求符号Ⓜ或最小实体要求符号Ⓛ的后面，即"ⓂⓇ"或"ⓁⓇ"。

（3）**合格条件**：当可逆要求与最大实体要求合用时，其被测要素的实际轮廓受最大实体实效边界控制。具体要求是：体外作用尺寸不得超越最大实体实效尺寸，提取组成要素的局部尺寸不得超越最小实体尺寸。

对于内尺寸要素（孔）：

$$D_{fe} \geqslant D_{MV} = D_{min} - t \tag{5.20}$$

且 $$D_a \leqslant D_{max} \tag{5.21}$$

对于外尺寸要素（轴）：

$$d_{fe} \leqslant d_{MV} = d_{max} + t \tag{5.22}$$

且 $$d_a \geqslant d_{min} \tag{5.23}$$

当可逆要求与最小实体要求合用时，其被测导出要素的实际轮廓受最小实体实效边界控制。具体要求是：体内作用尺寸不得超越最小实体实效尺寸，提取组成要素的局部尺寸不得超越最大实体尺寸。

对于内尺寸要素（孔）：

$$D_{fi} \leqslant D_{LV} = D_{max} + t \tag{5.24}$$

且 $$D_a \geqslant D_{min} \tag{5.25}$$

对于外尺寸要素（轴）：

$$d_{fi} \geqslant d_{LV} = d_{min} - t \tag{5.26}$$

且 $$d_a \leqslant d_{max} \tag{5.27}$$

可逆要求在保证功能要求的前提下，使孔、轴的尺寸公差和几何公差互补，并充分利用它们，实现最佳经济效益。

【例 5-6】一轴的标注如图 5.14（a）所示，试说明其含义。

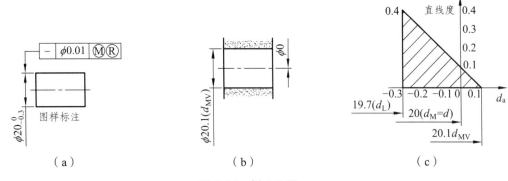

图 5.14 例 5-6 图

【解】根据图中的标注可知：公差要求是可逆要求与最大实体要求合用的原则。其含义是：

（1）合格条件：实际轴的体外作用尺寸不能超越最大实体实效边界，即：

$$d_{fe} \leqslant d_{MV} = \phi 20.1 \text{ mm}（ = \phi 20 \text{ mm} + \phi 0.1 \text{ mm}）$$

轴的提取组成要素的局部尺寸 $d_a \geqslant d_{min} = \phi 19.7 \text{ mm}$。

（2）直线度补偿：当轴的 $d_a$ 偏离最大实体尺寸 $d_M$ 时，轴线的直线度误差 $f_-$ 可以大于给定的公差值 $t = \phi 0.1$ mm。例如：当 $d_a = d_L = \phi 19.7$ mm 时，轴线的直线度误差的最大允许值为 $f_- = \phi 0.4$ mm（$= \phi 20.1$ mm $- \phi 19.7$ mm $= T + t$）。当 $d_a = d_M = \phi 20$ mm 时，轴线的直线度误差的最大允许值 $f_- = \phi 0.1$ mm。

（3）尺寸补偿：当轴的 $f_-$ 小于给定的公差值 $t$ 时，允许轴的 $d_a$ 超出最大实体尺寸 $\phi 20.0$ mm，即尺寸公差值可以增大。例如，当轴线 $f_- = 0$ 时，轴的 $d_a$ 可以达到 $\phi 20.1$ mm，即等于最大实体实效尺寸 $d_{MV}$，如图 5.10（b）所示。

综上所述，被测要素轴的实际尺寸可在最小实体尺寸（$\phi 19.7$ mm）和最大实体实效尺寸（$\phi 20.1$ mm）之间变化；轴线的直线度误差为 $0 \sim 0.4$ mm。

图 5.10（c）为其动态公差图。

# 5.2 几何精度设计

在大多数情况下，零件要素的几何公差由机床和工艺保证，按未注几何公差规定。只有在几何精度有特殊要求且高于所保证的精度时，才需要公差框格形式在图样上标注几何精度要求。合理选择几何公差项目和几何公差值，保证机器的功能要求、提高经济效益。

图样上几何公差值的表示方法有两种：一种是按《形状和位置公差 未注公差值》（GB/T 1184—1996）的规定，统一给出未注几何公差；另一种是几何公差有特殊要求（几何公差值大于或小于未注公差值），用几何公差框格的形式单独注出。

几何精度设计主要包括几何公差项目的选择、公差原则的选择、基准的选择、公差等级与公差值的选择。

## 5.2.1 几何公差项目的选择

几何公差项目的选择主要从零件的**几何特征、功能要求、测量的方便性和特征项目本身**的特点等几个方面来考虑。

几何公差特征项目的选择原则有三点：①满足零件的结构特征和功能要求；②在满足功能要求的前提下，尽量选用检测方便的项目；③在满足功能要求和便于测量的前提下，尽量选择有综合控制功能的项目，减少图样上给出的几何公差项目及相应的几何误差检测项目。

（1）形状公差选择的基本依据是要素的几何特征。例如，控制平面的形状误差应选择平面度；控制导轨导向面的形状误差应选择直线度；控制圆柱面的形状误差应选择圆度或圆柱度。

方向、位置和跳动公差项目是按照要素间几何方位关系制定的，此类公差项目的选择应以其与基准间的几何方位关系为基本依据。对线（轴线）、面可规定方向和位置公差，对点只能规定位置度公差，只有回转零件才规定同轴度公差和跳动公差。

（2）零件的使用要求。

零件的功能不同，对几何公差应提出不同要求，所以应分析几何误差对零件使用性能的影响。平面的形状误差通常将影响支承面的平稳性和定位的可靠性，影响贴合面的密封性和滑动面的磨损；导轨面的形状误差将影响导向精度；圆柱面的形状误差将影响定位配合的连接强度和可靠性，影响转动配合的间隙均匀性和运动的平稳性；轮廓表面或导出要素的位置误差将直接决定机器的装配精度和运动精度，如齿轮箱体上两孔轴线不平行将影响齿轮副的接触精度，降低承载能力，滚动轴承的定位轴肩与轴线不垂直，将影响轴承旋转时的精度。

（3）检测的方便性。

确定公差特征项目必须与检测条件相结合，考虑检测的可能性与经济性。如对轴类零件，可用径向全跳动综合控制圆柱度、同轴度；用轴向全跳动代替端面对轴线的垂直度。跳动公差检测方便，能较好地控制相应的几何误差项目。

（4）特征项目

① 单项控制的公差项目有直线度、平面度、圆度、线轮廓度。这些公差项目只控制了机械零件的某个几何要素的形状误差，见表 5.2。

② 综合控制的公差制项目有圆柱度、面轮廓度、垂直度等，见表 5.3。这些公差项目可能控制了机械零件某个几何要素的形状、方向及位置误差。

**表 5.2　单向控制的公差项目**

| 名　称 | 符　号 | 控制要素及特点 |
|---|---|---|
| 直 线 度 | — | 只控制直线误差 |
| 平 面 度 | ▱ | 只控制平面误差 |
| 圆 度 | ○ | 只控制圆误差 |
| 线 轮 廓 度 | ⌒ | 只控制线轮廓度误差 |

**表 5.3　综合控制的公差项目**

| 名　称 | 符号 | 控制要素及特点 |
|---|---|---|
| 圆柱度 | ⌀ | 既控制圆柱任意截面圆的形状误差，又控制圆柱任意截面上圆的位置误差 |
| 面轮廓度 | ⌓ | 既控制面轮廓度任意截面线轮廓的形状误差，又控制线轮廓的位置误差 |
| 平行度 | // | 既控制了线（面）的形状误差，又控制了线（面）相对于基准的平行误差 |
| 垂直度 | ⊥ | 既控制了线（面）的形状误差，又控制了线（面）相对于基准的垂直误差 |
| 倾斜度 | ∠ | 既控制了线（面）的形状误差，又控制了线（面）相对于基准的倾斜误差 |
| 对称度 | ＝ | 既控制了线（面）的形状误差，又控制了对称线（面）相对于基准的对称误差 |
| 同轴度 | ◎ | 既控制了轴线的形状误差，又控制了轴线相对于基准的位置误差 |
| 位置度 | ⊕ | 既控制了尺寸误差，又控制了形状和位置误差 |
| 圆跳动 | ↗ | 既控制了圆的形状误差，又控制了圆的位置误差 |
| 全跳动 | ↗↗ | 既控制了圆柱任意截面（垂直中心线）圆的形状误差，又控制了圆柱任意截面上圆的位置误差，同时控制了连个（或三个）圆柱中心线的位置误差 |

另外，确定几何公差项目还应参照有关专业标准的规定。例如，与滚动轴承相配合的孔、

轴几何公差项目，在滚动轴承标准中已有规定；单键、花键、齿轮等标准对有关几何公差也都有相应要求和规定。

## 5.2.2 几何公差值的选择

几何公差值决定了几何公差带的宽度或直径，是控制零件制造精度的直接指标，应合理确定几何公差值，以保证产品的功能、提高产品的质量，降低制造成本。几何公差值的选择原则是：在满足零件功能要求的前提下，应尽量选用较低的公差等级，并考虑加工的经济性、结构和刚性等具体问题。

### 5.2.2.1 图样上注出几何公差值的规定

对于几何公差有较高要求的零件，均应在图样上按照规定的标注方法注出公差值。按国家标准规定，几何公差中，除线、面轮廓度及位置未规定公差等级外，其余项目均有规定公差等级。其中，除圆度和圆柱度外，几何公差分为 12 个等级，1 级精度最高，12 级精度最低，其中 6、7 级为基本级。圆度和圆柱度增加了精度更高的 0 级。标准还给出了各几何公差项目的公差值表和位置度数系表，见表 5.4 ~ 表 5.8。

**表 5.4 直线度和平面度公差值** μm

| 主参数 L/mm | 公差等级 | | | | | | | | | | | |
|---|---|---|---|---|---|---|---|---|---|---|---|---|
| | 1 | 2 | 3 | 4 | 5 | 6 | 7 | 8 | 9 | 10 | 11 | 12 |
| | 公差值 | | | | | | | | | | | |
| ≤10 | 0.2 | 0.4 | 0.8 | 1.2 | 2 | 3 | 5 | 8 | 12 | 20 | 30 | 60 |
| >10 ~ 16 | 0.25 | 0.5 | 1 | 1.5 | 2.5 | 4 | 6 | 10 | 15 | 25 | 40 | 80 |
| >16 ~ 25 | 0.3 | 0.6 | 1.2 | 2 | 3 | 5 | 8 | 12 | 20 | 30 | 50 | 100 |
| >25 ~ 40 | 0.4 | 0.8 | 1.5 | 2.5 | 4 | 6 | 10 | 15 | 25 | 40 | 60 | 120 |
| >40 ~ 63 | 0.5 | 1 | 2 | 3 | 5 | 8 | 12 | 20 | 30 | 50 | 80 | 150 |
| >63 ~ 100 | 0.6 | 1.2 | 2.5 | 4 | 6 | 10 | 15 | 25 | 40 | 60 | 100 | 200 |
| >100 ~ 160 | 0.8 | 1.5 | 3 | 5 | 8 | 12 | 20 | 30 | 50 | 80 | 120 | 250 |
| >160 ~ 250 | 1 | 2 | 4 | 6 | 10 | 15 | 25 | 40 | 60 | 100 | 150 | 300 |
| >250 ~ 400 | 1.2 | 2.5 | 5 | 8 | 12 | 20 | 30 | 50 | 80 | 120 | 200 | 400 |
| >400 ~ 630 | 1.5 | 3 | 6 | 10 | 15 | 25 | 40 | 60 | 100 | 150 | 250 | 500 |
| >630 ~ 1 000 | 2 | 4 | 8 | 12 | 20 | 30 | 50 | 80 | 120 | 200 | 300 | 600 |
| >1 000 ~ 1 600 | 2.5 | 5 | 10 | 15 | 25 | 40 | 60 | 100 | 150 | 250 | 400 | 800 |
| >1 600 ~ 2 000 | 3 | 6 | 12 | 20 | 30 | 50 | 80 | 120 | 200 | 300 | 500 | 1 000 |
| >2 000 ~ 4 000 | 4 | 8 | 15 | 25 | 40 | 60 | 100 | 150 | 250 | 400 | 600 | 1 200 |
| >4 000 ~ 6 300 | 5 | 10 | 20 | 30 | 50 | 80 | 120 | 200 | 300 | 500 | 800 | 1 500 |
| >6 300 ~ 10 000 | 6 | 12 | 25 | 40 | 60 | 100 | 150 | 250 | 400 | 600 | 1 000 | 2 000 |

图例：

表 5.5　圆度和圆柱度公差值　　　　　　　　　　　　　　　　μm

| 主参数 d（D）/mm | 公差等级 | | | | | | | | | | | | |
|---|---|---|---|---|---|---|---|---|---|---|---|---|---|
| | 0 | 1 | 2 | 3 | 4 | 5 | 6 | 7 | 8 | 9 | 10 | 11 | 12 |
| | 公差值 | | | | | | | | | | | | |
| ≤3 | 0.1 | 0.2 | 0.3 | 0.5 | 0.8 | 1.2 | 2 | 3 | 4 | 6 | 10 | 14 | 25 |
| >3~6 | 0.1 | 0.2 | 0.4 | 0.6 | 1 | 1.5 | 2.5 | 4 | 5 | 8 | 12 | 18 | 30 |
| >6~10 | 0.12 | 0.25 | 0.4 | 0.6 | 1 | 1.5 | 2.5 | 4 | 6 | 9 | 15 | 22 | 36 |
| >10~18 | 0.15 | 0.25 | 0.5 | 0.8 | 1.2 | 2 | 3 | 5 | 8 | 11 | 18 | 27 | 43 |
| >18~30 | 0.2 | 0.3 | 0.6 | 1 | 1.5 | 2.5 | 4 | 6 | 9 | 13 | 21 | 33 | 52 |
| >30~50 | 0.25 | 0.4 | 0.6 | 1 | 1.5 | 2.5 | 4 | 7 | 11 | 16 | 25 | 39 | 62 |
| >50~80 | 0.3 | 0.5 | 0.8 | 1.2 | 2 | 3 | 5 | 8 | 13 | 19 | 30 | 46 | 74 |
| >80~120 | 0.4 | 0.6 | 1 | 1.5 | 2.5 | 4 | 6 | 10 | 15 | 22 | 35 | 54 | 89 |
| >120~180 | 0.6 | 1 | 1.2 | 2 | 3.5 | 5 | 8 | 12 | 18 | 25 | 40 | 63 | 100 |
| >180~250 | 0.8 | 1.2 | 2 | 3 | 4.5 | 7 | 10 | 14 | 20 | 29 | 46 | 72 | 115 |
| >250~315 | 1.0 | 1.6 | 2.5 | 4 | 6 | 8 | 12 | 16 | 23 | 32 | 52 | 81 | 130 |
| >315~400 | 1.2 | 2 | 3 | 5 | 7 | 9 | 13 | 18 | 25 | 36 | 57 | 89 | 140 |
| >400~500 | 1.5 | 2.5 | 4 | 6 | 8 | 10 | 15 | 20 | 27 | 40 | 63 | 97 | 155 |

图例：

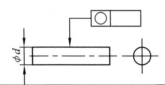 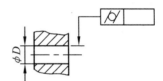

表 5.6　平行度、垂直度和倾斜度公差值　　　　　　　　　　　　　μm

| 主参数 L、d（D）/mm | 公差等级 | | | | | | | | | | | |
|---|---|---|---|---|---|---|---|---|---|---|---|---|
| | 1 | 2 | 3 | 4 | 5 | 6 | 7 | 8 | 9 | 10 | 11 | 12 |
| | 公差值 | | | | | | | | | | | |
| ≤10 | 0.4 | 0.8 | 1.5 | 3 | 5 | 8 | 12 | 20 | 30 | 50 | 80 | 120 |
| >10~16 | 0.5 | 1 | 2 | 4 | 6 | 10 | 15 | 25 | 40 | 60 | 100 | 150 |
| >16~25 | 0.6 | 1.2 | 2.5 | 5 | 8 | 12 | 20 | 30 | 50 | 80 | 120 | 200 |
| >25~40 | 0.8 | 1.5 | 3 | 6 | 10 | 15 | 25 | 40 | 60 | 100 | 150 | 250 |
| >40~63 | 1 | 2 | 4 | 8 | 12 | 20 | 30 | 50 | 80 | 120 | 200 | 300 |
| >63~100 | 1.2 | 2.5 | 5 | 10 | 15 | 25 | 40 | 60 | 100 | 150 | 250 | 400 |
| >100~160 | 1.5 | 3 | 6 | 12 | 20 | 30 | 50 | 80 | 120 | 200 | 300 | 500 |
| >160~250 | 2 | 4 | 8 | 15 | 25 | 40 | 60 | 100 | 150 | 250 | 400 | 600 |
| >250~400 | 2.5 | 5 | 10 | 20 | 30 | 50 | 80 | 120 | 200 | 300 | 500 | 800 |
| >400~630 | 3 | 6 | 12 | 25 | 40 | 60 | 100 | 150 | 250 | 400 | 600 | 1 000 |
| >630~1 000 | 4 | 8 | 15 | 30 | 50 | 80 | 120 | 200 | 300 | 500 | 800 | 1 200 |
| >1 000~1 600 | 5 | 10 | 20 | 40 | 60 | 100 | 150 | 250 | 400 | 600 | 1 000 | 1 500 |
| >1 600~2 500 | 6 | 12 | 25 | 50 | 80 | 120 | 200 | 300 | 500 | 800 | 1 200 | 2 000 |
| >2 500~4 000 | 8 | 15 | 30 | 60 | 100 | 150 | 250 | 400 | 600 | 1 000 | 1 500 | 2 500 |

续表

| 主参数 | 公差等级 | | | | | | | | | | | |
|---|---|---|---|---|---|---|---|---|---|---|---|---|
| $L$、$d$($D$）/mm | 1 | 2 | 3 | 4 | 5 | 6 | 7 | 8 | 9 | 10 | 11 | 12 |
| | 公差值 | | | | | | | | | | | |
| >4 000 ~ 6 300 | 10 | 20 | 40 | 80 | 120 | 200 | 300 | 500 | 800 | 1 200 | 2 000 | 3 000 |
| >6 300 ~ 10 000 | 12 | 25 | 50 | 100 | 150 | 250 | 400 | 600 | 1 000 | 1 500 | 2 500 | 4 000 |

图例：

**表 5.7  同轴度、对称度、圆跳动和全跳动公差值**  μm

| 主参数 | 公差等级 | | | | | | | | | | | |
|---|---|---|---|---|---|---|---|---|---|---|---|---|
| $L$、$B$、$d$($D$）/mm | 1 | 2 | 3 | 4 | 5 | 6 | 7 | 8 | 9 | 10 | 11 | 12 |
| | 公差值 | | | | | | | | | | | |
| ≤1 | 0.4 | 0.6 | 1.0 | 1.5 | 2.5 | 4 | 6 | 10 | 15 | 25 | 40 | 60 |
| >1 ~ 3 | 0.4 | 0.6 | 1.0 | 1.5 | 2.5 | 4 | 6 | 10 | 20 | 40 | 60 | 120 |
| >3 ~ 6 | 0.5 | 0.8 | 1.2 | 2 | 3 | 5 | 8 | 12 | 25 | 50 | 80 | 150 |
| >6 ~ 10 | 0.6 | 1 | 1.5 | 2.5 | 4 | 6 | 10 | 15 | 30 | 60 | 100 | 200 |
| >10 ~ 18 | 0.8 | 1.2 | 2 | 3 | 5 | 8 | 12 | 20 | 40 | 80 | 120 | 250 |
| >18 ~ 30 | 1 | 1.5 | 2.5 | 4 | 6 | 10 | 15 | 25 | 50 | 100 | 150 | 300 |
| >30 ~ 50 | 1.2 | 2 | 3 | 5 | 8 | 12 | 20 | 30 | 60 | 120 | 200 | 400 |
| >50 ~ 120 | 1.5 | 2.5 | 4 | 6 | 10 | 15 | 25 | 40 | 80 | 150 | 250 | 500 |
| >120 ~ 250 | 2 | 3 | 5 | 8 | 12 | 20 | 30 | 50 | 100 | 200 | 300 | 600 |
| >250 ~ 500 | 2.5 | 4 | 6 | 10 | 15 | 25 | 40 | 60 | 120 | 250 | 400 | 800 |
| >500 ~ 800 | 3 | 5 | 8 | 12 | 20 | 30 | 50 | 80 | 150 | 300 | 500 | 1 000 |
| >800 ~ 1 250 | 4 | 6 | 10 | 15 | 25 | 40 | 60 | 100 | 200 | 400 | 600 | 1 200 |
| >1 250 ~ 2 000 | 5 | 8 | 12 | 20 | 30 | 50 | 80 | 120 | 250 | 500 | 800 | 1 500 |
| >2 000 ~ 3 150 | 6 | 10 | 15 | 25 | 40 | 60 | 100 | 150 | 300 | 600 | 1 000 | 2 000 |
| >3 150 ~ 5 000 | 8 | 12 | 20 | 30 | 50 | 80 | 120 | 200 | 400 | 800 | 1 200 | 2 500 |

续表

| 主参数 | 公差等级 | | | | | | | | | | | |
|---|---|---|---|---|---|---|---|---|---|---|---|---|
| $L$、$B$、$d(D)$/mm | 1 | 2 | 3 | 4 | 5 | 6 | 7 | 8 | 9 | 10 | 11 | 12 |
| | 公差值 | | | | | | | | | | | |
| >5 000~8 000 | 10 | 15 | 25 | 40 | 60 | 100 | 150 | 250 | 500 | 1 000 | 1 500 | 3 000 |
| >8 000~10 000 | 12 | 20 | 30 | 50 | 80 | 120 | 200 | 300 | 600 | 1 200 | 2 000 | 4 000 |

图例：

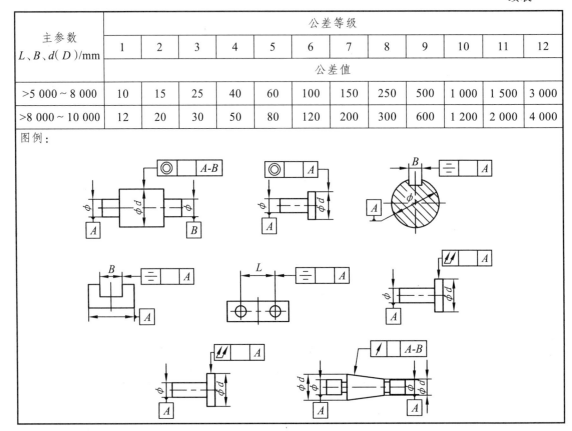

**表 5.8　位置度系数**　　　　　　　　　　　　μm

| 优先数系 | 1 | 1.2 | 1.5 | 2 | 2.5 | 3 | 4 | 5 | 6 | 8 |
|---|---|---|---|---|---|---|---|---|---|---|
| | $1 \times 10^n$ | $1.2 \times 10^n$ | $1.5 \times 10^n$ | $2 \times 10^n$ | $2.5 \times 10^n$ | $3 \times 10^n$ | $4 \times 10^n$ | $5 \times 10^n$ | $6 \times 10^n$ | $8 \times 10^n$ |

注：$n$ 为正整数。

### 5.2.2.2　几何公差值的确定方法

在满足功能要求的前提下，应选择最经济的公差值。根据零件的功能要求，考虑加工的经济性和零件的结构、刚性，按照**类比法**确定几何公差值时，应考虑以下几个方面的因素。

（1）几何公差各项目公差值的大小具有如下三种关系。

① 形状公差与方向、位置、跳动公差的关系。**同一要素上给定的形状公差值应小于方向、位置、跳动公差值，方向公差值应小于位置公差值。**例如，同一平面上的平面度公差值应小于该平面对基准平面的平行度公差值。

② 几何公差和尺寸公差的关系。**圆柱形零件的形状公差一般应小于其尺寸公差值，线对线或面对面的平行度公差值应小于其相应距离的尺寸公差值。**圆度、圆柱度公差值约为同级尺寸公差的一半，因而一般可按同级选取。例如，尺寸公差为 IT6，则圆度、圆柱度公差通常也选 IT6，必要时也可比尺寸公差等级高 1~2 级。

③ 几何公差与表面粗糙度的关系。通常表面粗糙度 Ra 值可占形状公差值的 20%～25%。

（2）在满足功能要求的前提下，考虑加工的难易程度，测量条件等，选用几何公差等级时应适当降低 1～2 级。例如，细长且比较大的轴和孔，距离较大的轴和孔，宽度较大（一般大于 1/2 长度）的零件表面。另外，当孔相对于轴，以及线对线和线对面的平行度、垂直度公差相对于面对面的平行度、垂直度公差，都应降低 1～2 级。

（3）确定与标准件相配合的零件几何公差值，不但要考虑几何公差国家标准的规定，而且应遵守其他有关国家标准的规定。

表 5.9～表 5.12 列出了常见的几种几何公差等级的应用举例，以供参考。

**表 5.9　直线度、平面度公差等级的应用**

| 公差等级 | 应 用 举 例 |
|---|---|
| 1，2 | 用于精密量具、测量仪器以及精度要求高的精密机械零件，如量块、零级样板、平尺、零级宽平尺、工具显微镜等精密量仪的导轨面等 |
| 3 | 1 级宽平尺工作面，1 级样板平尺工作面，测量仪器圆弧导轨的直线度，量仪的测杆等 |
| 4 | 零级平板，测量仪器的 V 形导轨，高精度平面磨床的 V 形导轨和滚动导轨等 |
| 5 | 1 级平板，2 级宽平尺，平面磨床的导轨、工作台，液压龙门刨床导轨面，柴油机进气、排气阀门导杆等 |
| 6 | 普通机床导轨面，柴油机机体结合面等 |
| 7 | 2 级平板，机床主轴箱结合面，液压泵盖，减速箱壳体结合面等 |
| 8 | 机床传动箱体、挂轮箱体、溜板箱体、柴油机汽缸体、连杆分离面、缸盖结合面，汽车发动机缸盖，曲轴箱结合面，液压管件和法兰连接面等 |
| 9 | 自动车床床身底面，摩托车曲轴箱体，汽车变速箱壳体，手动机械的支撑面等 |

**表 5.10　圆度、圆柱度公差等级的应用**

| 公差等级 | 应 用 举 例 |
|---|---|
| 0，1 | 高精度量仪主轴、高精度机床主轴、滚动轴承的滚珠和滚柱等 |
| 2 | 精密量仪主轴、外套、阀套、高压油泵柱塞及套，纺锭轴承，高速柴油机进、排气门，精密机床主轴轴颈，针阀圆柱表面，喷油泵柱塞及柱塞套等 |
| 3 | 高精密外圆 磨床轴承，磨床砂轮主轴套筒，喷油嘴针，阀体，高精度轴承内外圆等 |
| 4 | 较精密机床主轴、主轴箱孔，高压阀门，活塞销，阀体孔，高压油泵柱塞，较高精度滚动轴承配合轴，铣削动力头箱体孔等 |
| 5 | 一般计量仪器主轴、测杆外圆柱面，陀螺仪轴颈，一般机床主轴轴颈及轴承孔，柴油机、汽油机的活塞、活塞销，与 p6 级滚动轴承配合的轴颈等 |
| 6 | 一般机床主轴及前轴承孔，泵、压缩机的活塞、汽缸，汽油发动机凸轮轴，纺机锭子，减速器传动轴轴颈，高速船用发动机曲轴、拖拉机曲轴的主轴颈，与 p6 级滚动轴承配合的外壳孔，与 p0 级滚动轴承配合的轴颈等 |
| 7 | 大功率低速柴油机曲轴轴颈、活塞、活塞销、连杆、汽缸，高速柴油机箱体轴承孔，千斤顶或压力油缸活塞，机车传动轴，水泵及通用减速器转轴轴颈，与 p0 级滚动轴承配合的外壳孔等 |

续表

| 公差等级 | 应 用 举 例 |
|---|---|
| 8 | 低速发动机、大功率曲柄轴轴颈，压气机连杆盖、体，拖拉机汽缸、活塞，印刷机传墨辊，内燃机曲轴轴颈等 |
| 9 | 空气压缩机缸体，液压传动筒，通用机械杠杆与拉杆用套筒销子，拖拉机活塞环、套筒孔等 |

**表 5.11  平行度、垂直度、倾斜度公差等级的应用**

| 公差等级 | 应 用 举 例 |
|---|---|
| 1 | 高精度机床、测量仪器、量具等主要工作面和基准面等 |
| 2，3 | 精密机床、测量仪器、量具、模具的工作面和基准面，精密机床的导轨，重要箱体主轴孔的基准面，精密机床主轴轴肩端面，滚动轴承座圈端面，普通机床的主要导轨，精密刀具的工作面和基准面等 |
| 4，5 | 普通机床的导轨、重要支承面，机床主轴孔对基准的平行度，精密机床重要零件，计量仪器、量具、模具的工作面和基准面，床头箱重要孔，通用减速器壳体孔，齿轮泵的油孔端面，发动机轴和离合器凸缘，汽缸支撑端面，安装精密滚动轴承壳体孔的凸肩等 |
| 6，7，8 | 一般机床的工作面和基准面，压力机和锻锤的工作面，中等精度钻模的工作面，机床一般轴承孔对基准的平行度，变速器箱体孔，主轴花键对定心直径部位轴线的平行度，重型机械轴承盖端面，卷扬机、手动传动装置中的传动轴，一般导轨，主轴箱体孔，刀架，砂轮架，汽缸配合面对基准轴线，活塞销孔对活塞中心线的垂直度，滚动轴承内外圈端面对轴线的垂直度等 |
| 9，10 | 低精度零件，重型机械滚动轴承端盖，柴油机、煤气发动机箱体曲轴孔、曲轴颈，花键轴和轴肩端面，皮带运输机法兰盘端面对轴线的垂直度，手动卷扬机及传动装置中的轴承端面，减速器壳体平面等 |

**表 5.12  同轴度、对称度、跳动公差等级的应用**

| 公差等级 | 应 用 举 例 |
|---|---|
| 1，2 | 高精密测量仪器的主轴和顶尖，柴油机喷油嘴针阀等 |
| 3，4 | 机床主轴轴颈，砂轮轴轴颈，汽轮机主轴，测量仪器的小齿轮轴，安装高精度齿轮的轴颈等 |
| 5 | 机床轴颈，机床主轴箱孔，套筒，测量仪器的测量杆，轴承座孔，汽轮机主轴，柱塞油泵转子，高精度轴承外圈，一般精度轴承的内圈等 |
| 6，7 | 内燃机曲轴，凸轮轴轴颈，柴油机机体主轴承孔，水泵轴，油泵柱塞，汽车后桥输出轴，安装一般精度齿轮的轴颈，涡轮盘，测量仪器杠杆轴，电机转子，普通滚动轴承内圈，印刷机传墨辊的轴颈，键槽等 |
| 8，9 | 内燃机凸轮轴孔，连杆小端铜套，齿轮轴，水泵叶轮，离心泵体，汽缸套外径配合面对内径工作面，运输机械滚筒表面，压缩机十字头，安装低精度齿轮用轴颈，棉花精梳机前后滚子，自行车中轴等 |

### 5.2.2.3　图样上未注几何公差值的规定

一般每个机械零件的全部要素都有形状、方向和位置公差要求，但在下列情况下，机械零件的某些要素的几何公差不必在图样上标注：

① 几何公差等级低于国家标准《形状和位置公差　未住公差值》（GB/T 1184—1996）要求的几何公差。

② 几何公差要求用通用机床设备加工就能达到的，图样上不必标注其几何公差值。

在图样上采用未注几何公差值时，应在图样的标题栏附近或在技术要求中标出未注公差的等级及标准编号，如 GB/T 1184—K、GB/T 1184—H 等，也可在企业标准中做统一规定。在同一张图样中，未注公差值应采用同一个公差等级。

**国标标准对未注公差也规定了相应的公差等级。**

（1）直线度、平面度的未注公差值分 H、K 和 L 三个公差等级。其中"基本长度"是指被测长度，对于平面是指被测面的长边或圆平面的直径，见表 5.13。

表 5.13　直线度、平面度的未注公差值

| 公差等级 | 基本长度范围 | | | | | |
|---|---|---|---|---|---|---|
| | ≤10 | >10～30 | >30～100 | >100～300 | >300～1 000 | >1 000～3 000 |
| H | 0.02 | 0.05 | 0.1 | 0.2 | 0.3 | 0.4 |
| K | 0.05 | 0.1 | 0.2 | 0.4 | 0.6 | 0.8 |
| L | 0.1 | 0.2 | 0.4 | 0.8 | 1.2 | 1.6 |

（2）圆度的未注公差值规定采用相应的直径公差值，但不能大于表 5.16 中的径向圆跳动值。

（3）圆柱度误差由圆度、轴线直线度、素线直线度和素线平行度组成。其中每一项均由其注出公差值或未注公差值控制。

（4）线轮廓度、面轮廓度未作规定，受线轮廓、面轮廓的线性尺寸或角度公差的控制。

（5）平行度未注公差值等于相应的尺寸公差值。

（6）垂直度未注公差值见表 5.14，分 H、K 和 L 三个公差等级。

表 5.14　垂直度的未注公差值　　　　　　　　　　　　　　　mm

| 公差等级 | 基本长度范围 | | | |
|---|---|---|---|---|
| | ≤100 | >100～300 | >300～1 000 | >1 000～3 000 |
| H | 0.2 | 0.3 | 0.4 | 0.5 |
| K | 0.4 | 0.6 | 0.8 | 1 |
| L | 0.6 | 1 | 1.5 | 2 |

（7）对称度未注公差值见表 5.15，分 H、K 和 L 三个公差等级。

表 5.15　对称度的未注公差值　　　　　　　　　　　　mm

| 公差等级 | 基本长度范围 | | | |
|---|---|---|---|---|
| | ≤ 100 | >100 ~ 300 | >300 ~ 1 000 | >1 000 ~ 3 000 |
| H | 0.5 | | | |
| K | 0.6 | | 0.8 | 1 |
| L | 0.6 | 1 | 1.5 | 2 |

（8）位置度未注公差值未作规定，因为属于综合性误差，由各分项公差值控制。

（9）圆跳动未注公差值见表 5.16，分 H、K 和 L 三个公差等级。

表 5.16　圆跳动的未注公差值　　　　　　　　　　　　mm

| 公差等级 | 公差值 |
|---|---|
| H | 0.1 |
| K | 0.2 |
| L | 0.3 |

（10）全跳动未注公差值未作规定。全跳动属于综合项目，可通过圆跳动、直线度公差值或其他注出或未注出的尺寸公差值控制。

## 5.2.3　公差原则的选择

选择公差原则和公差要求时，应根据被测要素的功能要求、公差原则的应用场合、可行性和经济性等方面来综合考虑。公差原则的选用示例见表 5.17。

表 5.17　公差原则的选择示例

| 公差原则 | 应用场合 | 示　　例 |
|---|---|---|
| 独立原则 | 尺寸精度和几何精度需要分别满足要求 | 齿轮箱体孔的尺寸精度与两孔轴线的平行度，连杆活塞销孔的尺寸精度与圆柱度，滚动轴承内外圈滚道的尺寸精度与形状精度 |
| | 尺寸精度与几何精度要求相差较大 | 滚筒类零件尺寸精度要求较低，形状精度要求较高；平板的尺寸精度要求不高，形状精度要求较高；通油孔的尺寸有一定的精度要求，形状精度无要求 |
| | 尺寸精度与几何精度无联系 | 滚子链条的套筒或滚子内外圆柱面的轴线同轴度与尺寸度，发动机连杆上的尺寸精度与孔轴线间的位置精度 |
| | 保证运动精度 | 导轨的形状精度要求严格，尺寸精度要求一般 |
| | 保证密封性 | 汽缸的形状精度要求严格，尺寸精度要求一般 |
| | 未注公差 | 凡是未注尺寸公差与未注几何公差都是采用独立原则，如退刀槽、倒角、圆角等非功能要素 |

续表

| 公差原则 | 应用场合 | 示　　例 |
|---|---|---|
| 包容要求 | 保证国标规定的配合性质 | $\phi$30H7 孔与 $\phi$30h6 轴的配合，可以保证配合的最小间隙为零 |
| | 尺寸公差与几何公差间无严格比例关系要求 | 一般的孔和轴配合，只要求作用尺寸不超越最大实体尺寸，局部实际尺寸不超越最小实体尺寸 |
| 最大实体要求 | 保证关联尺寸不超越最大实体尺寸 | 关联要素的孔和轴有配合性质要求，在公差框格的第二格标注 |
| | 保证可装配性 | 轴承盖上用于穿过螺钉的通孔，法兰盘上用于穿过螺栓的通孔 |
| 最小实体要求 | 保证零件强度和最小壁厚 | 孔组轴线的任意方向位置度公差，采用最小实体要求可保证孔组间的最小壁厚 |
| 可逆要求 | 与最大（小）实体要求联用 | 能充分利用公差带，扩大被测要素实际尺寸的变动范围，在不影响使用性能要求的前提下可以选用 |

## 5.2.4　几何公差和公差原则选择实例

【例 5-8】试确定图 5.15 减速器输出轴的几何公差。

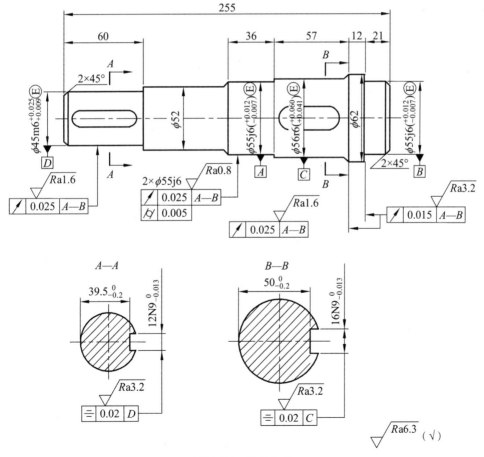

图 5.15　例 5-8 图

【解】根据减速器对输出轴的功能要求，选用几何公差如下：

（1）两轴颈 $\phi$55j6 与滚动轴承的内圈相配合，为了保证配合性质，采用包容要求。同时为了保证装配后轴承的旋转精度，与滚动轴承配合的轴颈在遵循包容要求的前提下，又进一步提出了圆柱度公差的要求，根据几何公差和尺寸公差的关系（因为两轴颈 $\phi$55j6 的公差等级为 6 级，所以圆柱度公差通常也选 6 级），查表 5.5 可选择圆柱度公差 0.005 mm。

两轴颈上安装滚动轴承后，将分别装配到相对应的箱体孔内，为了保证轴承外圈与箱体孔的安装精度，需限制两轴颈的同轴度误差，为了方便检测，实际给出了两轴颈的径向圆跳动（选 7 级），查表 5.7，其径向圆跳动公差为 0.025 mm。

（2）$\phi$62mm 轴的左右两端面（轴肩）都是止推面，起一定的定位作用，为了保证定位精度，对两端轴肩给出了相对基准轴线 A—B 的轴向圆跳动（选 6 级），查表 5.7，其公差为 0.015 mm。

（3）$\phi$56r6 和 $\phi$45m6 分别与齿轮和带轮配合，为了保证配合性质，也采用包容要求。为保证齿轮的运动精度，对与齿轮配合的 $\phi$56r6 圆柱又进一步提出了对基准轴线的径向圆跳动（选 7 级），查表 5.7，径向圆跳动公差 0.025 mm。

（4）对 $\phi$56r6 和 $\phi$45m6 轴颈上的键槽 16N9 和 12N9 提出了对称度公差。键槽的尺寸公差等级为 9 级，对称度选用 8 级，查表 5.7，其对称度公差为 0.02 mm。

# 小　结

1. 各类几何公差之间的关系：

如果功能需要，可以规定一种或多种几何特征的公差以限定要素的几何误差。

要素的位置公差可同时控制该要素的位置误差、方向误差和形状误差。

要素的方向公差可同时控制该要素的方向误差和形状误差。

要素的形状公差只能控制该要素的形状误差。

2. 为了正确理解和采用几何公差与尺寸公差所遵循的原则，表 5.18 将独立原则与相关要求的应用场合、功能要求、控制边界及检测方法等进行了综合比对与归纳。

**表 5.18　公独立原则与相关要求综合比对与归纳**

| 公差原则 | | 符号应用场合 | 应用要素 | 应用项目 | 功能要求 | 控制边界 | 允许的几何误差变化范围 | 允许的实际尺寸变化范围 | 检测方法 | |
|---|---|---|---|---|---|---|---|---|---|---|
| | | | | | | | | | 几何误差 | 实际尺寸 |
| 独立原则 | | 无一般场合 | 组成要素及导出要素 | 各种几何公差项目 | 各种功能要求，但互相不关联 | 无边界，几何误差和实际尺寸各自满足要求 | 按图样中注出或未注几何公差的要求 | 按图样中注出或未注尺寸公差的要求 | 通用量仪 | 两点法测量 |
| 相关要求 | 包容要求 | Ⓔ 单一要素保证配合性质较高的部位 | 单一尺寸要素（圆、圆柱面、两平行平面） | 形状公差（线、面度除外） | 配合要求 | 最大实体边界 | 各项形状误差不能超出其控制边界 $t=0$ | 最大实体尺寸不能超出其控制边界，而局部尺寸不能超越其最小实体尺寸 | 通端极限量规及专用量仪 | 通端极限量规测最大实体尺寸，两点法测量最小实体尺寸 |

续表

| 公差原则 | 符号应用场合 | 应用要素 | 应用项目 | 功能要求 | 控制边界 | 允许的几何误差变化范围 | 允许的实际尺寸变化范围 | 检测方法 | |
|---|---|---|---|---|---|---|---|---|---|
| | | | | | | | | 几何误差 | 实际尺寸 |
| 最大实体要求 | Ⓜ 保证可装配性,适用于导出要素,不能用于组成要素 | 导出要素(轴线及中心平面) | 直线度、倾斜度、平行度、垂直度、同轴度、对称度、位置度 | 满足装配要求但无严格的配合要求时采用,如螺栓孔轴线的位置度,两轴线的平行度等 | 最大实体实效边界 | 当局部实际尺寸偏离其最大实体尺寸时,几何公差可获得补偿值(增大)>0 | 其局部实际尺寸不能超出尺寸公差的允许范围 | 综合量规(功能量规及专用量仪) | 两点法测量 |
| 最小实体要求 | Ⓛ 保证最低强度、最小壁厚,仅用于导出要素,不能用于组成要素 | 导出要素(轴线及中心平面) | 直线度、垂直度、同轴度、位置度等 | 满足临界设计值的要求,以控制最小壁厚,提高对中性,满足最小实体要求 | 最小实体实效边界 | 当局部实际尺寸偏离其最小实体尺寸时,几何公差可获得补偿值(增大)>0 | 其局部实际尺寸不能超出尺寸公差的允许范围 | 通用 | 两点法测量 |
| 可逆要求 Ⓡ | Ⓜ Ⓡ | 导出要素(轴线及中心平面) | 适用于Ⓜ的各项目 | 对最大实体尺寸没有严格要求的场合 | 最大实体实效边界 | 当与Ⓜ同时使用时,几何误差变化同Ⓜ | 当几何误差小于给出的几何公差时,可补偿给尺寸公差,使尺寸公差增大,其局部实际尺寸可超出给定范围 | 综合量规或专用量仪控制最大实体边界 | 仅用两点法测量最小实体尺寸 |
| | Ⓛ Ⓡ | | 适用于Ⓛ的各项要求 | 对最小实体尺寸没有严格要求的场合 | 最小实体实效边界 | 当与Ⓛ同时使用时,几何误差变化同Ⓛ | | 三坐标或专用量仪控制最小实体边界 | 仅用两点法测量最大实体尺寸 |

# 习 题

5-1 几何公差的公差原则有哪些内容？简述其应用场合？

5-2 最大实体状态和最大实体实效状态的区别是什么？

5-3 按照图 5.16(a)、(b)所示加工轴和孔零件，测得直径的局部尺寸为 $\phi14.998$ mm，其轴线的直线度误差为 0.02 mm；按照图 5.13(c)、(d)所示加工轴和孔零件，测得直径的局部尺寸为 $\phi14.995$ mm，其轴线的垂直度误差为 0.06 mm。试求出四种情况的最大实体尺寸、最小实体尺寸、体外作用尺寸、体内作用尺寸、最大实体实效尺寸和最小实体实效尺寸。

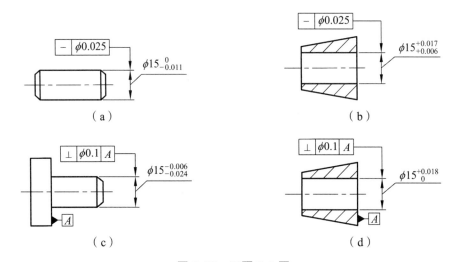

图 5.16 习题 5-2 图

5-4 根据图 5.17 所示的公差及几何公差的标注填写于表 5.19。

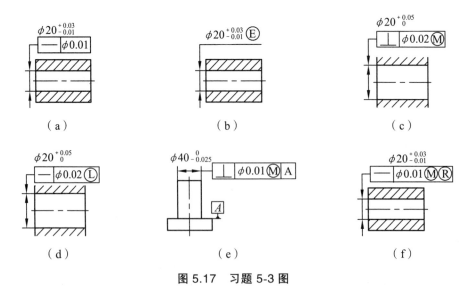

图 5.17 习题 5-3 图

表 5.19

| 序号 | 采用的公差原则或<br>公差要求 | 理想边界名<br>称 | 理想边界<br>尺寸/mm | MMC 时的<br>几何公差/mm | LMC 时的<br>几何公差/mm |
|---|---|---|---|---|---|
| （a） | | | | | |
| （b） | | | | | |
| （c） | | | | | |
| （d） | | | | | |
| （e） | | | | | |
| （f） | | | | | |

5-4　根据图 5.18 的标注，分析这两种标注的异同点。（从几何公差项目、公差带特点、要求等方面分析）

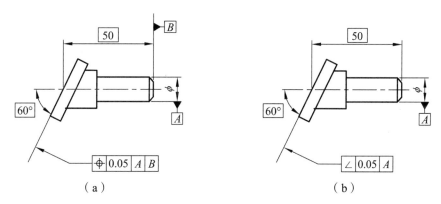

图 5.18　习题 5-4 图

5-5　按 $\phi50^{+0.039}_{0}$ Ⓔ 加工一个孔，加工后测得其提取要素的局部尺寸 $D_a = 50.02$ mm，直线度误差为 $f_- = \phi0.02$ mm，判断该孔是否合格？

5-6　按图 5.19 加工一轴，加工后测得其提取要素的局部尺寸 $d_a = 16$ mm，垂直度误差为 $f_\perp = \phi0.02$ mm，求轴的 $d_M$、$d_L$、$d_{fe}$、$d_{MV}$，并判断该轴是否合格。

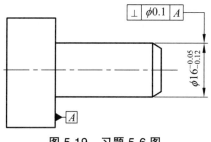

图 5.19　习题 5-6 图

5-7　写出图 5.20 所示的三种标注的合格性条件，并说明遵守的公差原则或要求。若加工后测得其提取要素的局部尺寸为 $d_a = 19.995$ mm，轴线的垂直度误差为 $f_\perp = \phi0.06$ mm，试判断三种标注的零件是否合格，为什么？

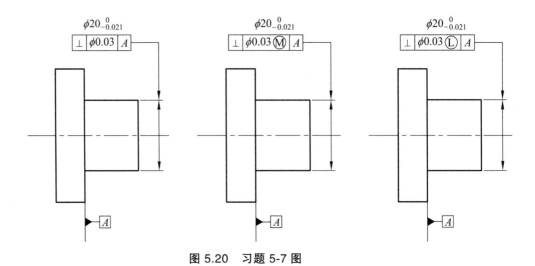

图 5.20　习题 5-7 图

# 第6章　表面粗糙度与检测

　　【案例导入】图 3.1 为一级圆柱齿轮减速器输出轴零件图，该轴除需要控制其局部尺寸、形状、方向和位置外，还应控制零件的表面轮廓。对于零件表面轮廓，应给出相关表面特征要求，即粗糙度要求。

　　【学习目标】领会表面微观形状误差的形成特点及其对互换性的影响。识记表面粗糙度的有关术语、评定方法、在图样上的标注和常用检测方法。具有正确设计典型零件表面粗糙度的能力。

表面粗糙度

## 6.1　概　述

　　**表面结构包括表面粗糙度、表面波纹度、表面缺陷、表面几何形状等表面特性。**不同的表面质量要求采用不同表面结构的特性指标来保证。我国采用 ISO 有关标准，制定了表面粗糙度、表面波纹度的词汇、表面缺陷术语等标准，这些标准有《产品几何技术规范（GPS）表面结构　轮廓法　术语、定义及表面结构参数》（GB/T 3505—2009）、《产品几何技术规范（GPS）表面结构　轮廓法　表面粗糙度参数及其数值》（GB/T 1031—2009）、《产品几何技术规范（GPS）表面结构　轮廓法　评定表面结构的规则和方法》（GB/T 10610—2009）、《产品几何技术规范（GPS）技术产品文件中表面结构的表示法》（GB/T 131—2006）、《产品几何技术规范（GPS）表面结构　轮廓法　接触（触针）式仪器的标称特性》（GB/T 6062—2009）。

　　由于刀具切削后留下的刀痕、切屑分离时的塑性变形、工艺系统中存在高频振动及刀具和零件表面之间的摩擦等原因，零件加工后都不会绝对的光滑平整，总会存在着由微小间距的峰和谷组成的微观高低不平，**这种加工表面上具有的微观几何形状误差称为表面粗糙度。**表面粗糙度对零件的功能要求、使用寿命、可靠性及美观程度均有直接的影响。本章将主要介绍表面粗糙度的相关内容。

### 6.1.1　表面粗糙度轮廓的界定

　　物体与周围介质分离的表面称为实际表面。理想平面与实际平面垂直相交所得到的轮廓线称为**表面轮廓。**它是一条轮廓曲线，一般指横向轮廓，即与加工纹理方向垂直的截面上的轮廓，如图 6.1 所示。

　　加工以后形成的零件的实际表面一般处于非理想状态，其截面轮廓形状是复杂的，同时存在各种几何形状误差。一般说来，加工后零件的实际轮廓总是包含着表面粗糙度轮廓、波纹度轮廓和宏观形状轮廓等，构成的几何误差叠加在同一表面上，如图 6.2 所示。

　　表面形状误差、表面粗糙度、表面波纹度之间的界定，采用轮廓滤波器滤波方式得到。

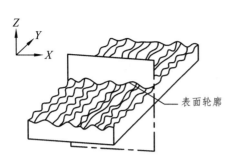

图 6.1　零件的实际表面与表面轮廓

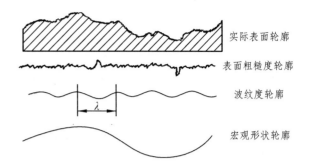

图 6.2　零件表面轮廓的组成（$\lambda$—波长）

## 6.1.2　表面粗糙度对零件使用性能的影响

表面粗糙度的大小对零件的使用性能和使用寿命有很大影响，尤其对高温、高速、高压条件下工作的机械零件影响更大，主要表现在以下几个方面：

（1）**对耐磨性的影响**。

具有微观几何形状误差的两个表面只能在轮廓峰顶处接触，表面越粗糙，摩擦系数就越大，相互运动的两个零件磨损也越快；表面过于光滑，润滑油被挤出和分子间的吸附作用等原因，也会使摩擦阻力增大，使金属接触面产生胶合磨损而损坏。

（2）**对配合性质稳定性的影响**。

有配合要求的零件表面，表面上的微小波峰被去掉后，它们的配合性质会发生变化。对于间隙配合，在零件相对运动的过程中配合表面上的微小峰被磨去，使间隙增大，因而影响或改变原设计的配合性质。配合间隙的尺寸越小，这种影响就越严重。对于过盈配合，装配时配合表面上的微小波峰将被挤平而使实际有效过盈量减小，从而降低了零件的连接强度；对于过渡配合，零件会在使用和拆装过程中发生磨损，使配合变松，降低了定位和导向的精度。上述微凸峰被磨损或被挤平的现象，对那些配合稳定性要求较高、配合间隙过盈量较小以及高速重载机械影响更显著。

（3）**对耐疲劳性的影响**。

零件表面越粗糙，表面微小不平度凹痕越深，其根部曲率半径越小，对应力集中越敏感，特别是交变应力作用下，零件表面轮廓的微小谷底处产生疲劳裂纹使零件失效。对于承受交变载荷、重载荷及高速工作的零件，提高其表面质量，降低粗糙度值，可提高其疲劳强度。

（4）**对抗腐蚀性的影响**。

由于腐蚀性气体或液体容易积存在波谷底部，并通过表面的微凹谷向零件表层渗透。零件表面越粗糙，凹谷越深，腐蚀作用就越严重。减小零件表面粗糙度值，可增强其抗腐蚀的能力。

（5）**对密封性的影响**。

静力密封时，粗糙的零件表面之间无法严密地贴合，容易使气体或液体通过接触面间的微小缝隙发生渗漏；动力密封时，其配合面的表面粗糙度参数值过低，受压破坏油膜，失去润滑作用。

表面粗糙度对零件表面镀涂层、接触刚度、冲击强度、流体流动阻力、导体表面电流的流通、产品的测量精度及外观质量等也会产生不同程度的影响。为了保证零件的使用性能和寿命，在进行几何精度设计时必须对零件表面粗糙度轮廓提出合理的技术要求。

# 6.2　表面粗糙度轮廓的评定

为了合理评定加工后零件的表面粗糙度，《术语、定义及表面结构参数》（GB/T 3505—2009）、《表面粗糙度参数及其数值》（GB/T 1031—2009）规定了轮廓法评定表面粗糙度的术语定义、参数及其数值。下面主要介绍相关基本术语及评定参数。

## 6.2.1　基本术语

### 6.2.1.1　轮廓滤波器

滤波器是除去某些波长成分而保留所需表面成分的处理方法。**轮廓滤波器能**将表面轮廓分离成长波成分和短波成分，它们所能抑制的波长称为截止波长。从短波截止波长至长波截止波长这两个极限值之间的波长范围称为**传输带**。轮廓滤波器有 $\lambda_s$、$\lambda_c$ 和 $\lambda_f$ 三种。$\lambda_s$ 滤波器是确定粗糙度与比它更短的波的成分之间相交界限的滤波器；$\lambda_c$ 滤波器是确定粗糙度与波纹度成分之间相交界限的滤波器；$\lambda_f$ 滤波器是确定存在于表面上的波纹度与比它更长的波的成分之间相交界限的滤波器。三种滤波器的传输特性相同，但截止波长不同。

对表面轮廓采用轮廓滤波器 $\lambda_s$ 抑制短波后得到的总的轮廓，称为**原始轮廓**。对原始轮廓采用 $\lambda_c$ 滤波器抑制长波成分以后形成的轮廓，称为**粗糙度轮廓**。对原始轮廓连续采用 $\lambda_f$ 和 $\lambda_c$ 两个滤波器分别抑制长波成分和短波成分以后形成的轮廓，称为**波纹度轮廓**。粗糙度轮廓和波纹度轮廓均是经过人为修正的轮廓，粗糙度轮廓是评定粗糙度轮廓参数（$R$ 参数）的基础，波纹度轮廓是评定波纹度轮廓参数（$W$ 参数）的基础。本章只讨论粗糙度轮廓参数，波纹度轮廓参数有关内容可参考相关书籍及标准。

使用接触（触针）式仪器测量表面粗糙度轮廓时，其传输带是 $\lambda_s \sim \lambda_c$ 的波长范围。长波滤波器的截止波长 $\lambda_c$ 等于取样长度 $l_r$。

评定表面粗糙度时，需要规定取样长度和评定长度等技术参数，以限制和减弱表面波纹度和表面不均匀性对表面粗糙度测量结果的影响。

### 6.2.1.2　取样长度 $l_r$

**取样长度**是在 $X$ 轴方向（与轮廓总的走向一致）判别被评定轮廓不规则特征的长度，用符号 $l_r$ 表示，如图 6.3 所示。评定粗糙度轮廓的取样长度 $l_r$ 在数值上与轮廓滤波器 $\lambda_c$ 的截止波长相等。取样长度值与表面粗糙度的评定参数有关，在取样长度范围内，一般应包含 5 个以上的轮廓峰和轮廓谷。取样长度是为了抑制或减弱表面波纹度、排除宏观形状误差对表面粗糙度轮廓测量结构的影响。表面越粗糙，则取样长度 $l_r$ 就应越大。

### 6.2.1.3　评定长度 $l_n$

**评定长度**是用于判别被评定轮廓的 $X$ 轴方向上的长度，用符号 $l_n$ 表示，如图 6.3 所示。

评定长度包含一个或几个连续的取样长度。评定长度更合理地反映整个粗糙度轮廓的特性。

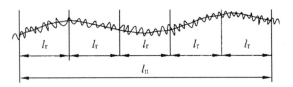

图 6.3　取样长度和评定长度

由于零件表面微小峰、谷的不均匀性，评定长度更客观合理地反映表面粗糙度特征。标准的评定长度为连续的 5 个取样长度（即 $l_n = 5 \times l_r$）。取样长度和评定长度的标准值见表 6.1。

表 6.1　取样长度和评定长度标准值（摘自 GB/T 1031—2009、GB/T 10610—2009）

| $Ra/\mu m$ | $Rz/\mu m$ | $RSm/\mu m$ | 标准取样长度 $l_r/mm$ | 标准评定长度 $l_n/mm$ |
|---|---|---|---|---|
| ≥0.008～0.02 | ≥0.025～0.1 | ≥0.013～0.04 | 0.08 | 0.4 |
| >0.02～0.1 | >0.1～0.5 | >0.04～0.13 | 0.25 | 1.25 |
| >0.1～2 | >0.5～10 | >0.13～0.4 | 0.8 | 4 |
| >2～10 | >10～50 | >0.4～1.3 | 2.5 | 12.5 |
| >10～80 | >50～320 | >1.3～4 | 8.0 | 40.0 |

### 6.2.1.4　中　线

**中线**是具有几何轮廓形状并划分轮廓的基准线，以中线为基础计算各种评定参数的数值。用轮廓滤波器 $\lambda_c$ 抑制了长波轮廓成分相对应的中线，称为粗糙度轮廓中线。粗糙度轮廓中线是用以评定被测表面粗糙度参数数值的基准。**中线有下列两种：**

1. 轮廓的最小二乘中线（$m$）

如图 6.4 所示，在取样长度范围内，使轮廓线上各点至该中线距离的平方和为最小，即：

$$\int_0^{l_t} Z^2(x)\mathrm{d}x \approx \sum_{i=1}^n Z_i^2 = \min$$

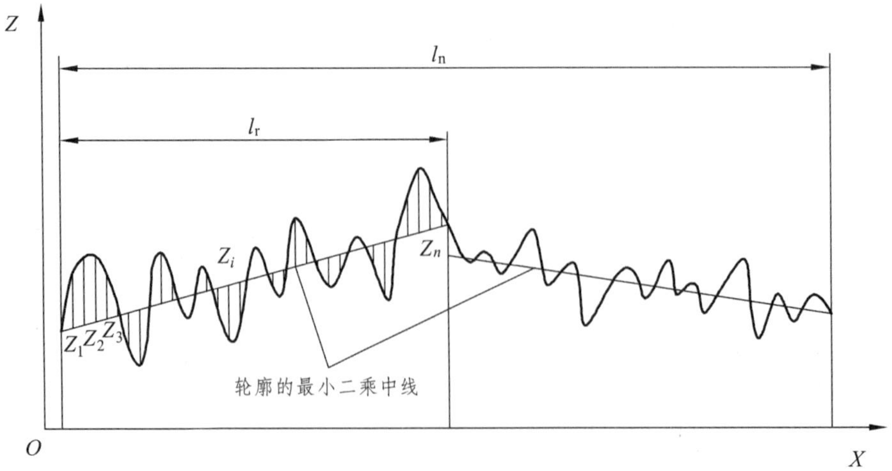

图 6.4　轮廓最小二乘中线平均中线

在轮廓图形上确定**最小二乘中线**的位置比较困难，在实际应用中可采用算术平均中线。

2. 轮廓算术平均中线

**轮廓算术平均中线**是指在取样长度内，与轮廓走向一致，将实际轮廓分为上、下两部分，且使上、下两部分面积相等的线，如图 6.5 所示。

$$\sum_{i=1}^{n} F_i = \sum_{i=1}^{n} F_i' \qquad (6.1)$$

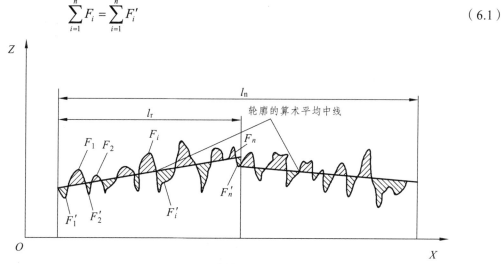

图 6.5　轮廓算术平均中线

## 6.2.2　评定参数

评定表面粗糙度轮廓时，采用幅度参数、间距参数和混合参数。幅度参数是基本参数，间距参数和混合参数是附加评定参数。

### 6.2.2.1　幅度参数——*Ra*、*Rz*

1. 轮廓的算术平均偏差 *Ra*

**轮廓算术平均偏差** *Ra* 是指在一个取样长度内，粗糙度轮廓上各点至中线的纵坐标 $Z(x)$ 绝对值的平均值，如图 6.4 所示。即

$$Ra = \frac{1}{l_r} \int_0^{l_r} |Z(x)| \, \mathrm{d}x \qquad (6.2)$$

或近似为

$$Ra = \frac{1}{n} \sum_{i=1}^{n} |Z(x_i)| \qquad (6.3)$$

*Ra* 能客观反映表面微观几何形状误差，但受其计量器具功能限制，不宜用作过于粗糙或太光滑表面的评定参数。

2. 轮廓最大高度 *Rz*

**轮廓峰的最高点距 *X* 轴的距离，称为轮廓峰高 $Z_p$**，轮廓谷的最低点与 *X* 轴的距离，称为轮廓谷深 $Z_v$，如图 6.6 所示。在一个取样长度内，轮廓峰高的最大值称为最大轮廓峰高，用

$R_p$ 表示，轮廓谷深的最大值称为最大轮廓谷深，用 $R_v$ 表示。

**轮廓最大高度 $Rz$** 是指在一个取样长度内，被评定轮廓的最大轮廓峰高 $R_p$ 与最大轮廓谷深 $R_v$ 之和，如图 6.7 所示。即

$$Rz = R_p + R_v \tag{6.4}$$

显然，评定粗糙度轮廓的幅度参数 $Ra$、$Rz$ 的数值越大，则零件表面越粗糙。幅度参数 $Ra$、$Rz$ 是国家标准规定必须标注的参数（两者至少取其一），故又称为基本参数。

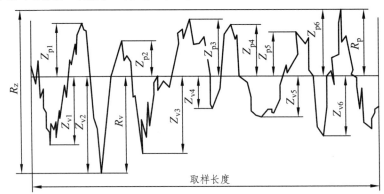

图 6.6    轮廓最大高度

### 6.2.2.2    间距参数——$RSm$

**轮廓单元平均宽度 $RSm$** 是指在一个取样长度内轮廓单元宽度的平均值，如图 6.7 所示。轮廓单元是一个轮廓峰与相邻的一个轮廓谷的组合。一个轮廓单元与 $X$ 轴相交线段的长度，称为轮廓单元宽度，用 $X_s$ 表示，$RSm$ 的值可以反映被测表面加工痕迹的细密程度，$RSm$ 越大，峰谷越稀，密封性越差。

$$RSm = \frac{1}{n} \sum_{i=1}^{m} X_{si} \tag{6.5}$$

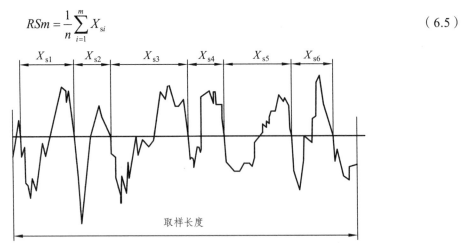

图 6.7    轮廓单元的宽度

### 6.2.2.3    混合参数——$Rmr(c)$

**轮廓的支承长度率 $Rmr(c)$** 指在评定长度范围内，给定水平截面高度 $c$ 上轮廓的实体

材料长度 $Ml(c)$ 与评定长度的比率，即

$$Rmr(c) = \frac{Ml(c)}{l_n} \tag{6.6}$$

轮廓的实体材料长度是在一个给定水平截距 $c$ 上用一条平行于 $X$ 轴的线与轮廓单元相截所获得的各段截线长度之和，用 $Ml(c)$ 表示，如图 6.7 所示。

$$Ml(c) = Ml_1 + Ml_2 \tag{6.7}$$

表示轮廓支承长度率随水平截距 $c$ 变化关系的曲线称为**轮廓支承长度率曲线**，如图 6.9 所示。不同的 $c$ 位置有不同的轮廓支承长度率。

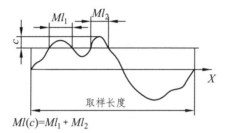

图 6.8　轮廓实体材料长度图

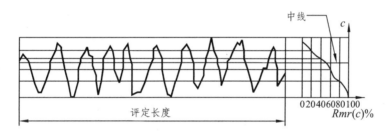

图 6.9　轮廓支承长度率曲线

轮廓支承长度率与零件的实际轮廓形状有关，能直观反映实际接触面积的大小，**反映零件表面耐磨性能指标**。图 6.10 中，在相同的评定长度内对于相同的水平截距，（a）比（b）的轮廓支承长度率大、承载面积大，因而接触刚度高，耐磨性能好。

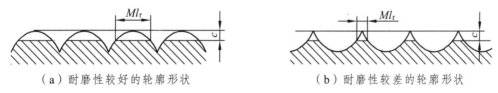

（a）耐磨性较好的轮廓形状　　　　　　　　（b）耐磨性较差的轮廓形状

图 6.10　不同轮廓形状的实体材料长度

## 6.3　表面粗糙度的选择

表面粗糙度的选择主要是**指评定参数的选择和参数值的确定**。正确地选用表面粗糙度参数对保证零件表面质量及使用功能十分重要。**选择原则**：在满足零件表面使用功能要求的前

提下，尽可能考虑加工工艺的可能性、经济性、检测的方便性及仪器设备条件等因素。选择的方法有**计算法、试验法和类比法**，常用的是类比法。

## 6.3.1　评定参数的选择

国家标准《表面粗糙度参数及其数值》（GB/T 1031—2009）中规定了评定表面粗糙度的参数及其数值。在表面粗糙度的评定参数中，$Ra$、$Rz$ 两个高度幅度特征参数为**基本参数**，$RSm$、$Rmr$（$c$）为**附加参数**。这些参数分别从不同角度反映了零件的表面形貌特征，但都存在着不同程度的不完整性。因此，在具体选用时要根据零件的功能要求、材料性能、结构特点以及测量的条件等情况，适当选用一个或几个作为评定参数。

### 6.3.1.1　基本参数（$Ra$、$Rz$）的选择

幅度参数是标准规定的基本参数，可以独立选用，如果零件无特殊要求，**一般仅选用幅度参数**。幅度参数的选用原则如下：

（1）在常用的幅度参数值范围内（$Ra = 0.025 \sim 6.3\ \mu m$，$Rz = 0.1 \sim 25\ \mu m$），标准推荐优先选用 $Ra$。

在评定参数中，最常用的是 $Ra$。$Ra$ 参数能较为直观地反映表面粗糙度轮廓特性的信息，能够最完整、最全面地表征零件表面轮廓的微小峰谷特征。通常**采用电动轮廓仪测量**，其测量范围为 $0.02 \sim 8\ \mu m$。在该范围内用触针式轮廓仪测量 $Ra$ 值比较容易，便于进行数值处理。因此，对于光滑表面和半光滑表面有耐磨性要求时，普遍采用 $Ra$ 作为评定参数。当表面粗糙度要求特别高或特别低时不宜采用 $Ra$。

（2）对于 $Ra>6.3\ \mu m$ 和 $Ra<0.025\ \mu m$ 范围内的零件表面，多采用 $Rz$。

零件表面过于粗糙或过于光滑，不便测量 $Ra$，此时宜选用 $Rz$。通常选用光学仪器（光切显微镜和干涉显微镜）测量 $Rz$，测量范围为 $0.1 \sim 60\ \mu m$。

（3）当零件表面不允许有较深加工痕迹，防止应力集中，要求保证零件的抗疲劳强度和密封性时，需选 $Rz$ 或同时选用 $Ra$ 和 $Rz$。

（4）当被测表面面积太小，难以取得一个规定的取样长度，不适宜采用 $Ra$ 评定时，也常选用 $Rz$ 作为评定参数。

（5）零件材料较软时，不能选用 $Ra$，因为 $Ra$ 值常采用针描法进行测量，针描法用于测量软材料，可能会划伤被测表面，从而会影响测量结果的准确性。

### 6.3.1.2　附加参数[$RSm$、$Rmr$($c$)]的选择

标准规定，**幅度参数是首选参数**，是必须标注的参数，只有对于少数零件的重要表面有特殊使用要求时才选用附加参数。附加参数包括轮廓单元平均宽度 $RSm$（间距参数）和轮廓支承长度率 $Rmr$（$c$）（混合参数）。前者是反映间距特性的参数，主要用于密封性、外观质量要求较高的表面；后者是反映形状特性的参数，主要用于接触刚度或耐磨性要求较高的表面。以下情况可以考虑选择附加参数：

（1）对于密封性要求高的表面，可以选用 $RSm$。

（2）当表面要求承受交变应力时，可以选用 $Rz$ 和 $RSm$。

（3）当表面着重要求外观质量和可漆性（如喷涂均匀，涂层有极好的附着性和光洁性等）时，可选用 $Ra$ 和 $RSm$。例如，汽车外形钢板除要控制幅度参数 $Ra$ 外，还需进一步控制 $RSm$，以提高钢板的可漆性。

（4）要求冲压成形后抗裂纹、抗振、抗腐蚀、减小流体流动摩擦阻力等情况下也可选用 $RSm$。

（5）当要求轮廓实际接触面积大、接触刚度较高或耐磨性好时可以选用 $Ra$、$Rz$ 和 $Rmr(c)$。

## 6.3.2　表面粗糙度参数值的选择

### 6.3.2.1　表面粗糙度参数值

表面粗糙度参数允许值应**按国家标准《表面粗糙度参数及其数值》**（GB/T 1031—2009）**规定的参数值系列选取**。轮廓算术平均偏差 $Ra$、轮廓最大高度 $Rz$、轮廓单元平均宽度 $RSm$、轮廓支承长度率 $Rmr(c)$ 的参数值系列分别见表 6.2 ~ 表 6.5。

表 6.2　轮廓算术平均偏差 $Ra$ 的数值（GB/T 1031—2009）

| $Ra$ | 0.012 | 0.2 | 3.2 | 50 |
| --- | --- | --- | --- | --- |
| | 0.025 | 0.4 | 6.3 | 100 |
| | 0.05 | 0.8 | 12.5 | |
| | 0.1 | 1.6 | 25 | |

表 6.3　轮廓最大高度 $Rz$ 的数值（GB/T 1031—2009）

| $Rz$ | 0.025 | 0.4 | 6.3 | 100 | 1 600 |
| --- | --- | --- | --- | --- | --- |
| | 0.05 | 0.8 | 12.5 | 200 | |
| | 0.1 | 1.6 | 25 | 400 | |
| | 0.2 | 3.2 | 50 | 800 | |

表 6.4　轮廓单元平均宽度 $RSm$ 的数值（GB/T 1031—2009）

| $RSm$ | 0.006 | 0.1 | 1.6 |
| --- | --- | --- | --- |
| | 0.012 5 | 0.2 | 3.2 |
| | 0.025 | 0.4 | 6.3 |
| | 0.05 | 0.8 | 12.5 |

表 6.5　轮廓支承长度率 $Rmr(c)$ 的数值（GB/T 1031—2009）

| $Rmr(c)$/% | 10 | 15 | 20 | 25 | 30 | 40 | 50 | 60 | 70 | 80 | 90 |
| --- | --- | --- | --- | --- | --- | --- | --- | --- | --- | --- | --- |

注：选用轮廓支承长度率 $Rmr(c)$ 时，应同时给出轮廓截面高度 $c$ 值。$c$ 值可用微米或 $Rz$ 的百分数表示，$Rz$ 的百分数系列如下：5%，10%，15%，20%，25%，30%，40%，50%，60%，70%，80%，90%。

根据表面功能和生产的经济合理性，当选用表 6.2 ~ 表 6.4 系列值不能满足要求时，可选取补充系列值，补充系列值见 GB/T 1031—2009 附录 A。

### 6.3.2.2 表面粗糙度参数值的选择

对于表面粗糙度轮廓的技术要求，通常只给出幅度参数（Ra 或 Rz）及允许值，附加参数 RSm、Rmr（c）仅用于少数零件的重要表面，而其他要求常采用默认的标准化值，所以这里只讨论表面粗糙度轮廓幅度参数 Ra、Rz 值的选用原则。

表面粗糙度参数值选择得合理与否，直接关系到机器的使用性能、使用寿命和制造成本。一般来说，表面粗糙度值越小，零件的工作性能越好，使用寿命也越长，加工成本也越高，应综合考虑零件的功能要求和制造成本，合理选择表面粗糙度的参数值。**总的选择原则是：**在满足零件功能要求的前提下，尽量选用较大的参数允许值，以降低加工成本。在实际应用中，通常采用**类比法**初步确定表面的粗糙度值，然后再对比工作条件做适当调整。调整时应考虑以下原则：

（1）同一零件上，工作表面的粗糙度参数值应小于非工作表面的粗糙度参数值。尺寸精度高的部位，其粗糙度参数值应比尺寸精度低的部位小。

（2）摩擦表面的粗糙度参数值比非摩擦表面小，滚动摩擦表面比滑动摩擦表面的粗糙度参数值要小。其相对速度越高，单位面积压力越大，粗糙度参数值应越小。

（3）受循环载荷作用的重要零件的表面及出现应力集中的部分（如圆角、沟槽、台肩等），其表面粗糙度参数值应较小。

（4）要求配合性质稳定可靠时，其配合表面的糙度参数值应较小。特别是小间隙的间隙配合和承受重载荷、要求连接强度高的过盈配合，其配合表面的糙度参数值应小一些。配合性质相同，零件尺寸越小，表面粗糙度参数值应越小。表面粗糙度与配合间隙或过盈的关系见表 6.6。

表 6.6 表面粗糙度与配合间隙或过盈的关系

| 间隙或过盈量/μm | 表面粗糙度 Ra/μm | |
| --- | --- | --- |
| | 轴 | 孔 |
| ≤2.5 | 0.1 ~ 0.2 | 0.2 ~ 0.4 |
| >2.5 ~ 4 | 0.2 ~ 0.4 | 0.4 ~ 0.8 |
| >4 ~ 6.5 | | 0.8 ~ 1.6 |
| >6.5 ~ 10 | 0.4 ~ 0.8 | 1.6 ~ 3.2 |
| >10 ~ 16 | 0.8 ~ 1.6 | |
| >16 ~ 25 | | |
| >25 ~ 40 | 1.6 ~ 3.2 | 3.2 ~ 6.3 |

（5）同一精度等级的配合在其他条件相同时，小尺寸表面比大尺寸表面的粗糙度参数值要小，轴表面比孔表面的粗糙度参数值要小。

（6）具有要求防腐蚀、密封性能好或外表美观的表面，其粗糙度参数值应较小。

（7）凡有标准对零件的表面粗糙度参数值做出具体规定的，应按标准的规定确定粗糙度参数值，如与滚动轴承配合的轴颈和外壳孔的表面粗糙度。

（8）表面粗糙度参数值应与尺寸公差及几何公差相协调。通常情况下，尺寸公差和几何公差值越小，表面粗糙度的 $Ra$ 或 $Rz$ 值应越小。一般应符合：尺寸公差>形位公差>表面粗糙度。表面粗糙度 $Ra$、$Rz$ 与尺寸公差 $T$ 和形状公差 $t$ 的对应关系见表 6.7。

但是尺寸公差、形状公差、表面粗糙度之间并不存在确定的函数关系。有些零件尺寸精度和几何精度要求不高，但表面粗糙度参数值却要求很小。例如，为了避免应力集中，提高抗疲劳强度，对某些非配合轴颈表面和转接圆处，应要求较小的表面粗糙度。又如，某些装饰表面和工作时与人体相接触的表面（如仪表框、操作手轮或手柄、手术工具等），也应规定较小的粗糙度参数值。

表 6.7　表面粗糙度与尺寸公差和形状公差的关系

| 形状公差与尺寸公差的关系 | $Ra$ 与 $T$ 的关系 | $Rz$ 与 $T$ 的关系 |
|---|---|---|
| $t \approx 0.6T$ | $Ra \leq 0.05T$ | $Rz \leq 0.2T$ |
| $t \approx 0.4T$ | $Ra \leq 0.025T$ | $Rz \leq 0.1T$ |
| $t \approx 0.25T$ | $Ra \leq 0.012T$ | $Rz \leq 0.05T$ |
| $t < 0.25T$ | $Ra \leq 0.15T$ | $Rz \leq 0.6T$ |

表 6.8 列出了表面粗糙度的表面特征、经济加工方法及应用举例，供类比法选择时参考。

表 6.8　表面粗糙度的表面特征、经济加工方法及应用举例

| $Ra/\mu m$ | $Rz/\mu m$ | 表面形状特征 | | 加工方法 | 应用举例 |
|---|---|---|---|---|---|
| >20 ~ 40 | >80 ~ 160 | 粗糙 | 可见刀痕 | 粗车、粗刨、粗铣、钻、毛锉、锯断 | 粗加工表面，非配合的加工表面，如轴端面、倒角、钻孔、齿轮和带轮侧面、键槽底面、垫圈接触面等 |
| >10 ~ 20 | >40 ~ 80 | | 微见刀痕 | | |
| >5 ~ 10 | >20 ~ 40 | 半光 | 可见加工痕迹 | 车、刨、铣、钻、镗、粗铰 | 轴上不安装轴承、齿轮处的非配合表面，紧固件的自由装配表面，轴和孔的退刀槽等 |
| >2.5 ~ 5 | >10 ~ 20 | | 微见加工痕迹 | 车、刨、铣、镗、磨、拉、粗刮、滚压 | 半精加工面，支架，箱体，盖面、套筒等其他零件连接而无配合要求的表面，需要发蓝的表面等 |
| >1.25 ~ 2.5 | >6.3 ~ 10 | | 看不清加工痕迹 | 车、刨、铣、镗、磨、拉、刮、铣齿 | 接近于精加工表面，箱体上安装轴承的镗孔表面、齿轮齿工作面等 |
| >0.63 ~ 1.25 | >3.2 ~ 6.3 | 光 | 可辨加工痕迹的方向 | 车、镗、磨、拉、刮、精铰、磨齿、滚压 | 圆柱销、圆锥销，与滚动轴承配合的表面，普通车床导轨表面，内、外花键定心表面、齿轮齿面等 |

| Ra/μm | Rz/μm | 表面形状特征 | 加工方法 | 应用举例 |
|---|---|---|---|---|
| >0.32 ~ 0.63 | >1.6 ~ 3.2 | 微辨加工痕迹的方向 | 精镗、磨、刮、精铰、滚压 | 要求配合性质稳定的配合表面，工作时承受交变应力的重要表面，较高精度车床导轨表面、高精度齿轮齿面等 |
| >0.16 ~ 0.32 | >0.8 ~ 1.6 | 不可辨加工痕迹的方向 | 精磨、珩磨、研磨、超精加工 | 精密机床主轴圆锥孔、顶尖圆锥面，发动机曲轴轴颈和凸轮轴的凸轮工作表面，高精度齿轮齿面等 |
| >0.08 ~ 0.16 | >0.4 ~ 0.8 | 暗光泽面 | 精磨、研磨、普通抛光 | 精密机床主轴轴颈表面，一般量规工作表面，气缸套内表面，活塞销表面等 |
| >0.04 ~ 0.08 | >0.2 ~ 0.4 | 亮光泽面 | 超精磨、精抛光、镜面磨削 | 精密机床主轴轴颈表面，滚动轴承滚珠表面，高压液压泵中柱塞和柱塞孔的配合表面等 |
| >0.01 ~ 0.04 | >0.05 ~ 0.2 | 镜状光泽面 | | 特别精密的滚动轴承套圈滚道、钢球及滚子表面，高压油泵中的柱塞和柱塞套的配合表面，保证高度气密的结合表面等 |
| ≤0.01 | ≤0.05 | 镜面 | 镜面磨削、超精研 | 高精度量仪、量块的测量面，光学仪器中的金属镜面等 |

（极光栏跨越 >0.08~0.16 至 >0.01~0.04 各行的"表面形状特征"左侧）

表 6.9 所示为常用尺寸公差等级与表面粗糙度的参考值，供选择时参考。

**表 6.9　常用尺寸公差等级与表面粗糙度的参考值（Ra）**　　　　　　　　μm

| 公称尺寸/mm | | 公差等级 | | | |
|---|---|---|---|---|---|
| | | IT5 | IT6 | IT7 | IT8 |
| 轴 | ~ 50 | 0.2 | 0.4 | 0.8 | 1.6 |
| | > 50 ~ 500 | 0.4 | 0.8 | 0.8 ~ 1.6 | 1.6 |
| 孔 | ~ 50 | 0.4 | 0.8 | 0.8 ~ 1.6 | 1.6 |
| | > 50 ~ 500 | 0.8 | 1.6 | 1.6 | 1.6 ~ 3.2 |

## 6.3.3　规定表面粗糙度要求的一般规则

（1）为保证零件的表面质量，可按功能需要规定表面粗糙度参数值，否则，可不规定其参数值，也不需要检查。

（2）在规定表面粗糙度要求时，应给出表面粗糙度参数值和测定时的取样长度值两项基本要求，必要时也可规定表面纹理、加工方法或加工顺序和不同区域的粗糙度等附加要求。

（3）表面粗糙度各参数的数值应在垂直于基准面的各截面上获得。对给定的表面，如截面方向与高度参数（Ra、Rz）最大值的方向一致，则可不规定测量截面的方向，否则应在图样上标出。

（4）表面粗糙度要求不适用于表面缺陷，在评定过程中，不应把表面缺陷（如沟槽、气孔、划痕等）包含进去。必要时，应单独规定表面缺陷的要求。

# 6.4　表面粗糙度的标注

图样上所标注的表面粗糙度符号和代号，是该表面完工后的要求。表面粗糙度的标注应符合国家标准 GB/T 131—2006 的规定。

## 6.4.1　表面粗糙度轮廓的图形符号

为了标注表面粗糙度轮廓各种不同的技术要求，**国家标准规定了一个基本图形符号、两个扩展图形符号和三个完整图形符号**，见表 6.10。

基本图形符号仅用于简化标注，没有补充说明时不能单独使用。

扩展图形符号是对表面结构有指定要求的图形符号。扩展图形符号是在基本图形符号上加一短横或加一个圆圈。

完整图形符号是对基本图形符号或扩展图形符号扩充后的图形符号。在基本图形符号和扩展图形符号的长边加一横线就构成用于任何工艺方法（在文本中用 APA 表示）、去除材料的方法（在文本中用 MRR）、不去除材料（在文本中用 NMR 表示）的方法三种不同工艺要求的完整图形符号。

**表 6.10　表面粗糙度的图形符号**

| 符号 | 含义 |
|---|---|
|  √ | 基本符号，表示表面可用任何方法获得。当通过一个注释来解释时可单独使用 |
|  ▽ | 扩展图形符号，用去除材料的方法获得的表面；当其含义仅是"被加工表面"时可单独使用 |
|  ◌√ | 扩展图形符号，不去除材料的表面，也可用于表示保持上道工序形成的表面，不管这种状况是通过去除材料或不去除材料形成的 |
|  √ ▽ ◌√ | 完整图形符号，用于标注有关参数和说明 |

## 6.4.2　表面粗糙度轮廓技术要求在完整图形符号上的注写

### 6.4.2.1　在完整图形符号上的注写位置

在完整图形符号中，对表面粗糙度评定参数的符号及极限值和其他技术要求应标注在如图 6.11 所示的指定位置。此图所示为在去除材料的完整图形符号上的标注。在允许任何工艺和不去除材料的完整图形符号上，也按照图 6.11 所示的指定位置标注。

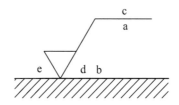

图 6.11　表面粗糙度轮廓技术要求的标注位置

在完整图形符号各个指定位置上分别注写下列技术要求：

**位置 a**：注写幅度参数符号（Ra 或 Rz）及极限值（μm）和有关技术要求。按以下顺序依次注写下列的各项技术要求的符号及相关数值：上、下限值符号 传输带数值/幅度参数符号 评定长度值极限值判断规则（空格）幅度参数极限值。

**必须注意**：① 传输带数值后面有一条斜线"/"，若传输带数值采用默认的标准化值而省略标注，则此斜线不予注出。

② 评定长度值是用它所包含的取样长度个数（阿拉伯数字）来表示的，如果默认为标准化值 5（即 $l_n = 5 \times l_r$），同时极限值判断规则采用默认规则，都省略标注。为了避免误解，幅度参数符号与幅度参数极限值之间插入空格。

③ 倘若极限值判断规则采用默认规则而省略标注，则为了避免误解，评定长度值与幅度参数极限值之间应插入空格。

**位置 b**：注写附加评定参数的符号及相关数值（如 RSm，其单位为 μm）。

**位置 c**：注写加工方法、表面处理、涂层及其他加工工艺要求，如车、磨、镀等加工表面。

**位置 d**：注写要求的表面纹理和纹理的方向。

**位置 e**：注写加工余量（以 mm 为单位给出数值）。

#### 6.4.2.2　表面粗糙度轮廓幅度参数的标注

**在完整图形符号上，幅度参数的符号及极限值应一起标注**。按 GB/T 131—2006 的规定，在完整图形符号上标注极限值，其给定数值分为下列两种情况：

**（1）标注极限值中的一个数值且默认为上限值**。

当只单向标注一个数值时，则默认为它是幅度参数的上限值。标注示例如图 6.12 所示（默认传输带，默认评定长度 $l_n = 5 \times l_r$，默认为 16% 规则）。

图 6.12　幅度参数值默认为上限值的标注

**（2）同时标注上、下限值**。

需要在完整图形符号上同时标注幅度参数上、下限值时，则应分成两行标注幅度参数符号和上、下限值。上限值标注在上方，并在传输带的前面加注符号"U"。下限值标注在下方，并在传输带的前面加注符号"L"。当传输带采用默认的标准化值而省略标注时，则在上方和下方幅度参数符号的前面分别加注符号"U"和"L"，标注示例如图 6.13 所示（去除材料，默认传输带，默认评定长度 $l_n = 5 \times l_r$，默认为 16% 规则 )。

对某一表面标注幅度参数的上、下限值时，在不引起歧义的情况下，可以不加写 "U" "L"。

### 6.4.2.3 极限值判断规则的标注

根据表面粗糙度轮廓参数代号上给定的极限值，对实际表面进行检测后判断其合格性时，按 GB/T 10610—2009 的规定，可以采用下列两种判断规则。

（1）16% 规则。

16% 规则是指在同一评定长度范围内幅度参数所有的实测值中，大于上限值的个数少于总数的 16%，小于下限值的个数少于总数的 16%，则认为合格。16% 规则是表面粗糙度轮廓技术要求标注中的默认规则，如图 6.12、图 6.13 所示。

（2）最大规则。

在幅度参数符号的后面增加标注一个 "max" 的标记，则表示检测时合格性的判断是采用的最大规则。它是指整个被测表面上幅度参数所有的实测值都不大于上限值，才认为合格。标注示例如图 6.14、图 6.15 所示（去除材料，默认传输带，默认 $l_n = 5 \times l_r$）。

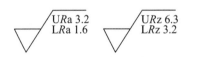

图 6.13 同时标注幅度参数上、
下限值的标注

图 6.14 应用最大规则且
默认为上限值的标注

图 6.15 应用最大规则的上限值和
默认 16% 规则的下限值的标注

### 6.4.2.4 传输带和取样长度、评定长度的标注

如果表面粗糙度轮廓完整图形符号上没有标注传输带，如图 6.12 ~ 图 6.15 所示，则表示采用默认传输带，即默认短波滤波器和长波滤波器的截止波长（$\lambda_s$ 和 $\lambda_c$）都为标准化值。

需要指定传输带时，传输带标注在幅度参数符号的前面，用斜线 "/" 隔开。传输带用短波和长波滤波器的截止波长（mm）进行标注，短波滤波器 $\lambda_s$ 在前，长波滤波器 $\lambda_c$ 在后（$\lambda_c = l_r$），它们之间用连字符 "-" 隔开，标注示例如图 6.16 所示（去除材料，默认 $l_n = 5 \times l_r$，幅度参数值默认为上限值，默认 16% 规则 )。

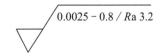

（a）同时标注短波和长波滤波器 （b）只标注短波滤波器 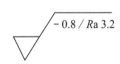 （c）只标注长波滤波器

图 6.16 确认传输带的标注

图 6.16（a）所示的标注中，传输带 $\lambda_s = 0.002\,5$ mm，$\lambda_c = l_r = 0.8$ mm。在某些情况下，对传输带只标注两个滤波器中的一个，另一个滤波器则采用默认的截止波长标准化值。如只标注一个滤波器，应保留连字符 "-" 来区分是短波滤波器还是长波滤波器。例如，图 6.16（b）所示的标注中，传输带 $\lambda_s = 0.002\,5$ mm，$\lambda_c$ 默认为标准化值；图 6.16（c）所示的标注中，

传输带 $\lambda_c$ = 0.8 mm，$\lambda_s$ 默认为标准化值。

　　设计时若采用标准评定长度，即采用默认的取样长度个数 5 可省略标注，如图 6.16 所示。需要指定评定长度时（在评定长度范围内的取样长度个数不等于 5），则应在幅度参数符号的后面注写取样长度的个数，如图 6.17 所示（去除材料，评定长度 $l_n \neq 5 \times l_r$，幅度参数值默认为上限值）。图 6.17（a）的标注中，$l_n = 3 \times l_r$，$\lambda_c = l_r = 1$ mm，$\lambda_s$ 默认为标准化值，判断规则默认为"16%规则"。图 6.17（b）所示的标注中，$l_n = 6 \times l_r$，传输带为 0.008 ~ 1 mm，判断规则采用最大规则。

（a）要求 $l_n = 3 \times l_r$　　　　　　　　（b）要求 $l_n = 6 \times l_r$

**图 6.17　评定长度的标注**

### 6.4.2.5　表面纹理的标注

　　纹理方向是指表面纹理的主要方向，通常由加工工艺决定。典型的表面纹理及其方向用规定的符号（见图 6.18）标注在完整符号中（见图 6.11 位置 d 处）。如果符号不能清楚地表示表面纹理要求，可以在零件图上加注说明。采用定义的符号标注表面纹理不适用于文本标注。

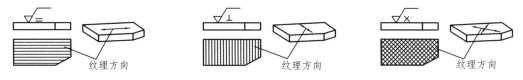

（a）纹理平行于视图所在的投影面　（b）纹理垂直于视图所在的投影面　（c）纹理呈两斜向交叉方向

（d）纹理呈多方向　（e）纹理呈近似同心圆且　（f）纹理呈近似放射状且　（g）纹理呈微粒、凸起、
　　　　　　　　　　圆心与表面中心相关　　　与表面中心相关　　　　　无方向

**图 6.18　表面纹理方向符合及标注图例**

### 6.4.2.6　附加评定参数和加工方法的标注

　　加工工艺用文字在完整图形符号中（见图 6.11 位置 c 处）注明。附加评定参数和加工方法的标注示例如图 6.19 所示。该图也为上述各项技术要求在完整图形符号上标注的示例。用磨削加工的方法获得的表面，其幅度参数 $Ra$ 上限值为 1.6 μm（采用最大规则），下限值为 0.2 μm（默认 16%规则），传输带均采用 $\lambda_s$ = 0.008 mm，$\lambda_c = l_r = 1$ mm，评定长度值采用默认的标准化值 5；附加了间距参数 $RSm$0.05 mm，加工纹理垂直于视图所在的投影面。

**图 6.19　各项技术要求标注示例**

#### 6.4.2.7　加工余量的标注

在同一图样中有多个加工工序的表面可标注加工余量,例如,车削工序的直径方向的加工余量为 0.4 mm,如图 6.20 所示,其余技术要求都采用默认。

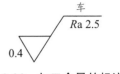

图 6.20　加工余量的标注

#### 6.4.2.8　表面粗糙度轮廓代号及其含义

表面粗糙度轮廓代号是指在周围注写了技术要求的完整图形符号,简称粗糙度代号,其含义解释见表 6.11。

表 6.11　表面粗糙度轮廓代号的含义

| 表面粗糙度轮廓代号 | 含义/解释 |
|---|---|
| $Rz\ 0.4$ | 表示不允许去除材料,单向上限值,默认传输带,粗糙度的最大高度 0.4 μm,评定长度为 5 个取样长度(默认),"16%规则"(默认) |
| $Rz\ max\ 0.2$ | 表示去除材料,单向上限值,默认传输带,粗糙度的最大高度 0.2 μm,评定长度为 5 个取样长度(默认),"最大规则" |
| $0.008 - 0.8\ /\ Ra\ 3.2$ | 表示去除材料,单向上限值,传输带 0.008 ~ 0.8 mm,算术平均偏差 3.2 μm,评定长度为 5 个取样长度(默认),"16%规则"(默认) |
| $-\ 0.8\ /\ Ra3\ 3.2$ | 表示去除材料,单向上限值,传输带根据 GB/T 6062,取样长度 0.8 mm,算术平均偏差 3.2 μm,评定长度包含 3 个取样长度,"16%规则"(默认) |
| $U\ Ra\ max\ 3.2$<br>$L\ Ra\ 0.8$ | 表示允许去除材料,双向极限值,两极限值均使用默认传输带,上限值:算术平均偏差 3.2 μm,评定长度为 5 个取样长度(默认),"最大规则"。下限值:算术平均偏差 0.8 μm,评定长度为 5 个取样长度(默认),"16%规则"(默认) |

## 6.4.3　表面粗糙度轮廓代号在零件图上的标注

### 6.4.3.1　一般规定

对零件任何一个**表面的粗糙度轮廓技术要求一般只标注一次**,并且用表面粗糙度轮廓代号尽可能标注在相应的尺寸及其公差的同一视图上。除非另有说明,所标注的表面粗糙度轮廓技术要求是对完工零件表面的要求。此外,**粗糙度代号上的各种符号和数字的注写和读取方向应与尺寸的注写和读取方向一致,并且粗糙度代号的尖端必须从材料外指向并接触零件表面**。

为了使图例简单,下述各个图例中的粗糙度代号上都只标注了幅度参数符号及上限值,其余的技术要求都采用默认的标准化值。

### 6.4.3.2　表面粗糙度要求的常规标注方法

(1)标注在轮廓线上或指引线上。

表面粗糙度要求可标注在轮廓线上或其延长线、尺寸界线上,其符号应从材料外指向并接触表面，如图 6.21 所示。必要时，表面结构符号也可用带黑点（它位于可见表面上）的指引线引出标注，如图 6.22 所示。

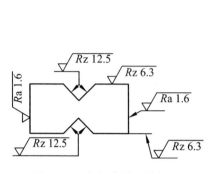

图 6.21    在轮廓线上的标注

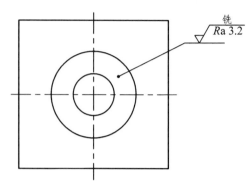

图 6.22    带黑点的指引线引出标注

（2）标注在特征尺寸的尺寸线上。

在不致引起误解时，表面粗糙度要求可以标注在给定的尺寸线上，如图 6.23 所示。

（3）标注在几何公差框格上。

粗糙度要求可标注在几何公差框格的上方，如图 6.24 所示。

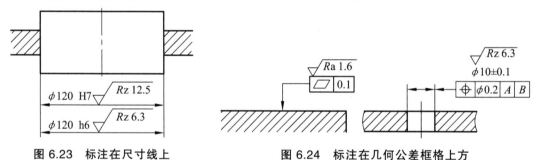

图 6.23    标注在尺寸线上          图 6.24    标注在几何公差框格上方

（4）标注在圆柱和棱柱表面上。

圆柱和棱柱表面的表面粗糙度要求只标注一次，如图 6.25 所示。如果每个棱柱表面有不同的表面粗糙度要求，则应分别单独标注，如图 6.26 所示。

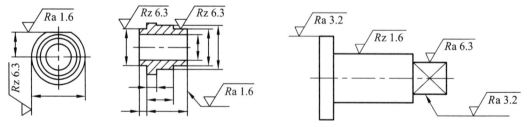

图 6.25    表面结构要求标注在圆柱特征的延长线上          图 6.26    圆柱和棱柱的表面结构要求的注法

### 6.4.3.3    粗糙度要求的简化标注方法

**（1）有相同表面粗糙度要求的简化注法。**

工件的多数（包括全部）表面有相同的表面粗糙度轮廓技术要求，则可统一标注在图样的标题栏附近。此时（除全部表面有相同要求的情况外），除了需要标注相关表面统一技术要求的粗糙度代号以外，还需要在其右侧画一个圆括号，在括号内给出一个无任何其他标注的基本图形符号。标注示例如图 6.27 所示的右下角标注，它表示除了两个已标注粗糙度代号的表面以外的其余表面的粗糙度要求。

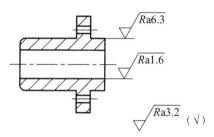

图 6.27　多数表面有相同要求的简化注法

（2）**多个表面有共同要求或图纸空间有限的注法。**

当零件的多个表面具有相同的表面粗糙度技术要求或粗糙度代号直接标注在零件某表面上受到空间限制时，可以用基本图形符号、扩展图形符号或带一个字母的完整图形符号标注在零件这些表面上，而在图形或标题栏附近，以等式的形式标注相应的粗糙度代号，如图 6.28 所示。

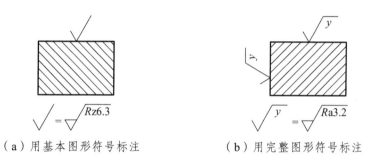

（a）用基本图形符号标注　　　　（b）用完整图形符号标注

图 6.28　用等式形式简化标注的示例

（3）**视图上构成封闭轮廓的各个表面具有相同要求时的标注。**

当图样某个视图上构成封闭轮廓的各个表面具有相同的表面粗糙度轮廓技术要求时，可以采用表面粗糙度轮廓特殊符号（即在完整图形符号的长边与横线的拐角处加画一个小圆），进行标注，标注示例如图 6.29 所示。特殊符号表示对视图上封闭轮廓周边的上、下、左、右 4 个表面的共同要求，不包括前表面和后表面。

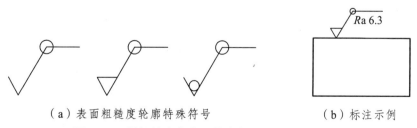

（a）表面粗糙度轮廓特殊符号　　　　　　　（b）标注示例

图 6.29　封闭轮廓各表面具有相同要求时的简化注法

#### 6.4.3.4　表面粗糙度轮廓技术要求标注综合图例

图 6.30 所示为轴的零件图，标注了该零件各个表面的尺寸公差、几何公差和表面粗糙度轮廓技术要求。

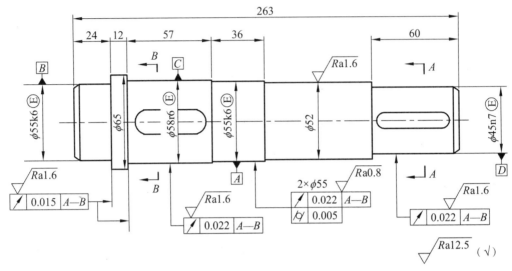

图 6.30　表面粗糙度轮廓技术要求标注综合图例

# 6.5　表面粗糙度轮廓参数的检测

表面粗糙度测量是对微观几何量的评定，与一般长度测量相比较，具有被测量值小、测量精度要求高等特点。当图样上注明了表面粗糙度参数值的测量方向时，应按规定的方向测量。如未指定测量截面的方向，则应在幅度参数最大值的方向上进行测量，一般在垂直于表面加工纹理的方向上测量。对于无一定加工纹理方向的表面，如电火花加工表面等，应在几个不同的方向上测量，然后取最大值作为测量结果。测量时注意排除表面缺陷如锈蚀、气孔、划痕等。按测量原理分，**测量表面粗糙度常用的方法有比较法、光切法、干涉法和针描法等**。这些方法基本上用于测量表面粗糙度的幅度参数。

测量表面粗糙度所用仪器的具体结构和测量方法可以参阅实验指导书。这里只简单介绍常用测量方法的测量仪器。

## 6.5.1　比较法

比较法是将被测零件表面与**表面粗糙度标准样块直接比对**，通过视觉、触觉（肉眼看、手摸、指甲划动）或其他方法来判断、估计被测表面粗糙度值的一种方法（图 6.31）。比较法评定表面粗糙度不能精确地得出被测表面的粗糙度数值。比较法简单易行，测量精度低。此方法适合在车间条件下使用，仅适用于评定表面粗糙度参数值较大、要求不严格表面的近似评定。

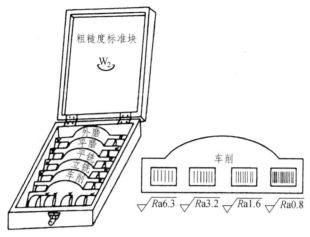

图 6.31　粗糙度样板

## 6.5.2　光学测量法

光学测量法又分为光切法和干涉法两种。光学测量法通常用于**测量 *Rz* 值**。

### 6.5.2.1　光切法

光切法是利用光切原理测量表面粗糙度的方法，属于**非接触测量**的方法。采用光切原理制成的表面粗糙度轮廓测量仪称为**光切显微镜**（或称双管显微镜），它适宜于测量轮廓最大高度 *Rz* 值为 0.5 ~ 60 的平面和外圆柱面，如图 6.32 所示。

### 6.5.2.2　干涉法

干涉法是指利用光波干涉原理和显微系统测量精密加工表面粗糙度轮廓的方法，属于非接触测量的方法。常用的仪器是**干涉显微镜**（见图 6.33）。由于这种仪器具有较高的放大倍数及鉴别率，故可测量表面粗糙度要求高的、极光滑的表面。它适宜测量 *Rz* 值为 0.8 ~ 0.025 μm 的平面、外圆柱面和球面，对内表面及大工件测量不方便。

图 6.32　光切显微镜

图 6.33　干涉显微镜

光切显微镜和干涉显微镜工作台小，被测工件需切割成小件方可测量。

### 6.5.3　针描法

针描法是利用触针划过被测表面，把表面粗糙度轮廓放大描绘出来，经过计算处理装置直接得出 *Ra* 值，是一种接触式测量方法。采用针描法的原理制成的表面粗糙度轮廓测量仪称为触针式轮廓仪。常用的仪器是**电动轮廓仪**（又称**表面粗糙度检查仪**）。该仪器可直接测量显示 *Ra* 值，也可测量 *Rz* 值，通过数值处理机或记录图形，还可获得 *RSm* 和 *Rmr*（*c*）值。该仪器适合测量 *Ra* 值为 0.02 ~ 6.3 μm 的范围和 *Rz* 值为 0.1 ~ 25 μm 的范围。图 6.34 为便携式粗糙度仪，图 6.35 为台式粗糙度仪。

图 6.34　便携式粗糙度仪　　　　　　　　图 6.35　台式粗糙度仪

接触式粗糙度测量仪的优点是：

（1）使用简单、方便、迅速，能直接读出 *Ra* 等参数值，测值准确度高，测量效率高。

（2）仪器配有各种附件，以适应平面、内外圆柱面、圆锥面、球面、曲面以及小孔、沟槽等形状的工件表面测量。可以直接测量某些难以测量的零件表面（如孔、槽等）的粗糙度。

（3）可以给出被测表面的轮廓图形。

（4）不受工件大小制约，无须取样，可直接在大型工件上测量，不必破坏工件。

接触式粗糙度测量仪的缺点是：因受触针圆弧半径（可小到 1 ~ 2 mm）的限制，难以探测到表面实际轮廓的谷底，影响测量精度，且被测表面可能被触针划伤。

接触式粗糙度测量仪能在车间现场、实验室中使用，所以在生产中得到较为广泛的应用。

除上述粗糙度测量仪外，还有光学触针轮廓仪，它适用于非接触测量，以防止划伤零件表面，这种仪器通常直接显示 *Ra* 值，其测量范围为 0.02 ~ 5 μm。

随着测量技术的进步，激光反射法、激光全息法测量表面粗糙度已被采用，同时将光纤法、微波法和用电子显微镜等测量方法也成功地应用于三维几何表面的测量。

# 小　结

1. 本章介绍了表面粗糙度基本术语及定义、表面粗糙度标注和选用原则。
2. 在选用中优先选用 *Ra* 指标和轮廓仪测量。

3. 国标 GB/T 131—2006 标准的重要性及特点简述：

① "16%规则"，参数值大于（或小于）规定值的个数不超过总数的 16%，则该表面合格。

② "最大规则"，整个表面上，参数值一个也不能超过规定值。

③ "传输带"是两个定义的滤波器间的波长方位——取样长度。使用传输带的优点是，使测量的不确定度大小减少。

④ 标准、图样和检测仪器三者应配合和正确使用。

# 习　题

6-1　表面结构中的粗糙度轮廓的含义是什么？

6-2　试述测量和评定表面粗糙度轮廓时中线、传输带、取样长度、评定长度的含义。

6-3　为什么要规定取样长度和评定长度？两者有什么关系？

6-4　选择表面粗糙度参数值时，应考虑哪些因素？

6-5　设计时如何协调尺寸公差、形状公差和表面粗糙度参数值之间的关系？

6-6　常用的表面粗糙度的测量方法有哪几种？各种方法适宜于哪些评定参数？

6-7　评定表面粗糙度轮廓的主要参数有哪些？分别论述其名称、符号和定义。

6-8　试述粗糙度轮廓参数 $Ra$、$Rz$ 的测量方法。

6-9　在一般情况下，$\phi40H7$ 与 $\phi6H7$ 相比，$\phi40H6/f5$ 与 $\phi40H6/s6$ 相比，$\phi65H7/d6$ 与 $\phi65H7/h6$ 相比，哪种配合应选用较小的表面粗糙度参数值？为什么？

6-10　有一转轴，其尺寸为 $\phi50$，上偏差 + 0.018、下偏差 + 0.002，圆柱度公差为 2.5 μm，试根据尺寸公差和形状公差确定该轴的表面粗糙度评定参数 $Ra$ 和 $Rz$ 的数值。

6-11　比较下列每组中两孔的表面粗糙度幅度参数值的大小，并说明原因。

（1）$\phi80H7$ 与 $\phi40H7$ 中的两个 H7 孔；

（2）$\phi50H7/p6$ 与 $\phi50H7/g6$ 中的两个 H7 孔；

（3）圆柱度公差分别为 0.01 mm 和 0.02 mm 的两个 $\phi40H7$ 孔。

6-12　解释如图 6.36 所示的各标注示例（表面粗糙度代号）的含义。

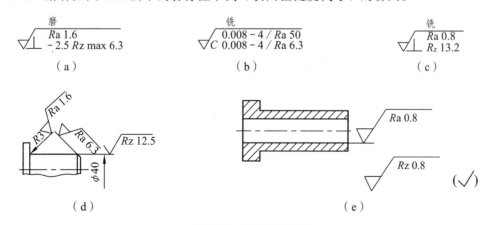

图 6.36　习题 6-12 图

6-13　试将下列表面粗糙度要求标注在如图 6.37 所示的圆锥齿轮坯上（其余技术要求均采用默认的标准化值）。

（1）圆锥面 a 的表面粗糙度参数 Ra 的上限值为 3.2 μm；

（2）端面 c 和端面 b 的表面粗糙度参数 Ra 的最大值为 3.2 μm；

（3）$\phi$30 孔采用拉削加工，表面粗糙度参数 Ra 的最大值为 1.6 μm，并标注加工纹理；

（4）8±0.018 键槽两侧面的表面粗糙度参数 Ra 的上限值为 3.2 μm。

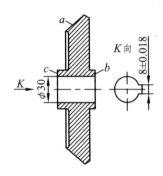

图 6.37　习题 6-13 图

# 第 7 章　螺纹连接的精度设计与检测

【案例导入】柴油发动机是当今使用最为广泛的动力机械之一，为了消除发动机曲轴的转动不平衡，需要在曲轴上设计平衡块。当平衡块体积比较大、设置空间不够时，常采用曲轴和平衡块分开制造并通过螺纹连接紧固到一起。发动机工作时，连接螺纹承载较大，且曲轴需要修磨时，还需将平衡块拆下，然后重新安装，就要求合理设计螺纹的配合和公差，以保证螺纹连接的旋合性和连接强度。

【学习目标】本章学习目的是了解螺纹的种类、使用性能、检测仪器和方法，识记螺纹的基本牙型及其几何参数，螺纹的精度、标准公差、基本偏差和公差带，明确影响普通螺纹连接精度的因素，能够合理选择螺纹的精度、配合和公差，并能在图样上进行正确标注，具有合理进行螺纹连接精度设计的能力。

在圆柱表面上，沿着螺旋线所形成的具有规定牙型的连续凸起称为螺纹。螺纹连接是用连接件上的螺纹进行配合将被连接件联成一体的连接。螺纹配合是有直径、螺距、牙型和旋合长度等多个几何特征构成的多尺寸要素的配合。螺纹连接具有结构简单、连接可靠、装拆方便等优点，是机电产品中应用最为广泛的一种连接。

为了提高产品质量，保证零、部件的精度和互换性要求，制定的普通螺纹国家标准有《普通螺纹　基本牙型》( GB/T 192—2003 )、《普通螺纹　直径与螺距系列》( GB/T 193—2003 )、《普通螺纹　基本尺寸》( GB/T 196—2003 )、《普通螺纹　公差》( GB/T 197—2018 )、《普通螺纹　极限偏差》( GB/T 2516—2003 )、《普通螺纹量规　技术条件》( GB/T 3934—2003 ) 等。

## 7.1　螺纹连接互换性的基本概念

### 7.1.1　螺纹连接的种类

螺纹连接应用很广，像螺钉、螺母一类的标准件已经成为通用机械制品。因此，螺纹连接的互换性在工业生产中是极其重要的。

现代工业产品所使用的螺纹种类很多。从用途上可分为：紧固螺纹、传动螺纹、管道螺纹以及特殊用途的螺纹；从形成螺纹所在表面的形状可分为：圆柱螺纹和圆锥螺纹；从螺纹牙型可分为：三角形、梯形、矩形、锯齿形、圆弧形和双圆弧形等；此外，还有左旋与右旋、单线与多线、粗牙与细牙、米制和英制之分。螺纹的规格繁杂，有小到 1 mm 以下的钟表螺纹，大到 1 m 以上建筑上使用的撑柱螺杆。

要实现螺纹连接的互换性，必须统一螺纹的尺寸系列、牙型、几何参数，统一螺纹的公差与配合，并制定统一的检测方法。

本节主要以圆柱螺纹为例，阐述螺纹互换性的基本特点，并着重分析螺纹几何参数误差对螺纹连接在使用性能上的影响。

### 7.1.2　螺纹连接的使用性能

螺纹连接的使用性能要求是根据螺纹的用途提出的。

（1）紧固螺纹的使用性能。

紧固螺纹是指通过螺纹旋合，依靠内、外螺纹牙的一侧表面相互接触，并产生轴向锁紧力来紧固和连接零件的螺纹。这种螺纹的使用性能是要求螺纹具有旋合性和足够的连接强度。旋合性是指用不大的力将相同规格的内、外螺纹很容易地旋入或拧出，以便装配或拆卸。这就要求螺纹连接要具有间隙。连接强度是指内、外螺纹旋合后承受载荷（横向或轴向载荷，静载荷或动载荷）的能力。

紧固螺纹是各种螺纹中使用最普遍的一种，采用的多是三角形牙型的圆柱螺纹。

（2）传动螺纹的使用性能。

传动螺纹是指用于传动螺杆与螺母连接的螺纹，内、外螺纹沿着螺旋面做相对运动，传递载荷和位移，故有传力和传递位移两种螺杆。

传力螺杆（如千斤顶的起重螺杆、压力机和轧钢机下压装置中的传动螺杆），此种螺纹主要是用来传递载荷（扭矩和推力）。因此，其连接的使用性能主要要求具有足够大的强度和一定的间隙，而对位移的准确性没有严格的要求。

传递位移的螺杆（如机床进给机构中的丝杠、量仪微调装置中的测微丝杠），这种螺纹主要是用来传递精确位移，因此其连接的使用性能是要求螺旋传动的精度高、传动灵活。所以螺纹连接应具有一定的间隙，用以储存润滑油，但是间隙又不能过大，以免螺旋副在反转时产生晃动和空程误差。

传动螺纹都用圆柱螺纹，其牙型有梯形、矩形、锯齿形和双圆弧形，也有三角形的。

（3）管道螺纹的使用性能。

管道螺纹是指在各种机械设备上的液压、气动、润滑、冷却等的管路系统中，管子与接头、管子与机体连接用的螺纹。由于管内要通过气体或液体，为了防止流体从螺纹连接的缝隙中渗漏，这种螺纹连接的使用性能要求具有密封性和一定的连接强度。

管道螺纹采用的多为三角形牙型的圆柱螺纹或圆锥螺纹。也有采用圆柱内螺纹与圆锥外螺纹构成的螺纹连接。

至于一些特殊用途的螺纹（如地质钻探用的矩形管螺纹、电灯泡的灯头与灯座用的圆弧形螺纹等），其使用性能也是由它们的用途所确定的。

### 7.1.3　普通螺纹的几何参数及其对互换性的影响

#### 7.1.3.1　普通螺纹的几何参数

圆柱螺纹连接是由圆柱外螺纹旋入圆柱内螺纹而构成的。

按《普通螺纹　基本牙型》(GB/T 192—2003)规定，普通螺纹的基本牙型如图 7.1 所示。螺纹的几何参数取决于螺纹轴向剖面内的基本牙型，其基本牙型是将原始三角形（等边三角形）的顶部截去 $H/8$ 和底部截去 $H/4$ 所形成的内、外螺纹共有的理论牙型。该牙型具有螺纹的基本尺寸（小写字母为外螺纹的几何参数，大写字母为内螺纹的几何参数）。 螺纹的主要参数有：

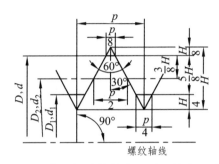

**图 7.1　普通螺纹的基本牙型和基本尺寸**

（1）大径（$D$，$d$）。

大径是指与内螺纹牙底或外螺纹牙顶相切的假想圆柱的直径。相结合的内、外螺纹的大径基本尺寸相等，即 $D = d$。国家标准规定，普通螺纹大径的基本尺寸为螺纹公称直径尺寸。

（2）小径（$D_1$，$d_1$）。

小径是指与内螺纹牙顶或外螺纹牙底相切的假想圆柱的直径。相结合的内、外螺纹的小径基本尺寸相等，即 $D_1 = d_1$。

与牙顶相切的假想圆柱的直径通常又称为顶径，即内螺纹的小径和外螺纹的大径；与牙底相切的假想圆柱的直径又称为底径，即内螺纹的大径和外螺纹的小径。

（3）中径（$D_2$，$d_2$）。

中径是指一个假想圆柱的直径，该圆柱的母线通过螺纹牙型上沟槽和凸起宽度相等的地方。该假想圆柱称为中径圆柱。相结合的普通螺纹，内外螺纹的中径公称尺寸是相等的，并且与大径（$D$，$d$）和原始三角形高度（$H$）之间有下列关系：

$$D_2 = d_2 = D - 2 \times 3H/8 = d - 2 \times 3H/8 \tag{7.1}$$

注意：普通螺纹的中径不是大径和小径的平均值。

（4）螺距（$P$）与导程（$P_n$）。

螺距是指相邻两牙在中径线上对应两点间的轴向距离。导程是指在同一条螺旋线上相邻两牙在中径线上对应两点间的轴向距离。对单线（头）螺纹，导程等于螺距；对多线（头）螺纹，导程等于螺距与线数（$n$）的乘积：$P_n = P \times n$。

（5）单一中径（$D_{2s}$，$d_{2s}$）。

单一中径是指一个假想圆柱的直径，该圆柱的母线通过牙型上沟槽宽度与螺距基本尺寸的一半相等的地方。当螺距没有误差时，螺纹的中径就是螺纹的单一中径。当螺距有误差时，螺纹的单一中径与中径是不相等的。

（6）牙型角（$\alpha$）与牙型半角（$\alpha/2$）。

牙型角是指在螺纹牙型上，两相邻牙侧间的夹角，对于公制普通螺纹，牙型角 $\alpha = 60°$

牙型半角是指在螺纹牙型上牙侧与螺纹轴线的垂直线间的夹角。普通螺纹的牙型半角为 $\alpha/2 = 30°$。

（7）螺纹升角（$\varphi$）。

螺纹升角是指在中径圆柱上螺旋线的切线与垂直于螺纹轴线的平面之间的夹角。螺纹升角与螺距和中径之间的关系有：

$$\tan\varphi = nP/\pi d_2 \tag{7.2}$$

（8）螺纹旋合长度（$L$）：

螺纹旋合长度是指两个相互配合的螺纹沿螺纹轴线方向彼此旋合部分的长度。

部分普通螺纹的公称直径系列及主要几何参数的基本尺寸见表 7.1。

表 7.1　部分普通螺纹的基本尺寸　　　　　　　　　　　　mm

| 公称直径 $D$, $d$ 第一系列 | 第二系列 | 第三系列 | 螺距 $P$ | 中径 ($D_2$, $d_2$) | 小径 ($D_1$, $d_1$) | 公称直径 $D$, $d$ 第一系列 | 第二系列 | 第三系列 | 螺距 $P$ | 中径 ($D_2$, $d_2$) | 小径 ($D_1$, $d_1$) |
|---|---|---|---|---|---|---|---|---|---|---|---|
| 6 | | | * 1 | 5.350 | 4.917 | 16 | | | * 2 | 14.701 | 13.835 |
| | | | 0.75 | 5.513 | 5.188 | | | | 1.5 | 15.026 | 14.376 |
| | | 7 | * 1 | 6.350 | 5.917 | | | | 1 | 15.350 | 14.917 |
| | | | 0.75 | 6.513 | 7.188 | | 17 | | 1.5 | 16.026 | 15.376 |
| 8 | | | * 1.25 | 7.188 | 6.647 | | | | 1 | 16.350 | 15.917 |
| | | | 1 | 7.350 | 6.917 | 18 | | | * 2.5 | 16.376 | 15.294 |
| | | | 0.75 | 7.513 | 7.188 | | | | 2 | 16.701 | 15.835 |
| | | 9 | * 1.25 | 8.188 | 7.647 | | | | 1.5 | 17.026 | 16.376 |
| | | | 1 | 8.350 | 7.917 | | | | 1 | 17.350 | 16.917 |
| | | | 0.75 | 8.513 | 8.188 | 20 | | | * 2.5 | 18.376 | 17.294 |
| 10 | | | * 1.5 | 9.026 | 8.376 | | | | 2 | 18.701 | 17.835 |
| | | | 1.25 | 9.188 | 8.647 | | | | 1.5 | 19.026 | 18.376 |
| | | | 1 | 9.350 | 8.917 | | | | 1 | 19.350 | 18.917 |
| | | | 0.75 | 9.513 | 9.188 | | 22 | | * 2.5 | 20.376 | 19.294 |
| | | 11 | * 1.5 | 10.026 | 9.376 | | | | 2 | 20.701 | 19.835 |
| | | | 1 | 10.350 | 9.917 | | | | 1.5 | 21.026 | 20.376 |
| | | | 0.75 | 10.513 | 10.188 | | | | 1 | 21.350 | 20.917 |
| 12 | | | * 1.75 | 10.863 | 10.106 | 24 | | | * 3 | 22.051 | 20.752 |
| | | | 1.5 | 11.026 | 10.376 | | | | 2 | 22.701 | 21.835 |
| | | | 1.25 | 11.188 | 10.647 | | | | 1.5 | 23.026 | 22.376 |
| | | | 1 | 11.350 | 10.917 | | | | 1 | 23.350 | 22.917 |
| | 14 | | * 2 | 12.701 | 11.835 | | | | 2 | 23.701 | 22.835 |
| | | | 1.5 | 13.026 | 12.375 | | 25 | | 1.5 | 24.026 | 23.376 |
| | | | 1.25 | 13.188 | 12.647 | | | | 1 | 24.350 | 23.917 |
| | | | 1 | 13.350 | 12.917 | | | | | | |
| | | 15 | * 1.5 | 14.026 | 13.376 | | | | | | |
| | | | 1 | 14.350 | 13.917 | | | | | | |

注：① 直径优先选用第一系列，其次是第二系列，尽可能不用第三系列。
　　② 用 * 标明的螺距为粗牙。

### 7.1.3.2 影响普通螺纹连接精度的因素

对普通螺纹互换性的主要要求是可旋合性和连接的可靠性（有足够的接触面积，从而保证一定的连接强度）。由于螺纹的大径和小径处均留有一定的间隙，一般不会影响其配合性质。而内外螺纹连接就是依靠它们旋合以后牙侧接触的均匀性来实现的。因此，影响螺纹精度的主要几何参数有螺距、牙型半角和中径。

（1）螺距误差的影响。

对于普通螺纹，螺距误差会影响螺纹的旋合性和连接强度。

螺距误差包括单个螺距误差和螺距累积误差。单个螺距误差也称为局部误差，是指单个螺距的实际尺寸与其基本尺寸之代数差，与旋合长度无关；螺距累积误差是指旋合长度内，任意个螺距的实际尺寸与其基本尺寸之代数差，与旋合长度有关。其中累积误差对螺纹互换性的影响更为明显，为保证可旋合性，必须对旋合长度范围内的任意两螺牙间螺距的最大累积偏差加以控制。螺距累积误差对互换性的影响如图 7.2 所示。

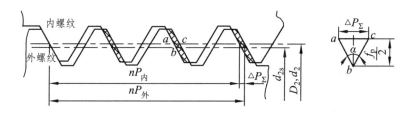

**图 7.2　螺距累积误差对互换性的影响**

假设内螺纹具有理想的牙型，外螺纹的中径及牙型半角与内螺纹的相同，但外螺纹的螺距有误差，并假设外螺纹的螺距比内螺纹的螺距大。假定 $n$ 个螺牙长度上，螺距累积误差为 $\Delta P_\Sigma$。从图 7.2 中可以看出，内外螺纹的牙型将产生干涉，使得外螺纹不能自由旋入内螺纹。为了使有螺距误差的外螺纹仍能自由旋入标准的内螺纹，在制造时可把外螺纹的中径减小一个数值 $f_p$（当内螺纹的螺距有误差时，可把内螺纹的中径加大一个数值），这个 $f_p$ 就是补偿螺距误差的影响而折算到中径上的数值，被称为螺距误差中径当量。

从图 7.2 可知

$$f_p = |\Delta P_\Sigma|\cot(\alpha/2) \tag{7.3}$$

对于牙型角 $\alpha = 60°$ 的普通螺纹，则有

$$f_p = 1.732|\Delta P_\Sigma|$$

式中的 $\Delta P_\Sigma$ 之所以取绝对值，是由于 $\Delta P_\Sigma$ 不论是正值还是负值，影响旋合性的性质不变，只是改变了牙侧干涉的位置。$\Delta P_\Sigma$ 应是旋合长度上最大的螺距累积误差，而该值并不一定就出现在最大旋合长度上。

（2）牙型半角误差的影响。

牙型半角误差是指牙型半角的实际值与公称值的代数差，是螺纹牙侧相对于螺纹轴线的位置误差。对螺纹的旋合性和连接强度均有影响。

为了便于分析，假设内螺纹具有理想的牙型，外螺纹的中径及螺距与内螺纹的相同，而

且都没有误差，仅外螺纹的牙型半角有误差，这样内外螺纹旋合时牙侧将产生干涉，如图 7.3
所示。

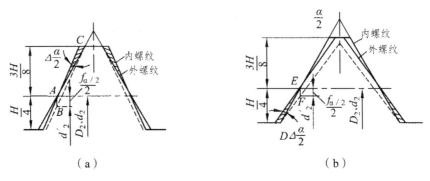

**图 7.3    牙型半角误差对螺纹互换性的影响**

图 7.3（a）所示为外螺纹的牙型半角小于内螺纹的牙型半角，其牙顶部分的牙侧有干涉
现象；图 7.3（b）所示为外螺纹的牙型半角大于内螺纹的牙型半角，其牙根部分的牙侧有干
涉现象。为了消除干涉，使内外螺纹能旋合，可将牙型半角误差转变成中径当量 $f_{\alpha/2}$，即把具
有牙型半角误差的外螺纹的中径减小 $f_{\alpha/2}$（当内螺纹的牙型半角有误差时，把内螺纹的实际中
径增加 $f_{\alpha/2}$）。

根据任意三角形的正弦定理，考虑到左右牙型半角误差可能同时出现的各种情况及必要
的单位换算，可推得通式如下

$$f_{\alpha/2} = 0.073P\left( K_1\left|\Delta\frac{\alpha_1}{2}\right| + K_2\left|\Delta\frac{\alpha_2}{2}\right| \right) \tag{7.4}$$

式中：$f_{\alpha/2}$ 为牙型半角误差的中径当量（μm）；$P$ 为螺距（mm）；$\Delta\dfrac{\alpha_1}{2}$、$\Delta\dfrac{\alpha_2}{2}$ 为左、右牙型半
角误差（′）；$K_1$、$K_2$ 为左、右牙型半角误差系数。对外螺纹，当牙型半角误差为正时，$K_1$ 和
$K_2$ 取 2；为负时，取为 3。对内螺纹，当牙型半角误差为正时，$K_1$ 和 $K_2$ 取 3；为负时，取为 2。

（3）中径误差的影响。

螺纹中径误差是指中径实际尺寸与基本中径的代数差。内外螺纹相互作用集中在牙型侧
面，内外螺纹中径的差异直接影响牙型侧面的接触状态，从而对螺纹的旋合性和连接强度产
生影响。

假设其他参数处于理想状态，外螺纹的中径小于内螺纹的中径，就能保证内外螺纹的旋
合性；反之，就会产生干涉而难以旋合。但是，如果外螺纹的中径过小，内螺纹的中径过大，
则会削弱螺纹的连接强度。为此，加工螺纹时应当对中径误差加以控制。

（4）螺纹作用中径及螺纹中径合格性的判断原则。

① 作用中径。实际上，螺距误差、牙型半角误差和中径误差是同时存在的。为了保证
螺纹的旋合性，外螺纹只能与一个中径较大的内螺纹旋合，其效果相当于外螺纹的中径增大，
这个增大了的假想中径称为外螺纹的作用中径（$d_{2作用}$），它是与内螺纹旋合时起作用的中径；
对于内螺纹只能与一个中径较小的外螺纹旋合，其效果相当于内螺纹的中径减小了，这个减
小了的假想中径称为内螺纹的作用中径（$D_{2作用}$）。即有

外螺纹的作用中径 $d_{2\text{作用}}$：

$$d_{2\text{作用}} = d_{2\text{实际}} + (f_{\text{p}} + f_{\alpha/2}) \tag{7.5}$$

内螺纹的作用中径 $D_{2\text{作用}}$：

$$D_{2\text{作用}} = D_{2\text{实际}} - (f_{\text{p}} + f_{\alpha/2}) \tag{7.6}$$

作用中径是在规定的旋合长度内，正好包容实际螺纹的一个假想的理想螺纹的中径，这个假想螺纹具有基本牙型的螺距、半角和牙型高度，并在牙顶和牙底留有间隙，以保证不与实际螺纹的大小径发生干涉。螺纹的作用中径如图 7.4 所示。

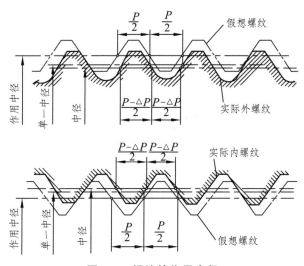

图 7.4　螺纹的作用中径

螺纹的实际中径 $D_{2\text{实际}}$（$d_{2\text{实际}}$）用其单一中径代替。

因为螺纹的螺距误差和半角误差均可折算成中径当量，即折算成中径误差的一部分，因此，国家标准没有单独规定螺距和牙型半角公差，只规定了中径公差（$T_{D2}$、$T_{d2}$），这个公差同时控制实际中径（单一中径）误差、螺距误差和牙型半角误差的共同影响。

② 螺纹中径合格性的判断原则。螺纹中径合格性的判断原则遵循泰勒原则：实际螺纹的作用中径不允许超出最大实体牙型的中径，而实际螺纹上任何部位的实际中径（单一中径）不允许超出最小实体牙型的中径。

对于外螺纹，最大实体牙型的中径就是该螺纹中径的上极限尺寸，最小实体牙型的中径就是该螺纹中径的下极限尺寸。

对于内螺纹，最大实体牙型的中径就是该螺纹中径的下极限尺寸，最小实体牙型的中径就是该螺纹中径的上极限尺寸。

所以螺纹中径合格性的判断条件就是

对于外螺纹：$d_{2\text{作用}} \leqslant d_{2\max}$，$d_{2\text{单一}} \geqslant d_{2\min}$；

对于内螺纹：$D_{2\text{作用}} \geqslant D_{2\min}$，$D_{2\text{单一}} \leqslant D_{2\max}$。

【例 7-1】螺纹误差计算举例。

某螺纹公称直径 $D$ 为 20 mm，螺距 $P$ 为 2.5 mm，公差带为 7H，测得实际中径 $D_{2\text{实际}} =$

18.61 mm，螺距累积误差 $\Delta P_{\Sigma} = 40\,\mu m$ ，实际牙型半角为 $\alpha_1/2 = 30°30'$ ， $\alpha_2/2 = 29°10'$ ，请判断此螺纹的中径是否合格？

**【解】** 查表可知螺纹中径的公称尺寸为 18.376mm，下偏差为 0，公差为 0.280mm，所以螺纹中径的尺寸范围为 18.376 ~ 18.656 mm。

螺距累积误差的中径当量为 $f_p = 1.732|\Delta P_{\Sigma}| = 0.069$ mm；

牙型半角误差的中径当量为 $f_{\alpha/2} = 0.073P\left( K_1\left|\Delta\dfrac{\alpha_1}{2}\right| + K_2\left|\Delta\dfrac{\alpha_2}{2}\right| \right) = 0.035$ mm；

作用中径为  $D_{2作用} = D_{2实际} - (f_P + f_{\alpha/2}) = 18.506$ mm；

因为  $D_{2作用} = 18.506\ \text{mm} > D_{2\min} = 18.376\ \text{mm}$

$D_{2实际} = 18.61\ \text{mm} < D_{2\max} = 18.506\ \text{mm}$

所以，此螺纹中径合格。

# 7.2  普通螺纹的公差与配合

## 7.2.1  普通螺纹的公差带

螺纹的公差带是牙型公差带，以基本牙型的轮廓为零线，沿着螺纹牙型的牙侧、牙顶、牙底连续分布，并在垂直于螺纹轴线方向来计量大、中、小径的偏差和公差，如图 7.5 所示。公差带由其相对于基本牙型的位置要素和大小因素两部分组成。GB/T 197—2018 对此做了规定。

### 7.2.1.1  普通螺纹中径和顶径的标准公差

普通螺纹的公差按照《普通螺纹 公差》（GB/T 197—2003）规定，考虑到中径是决定螺

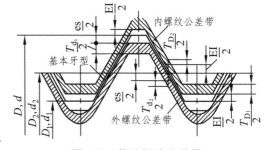

图 7.5  普通螺纹公差带

纹配合性质的主要尺寸，以及检测方便，标准规定了内外螺纹的中径公差（ $T_{D2}$ 、 $T_{d2}$ ）和顶径公差（内螺纹的小径公差 $T_{D1}$ 和外螺纹的大径公差 $T_{d1}$ ）。内外螺纹的中径和顶径的公差等级见表 7.2，各公差等级中 3 级最高，9 级最低，其中 6 级为基本级。螺纹中径和顶径公差值见表 7.3、表 7.4。由于内螺纹加工比较困难，因此在同一公差等级中，内螺纹的中径公差为外螺纹中径公差的 1.32 倍。

内螺纹大径 $D$ 和外螺纹的小径 $d_1$ 为限制尺寸，没有规定具体的公差值，只规定了该内外螺纹的实际轮廓不得超越基本偏差所规定的最大实体牙型，即应保证旋合时不发生干涉。由于螺纹加工时，外螺纹中径和内螺纹的小径、内螺纹中径和内螺纹的大径是同时由刀具切出的，其尺寸由刀具保证。故在正常情况下，外螺纹的小径不会过小，内螺纹的大径不会过大，满足了旋入性的要求。

表 7.2　内外螺纹的中径和顶径的公差等级

| 几何参数名称 | 公差等级 | 几何参数名称 | 公差等级 |
|---|---|---|---|
| 外螺纹中径 $d_2$ | 3，4，5，6，7，8，9 | 内螺纹中径 $D_2$ | 4，5，6，7，8 |
| 外螺纹大径（顶径）$d$ | 4，6，8 | 内螺纹小径（顶径）$D_1$ | 4，5，6，7，8 |

表 7.3　普通螺纹的中径公差　　　μm

| 公称直径 $D$/mm > | ≤ | 螺距 $P$/mm | 内螺纹中径公差 $T_{D2}$ 公差等级 4 | 5 | 6 | 7 | 8 | 外螺纹中径公差 $T_{d2}$ 公差等级 3 | 4 | 5 | 6 | 7 | 8 | 9 |
|---|---|---|---|---|---|---|---|---|---|---|---|---|---|---|
| 5.6 | 11.2 | 0.75 | 85 | 106 | 132 | 170 | | 50 | 63 | 80 | 100 | 125 | | |
| | | 1 | 95 | 118 | 150 | 190 | 236 | 56 | 71 | 90 | 112 | 140 | 180 | 224 |
| | | 1.25 | 100 | 125 | 160 | 200 | 250 | 60 | 75 | 95 | 118 | 150 | 190 | 236 |
| | | 1.5 | 112 | 140 | 180 | 224 | 280 | 67 | 85 | 106 | 132 | 170 | 212 | 295 |
| 11.2 | 22.4 | 0.75 | 90 | 112 | 140 | 180 | | 53 | 67 | 85 | 106 | 132 | | |
| | | 1 | 100 | 125 | 160 | 200 | 250 | 60 | 75 | 95 | 118 | 150 | 190 | 236 |
| | | 1.25 | 112 | 140 | 180 | 224 | 280 | 67 | 85 | 106 | 132 | 170 | 212 | 265 |
| | | 1.5 | 118 | 150 | 190 | 236 | 300 | 71 | 90 | 112 | 140 | 180 | 224 | 280 |
| | | 1.75 | 125 | 160 | 200 | 250 | 315 | 75 | 95 | 118 | 150 | 190 | 236 | 300 |
| | | 2 | 132 | 170 | 212 | 265 | 335 | 80 | 100 | 125 | 160 | 200 | 250 | 315 |
| | | 2.5 | 140 | 180 | 224 | 280 | 355 | 85 | 106 | 132 | 170 | 212 | 265 | 335 |
| 22.4 | 45 | 0.75 | 95 | 118 | 150 | 190 | | 56 | 71 | 90 | 112 | 140 | | |
| | | 1 | 106 | 132 | 170 | 212 | | 63 | 80 | 100 | 125 | 160 | 200 | 250 |
| | | 1.5 | 125 | 160 | 200 | 250 | 315 | 75 | 95 | 118 | 150 | 190 | 236 | 300 |
| | | 2 | 140 | 180 | 224 | 280 | 355 | 85 | 106 | 132 | 170 | 212 | 265 | 335 |
| | | 3 | 170 | 212 | 265 | 335 | 425 | 100 | 125 | 160 | 200 | 250 | 315 | 400 |
| | | 3.5 | 180 | 224 | 280 | 355 | 450 | 106 | 132 | 170 | 212 | 265 | 335 | 425 |
| | | 4 | 190 | 236 | 300 | 375 | 475 | 112 | 140 | 180 | 224 | 280 | 355 | 450 |
| | | 4.5 | 200 | 250 | 315 | 400 | 500 | 118 | 150 | 190 | 236 | 300 | 375 | 475 |

表 7.4　普通螺纹的基本偏差和顶径公差　　　μm

| 螺距 $P$/mm | 内螺纹基本偏差 EI G | H | 外螺纹基本偏差 es e | f | g | h | 内螺纹小径公差等级 $T_{D1}$ 4 | 5 | 6 | 7 | 8 | 外螺纹大径公差等级 $T_d$ 4 | 6 | 8 |
|---|---|---|---|---|---|---|---|---|---|---|---|---|---|---|
| 0.5 | ＋20 | | －50 | －36 | －20 | | 90 | 112 | 140 | 180 | | 67 | 106 | |
| 0.6 | ＋21 | | －53 | －36 | －21 | | 100 | 125 | 160 | 200 | | 80 | 125 | |
| 0.7 | ＋22 | | －56 | －38 | －22 | | 112 | 140 | 180 | 224 | | 90 | 140 | |
| 0.75 | ＋22 | | －56 | －38 | －22 | | 118 | 150 | 190 | 236 | | 90 | 140 | |
| 0.8 | ＋24 | | －60 | －38 | －24 | | 125 | 160 | 200 | 250 | 315 | 95 | 150 | 236 |
| 1 | ＋26 | | －60 | －40 | －26 | | 150 | 190 | 236 | 300 | 375 | 112 | 180 | 280 |
| 1.25 | ＋28 | 0 | －63 | －42 | －28 | 0 | 170 | 212 | 265 | 335 | 425 | 132 | 212 | 335 |
| 1.5 | ＋32 | | －67 | －45 | －32 | | 190 | 236 | 300 | 375 | 475 | 150 | 236 | 375 |
| 1.75 | ＋34 | | －71 | －48 | －34 | | 212 | 265 | 335 | 425 | 530 | 170 | 265 | 425 |
| 2 | ＋38 | | －71 | －52 | －38 | | 236 | 300 | 375 | 475 | 600 | 180 | 280 | 450 |
| 2.5 | ＋42 | | －80 | －58 | －42 | | 280 | 355 | 450 | 560 | 710 | 212 | 335 | 530 |
| 3 | ＋48 | | －85 | －63 | －48 | | 315 | 400 | 500 | 630 | 800 | 236 | 375 | 600 |
| 3.5 | ＋53 | | －90 | －70 | －53 | | 355 | 450 | 560 | 710 | 900 | 265 | 425 | 670 |
| 4 | ＋60 | | －95 | －75 | －60 | | 375 | 475 | 600 | 750 | 900 | 300 | 475 | 750 |

#### 7.2.1.2　普通螺纹中径和顶径的基本偏差

基本偏差是公差带两极限偏差中靠近零线最近的那个偏差。它确定公差带相对于基本牙型的位置。

标准对内螺纹规定了**两种基本偏差，其代号为 G 和 H**。其大、中、小径的基本偏差（下极限偏差 EI）是相同的，如图 7.6 所示。

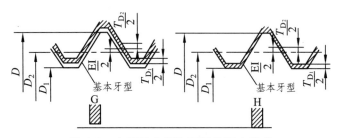

图 7.6　内螺纹中径和顶径的基本偏差

标准对外螺纹规定了**四种基本偏差，其代号为 e、f、g 和 h**。其中中径和大径的基本偏差（上极限偏差 es）是相同的，如图 7.7 所示。

内外螺纹中径和顶径的基本偏差数值见表 7.4。

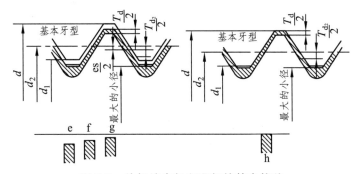

图 7.7　外螺纹中径和顶径的基本偏差

#### 7.2.1.3　螺纹旋合长度及精度等级

为了满足普通螺纹不同的使用性能要求，**国家标准规定了不同公称直径和螺距对应的旋合长度，分为短、中和长三种**，分别用 $S$、$N$ 和 $L$ 表示，其数值见表 7.5。在设计时一般采用中等旋合长度（$N$）。

表 7.5　螺纹的旋合长度　　　　　　　　　　　　　　　　mm

| 公称直径 $D$ | | 螺距 $P$ | 旋合长度 | | | |
|---|---|---|---|---|---|---|
| | | | $S$ | $N$ | | $L$ |
| > | ≤ | | ≤ | > | ≤ | > |
| 5.6 | 11.2 | 0.5 | 1.6 | 1.6 | 4.7 | 4.7 |
| | | 0.75 | 2.4 | 2.4 | 7.1 | 7.1 |
| | | 1 | 3 | 3 | 9 | 9 |
| | | 1.25 | 4 | 4 | 12 | 12 |
| | | 1.5 | 5 | 5 | 15 | 15 |

续表

| 公称直径 D | | 螺距 P | 旋合长度 | | | |
|---|---|---|---|---|---|---|
| | | | S | N | | L |
| > | ≤ | | ≤ | > | ≤ | > |
| 11.2 | 22.4 | 0.5 | 1.8 | 1.8 | 5.4 | 5.4 |
| | | 0.75 | 2.7 | 2.7 | 8.1 | 8.1 |
| | | 1 | 3.8 | 3.8 | 11 | 11 |
| | | 1.25 | 4.5 | 4.5 | 13 | 13 |
| | | 1.5 | 5.6 | 5.6 | 16 | 16 |
| | | 1.75 | 6 | 6 | 18 | 18 |
| | | 2 | 8 | 8 | 24 | 24 |
| | | 2.5 | 10 | 10 | 30 | 30 |
| 22.4 | 45 | 0.75 | 3.1 | 3.1 | 9.4 | 9.4 |
| | | 1 | 4 | 4 | 12 | 12 |
| | | 1.5 | 6.3 | 6.3 | 19 | 19 |
| | | 2 | 8.5 | 8.5 | 25 | 25 |
| | | 3 | 12 | 12 | 36 | 36 |
| | | 3.5 | 15 | 15 | 45 | 45 |
| | | 4 | 18 | 18 | 53 | 53 |
| | | 4.5 | 21 | 21 | 63 | 63 |

螺纹的精度不仅取决于螺纹直径的公差等级，而且还与旋合长度有关。当公差等级一定时，旋合长度越长，加工时产生的螺距累积误差和牙型半角误差就可能越大，以同样的中径公差值加工就越困难。因而，同一公差等级的螺纹，若它们的旋合长度不同，螺纹的精度等级也就不同，所以衡量螺纹精度应包括旋合长度。

螺纹的精度等级的高低，反映了螺纹加工的难易程度。国家标准 GB/T 197—2003 按螺纹公差等级和旋合长度将螺纹精度等级分为精密级、中等级和粗糙级三种。同一精度等级的螺纹，随旋合长度的增加应相应降低其公差等级，见表 7.6 和表 7.7。一般情况下，S 组应比 N 组高一个公差等级，L 组应比 N 组低一个公差等级，因为 S 组的旋合长度短，螺纹的螺牙少，螺距累积误差小，所以公差等级应比同精度的 N 组高一级。

### 表 7.6　普通内螺纹的推荐公差带

| 精度等级 | 公差带位置 G | | | 公差带位置 H | | |
|---|---|---|---|---|---|---|
| | S | N | L | S | N | L |
| 精密 | | | | 4H | 5H | 6H |
| 中等 | （5G） | * 6G | （7G） | * 5H | * 6H | * 7H |
| 粗糙 | | （7G） | （8G） | | 7H | 8H |

表 7.7　普通外螺纹的推荐公差带

| 精度等级 | 公差带位置 e | | | 公差带位置 f | | | 公差带位置 g | | | 公差带位置 h | | |
|---|---|---|---|---|---|---|---|---|---|---|---|---|
| | S | N | L | S | N | L | S | N | L | S | N | L |
| 精密 | | | | | | | | （4g） | （5g4g） | （3h4h） | * 4h | （5h4h） |
| 中等 | | * 6e | （7e6e） | | * 6f | | （5g6g） | * 6g | （7g6g） | （5h6h） | 6h | （7h6h） |
| 粗糙 | | （8e） | （9e8e） | | | | | 8g | （9e8e） | | | |

## 7.2.2　普通螺纹公差与配合的选择

### 7.2.2.1　精度等级的选用

普通螺纹的精度等级的选用：对于间隙较小，要求配合性质稳定，需保证一定的定心精度的精密连接螺纹，应采用精密级；对于一般用途的连接螺纹采用中等级；不重要的以及制造较困难的螺纹（如热轧棒料上或深盲孔内加工螺纹）采用粗糙级。

实际选用时，还必须考虑螺纹的工作条件、尺寸的大小、工艺结构、加工的难易程度等情况。例如：当螺纹的承载较大，且为交变载荷或有较大的振动，则应选择精密级；对于小直径的螺纹，为了保证连接强度，也必须提高连接精度；而对于加工难度较大，虽是一般要求，此时也需降低其连接精度。

### 7.2.2.2　旋合长度的选用

螺纹的旋合性受螺纹的半角误差和螺距误差的影响，短旋合长度的旋合性比长旋合长度的螺纹旋合性好，加工时容易保证精度。因此，对于同一使用要求，旋合长度不同时，螺纹的公差等级应有所不同。

对旋合长度的选择，通常采用中等旋合长度，仅当结构和强度上有特殊要求时才可采用长旋合长度或短旋合长度。值得注意的是：旋合长度应尽量缩短。

### 7.2.2.3　公差带的确定

螺纹的基本偏差根据螺纹连接的配合性质和使用要求来确定。内螺纹的基本偏差应优先选用 H。

由基本偏差和公差等级可以组成多种公差带，在生产中为了减少刀具和量具的规格和数量，便于组织生产，通常对公差带的种类加以限制，国家标准推荐按照表 7.6 和表 7.7 选用。内螺纹的小径公差与中径公差常采用相同的等级，也可随螺纹的旋合长度的加长、缩短而降低或提高一级。外螺纹的大径公差，在 N 组中与中径公差采用相同的等级，在 S 组中比中径公差低一级，在 L 组中比中径公差高一级。值得注意的是，通常优先按照表 7.6 和表 7.7 的规定来选取螺纹公差带。除特殊情况外，表 7.6 和表 7.7 以外的其他公差带不宜选用。如果不知道螺纹旋合长度的实际值，推荐按中等旋合长度（N）选取螺纹公差带。

公差带优先选用顺序为：带 * 的公差带应优先选用，不带 * 的公差带其次，（ ）中的公差带尽可能不用。带方框的粗体字公差带用于大量生产的紧固件螺纹。

### 7.2.2.4　配合的选择

从原则上讲，表 7.6 和表 7.7 所列的内螺纹公差带和外螺纹公差带可以任意组合成各种配合。但是为了保证牙侧有足够的接触高度，推荐完工后的螺纹零件宜优先组成 H/g、H/h 或 G/h 的配合。对公称直径小于或等于 1.4 mm 的螺纹，应选用 5H/6h、4H/6h 或更精密的配合。选择时主要考虑以下几种情况：

（1）为了保证旋合性，内外螺纹应具有较高的同轴度，并具有足够的接触高度和连接强度。通常采用最小间隙等于零的配合（H/h）。

（2）如需容易拆卸，可选用 H/g、H/h 或 G/h 组成较小间隙的配合。

（3）需要镀层的螺纹，其基本偏差按所需镀层厚度确定。

内螺纹镀层较难，涂镀对象主要是外螺纹。如镀层较薄时（厚度约 5 μm），内螺纹选用 6H，外螺纹选用 6g；如镀层较厚时（厚度约 10 μm），内螺纹选用 6H，外螺纹选用 6e；如内外螺纹均需得镀层时，可选 6G/6e。

（4）高温工作的螺纹，可根据装配时和工作时的温度，来确定适当的间隙和相应的基本偏差（通常留间隙以防止螺纹卡死）。当温度在 450 ℃ 以下时，可用 H/g 组成配合；当温度在 450 ℃ 以上时，可用 H/e 组成配合。如汽车上用的 M14×1.25 规格的火花塞，在温度相对较低时，可选基本偏差 g。

（5）对单件小批量生产的螺纹，可选用 H/h 组成的配合，以适应手工拧紧和装配速度不高等使用特性。对大批量生产的螺纹，为了螺纹装拆方便，可选用 H/g 或 G/h 组成的配合。

### 7.2.2.5　螺纹的表面粗糙度选择

螺纹牙侧表面的粗糙度主要按照螺纹的用途和中径公差等级来确定，见表 7.8。

表 7.8　螺纹牙侧表面的粗糙度

| 螺纹的工作表面 | 螺纹的公差等级 | | |
|---|---|---|---|
| | 4，5 | 6，7 | 7，8，9 |
| 螺栓、螺钉、螺母 | 1.6 | 3.2 | 3.2 ~ 6.3 |
| 轴及套上的螺纹 | 0.8 ~ 1.6 | 1.6 | 3.2 |

## 7.2.3　螺纹的标记

完整螺纹的标记由螺纹特征代号 M、尺寸代号、导程 $P_h$（单线螺纹省略）、螺距值（粗牙螺纹省略）、中径公差带代号、顶径公差带代号、螺纹旋合长度（中等旋合长度省略）和旋向代号 LH（右旋省略）等组成。

（1）**单线螺纹的尺寸代号为"公称直径×螺距"**，公称直径和螺距数值的单位为 mm。对粗牙螺纹，可以省略标注其螺距项。

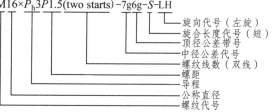

M16×$P_h$3P1.5(two starts)-7g6g-$S$-LH

- 旋向代号（左旋）
- 旋合长度代号（短）
- 顶径公差带代号
- 中径公差代号
- 螺纹线数（双线）
- 螺距
- 导程
- 公称直径
- 螺纹代号

图 7.8　螺纹的标记

示例：

公称直径为 8 mm，螺距为 1 mm 的单线细牙螺纹：M8×1

公称直径为 8 mm，螺距为 1.25 mm 的单线粗牙螺纹：M8

（2）多线螺纹的尺寸代号为"公称直径×$P_h$ 导程 $P$ 螺距"，公称直径、导程和螺距数值的单位为 mm。如果要进一步表明螺纹的线数，可在后面增加括号说明。例如，双线为 two starts，三线为 three starts，四线为 four starts）。

示例：

公称直径为 16 mm，螺距为 1.5 mm，导程为 3 mm 的双线螺纹：

M16×$P_h$3$P$1.5 或 M16×$P_h$3$P$1.5（two starts）

（3）公差带代号包含中径公差带代号和顶径公差带代号。中径公差带代号在前，顶径公差带代号在后。各直径的公差带代号由表示公差等级的数值和表示公差带位置的字母（内螺纹用大写字母；外螺纹用小写字母）组成。如果中径公差带代号与顶径公差带代号相同，则应只标注一个公差带代号。螺纹尺寸代号与公差带间用"-"号分开。

示例：

中径公差带为 5g，顶径公差带为 6g 的外螺纹：M10×1-5g6g

中径公差带和顶径公差带为 6g 的粗牙外螺纹：M10-6g

中径公差带为 5H，顶径公差带为 6H 的内螺纹：M10×1-5H6H

中径公差带和顶径公差带为 6H 的粗牙内螺纹：M10-6H

（4）在下列情况下，中等公差精度螺纹不标注其公差带代号。

内螺纹：

——5H 公称直径小于或等于 1.4 mm 时；

——6H 公称直径大于或等于 1.6 mm 时。

外螺纹：

——6h 公称直径小于或等于 1.4 mm 时；

——6g 公称直径大于或等于 1.6 mm 时。

示例：

中径公差带和顶径公差带为 6g，中等公差精度的粗牙外螺纹：M10

中径公差带和顶径公差带为 6H，中等公差精度的粗牙内螺纹：M10

（5）表示内外螺纹配合时，内螺纹公差带代号在前，外螺纹公差带代号在后，中间用斜线分开。

示例：

公差带为 6H 的内螺纹与公差带为 5g6g 的外螺纹组成配合：M20×2-6H/5g6g

公差带为 6H 的内螺纹与公差带为 6g 的外螺纹组成配合（中等公差精度、粗牙）：M6

（6）标记内有必要说明的其他信息包括螺纹的旋合长度和旋向。

对短旋合长度和长旋合长度组的螺纹，宜在公差带代号后分别标注"$S$"和"$L$"代号。旋合长度代号与公差带间用"-"分开。中等旋合长度组螺纹不标注旋合长度代号（$N$）。也可直接用数值注出旋合长度值，如：M20-6H-32，表示其旋合长度为 32 mm。

示例：

短旋合长度的内螺纹：M20×2-5H-$S$

长旋合长度的内、外螺纹：M6-7H/7g6g-*L*

中等旋合长度的外螺纹（粗牙、中等精度的 6g 公差带）：M6

（7）对于左旋螺纹，应在旋合长度代号之后标注"LH"代号。旋合长度代号与旋向代号间用"-"分开。右旋螺纹不标注旋向代号。

示例：

左旋螺纹：

M8×1-LH（公差带代号和旋合长度被省略）

M6×0.75-5h6h-S-LH

M14×$P_h$6P2-7H-*L*-LH 或 M14×$P_h$6P2（three starts）-7H-*L*-LH

右旋螺纹：

M6（螺距、公差带代号、旋合长度代号和旋向代号被省略）

当内外螺纹装配在一起时（装配图标注），采用一斜线把内外螺纹公差带分开，左为内螺纹，右为外螺纹。例如：M20×2 LH-6H/5g6g。

【例 7-2】螺纹配合公差选择和标注举例。

某用于紧固的普通螺纹连接，公称直径为 16mm，螺距为 1.5mm，旋合长度 15mm，大批量生产，要求易拆卸，旋合性较好，且具有一定的连接强度，试选择其配合公差，并正确标注代号。

【解】（1）配合性质选择。因连接经常拆卸，故选择配合性质为 H/g。

（2）公差等级选择。因螺纹用于一般紧固连接，且为中等旋合长度，故选择 6 级。

（3）螺纹配合公差的确定。由上所述确定螺纹配合公差为：M16×1.5-6H/6g。

（4）螺纹零件图标注如图 7.9 所示，螺纹装配图标注如图 7.10 所示。

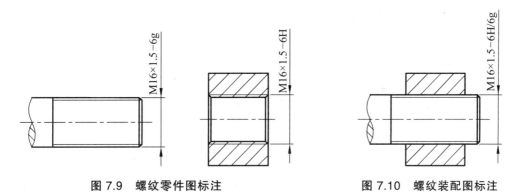

图 7.9　螺纹零件图标注　　　　　　　　图 7.10　螺纹装配图标注

# 7.3　普通螺纹的检测

## 7.3.1　螺纹的综合检测

螺纹的综合检测可以用投影仪或螺纹量规进行。生产中主要用螺纹极限量规来控制螺纹的极限轮廓。

外螺纹的大径和内螺纹的小径分别用光滑环规（卡规）和光滑塞规检测，其他参数均用螺纹量规检测，如图 7.11 所示。

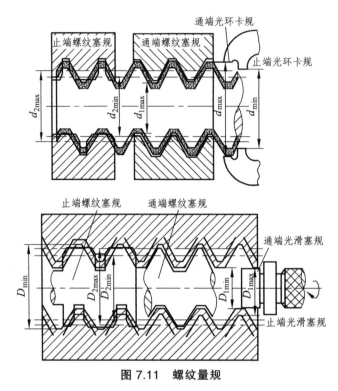

**图 7.11　螺纹量规**

根据螺纹中径合格性判断原则，螺纹量规通端和止端在螺纹长度上的结构特征是不相同的。螺纹量规通端主要用于控制作用中径使其不超出其最大实体牙型中径（同时控制螺纹的底径），它应该有完整的牙侧，且其螺纹长度至少要等于工件螺纹旋合长度的 80%。当螺纹量规通端可以和螺纹工件自由旋合时，就表示螺纹工件的作用中径未超出最大实体牙型。螺纹量规止端只控制螺纹的实际中径使其不超出其最小实体牙型中径，为了消除螺距误差和牙型半角误差的影响，其牙型应做成截短牙型，且螺纹长度只有 2 ~ 3.5 牙。当螺纹量规止端不能旋合或者不能完全旋合，则说明螺纹的实际中径没有超出最小实体牙型。

若螺纹通规能自由旋过工件，螺纹止规不能旋入工件（或旋入工件不能超过两圈），就表明螺纹合格。反之，若"通规"不能旋合，则说明螺母过小、螺栓过大，螺纹应予退修，可适当加工达到合格标准；若"止规"与工件能旋合，则表明螺母过大，螺栓过小，螺纹是废品。

## 7.3.2　螺纹的单项测量

螺纹的单项测量用于螺纹工件的工艺分析或螺纹量规及螺纹刀具的质量检测。所谓单项测量，即分别测量螺纹的每个参数，主要是中径、螺距和牙型半角，其次是顶径和底径，有时还需要测量牙底的形状。除了顶径可以用内外径量具测量外，其他参数多用通用仪器测量，其中用得最多的是万能测量显微镜、大型工具显微镜和投影仪。下面介绍几种最常用的单项测量方法。

### 7.3.2.1　三针量法测量螺纹中径

三针量法主要用于测量精密螺纹（如丝杠、螺纹塞规）的中径（$d_2$）。三针量法是用三根直径相等的精密量针放入被测螺纹工件两侧的螺纹槽中，使之与牙侧接触，然后用光学或机械量仪（如机械测微仪、光学计、测长仪等）测出三根量针外母线之间的跨距 $M$，如图 7.12 所示。再根据被测螺纹的螺距 $P$、牙型半角 $\alpha/2$ 及量针直径 $d_0$，按照几何关系推算出中径公式为

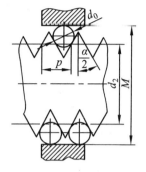

$$d_2 = M - d_0\left(1 + \frac{1}{\sin\dfrac{\alpha}{2}}\right) + \frac{P}{2}\cot\frac{\alpha}{2} \qquad (7.7)$$

对于普通公制螺纹 $\alpha = 60°$，则有

$$d_2 = M - 3d_0 + 0.866P$$

**图 7.12　三针量法测量螺纹中径**

以上各式中的螺距 $P$、牙型半角 $\alpha/2$ 及量针直径 $d_0$ 均按理论值代入。

为消除牙型半角误差对中径 $d_2$ 的测量结果的影响，应使量针在中径线上与牙侧接触，这样的量针直径称为最佳量针直径 $d_{0最佳}$，$d_{0最佳}$ 应按下式选取，即

$$d_{0最佳} = 0.5P / \cos\frac{\alpha}{2} \qquad (7.8)$$

对于普通公制螺纹 $\alpha = 60°$，则有

$$d_{0最佳} = 0.577P$$

### 7.3.2.2　螺纹千分尺测量螺纹中径

螺纹千分尺是测量低精度外螺纹中径的常用量具。它的结构与一般的外径千分尺基本相似，只是在固定测砧和活动测量头上装

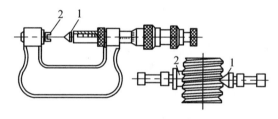

**图 7.13　螺纹千分尺**

有特殊的测头 1 和 2，如图 7.13 所示。测量头是成对配套的、适用于不同牙型和不同螺距的测量。因为测量头的角度是按照理论的牙型角制造的，所以测量中被测螺纹的牙型半角误差对中径当量将产生较大影响。用螺纹千分尺来直接测量外螺纹的中径，测量时可由螺纹千分尺直接读出螺纹中径的实际尺寸。

# 小　结

**1. 螺纹的类型及几何参数**

螺纹根据其用途可以分为紧固螺纹（普通螺纹）、传动螺纹和紧密螺纹。影响螺纹互换性的主要几何参数是螺距、牙型半角和中径。由于加工存在误差，实际螺纹连接中外螺纹的中径增大，内螺纹的中径减少，作用中径影响螺纹的可旋合性和连接可靠性。

为保证螺纹旋合性和连接强度，螺纹中径合格性判断应遵循泰勒原则。外螺纹的作用中径

为 $d_{2\text{作用}} = d_{2\text{实际}} + (f_p + f_{\alpha/2})$，内螺纹的作用中径为 $D_{2\text{作用}} = D_{2\text{实际}} - (f_p + f_{\alpha/2})$。对于外螺纹：$d_{2\text{作用}} \leqslant d_{2\text{max}}$，$d_{2\text{单一}} \geqslant d_{2\text{min}}$；对于内螺纹：$D_{2\text{作用}} \geqslant D_{2\text{min}}$，$D_{2\text{单一}} \leqslant D_{2\text{max}}$。

2. 普通螺纹的基本偏差

螺纹的公差带沿着基本牙型分布，以基本牙型的轮廓为零件，并按垂直于螺纹轴线的方向来计算螺纹大径、小径、中径的偏差和公差。在普通螺纹标准中，内螺纹的中径、小径用 G、H 两种基本偏差，外螺纹的中径、大径用 e、f、g、h 四种基本偏差。

3. 螺纹精度

螺纹精度分为精密度、中等度和粗糙级 3 个等级。当要求有较高的结合强度时，应选用 H/h 配合；当要求有较高抗疲劳强度时，选 H/g 或 G/h 配合；当要求螺纹涂镀时，常选用 G/e 或 H/g 配合；当螺纹处于较高温度场合工作时，根据装配和工作时的温度差别适当选择配合。

4. 螺纹代号

普通螺纹代号由 M + 公称直径 × 螺距组成，普通螺纹的标记由螺纹特征代号、公差带代号和旋合长度代号和旋向代号四部分组成。

# 习　题

7-1　查表确定螺栓 M24×2-6h 的外径和中径极限尺寸，并绘制其公差带图。

7-2　如何计算普通螺纹螺距和牙型半角误差的中径补偿值？如何计算螺纹的作用中径？怎样判断螺纹中径是否合格？

7-3　查出螺纹连接 M20×2 LH -6H/5g6g 的内外螺纹各基本尺寸、基本偏差和公差，绘制中径和顶径的公差带图。

7-4　有一螺母 M24-6H，$P = 3$ mm，$D_2 = 22.051$ mm，$T_{D2} = 265$ μm。加工后 $D_{2a} = 20.8$ mm，$\Delta P_\Sigma = +0.06$ mm，左右牙型半角分别为 $\Delta\dfrac{\alpha_1}{2} = +27'$、$\Delta\dfrac{\alpha_2}{2} = -48'$。试判断该螺母的合格性。

7-5　加工 M16-6g 的螺栓，已知某种加工方法所产生的误差：$\Delta P_\Sigma = -0.01$ mm，$\Delta\dfrac{\alpha_1}{2} = +30'$，$\Delta\dfrac{\alpha_2}{2} = -40'$。试问这种加工方法允许其实际中径的变化范围是多少？

7-6　已知某一外螺纹为 M24×2-6g（6g 可省略标注），公称中径 $d_2 = 22.701$ mm，加工后测得：实际大径 $d_a = 23.850$ mm，实际中径 $d_{2s} = 22.521$ mm，螺距累积误差 $\Delta P_\Sigma = -0.05$ mm，左右牙型半角分别为 $\Delta\dfrac{\alpha_1}{2} = +20'$、$\Delta\dfrac{\alpha_2}{2} = -25'$，试判断该螺纹中径和顶径是否合格，并查出所需旋合长度的范围。

# 第 8 章 键和花键的精度设计与检测

**【案例导入】** 图 8.1 为变速箱中轴和齿轮的部分联结图。该变速器通过拔叉 4 带动双联滑移齿轮 3、6 在轴 5 上滑移,实现不同齿轮副(2 和 3、7 和 6)的啮合,进行高低档的速度切换。主动齿轮和主动轴之间采用平键连接,扭矩是通过键和键槽的侧面传递的,因此键与键槽宽是键连接的主要参数。键的侧面同时与轮毂槽及轴槽接触,且要求具有不用的配合性质,同时为了保证键与键槽侧面接触良好而又便于拆装,键与键槽配合的过盈量或间隙量应较小,对轴和轮毂上的键槽都有尺寸公差和几何公差的要求。从动轴 5 和双联滑移齿轮 3、6 之间采用花键连接,要求外花键与内花键之间做相对滑动,并有良好的导向性,因此花键配合的间隙也要适当。此外,在键连接中,几何误差的影响较大,应加以限制。

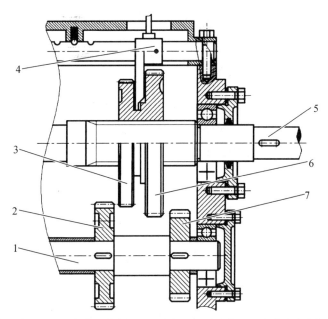

1—主动轴;2—高档主动齿轮;3—高档从动齿轮;4—拔叉;5—从动轴;6—低档从动齿轮;7—低档主动齿轮。

**图 8.1 变速箱齿轮与轴的连接**

**【学习目标】** 本章学习目的是了解键结合的类型、应用及键配合的特点、普通平键、花键配合公差中的术语定义;领会普通平键、花键配合的特点、基本功能。能合理选用平键和花键的尺寸公差、几何公差和配合,并能在图样上正确标注键槽、内外花键的尺寸和公差。键槽和花键的检测方法和检测工具。

键是一种标准件,键连接属于可拆连接,通常用于连接轴与轴上旋转零件与摆动零件(如轴与齿轮、手轮、皮带轮、飞轮和联轴器等），起周向固定零件的作用，用以传递旋转运动成扭矩。在两连接件中，通过键传递转矩，必要时可以作导向用，连接件间做轴向相对运动（如导键、滑键、花键）。

键结合的类型有平键、半圆键、楔键和切向键，一般统称为单键，如图 8.2 所示。其中平键应用最广。

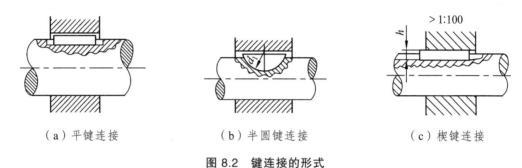

（a）平键连接     （b）半圆键连接     （c）楔键连接

图 8.2   键连接的形式

# 8.1   普通平键的公差与配合及检测

## 8.1.1   普通平键结合的公差及配合

普通平键的结构和几何参数如图 8.3 所示。其中 $b$ 为键和键槽（包括轴槽和轮毂槽）的宽度，是配合尺寸，$t_1$ 和 $t_2$ 分别为轴槽和轮毂槽的深度，$h$ 为键的高度（$t_1 + t_2 - h = 0.2 \sim 0.5$ mm），$L$ 为键的长度，$d$ 为轴和轮毂孔的直径。

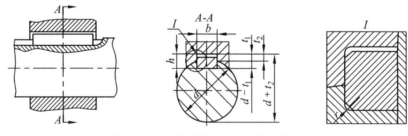

图 8.3   普通平键的结构和几何参数

在设计平键连接时，轴颈 $d$ 确定后，平键的规格参数也就根据轴颈 $d$ 而确定了，具体见表 8.1。

键是用型钢制造的，是标准件，是平键连接中的"轴"，所以键和键槽的配合采用基轴制配合。国家标准《普通型 平键》（GB/T 1096—2003）对键宽规定一种公差带 h8。配合尺寸（键和键宽）的公差带均从 GB/T 1800.1—2020 中选取。对轴和轮毂的键槽宽各规定三种公差带，构成三种不同性质的配合：较松连接、正常连接和较紧连接，以满足各种不同用途的需要。键宽和键槽宽的配合公差带图如图 8.4 所示。

**表 8.1　普通平键连接的键槽剖面尺寸及极限偏差表**　　　　　mm

| 轴 | 键 | 键槽 | | | | | | | | | | | |
|---|---|---|---|---|---|---|---|---|---|---|---|---|---|
| | | 宽度 | | | | | | 深度 | | | | 半径 r | |
| | | 基本尺寸 b | 轴槽宽和毂槽宽的极限偏差 | | | | | 轴 $t_1$ | | 毂 $t_2$ | | | |
| 公称直径 d | b×h | | 松连接 | | 正常连接 | | 较紧连接 | 基本尺寸 | 极限偏差 | 基本尺寸 | 极限偏差 | | |
| | | | 轴 H9 | 毂 D10 | 轴 N9 | 毂 JS9 | 轴和毂 P9 | | | | | 最大 | 最小 |
| >6~8 | 2×2 | 2 | +0.025 | +0.06 | -0.004 | ±0.012 5 | -0.006 | 1.2 | +0.1 | 1 | +0.1 | | |
| >8~10 | 3×3 | 3 | 0 | +0.02 | -0.029 | | -0.031 | 1.8 | 0 | 1.4 | 0 | 0.08 | 0.16 |
| >10~12 | 4×4 | 4 | +0.03 | +0.078 | 0 | ±0.015 | -0.012 | 2.5 | | 1.8 | | | |
| >12~17 | 5×5 | 5 | 0 | +0.03 | -0.03 | | -0.042 | 3.0 | | 2.3 | | | |
| >17~22 | 6×6 | 6 | | | | | | 3.5 | | 2.8 | | 0.16 | 0.25 |
| >22~30 | 8×7 | 8 | +0.036 | +0.098 | 0 | ±0.018 | -0.015 | 4.0 | +0.2 | 3.3 | +0.2 | | |
| >30~38 | 10×8 | 10 | 0 | +0.04 | -0.036 | | -0.051 | 5.0 | 0 | 3.3 | 0 | | |
| >38~44 | 12×8 | 12 | +0.043 | +0.012 | 0 | ±0.021 5 | -0.018 | 5.0 | | 3.3 | | | |
| >44~50 | 14×9 | 14 | 0 | 0.05 | -0.043 | | -0.061 | 5.5 | | 3.8 | | 0.25 | 0.4 |
| >50~58 | 16×10 | 16 | | | | | | 6.0 | | 4.3 | | | |
| >58~65 | 18×11 | 18 | | | | | | 7.0 | | 4.4 | | | |
| >65~75 | 20×12 | 20 | +0.052 | +0.149 | 0 | ±0.026 | -0.022 | 7.5 | | 4.9 | | | |
| >75~85 | 22×14 | 22 | 0 | +0.065 | -0.052 | | -0.074 | 9.0 | | 5.4 | | | |
| >85~95 | 25×14 | 25 | | | | | | 9.0 | | 5.4 | | 0.4 | 0.6 |
| >95~110 | 28×16 | 28 | | | | | | 10.0 | | 6.4 | | | |

注：$d-t_1$ 和 $d-t_2$ 两组合尺寸的极限偏差按相应的 $t_1$ 和 $t_2$ 的极限偏差选取，但 $d-t_1$ 的极限偏差应取负号。

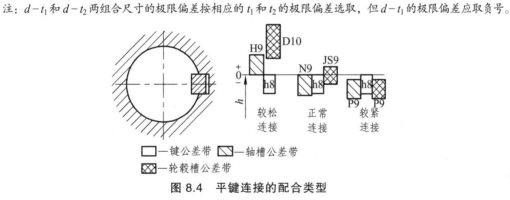

□—键公差带　　▨—轴槽公差带

▨—轮毂槽公差带

**图 8.4　平键连接的配合类型**

## 8.1.2　平键结合的公差与配合的选用

非配合尺寸中，键高的公差带一般为 h11，截面尺寸为 2×2～6×6 的平键，由于宽度和高度不易区分，这种平键高度的公差带宜采用 h8；键长 L 的公差带为 h14，轴槽长的公差带为 H14。

根据使用场合和使用要求确定平键配合的类型。

对于导向平键，应选用较松连接。因为，在这种连接方式中，由于几何误差的影响，使得键（h8）与轴槽（H9）的配合实际上为不可动连接。而键与轮毂槽（D10）的配合间歇较大，从而轮毂可在轴上作相对移动。

对于承受冲击载荷、重载荷或双向扭矩的键连接，应选用紧密配合。因为这时键（h8）与键槽（P9）配合较紧，再加上几何误差的影响，使其结合紧密、可靠。

除了以上两种情况，对于承受一般载荷，考虑拆装方便，应选用正常连接。

三种配合类型的应用见表8.2。

表8.2　平键连接的三种配合及应用

| 连接类型 | 尺寸 b 的公差带 | | | 应　　用 |
|---|---|---|---|---|
| | 键 | 轴槽 | 轮毂槽 | |
| 松连接 | h8 | H9 | D10 | 键在轴上及轮毂中均能滑动，主要用于导向平键，轮毂可在轴上作轴向移动 |
| 正常连接 | | N9 | JS9 | 键固定在轴槽中和轮毂槽中，用于载荷不大的场合，一般机械中应用广泛 |
| 较紧连接 | | P9 | P9 | 键牢固地固定在轴槽中和轮毂槽中，且较正常连接更紧，用于载荷较大、有冲击和双向扭矩的场合 |

为了保证键与键槽的可靠装配和工作面的负荷均匀，国家标准还规定了轴键槽对称面相对于轴线的对称度公差、轮毂槽对称面相对于中心孔轴线的对称度公差及键的两个配合侧面的平行度公差。对称度公差根据不同的功能要求和键宽的基本尺寸，根据《形状和位置公差 未注公差值》（GB/T 1184—1996）中的规定，一般取 7～9 级。当键长 L 和键宽 b 之比大于或等于 8 时，键两侧面的平行度应符合 GB/T 1184—1996 的规定。当 $b \leqslant 6$ mm 时，按 7 级选取；当 $b \geqslant 8 \sim 36$ mm 时，按 6 级选取；当 $b \geqslant 40$ mm 时，按 5 级选取。

同时，还规定轴槽、轮毂槽的键槽宽度 b 两侧面粗糙度参数 Ra 值推荐为 1.6～3.2 μm，轴槽底面、轮毂槽底面的表面粗糙度参数 Ra 值为 6.3 μm。

### 8.1.3　键槽尺寸和公差及平键在图样上的标注

轴槽和轮毂槽的剖面尺寸及公差带、槽的几何公差和表面粗糙度要求在图样上标注，如图8.5所示，对称度公差则采用独立原则。

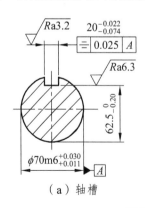 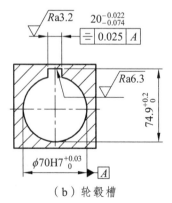

（a）轴槽　　　　　　　　　　（b）轮毂槽

图8.5　键槽尺寸与公差标注

普通平键有圆头（A型）、平头（B型）和单圆头（C型）三种类型。除A型省略型号外，

B 型和 C 型要注出型号。三种普通平键的标记形式类似。标记形式为

键形式 b（键宽）×L（键长）GB/T 1096—2003

标注示例：

宽度 b = 16 mm、高度 h = 10 mm、长度 L = 100 mm 普通 A 型平键的标记为：

GB/T 1096 键 16×10×100

宽度 b = 16 mm、高度 h = 10 mm、长度 L = 100 mm 普通 B 型平键的标记为：

GB/T 1096 键 B16×10×100

宽度 b = 16 mm、高度 h = 10 mm、长度 L = 100 mm 普通 C 型平键的标记为：

GB/T 1096 键 C16×10×100

## 8.1.4　平键配合的检测

键和键槽的尺寸测量比较简单。在单件小批生产中，可采用通用计量量具（如游标卡尺、千分尺等）来测量键槽尺寸。

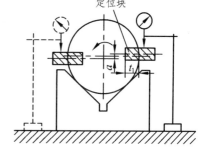

键槽对其轴线的对称度误差可用如图 8.6 所示的方法进行测量。

将与键槽宽度相等的量块组插入键槽，用 V 形块模拟基准轴线。首先是截面的测量：调整被测件使其量块组沿着径向与平板平行，测量量块组至平板的距离，再将被测件翻转 180°，重复上述测量过程，得到该截面上下两对应点的读数差 a，则该截面的对称度误差为

图 8.6　轴上键槽对称度误差的测量

$$f_{截} = at_1/(d - t_1) \qquad (8.1)$$

式中，$f_{截}$ 为某截面对称度误差；$d$ 为轴的直径；$t_1$ 为轴槽深。

其次，采用同样的测量方法沿键槽长度方向测量，取长度方向上的最大读数差为长度方向的对称度误差，即

$$f_{长} = a_{高} - a_{低} \qquad (8.2)$$

取 $f_{截}$ 和 $f_{长}$ 两者中的最大值作为该零件对称度误差的近似值。

在成批大量生产中可采用极限量规检测。对于尺寸误差可用光滑极限量规检测；对于位置误差可用位置量规检测。

图 8.7 所示为用位置量规检测键槽对称度误差。当位置量规能插入轮毂槽中或伸入轴槽底，则键槽合格，但必须说明，位置量规只适用于检测遵守最大实体要求的工件。

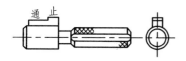

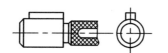

（a）轮毂槽深的极限量规　　　　（b）轮毂槽对称度量规　　　　（c）轴槽对称度量规

图 8.7　位置量规检测键槽对称变误差

## 8.2  花键的公差与配合及检测

### 8.2.1  花键连接的特点

与单键连接相比较，花键具有承载能力强（可传递较大的扭矩）、定心精度高、导向性好、连接可靠等优点，因而在机械产品中应用较广。但是花键的制造工艺较复杂，成本较高。

花键可作固定连接，也可作滑动连接。

按照齿形的形状，花键可分为矩形花键、渐开线花键和三角花键等类型，如图 8.8 所示。本节仅对应用较多的矩形花键进行介绍。

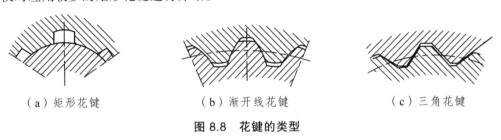

（a）矩形花键            （b）渐开线花键            （c）三角花键

图 8.8  花键的类型

### 8.2.2  矩形花键的公差与配合的选用

矩形花键的功能主要是保证内外花键连接后具有较高的同轴度，并能传递扭矩。

《矩形花键尺寸、公差与检测》（GB/T 1144—2001）规定了矩形花键连接的尺寸系列、定心方式和公差与配合、标注方式以及检测规则。

#### 8.2.2.1  矩形花键的基本尺寸

矩形花键连接的配合尺寸有大径 $D$、小径 $d$ 和键（或槽）宽 $B$，如图 8.9 所示。

为了便于加工和测量，矩形花键的键数规定为偶数，有 6、8 和 10 三种。按照承载能力不同，对矩形花键的基本尺寸分为中系列、轻系列两个规格。同一小径的轻系列和中系列的键数相同，键宽和键槽宽也相同，仅大径不同。中系列的键高尺寸较大，承载能力强；轻系列的键高尺寸较小，承载能力较低。矩形花键的基本尺寸系列见表 8.3。

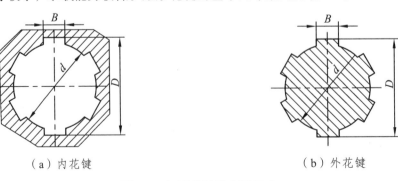

（a）内花键                    （b）外花键

图 8.9  矩形花键的主要尺寸

表 8.3　矩形花键的基本尺寸系列　　　　　　　　　　　　　　mm

| 小径 d | 轻系列 | | | | 中系列 | | | |
|---|---|---|---|---|---|---|---|---|
| | 规格 $N \times d \times D \times B$ | 键数 N | 大径 D | 键宽 B | 规格 $N \times d \times D \times B$ | 键数 N | 大径 D | 键宽 B |
| 11 | | | | | $6 \times 11 \times 14 \times 3$ | 6 | 14 | 3 |
| 13 | | | | | $6 \times 13 \times 16 \times 3.5$ | | 16 | 3.5 |
| 16 | | | | | $6 \times 16 \times 20 \times 4$ | | 20 | 4 |
| 18 | | | | | $6 \times 18 \times 22 \times 5$ | | 22 | 5 |
| 21 | | | | | $6 \times 21 \times 25 \times 5$ | | 25 | 5 |
| 23 | $6 \times 23 \times 26 \times 6$ | 6 | 26 | 6 | $6 \times 23 \times 28 \times 6$ | | 28 | 6 |
| 26 | $6 \times 26 \times 30 \times 6$ | | 30 | 6 | $6 \times 26 \times 32 \times 6$ | | 32 | 6 |
| 28 | $6 \times 28 \times 32 \times 7$ | | 32 | 7 | $6 \times 28 \times 34 \times 7$ | | 34 | 7 |
| 32 | $6 \times 32 \times 36 \times 6$ | | 36 | 6 | $8 \times 32 \times 38 \times 6$ | 8 | 38 | 6 |
| 36 | $8 \times 36 \times 40 \times 7$ | 8 | 40 | 7 | $8 \times 36 \times 42 \times 7$ | | 42 | 7 |
| 42 | $8 \times 42 \times 46 \times 8$ | | 46 | 8 | $8 \times 42 \times 48 \times 8$ | | 48 | 8 |
| 46 | $8 \times 46 \times 50 \times 9$ | | 50 | 9 | $8 \times 46 \times 54 \times 9$ | | 54 | 9 |
| 52 | $8 \times 52 \times 58 \times 10$ | | 58 | 10 | $8 \times 52 \times 60 \times 10$ | | 60 | 10 |
| 56 | $8 \times 56 \times 62 \times 10$ | | 62 | 10 | $8 \times 56 \times 65 \times 10$ | | 65 | 10 |
| 62 | $8 \times 62 \times 68 \times 12$ | | 68 | 12 | $8 \times 62 \times 72 \times 12$ | | 72 | 12 |
| 72 | $10 \times 72 \times 78 \times 12$ | 10 | 78 | 12 | $10 \times 72 \times 82 \times 12$ | 10 | 82 | 12 |
| 82 | $10 \times 82 \times 88 \times 12$ | | 88 | 12 | $10 \times 82 \times 92 \times 12$ | | 92 | 12 |
| 92 | $10 \times 92 \times 98 \times 14$ | | 98 | 14 | $10 \times 92 \times 102 \times 14$ | | 102 | 14 |
| 102 | $10 \times 102 \times 108 \times 16$ | | 108 | 16 | $10 \times 102 \times 112 \times 16$ | | 112 | 16 |
| 112 | $10 \times 112 \times 120 \times 18$ | | 120 | 18 | $10 \times 112 \times 125 \times 18$ | | 125 | 18 |

### 8.2.2.2　矩形花键的定心方式

　　花键连接主要保证内外花键连接后具有较高的同轴度，并能传递扭矩。在矩形花键连接中，要保证三个配合面同时达到高精度的配合是很困难的，并且没有必要。为了满足使用要求，同时方便加工，只需要选择其中一个结合面作为主要配合面，对其按较高的精度予以制造，以保证配合性质和定心精度，该表面称为定心表面。

　　理论上每个表面都可以作为定心表面，因此可根据定心要素不同，分为大径定心、小径定心和键宽定心三种定心方式，如图 8.10 所示。

（a）大径定心

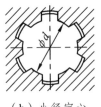
（b）小径定心

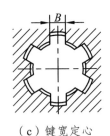
（c）键宽定心

图 8.10　矩形花键连接的定心方式

　　GB/T 1144—2001 中规定矩形花键连接采用小径定心的方式，内花键与外花键的小径精度较高，大径通常作为非配合尺寸。非定心直径表面之间留有一定的间隙，以保证它们之间不接触。而无论是否采用键宽定心，键和键槽侧面的宽度 B 都应具有足够的精度，因为它们要传递扭矩和导向。之所以采用小径定心，这是因为现代工业对机械零件的质量要求不断提高，对花键连接的要求也不断提高。从加工工艺性能来看，内花键小径可以在内圆磨床上磨削，外花键小径可用成形砂轮磨削，而且磨削可以获得更高的尺寸精度和满足更高的表面粗糙度要求。采用小径定心时，热处理后的变形可用内圆磨床进行修复。可以看出，小径定心的定心精度高，定心稳定性好，而且使用寿命长，更有利于产品质量的提高。

　　当选用大径定心时，内花键定心表面的精度是依靠拉刀来保证的。而当花键定心表面硬度要求较高（40 HRC 以上）时，热处理后的变形难以用拉刀进行修正；当内花键定心表面的粗糙度要求较高（如 Ra 值低于 0.40 μm）时，用拉削加工很难达到技术要求。在单件小批量生产或大规格花键时，内花键也难以用拉削加工工艺加工，因为该种加工方式不经济，因此，很难满足大径定心的要求。

　　在某些行业，也有用键宽 B 定心的。主要用于承受较大载荷、传递双向扭矩且对定心精度要求不高的花键。如汽车万向接头的转轴连接。为了承受交变载荷引起的冲击，故采用键宽定心。

### 8.2.2.3　矩形花键的公差与配合

　　GB/T 1144—2001 中规定的小径 d、大径 D 和键（槽）宽 B 的尺寸公差带，如图 8.11 和表 8.4 所示。为了减少加工和检测内花键所用专用花键拉刀和花键量规的种类和规格，矩形花键连接通常采用基孔制配合。

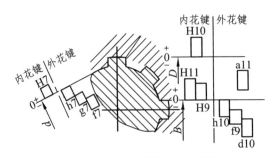

图 8.11　矩形花键的公差带

表 8.4　矩形花键的尺寸公差带

| 内花键 | | | | 外花键 | | | 装配形式 |
|---|---|---|---|---|---|---|---|
| 小径 d | 大径 D | 键槽宽 B | | 小径 d | 大径 D | 键宽 B | |
| | | 拉削后不热处理 | 拉削后热处理 | | | | |
| 一般用 | | | | | | | |
| H7 | H10 | H9 | H11 | f7 | a11 | d10 | 滑动 |
| | | | | g7 | | f9 | 紧滑动 |
| | | | | h7 | | h10 | 固定 |
| 精密传动用 | | | | | | | |
| H5 | H10 | H7，H9 | | f5 | a11 | d8 | 滑动 |
| | | | | g5 | | f7 | 紧滑动 |
| | | | | h5 | | h8 | 固定 |
| H6 | | | | f6 | | d8 | 滑动 |
| | | | | g6 | | f7 | 紧滑动 |
| | | | | h6 | | h8 | 固定 |

注：① 精密传动用的内花键，当需要控制键侧配合间隙时，槽宽可选 H7，一般情况可选用 H9；
　　② 当内花键公差带为 H6 和 H7 时，允许与高一级的外花键配合。

表 8.4 中"精密传动用"的公差带多用于机床变速箱，"一般用"公差带适用于定心精度要求不高但传递扭矩较大的情况，如汽车、拖拉机的变速箱。

从表 8.4 可以看出：对一般用的内花键槽宽规定了两种公差带，加工后不再热处理的，公差带为 H9；加工后需要进行热处理的，为了修正热处理变形，公差带为 H11；对于精密传动用内花键，当连接要求键侧配合间隙较小时，槽宽公差带选用 H7，一般情况下选用 H9。

标准中规定，矩形花键的配合按照装配形式分为滑动、紧滑动和固定三种。滑动连接的间隙较大，紧滑动连接的间隙次之，固定连接的间隙最小。

事实上，可根据内外花键之间是否有轴向移动来确定装配形式是选固定连接还是滑动连接。

对于内外花键之间要求有相对移动，而且移动距离长、移动频率高的情况，应选用配合间隙较大的滑动连接，以保证运动的灵活性，而且确保配合面间有足够的润滑油层。例如，汽车、拖拉机等变速器中的滑动齿轮与花键轴之间的连接。对于内外花键之间虽然有相对滑动但是定心精度要求较高、传递扭矩大或经常有反转的情况，则应选择配合间隙较小的紧滑动连接，以保证其定心精度高、工作表面载荷均匀分布，减少反向转动时产生的空程及冲击。对于内外花键之间只用来传递扭矩而无轴向移动的情况，则应选择固定连接。表 8.5 列出了几种配合的应用场合。

表 8.5　矩形花键配合的应用场合

| 应用 | 固定连接 | | 滑动连接 | |
|---|---|---|---|---|
| | 配合 | 特征及应用 | 配合 | 特征及应用 |
| 精密传动用 | H5/h5 | 紧固程度较高，可传递大扭矩 | H5/g5 | 滑动程度较低，定心精度高，传递扭矩大 |
| | H6/h6 | 传递中等扭矩 | H6/f6 | 滑动程度中等，定心精度较高，传递中等扭矩 |
| 一般用 | H7/h7 | 紧固程度较低，可传递较小扭矩，可经常拆卸 | H7/f7 | 移动频率高，移动长度达，定心精度要求不高 |

定心直径 $d$ 的公差带，在一般情况下，内外花键取相同的公差等级，且比相应的大径 $D$ 和键宽 $B$ 的公差等级都高，主要是考虑矩形花键采用小径定心，使加工难度由内花键转为外花键。但是在有些情况下，内花键允许与高一级的外花键配合。如公差带为 H7 的内花键可以与公差带为 f6、g6、h6 的外花键配合，公差带为 H6 的内花键可以与公差带为 f5、g5、h5 的外花键配合，这主要是考虑矩形花键常用来作为齿轮的基准孔，在贯彻齿轮标准过程中，有可能出现外花键的定心直径公差等级高于内花键定心直径公差等级的情况，而大径只有一种配合，为 H11/a11。

### 8.2.2.4  矩形花键的形位公差

内外花键加工时，不可避免地会产生形位误差。

为了防止装配困难，并保证键和键槽侧面接触均匀，除用包容要求控制定心表面的形状误差外，花键（或花键槽）在圆周上分布的均匀性（即分度误差），应规定位置度公差，并采用相关要求，见表 8.6。当花键较长时，还可根据产品的性能要求来规定键侧面对花键轴线的平行度公差。

表 8.6  矩形花键位置度公差          mm

| 键槽宽或键宽 $B$ | | 3 | 3.5～6 | 7～10 | 12～18 |
|---|---|---|---|---|---|
| | | $t_1$ | | | |
| 键槽宽 | | 0.010 | 0.015 | 0.020 | 0.025 |
| 键宽 | 滑动、固定配合 | 0.010 | 0.015 | 0.020 | 0.025 |
| | 紧滑动配合 | 0.006 | 0.010 | 0.013 | 0.016 |

当单件小批量生产时，应规定键和键槽两侧面的中心平面对定心表面轴线的对称度公差，见表 8.7。

表 8.7  矩形花键对称度公差          mm

| 键槽宽或键宽 $B$ | 3 | 3.5～6 | 7～10 | 12～18 |
|---|---|---|---|---|
| | $t_2$ | | | |
| 一般用 | 0.010 | 0.012 | 0.015 | 0.018 |
| 精密传动用 | 0.006 | 0.008 | 0.009 | 0.011 |

### 8.2.2.5  矩形花键的表面粗糙度

GB/T 1144—2001 没有规定矩形花键的各配合表面的表面粗糙度，$Ra$ 的上限值推荐如下：

内花键：小径表面≤0.8 μm，键槽侧面≤3.2 μm，大径表面≤6.3 μm。

外花键：小径表面≤0.8 μm，键槽侧面≤0.8 μm，大径表面≤3.2 μm。

### 8.2.2.6  矩形花键的标注（GB/T 1144—2001）

矩形花键在图纸上的标注内容有键数 $N$、小径 $d$、大径 $D$、键（槽）宽 $B$ 的公差带或配合代号，标注示例如图 8.12 所示。

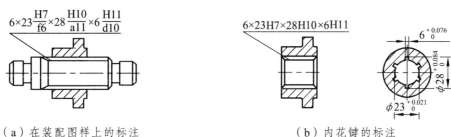

（a）在装配图样上的标注　　　　　　　　　　　　　　　（b）内花键的标注

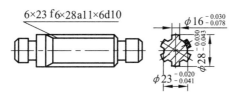

（c）外花键的标注

**图 8.12　矩形花键的标注**

（1）在装配图上矩形花键的标注形式如图 8.12（a）所示。

$$6 \times 23\frac{H7}{f6} \times 28\frac{H10}{a11} \times 6\frac{H11}{d10}$$

表示矩形花键的键数为 6，小径尺寸及配合代号为 $23\frac{H7}{f6}$，大径尺寸及配合代号为 $28\frac{H10}{a11}$，键（槽）宽的尺寸及配合代号为 $6\frac{H11}{d10}$。由此可见，这是一般用途的滑动矩形花键连接。

（2）在零件图上内外花键的标注形式如图 8.12（b）、（c）所示。

内花键标注为：$6 \times 23H7 \times 28H10 \times 6H11$

外花键标注为：$6 \times 23f6 \times 28a11 \times 6d10$

## 8.2.3　矩形花键的检测

**矩形花键的检测有单项检测和综合检测。**

在单件小批生产中，没有现成的花键量规可以用于检测。花键的尺寸和位置误差可用千分尺、游标卡尺、指示表等通用计量器具进行检测。

在大批大量生产中，一般都采用花键量规进行检测。先用形状与被测内花键或外花键相对应的花键综合量规（通端）同时检测花键的小径、大径、键宽及大小径的同轴度误差、各键（键槽）的位置度误差。若综合量规能自由通过后，再用单项止端塞规（卡规）或普通计量器具检测其小径、大径及键槽宽（键宽）的实际尺寸是否超越其最小实体尺寸。

检测时，若花键综合量规（通端）能自由通过，单项止端量规不能通过，就表明该花键合格。

花键综合量规如图 8.13 所示。

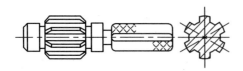 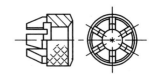

（a）花键塞规（两短圆柱起导向作用）          （b）花键环规（圆孔起导向作用）

**图 8.13　花键综合量规**

# 小　结

1. 普通平键主要参数与标记形式

普通平键主要参数为键宽和键槽宽。键是标准件，故键与键槽的配合采用基轴制。键宽公差带为 h8，轮毂槽宽和轴槽宽公差带各规定了 3 种，分别组成松连接、正常连接和紧密连接，应根据使用要求和工作条件合理确定其连接类型。

关于平键与键槽的几何公差，国标分别规定了轴槽对轴线和轮毂槽对孔的轴线的对称度公差，并推荐了键槽、轮毂槽两侧面和底面的粗糙度参数值。普通平键的标记形式：标准代号＋空格＋"键"＋型式＋键宽×键高×键长，A 型平键型式可不标注。

2. 矩形花键的主要参数

矩形花键的主要参数为大径 $D$、小径 $d$ 和键宽（键槽宽）$B$，矩形花键采用小径定心，且其键数限制在 6、8、10 三种。

3. 矩形花键连接的公差与配合

矩形花键连接采用基孔制配合，内花键大径公差带为 H10，外花键大径公差带为 a11；内、外花键小径的公差等级相同，且比相应大径和键宽的公差等级都高。矩形花键的配合按装配形式的不同分为滑动、紧滑动和固定 3 种。

国标对矩形花键规定了几何公差，包括小径 $d$ 的形状公差、花键的位置度公差和对称度公差等。

4. 矩形花键的规格与检测

矩形花键的规格表示为键数 $N$×小径 $d$×大径 $D$×键宽（键槽宽）$B$，矩形花键的检测分为综合检测和单项检测。

# 习　题

8-1　平键连接中,键宽和键槽宽的配合为什么采用基轴制? 为什么平键连接只对键(槽)宽规定较严的公差?

8-2　平键连接的配合种类有哪些? 它们分别应用于什么场合?

8-3　矩形花键的定心方式有哪几种? 为什么大多采用小径定心?

8-4　矩形花键连接采用的是哪种基准制? 为什么?

8-5　某一配合为用普通平键连接以传递扭矩，已知 $b = 8$ mm，$h = 7$ mm，$L = 20$ mm。为一般连接。试确定键及键槽各尺寸及极限偏差、形位公差和表面粗糙度，并画出配合尺寸 $b$ 的公差带图、键槽剖面图。

8-6　某矩形花键连接的标注内容为：$6 \times 26 \dfrac{\text{H7}}{\text{f7}} \times 30 \dfrac{\text{H10}}{\text{a11}} \times 6 \dfrac{\text{H9}}{\text{d10}}$，试确定内外花键主要尺寸的极限偏差及极限尺寸。

8-7　某基本尺寸为 $10 \text{ mm} \times 82 \text{ mm} \times 88 \text{ mm} \times 12 \text{ mm}$ 的矩形花键连接件，无精密传动要求，定心精度要求也不高，但花键孔在拉削后需进行热处理以保证硬度和经常轴向移动所需的耐磨性。试确定内外花键的公差与配合、标注、形位公差及表面粗糙度。

8-8　某机床变速箱中，有一个 6 级精度齿轮的花键孔与花键轴连接。花键的规格为：$6 \text{ mm} \times 26 \text{ mm} \times 30 \text{ mm} \times 6 \text{ mm}$，花键孔长 30 mm，花键轴长 75 mm，齿轮花键孔经常需要相对花键轴作轴向移动，要求定心精度较高。试确定：

（1）齿轮花键孔和花键轴的公差带代号，计算小径、大径、键（槽）宽的极限尺寸。

（2）分别写出在装配图上和零件图上的标注内容。

（3）绘制公差带图，并将各参数的基本尺寸和极限偏差标注在图上。

# 第9章　滚动轴承的精度设计

【案例导入】滚动轴承是机械装置中起支承作用并使被支承件实现旋转运动的部件，应用广泛。其工作性能和使用寿命，既取决于本身的制造精度，又与其配合零件的配合性质有关。滚动轴承如图9.1所示。

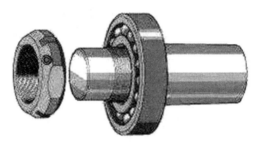

图 9.1　滚动轴承

【学习目标】了解滚动轴承的组成、类型和精度等级，熟悉滚动轴承内径与外径尺寸公差及其分布特点，能正确选择滚动轴承与轴和轴承座孔的配合性质、轴和轴承座孔的尺寸精度、几何公差和表面粗糙度，并能在图样上正确标注；初步具备轴承配合的精度设计能力。

## 9.1　概　述

滚动轴承

### 9.1.1　滚动轴承的组成和类型

滚动轴承是机器中广泛应用的标准部件，一般由内圈、外圈、滚动体和保持架四部分组成，如图9.2所示。

滚动轴承的品种规格繁多，专业化生产水平很高。按滚动体的形状不同，可分为球轴承和滚子轴承；按照所能承受的载荷方向可分为向心轴承、推力轴承、向心推力轴承。

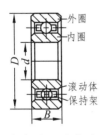
（a）向心球轴承

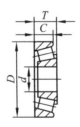
（b）圆锥滚子轴承

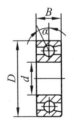
（c）角接触轴承

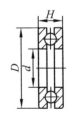
（d）推力球轴承

图 9.2　滚动轴承的组成和类型

## 9.1.2　滚动轴承的安装及标注

轴承在机器中属于支承零件，内圈与轴相配合，随轴一起旋转，以传递扭矩和运动；外圈安装在外壳孔中，起支承作用。因此，内圈的内径 $d$ 和外圈的外径 $D$，是滚动轴承与结合件配合的基本尺寸。

由于滚动轴承是标准件，在装配图上只需标出轴颈和外壳孔的公差带代号，如图 9.3（a）所示。零件图只需画出外壳孔[见图 9.3（b）]、轴颈[见图 9.3（c）]。

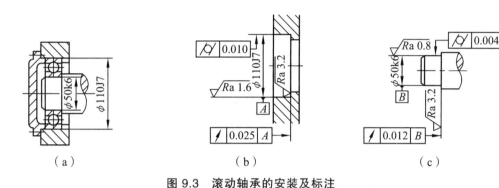

（a）　　　　　　　　　（b）　　　　　　　　　（c）

图 9.3　滚动轴承的安装及标注

## 9.1.3　滚动轴承的精度等级及应用

滚动轴承的精度是指滚动轴承主要尺寸的公差值及旋转精度。根据滚动轴承的结构尺寸、公差等级和技术性能等产品特征，《滚动轴承　通用技术规定》（GB/T 307.3—2017）将向心轴承按精度等级分为普通级（0）、6（圆锥滚子轴承为 6X）、5、4 和 2 五个等级。从 0 级到 2 级，精度依次增高。

0 级为普通精度，在机械制造中应用最广，适用于旋转精度要求不高的一般机械。如卧式车床进给箱、汽车与拖拉机的变速机构和普通电动机、水泵、压缩机、汽轮机中的旋转机构等。

除 0 级以外的都称为高精度轴承，主要用于旋转速度高或旋转精度要求高的场合。

滚动轴承的旋转精度是指轴承的内外圈的径向跳动、内外圈端面对滚道的跳动、内圈基准端面对内孔的跳动、外径表面的母线对基准端面的倾斜度的变动量等。旋转滚动轴承的精度等级主要考虑以下两个方面：

① 根据机器的功能对轴承部件的旋转精度要求。例如当机床主轴的径向跳动要求为 0.01 mm 时，多选 5 级轴承；若径向跳动要求为 0.001～0.005 mm 时，多选 4 级轴承。

② 转速的高低。转速高时，由于与轴承配合的旋转轴或孔可能随轴承的跳动而跳动，势必造成旋转不平稳，产生振动和噪声，因此在转速较高时，应选择精度高的轴承。

## 9.1.4　滚动轴承内径与外径公差带

轴承的配合是指内圈与轴颈、外圈与外壳孔之间的配合。滚动轴承的内外圈都是宽度较小的薄壁件。在其加工和未与轴、外壳孔装配的自由状态下，容易变形（如呈椭圆形），但是在装入外壳孔和轴上之后，这种变形又容易修正。因此，《滚动轴承　公差定义》（GB/T 4199—2003）还规定了轴承内外径的平均直径 $d_{mp}$、$D_{mp}$ 的公差，其目的是为了控制轴承的变形程度及轴承与轴颈和外壳孔的配合精度。平均直径的数值是轴承的内外径局部实际尺寸的最大值和最小值的平均值。为此，《滚动轴承　向心轴承　公差》（GB/T 307.1—2017）规定了各公差等级的轴承的内径和外径的公差带均采用单向制，而且统一采用公差带位于公称直径为零线的下方，即上极限偏差为零，下极限偏差为负值的分布，如图 9.4 所示。0、6 级向心轴承和向心推力轴承的内外圈平均直径的极限偏差见表 9.1 及表 9.2。

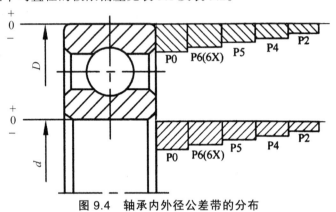

图 9.4　轴承内外径公差带的分布

表 9.1　0、6 级向心轴承内圈平均直径的极限偏差

| | | $d$/mm | >10～18 | >18～30 | >30～50 | >50～80 | >80～120 | >120～180 |
|---|---|---|---|---|---|---|---|---|
| $\Delta d_{mp}$/μm | 0 级 | 上极限偏差 | 0 | 0 | 0 | 0 | 0 | 0 |
| | | 下极限偏差 | −8 | −10 | −12 | −15 | −20 | −25 |
| | 6 级 | 上极限偏差 | 0 | 0 | 0 | 0 | 0 | 0 |
| | | 下极限偏差 | −7 | −8 | −10 | −12 | −15 | −18 |

表 9.2　0、6 级向心轴承外圈平均直径的极限偏差

| | | $D$/mm | >30～50 | >50～80 | >80～120 | >120～150 | >150～180 | >180～250 |
|---|---|---|---|---|---|---|---|---|
| $\Delta D_{mp}$/μm | 0 级 | 上极限偏差 | 0 | 0 | 0 | 0 | 0 | 0 |
| | | 下极限偏差 | −11 | −13 | −15 | −18 | −25 | −30 |
| | 6 级 | 上极限偏差 | 0 | 0 | 0 | 0 | 0 | 0 |
| | | 下极限偏差 | −9 | −11 | −13 | −15 | −18 | −20 |

　　由于滚动轴承是标准件，使用时不再进行附加加工。因此，轴承内圈与轴颈采用基孔制配合，外圈与外壳孔采用基轴制配合，以便实现完全互换法。

　　如图 9.5 所示，在轴承内圈与轴的基孔制配合中，轴的各种公差带与一般圆柱结合基孔制配合中的轴的公差带相同；但作为基准孔的轴承内圈孔，其公差带位置和大小都与一般基准孔不同。一般基准孔的公差带布置在零线之上，而轴承内圈孔的公差带则是布置在零线之下，并且公差带的大小不是采用《极限与配合》中的标准公差，而是用轴承内圈平均内径的公差。这种特殊的布置，使得其配合比一般基孔制的相应配合要紧些，这是为了适应滚动轴承配合的特殊需要。因为在多数情况下，轴承内圈是随着传动轴一起转动并传递扭矩，并且不允许轴孔之间有相对运动，所以两者的配合应有一定的过盈量。但由于内圈是薄壁零件，又常常需要维修拆换，故过盈量又不宜过大。如果改用过渡配合，有可能出现间隙，使内圈与轴在工作时发生相对滑动，导致结合面被磨损。为此，国家标准规定所有精度级轴承内圈的公差带布置于零线的下侧。这样当其与过渡配合中的 k6、m6、n6 等轴构成配合时，将得到比一般基孔制过渡配合规定的过盈量稍大的配合；当与 g6、h6 等轴构成配合时，不再是间隙配合，而成为过渡配合。

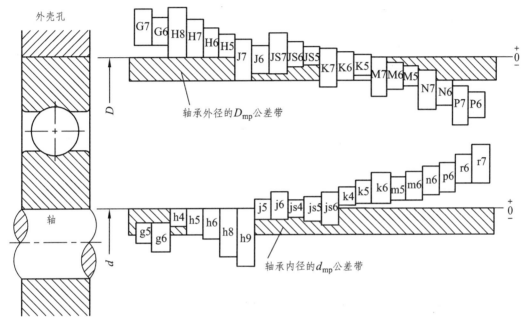

**图 9.5　滚动轴承与轴、外壳孔配合的公差带图**

在轴承外圈与外壳孔的基轴制配合中，外壳孔的各种公差带与一般的圆柱结合基轴制配合中的孔公差带相同；作为基准轴的轴承外圈圆柱面，其公差带位置虽与一般基准轴相同，但是其公差带的大小不采用《极限与配合》标准中的标准公差，而是采用轴承外圈平均外径的公差，所以其公差带也是特殊的。由于多数情况下，轴承内圈和传动轴一起转动，外圈安装在外壳孔中不动，故外圈与外壳孔的配合不要求太紧。因此，所有精度级轴承外圈的公差带位置，仍按一般基轴制规定，将其布置在零线的下侧。

## 9.2　滚动轴承配合的选择

### 9.2.1　滚动轴承配合的轴颈和外壳孔的公差带

选择滚动轴承配合之前，必须首先确定轴承的精度等级。精度等级确定以后，轴承内外圈基准结合面的公差带也就随之确定。因此，选择配合其实质就是选择与内圈结合的轴的公差带和与外圈结合的外壳孔的公差带。

#### 9.2.1.1　轴和外壳孔的公差带

滚动轴承基准结合面的公差带单向布置在零线下侧，既可满足各种旋转机构不同配合性质的需要，又可按照标准公差制造与之相配合的零件。轴和外壳孔的公差带就是从《极限与配合》标准中选取的。

《滚动轴承　配合》（GB/T 275—2015）规定的公差带见表 9.3，其公差带图如图 9.5 所示。

表 9.3　轴和外壳孔的公差带

| 轴承精度 | 轴公差带 | | 外壳孔公差带 | | |
|---|---|---|---|---|---|
| | 过渡配合 | 过盈配合 | 间隙配合 | 过渡配合 | 过盈配合 |
| 0 | h9<br>h8<br>g6，h6，j6，js6<br>g5，h5，j5 | r7<br>k6，m6，n6，p6，r6<br>k5，m5 | H8<br>G7，H7<br>H6 | J7，JS7，K7，M7，N7<br>J6，JS6，K6，M6，N6 | P7<br>P6 |
| 6 | g6，h6，j6，js6<br>g5，h5，j5 | r7<br>k6，m6，n6，p6，r6<br>k5，m5 | H8<br>G7，H7<br>H6 | J7，JS7，K7，M7，N7<br>J6，JS6，K6，M6，N6 | P7<br>P6 |
| 5 | h5，j5，js5 | k6，m6<br>k5，m5 | G6，H6 | JS6，K6，M6<br>JS5，K5，M5 | |
| 4 | h5，js5 | k5，m5<br>k4 | H5 | K6<br>JS5，K5，M5 | |

注：① 孔 N6 与 0 级精度轴承（外径 D<150 mm）和 6 级精度轴承（外径 D<315 mm）的配合为过盈配合；
　　② 轴 r6 用于内径 d>120～500 mm；轴 r7 用于内径 d>180～500 mm。

#### 9.2.1.2　轴和外壳孔公差带的选用

正确地选用轴和外壳孔的公差带，对于充分发挥轴承的技术性能和保证机构的运转质量、使用寿命有着极其重要的意义。

影响轴和外壳孔公差带的因素较多，如轴承的工作条件（负荷类型、大小、工作温度、旋转精度、轴向游隙），配合零件的结构、材料及安装与拆卸等要求。一般根据轴承所承受的负荷类型和大小来确定。

1. 负荷类型

作用在轴承上的合成径向负荷，是由定向负荷和旋转负荷合成的。若合成径向负荷的作用方向是固定不变的，称为定向负荷（如皮带的拉力、齿轮的传递力），若合成径向负荷的作用方向是随套圈（内圈和外圈）一起旋转的，则称为旋转负荷（如镗孔时的切削力）。根据套圈工作时相对于合成径向负荷的方向，可将负荷分为局部负荷、循环负荷和摆动负荷三种类型。

（1）局部负荷：轴承运转时，作用在轴承上的合成径向负荷与套圈相对静止，即合成径向负荷始终不变地作用在套圈滚道的某一局部区域,该套圈所承受的这种负荷称为局部负荷。

如图 9.6（a）所示的不旋转的外圈和 9.6（b）所示的不旋转的内圈，均受到一个方向始终不变的负荷 $F_r$ 作用，前者称为固定的外圈负荷，后者称为固定的内圈负荷。其特点是只有套圈的局部滚道受到负荷的作用。这种情况下，套圈局部滚道容易产生磨损。

（2）循环负荷：轴承运转时，作用在轴承上的合成径向负荷与套圈相对旋转，依次作用在套圈的整个圆周滚道上。该套圈所承受的这种负荷称为循环负荷。如图 9.5（a）和图 9.5（c）所示的旋转的内圈、图 9.5（b）和图 9.5（d）所示的旋转的外圈，前者称为旋转的内圈负荷，后者称为旋转的外圈负荷。其特点是套圈受到周期性负荷的作用，套圈滚道产生均匀磨损。

（3）摆动负荷：轴承运转时，作用在轴承上的合成径向负荷在套圈滚道的一定区域内相对摆动，作用在该滚道的部分滚道上。图 9.6（c）所示的外圈和图 9.6（d）所示的内圈所承受的径向负荷都是摆动负荷。

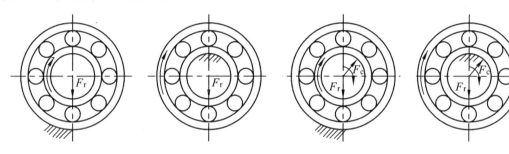

| （a）内圈：旋转负荷 | （b）内圈：定向负荷 | （c）内圈：旋转负荷 | （d）内圈：摆动负荷 |
|---|---|---|---|
| 外圈：定向负荷 | 外圈：旋转负荷 | 外圈：摆动负荷 | 外圈：旋转负荷 |

**图 9.6 滚动轴承承受的负荷类型**

轴承套圈同时受到定向负荷和旋转负荷的作用，两者的合成负荷将由小到大、再由大到小地周期性变化。如图 9.7 所示，当 $F_r > F_c$ 时，合成负荷在 $AB$ 区域摆动，此时固定套圈承受摆动负荷，旋转套圈承受旋转负荷；当 $F_r < F_c$ 时，合成负荷在整个圆周内变动，此时固定套圈承受旋转负荷，旋转套圈承受摆动负荷。

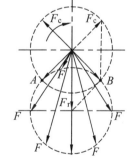

**图 9.7 摆动负荷**

轴承套圈承受的负荷类型不同，选择轴承配合的松紧程度也应不同（见表 9.4）。承受局部负荷的套圈，局部滚道始终受力，磨损集中，其配合应选松些（选较松的过渡配合或具有极小间隙的间隙配合），这是为了让套圈在振动、冲击或摩擦力矩的带动下缓慢转位，以充分利用全部滚道并使磨损均匀，从而延长轴承的寿命。但是配合也不能过松，否则，会引起套圈在相配件上滑动而使结合面磨损。对于旋转精度及速度有要求的场合（如机床主轴和电机轴上的轴承），则不允许套圈转位，以免影响支承精度。

承受循环负荷的套圈，滚道各点循环受力，磨损均匀，其配合应选紧些（选较紧过渡配合或过盈量较小的过盈配合）。因为套圈与轴颈或外壳孔之间，工作时不允许产生相对滑动，以免结合面磨损。但是配合的过盈量也不能太大，否则会使轴承内部的游隙减少甚至完全消失，产生过大的接触应力，影响轴承的工作性能。

承受摆动负荷的套圈，其配合的松紧程度，一般与受循环负荷的配合相同或稍松。

**表 9.4 根据轴承所受负荷类型确定配合类别**

| 径向负荷与套圈的相对关系 | 负荷类型 | 配合的选择 |
|---|---|---|
| 相对静止 | 局部负荷 | 选松一些的配合，如较松过渡配合和间隙较小的间隙配合 |
| 相对旋转 | 循环负荷 | 选紧一些的配合，如过盈配合或较紧的过渡配合 |
| 相对于套圈在有限范围内摆动 | 摆动负荷 | 循环负荷相同或略松一点 |

**2. 负荷大小**

滚动轴承套圈与轴颈或外壳孔配合的最小过盈量，取决于负荷的大小。国家标准将当量径向动负荷 $P_r$ 分为三类：$P_r \leqslant 0.07C_r$ 的称为轻负荷；$0.07C_r < P_r \leqslant 0.15C_r$ 的称为正常负荷；$P_r > 0.15C_r$ 的称为重负荷，其中 $C_r$ 为轴承的径向额定动负荷。

承受较重的负荷或冲击负荷时，将引起轴承较大的变形，使结合面之间实际过盈量减小和轴承内部的实际间隙增大，这时为了使轴承运转正常，应选较大的过盈配合。同理，承受较轻的负荷，可选较小的过盈配合。

当轴承内圈承受循环负荷时，它与轴颈配合所需的最小过盈可按下式计算，即

$$Y_{\min 计算} = -\frac{13Fk}{b} \text{ mm} \tag{9.1}$$

式中　$F$ —— 轴承承受的最大径向负荷，kN；

　　　$k$ —— 与轴承系列有关的系数，轻系列 $k = 2.8$，中系列 $k = 2.3$，重系列 $k = 2$；

　　　$b$ —— 轴承内圈的配合宽度，mm（$b = B - 2r$，$B$ 为轴承内圈宽度，$r$ 为内圈倒角半径）。

为了避免套圈破裂，必须按不超出套圈允许的强度计算其最大过盈，即

$$Y_{\max 计算} = -\frac{11.4kd[\sigma_p]}{(2k-2) \times 10^3} \text{ mm} \tag{9.2}$$

式中　$[\sigma_p]$ —— 轴承套圈材料的许用拉应力（$10^5$ Pa），轴承钢的许用拉应力 $[\sigma_p] \approx 400 \times 10^5$ Pa；

　　　$d$ —— 轴承内圈内径，mm。

当已经选定轴承的精度等级和型号，即可根据计算得到的 $Y_{\min 计算}$，从国家标准中查出轴承内径的平均直径 $d_{mp}$ 的公差带，选取轴的公差带代号以及最接近计算结果的配合。

轴承在重负荷和冲击负荷作用下，套圈容易产生变形，使配合表面受力不均，引起配合松动，因此，负荷越大，过盈量应选得越大；承受冲击负荷应比承受平稳负荷选用较紧的配合。

**3. 工作条件**

轴承运转时，由于摩擦发热和散热条件不同等原因，轴承套圈的温度一般均高于与其相配合的零件温度，这样，轴承内圈与轴的配合可能松动，外圈与孔的配合可能变紧，在选择配合时，必须考虑轴承工作温度及温差的影响。所以，在高温（高于 100 ℃）工作的轴承，

应将所选配合进行适当的修正。一般情况下，轴承的负荷越大，转速越高，与相配合零件的温差较大，则选择轴承与轴颈的配合应紧些，与外壳孔的配合应松些。

4. 其他因素

与整体式外壳相比，剖分式外壳孔与轴承外圈配合应松些，以免造成外圈产生圆度误差；当轴承安装在薄壁外壳，轻合金外壳或薄壁空心轴上时，为保证轴承工作有足够的支承刚度和强度，所采用的配合应比装在厚壁外壳、铸铁外壳或实心轴上紧一些；当考虑拆装方便，或需要轴向移动和调整套圈时，配合应松一些。

在设计时，选择轴承的配合通常采用类比法，有时为了安全起见，才用计算法校核。用类比法确定轴和外壳孔的公差带时，可应用滚动轴承标准推荐的资料进行选取（见表 9.5～表 9.8）。

**表 9.5　安装向心轴承和角接触轴承的外壳孔公差带**

| 外圈工作条件 | | | | 应用举例 | 公差带 |
|---|---|---|---|---|---|
| 旋转状态 | 负荷类型 | 轴线位移限度 | 其他情况 | | |
| 外圈相对于负荷方向静止 | 轻、正常和重负荷 | 轴向容易移动 | 轴处于高温场合 | 烘干筒、有调心滚子轴承的大电机 | G7 |
| | | | 剖分式壳体 | 一般机械、铁路机械轴箱 | H7* |
| | 轻、正常负荷 | 轴向能移动 | 整体式 | 磨床主轴用球轴承，小型电动机 | J6, H6 |
| | 冲击负荷 | | 整体式或剖分式壳体 | 铁路车辆轴箱轴承 | J7* |
| 外圈相对于负荷方向摆动 | 轻、正常负荷 | | | 电动机、泵、曲轴主轴承 | |
| | 正常、重负荷 | 轴向不能移动 | 整体式壳体 | 电动机、泵、曲轴主轴承 | K7* |
| | 重冲击负荷 | | | 牵引电动机 | M7* |
| 外圈相对于负荷方向旋转 | 轻负荷 | | | 张紧滑轮 | N7* |
| | 正常、重负荷 | | | 装有球轴承的轮毂 | |
| | 重冲击负荷 | | 薄壁、整体式壳体 | 装有滚子轴承的轮毂 | P7* |

注：① *表示对精度有较高的要求，此场合应选用 IT6 代替 IT7，并应同时选用整体式壳体。
② 对于轻合金外壳应选择比钢或铸铁外壳较紧的配合。

**表 9.6　安装向心轴承和角接触轴承的轴颈公差带**

| 内圈工作条件 | | 应用举例 | 向心轴承和角接触轴承 | 圆柱滚子轴承和圆锥滚子轴承 | 调心轴承 | 公差带 |
|---|---|---|---|---|---|---|
| 旋转状态 | 负荷 | | 轴承公称内径/mm | | | |
| 圆柱孔轴承 | | | | | | |
| 内圈相对于负荷方向旋转或摆动 | 轻负荷 | 电器仪表、机床主轴、精密机械、泵、通风机传送带 | ≤18 | — | — | h5 |
| | | | >18～100 | ≤40 | ≤40 | j6① |
| | | | >100～200 | >40～140 | >40～100 | k6① |
| | | | — | >140～200 | >100～200 | m6① |

续表

| 内圈工作条件 | | 应用举例 | 向心轴承和角接触轴承 | 圆柱滚子轴承和圆锥滚子轴承 | 调心轴承 | 公差带 |
|---|---|---|---|---|---|---|
| 旋转状态 | 负荷 | | 轴承公称内径/mm | | | |
| 圆柱孔轴承 | | | | | | |
| 内圈相对于负荷方向旋转或摆动 | 正常负荷 | 一般通用机械、电动机、涡轮机、泵、内燃机、变速箱、木工机械 | ≤18 | — | — | j5 |
| | | | >18～100 | ≤40 | ≤40 | k5② |
| | | | >100～140 | >40～100 | >40～65 | m5② |
| | | | >140～200 | >100～140 | >65～100 | m6 |
| | | | >200～280 | >140～200 | >100～140 | n6 |
| | | | — | >200～400 | >140～280 | p6 |
| | | | — | — | >280～500 | r6 |
| | | | — | — | >500 | r7 |
| | 重负荷 | 铁路车辆和电车的轴箱、牵引电动机、轧机、破碎机等重型机械 | — | >50～140 | >50～100 | n6③ |
| | | | — | >140～200 | >100～140 | p6③ |
| | | | — | >200 | >140～200 | r6③ |
| | | | — | — | >200 | r7③ |
| 内圈相对于负荷方向静止 | 各类负荷 | 静止轴上的各种轮子内圈必须在轴向容易移动 | 所有尺寸 | | | g6① |
| | | 张紧滑轮、绳索轮内圈不必要在轴向移动 | 所有尺寸 | | | h6① |
| 仅有轴向负荷 | | 所有应用场合 | 所有尺寸 | | | j6 或 js6 |
| 圆锥孔轴承（带锥形套） | | | | | | |
| 所有负荷 | | 铁路机车车辆轴箱 | 装在退卸套上的所有尺寸 | | | h8（IT6）④ |
| | | 一般机械传动 | 装在紧定套上的所有尺寸 | | | H9（IT7）⑤ |

注：① 对精度要求较高的场合，应选用 j5、k5…代替 j6、k6…；
② 单列圆锥滚子轴承和单列角接触球轴承，因内部游隙的影响不重要，可用 k6 和 m6 代替 k5 和 m5；
③ 应选用轴承径向游隙大于基本组的滚子轴承；
④ 凡有较高精度或转速要求的场合，应选用 h7 及轴径形状公差 IT5 代替 h8（IT6）；
⑤ 凡是尺寸≥500 mm，轴径形状公差为 IT7。

表 9.7　安装推力轴承的外壳孔公差带

| 座圈工作条件 | | 轴承类型 | 外壳孔公差带 |
|---|---|---|---|
| 纯径向负荷 | | 推力球轴承 | H8 |
| | | 推力圆柱滚子轴承 | H7 |
| | | 推力调心滚子轴承 | ① |
| 径向和轴向联合负荷 | 座圈相对于负荷方向静止或摆动 | 推力调心滚子轴承 | H7 |
| | 座圈相对于负荷方向旋转 | | H7 |

注：外壳孔与座圈之间的配合间隙 0.000 1D（D 为轴承的公称外径）。

**表 9.8　安装推力轴承的轴径公差带**

| 轴圈工作条件 | | 推力球和圆柱滚子轴承 | 推力调心滚子轴承 | 轴径公差带 |
|---|---|---|---|---|
| | | 轴承公称内径/mm | | |
| 纯轴向负荷 | | 所有尺寸 | 所有尺寸 | j6 或 js6 |
| 径向和轴向联合负荷 | 轴圈相对于负荷方向静止 | — | ≤250 | j6 |
| | | — | >250 | js6 |
| | 轴圈相对于负荷方向旋转或摆动 | | ≤200 | k6 |
| | | | >200～400 | m6 |
| | | | >400 | n6 |

## 9.2.2　滚动轴承配合的几何公差和表面粗糙度选择

### 9.2.2.1　轴和外壳孔的几何公差

因为轴承套圈为薄壁件，装配后靠轴径和外壳孔来矫正，故套圈工作时的形状和轴径及外壳孔表面形状密切相关。为了保证轴承正常工作，应对轴径和外壳孔表面提出圆柱度公差要求。

为了保证轴承工作时有较高的旋转精度，应限制与套圈端面接触的轴肩及外壳孔肩的倾斜，以免轴承装配后滚道位置不正而使旋转不平稳，因此规定了轴肩和外壳孔肩的轴向跳动公差。

GB/T 275—2015 推荐的几何公差见表 9.9。

**表 9.9　轴径和外壳孔的几何公差**

| 轴承公称内外径/mm | 圆柱度 | | | | 轴向圆跳动 | | | |
|---|---|---|---|---|---|---|---|---|
| | 轴径 | | 外壳孔 | | 轴肩 | | 外壳孔肩 | |
| | 轴承精度等级 | | | | | | | |
| | 0 | 6, 6X | 0 | 6, 6X | 0 | 6, 6X | 0 | 6, 6X |
| | 公差值/μm | | | | | | | |
| >18～30 | 4 | 2.5 | 6 | 4 | 10 | 6 | 15 | 10 |
| >30～50 | 4 | 2.5 | 7 | 4 | 12 | 8 | 20 | 12 |
| >50～80 | 5 | 3 | 8 | 5 | 15 | 10 | 25 | 15 |
| >80～120 | 6 | 4 | 10 | 6 | 15 | 10 | 25 | 15 |
| >120～180 | 8 | 5 | 12 | 8 | 20 | 12 | 30 | 20 |
| >180～250 | 10 | 7 | 14 | 10 | 20 | 12 | 30 | 20 |

### 9.2.2.2　轴和外壳孔配合面的表面粗糙度

表面粗糙度值的大小将直接影响配合的性质和连接强度。因此，凡是与轴承内外圈配合的表面通常都对其提出了较高的表面粗糙度要求。

GB/T 275—2015 推荐的表面粗糙度见表 9.10。

表 9.10　配合面的表面粗糙度

| 轴或轴承座<br>直径/mm | | 轴或外壳配合表面直径公差等级 | | | | | | | | |
|---|---|---|---|---|---|---|---|---|---|---|
| | | IT7 | | | IT6 | | | IT5 | | |
| | | 表面粗糙度/μm | | | | | | | | |
| 大于 | 至 | $Rz$ | $Ra$ | | $Rz$ | $Ra$ | | $Rz$ | $Ra$ | |
| | | | 磨 | 车 | | 磨 | 车 | | 磨 | 车 |
| | 80 | 10 | 1.6 | 3.2 | 6.3 | 0.8 | 1.6 | 4 | 0.4 | 0.8 |
| 80 | 500 | 16 | 1.6 | 3.2 | 10 | 1.6 | 3.2 | 6.3 | 0.8 | 1.6 |
| 端　面 | | 25 | 3.2 | 6.3 | 25 | 3.2 | 6.3 | 10 | 1.6 | 3.2 |

# 小　结

1. 滚动轴承的精度等级

滚动轴承的精度等级分为 2、4、5、6（6x）、0 级，它们的精度依次降低。

2. 滚动轴承内、外径公差带

滚动轴承是标准件，轴承内圈与轴颈的配合应采用基孔制，轴承外圈与轴承座孔的配合采用基轴制。轴承内圈与轴颈的配合和轴承外圈与轴承座孔的配合，是以控制轴承内、外圈单一平面平均内、外径的尺寸偏差来实现对轴承装配精度的控制的。

滚动轴承内、外径公差带都单向偏置于零线下方，即上极限偏差为 0，下极限偏差为负。滚动轴承与轴颈和轴承座孔的配合性质由轴颈和轴承座孔的公差带决定。

3. 滚动轴承配合的选择

滚动轴承配合的精度设计，其核心是与轴承配合的轴颈和轴承座孔的公差带的选择。滚动轴承配合的选择要综合考虑轴承套圈承受负荷的类型、轴承游隙、轴承的旋转精度、轴承尺寸大小及轴承工作温度等因素。

一般情况下，当轴承套圈承受局部负荷时，应选较松的配合；当轴承套圈承受循环负荷时，应选用较紧的配合；当轴承套圈承受摆动负荷时，所选用配合的松紧程度则在前两者之间。与滚动轴承相配合的轴颈、轴承座孔的几何公差和表面粗糙度的选择，以降低加工成本为目的，从国标中合理选取。

# 习　题

9-1　滚动轴承的外圈外径和内圈内径的尺寸公差有什么特点？

9-2　滚动轴承内圈与轴颈、外圈与外壳孔的配合采用的基准制是什么？为什么？

9-3　滚动轴承公差与配合的标注有何特点？

9-4  滚动轴承的精度有哪几个精度等级，应用最广的是哪个精度等级？

9-5  一深沟球轴承 6310 中系列，内径 $d = \phi50$ mm，外径 $D = \phi110$ mm，与轴承内径配合的轴用 j6，与轴承外径配合的孔用 JS7，试绘制它们的公差与配合图，并计算它们配合的极限间隙和极限过盈。

9-6  某机床转轴上安装 6 级精度的深沟球轴承，其内径 $d = \phi40$ mm，外径 $D = \phi90$ mm，，该轴承承受一个 4 000 N 的定向径向载荷，轴承的额定动负荷为 31 400 N，内圈随轴一起转动，外圈固定。试确定：

（1）与轴承配合的轴颈、外壳孔的公差带代号；

（2）画出公差带图，计算出内圈与轴、外圈与外壳孔配合的极限间隙和极限过盈；

（3）轴颈与外壳孔的几何公差和表面粗糙度值。

9-7  某拖拉机变速箱输出轴的前轴承为轻系列单列向心球轴承，其内径为 $\phi40$ mm，外径为 $\phi80$ mm，试确定轴承的精度等级；选择轴承与轴和外壳孔的公差带代号。

# 第 10 章　圆锥的精度设计与检测

【案例导入】图 10.1 为大型皮带轮轮毂部分连接图，它由轮毂、圆锥套和内六角圆柱头螺钉组成，内、外锥套形成圆锥过盈连接。图 10.2 为圆锥套的结构图。圆锥配合是一种常用的典型配合。根据机器功能要求，圆锥零件除具有尺寸公差和几何公差要求，还必须使内外圆锥的配合面达到 70% 以上，要求合理设计圆锥零件公差，采用合适的加工方法和适合的测量，保证零件的精度和互换性。

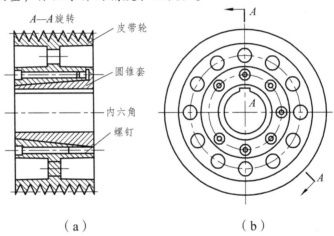

（a）　　　　　　　　　　　　（b）

**图 10.1　轮毂圆锥连接**

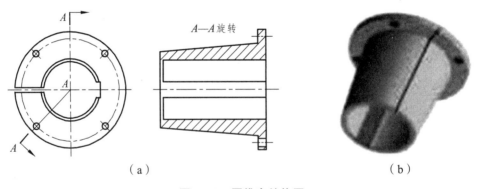

（a）　　　　　　　　　　　　（b）

**图 10.2　圆锥套结构图**

【学习目标】识记圆锥配合的特点、锥度、锥角、圆锥公差中的术语定义；领会圆锥配合的特点、基本功能要求和配合的形成方法，能合理选用圆锥公差、圆锥配合，具有合理进行圆锥配合精度设计的能力。

公称圆锥相同的内、外圆锥直径之间，由于结合不同所形成的相互关系，称为圆锥配合。

圆柱体配合是单一尺寸，圆锥面配合是有直径、长度和锥度（或锥角）等多个几何特征构成的多尺寸要素的配合。圆锥结合是机器、仪器和工夹具中常用的典型结构，在各类机械、船舶、机车、医疗及电子中被广泛应用。

国家标准制定的圆锥配合有《产品几何量技术规范（GPS）　圆锥的锥度与锥角系列》（GB/T157—2001）、《产品几何量技术规范（GPS）　圆锥公差》（GB/T 11334—2005）、《产品几何量技术规范（GPS）　圆锥配合》（GB/T12360—2005）等。

# 10.1　概　述

## 10.1.1　圆锥体配合的特点

与圆柱配合相比，圆锥配合具有以下特点：

（1）内外圆锥配合时，容易保证配合件有较高的同轴度，并实现自动定心，经多次装卸也不受影响，并且拆卸方便。

（2）圆锥配合间隙或过盈的大小，随内外圆锥体的轴向位置不同而调整，从而得到不同的配合性质，满足不同的工作需求。圆锥配合还能补偿结合表面的磨损，延长配合件的使用寿命。

（3）圆锥体配合紧密，具有较好的自锁性和密封性，并能传递较大的扭矩。

圆锥配合不适宜内外圆锥轴向相互位置要求较高的配合。圆锥配合结构比较复杂，影响其互换性的参数较多，加工和检验也较困难，不如圆柱配合应用广泛。圆锥配合主要用于实现支撑、连接、定位和密封功能的圆锥滑动轴承、圆锥阀门、转头锥柄、圆锥心轴等。

## 10.1.2　圆锥配合的主要几何参数

圆锥体配合的基本几何参数如下：

（1）圆锥和圆锥表面：一条与轴线成一定角度且一端相交于轴的直线段（母线），绕该轴线旋转一周所形成的旋转体即为圆锥，该旋转体的形成的表面即是圆锥表面，如图 10.3 所示。

（2）锥角（锥角）$\alpha$：在通过圆锥轴线的截面内，两条素线间的夹角。

（3）极限直径（$D$、$d$、$dx$）：圆锥在垂直于轴线截面上的直径。常用的圆锥直径有最大圆锥直径 $D$、最小圆锥直径 $d$ 和给定截面上的圆锥直径 $dx$。

（4）圆锥长度 $L$：最大圆锥直径与最小圆锥直径截面之间的轴向距离，如图 10.3 所示。

（5）锥度 $C$：最大圆锥直径与最小圆锥直径之差与这两个截面间的轴向距离 $L$ 之比，即

$$C = \frac{D-d}{L} \tag{10.1}$$

锥度 $C$ 与圆锥角 $\alpha$ 的关系为

$$C = 2\tan\frac{\alpha}{2} = 1 : \frac{1}{2}\cot\frac{\alpha}{2} \tag{10.2}$$

锥度 $C$ 是一个无量纲，常用比例表示，如 $1:20$。

为了减少加工圆锥工件所用的专用刀具、量具种类和规格，国家标准《产品几何量技术规范（GPS）圆锥的锥度与锥角系列》（GB/T 157—2001）规定了一般用途圆锥的锥度和锥角系列（附表 10.1）和特殊用途圆锥的锥度和锥角系列（附表 10.2）。一般用途圆锥的锥度和锥角系列在选用时优先选用第一系列。特殊用途圆锥的锥度和锥角系列仅用于某些特殊行业。在机床、工具制造业中，广泛使用的是莫氏锥度。常用的莫氏锥度共有 7 种，即 0 号到 6 号。只有相同号的莫氏内、外锥才能互相配合使用。

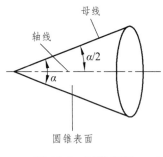

图 10.3　圆锥表面

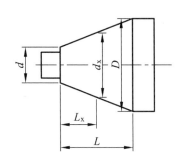

图 10.4　圆锥基本参数

## 10.2　圆锥公差

国标《产品几何量技术规范（GPS）圆锥公差》（GB/T 11334—2005），适合于锥度 $C$ 从 $1:3 \sim 1:500$、圆锥长度 $L$ 从 $6 \sim 630$ 的光滑圆锥。

### 10.2.1　圆锥公差术语

（1）**公称圆锥**：设计给定的理想形状的圆锥。它有公称圆锥直径（最大圆锥直径 $D$、最小圆锥直径 $d$ 或给定截面圆锥直径 $d_x$）、公称圆锥长度 $L$、公称圆锥角 $\alpha$ 或公称锥度 $C$ 确定。

（2）**实际圆锥**：实际存在并与周围介质分隔的圆锥。它包含加工误差、形状误差和测量误差的一个实际几何体，是通过实际测量而得到的圆锥，如图 10.5 所示。

（3）**极限圆锥**：与公称圆锥共轴且圆锥角相等，直径分别为上极限尺寸和下极限尺寸的两个圆锥（$D_{max}$、$D_{min}$、$d_{max}$、$d_{min}$）。在垂直圆锥轴线的任一截面上，这两个圆锥的直径差都相等。

极限圆锥是实际圆锥允许变动的界限。

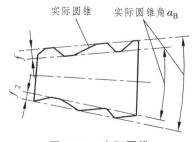

图 10.5　实际圆锥

### 10.2.2　圆锥公差

圆锥是一个多参数零件，为满足性能和互换性要求，国标对圆锥公差给出四个项目。

（1）**圆锥直径公差** $T_D$：以公称圆锥直径（一般取最大圆锥直径 $D$）为公称尺寸，按国家标准规定的标准公差选取。其数值适用于圆锥长度范围内的所有圆锥直径，如图 10.6 所示。

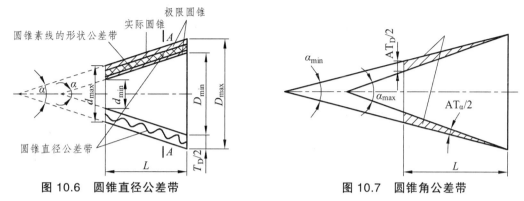

图 10.6　圆锥直径公差带　　　　　　　　　　图 10.7　圆锥角公差带

（2）**圆锥角公差 AT**：圆锥角的允许变动量。GB/T 11334—2005 对圆锥角公差规定了 12 个公差等级，用 AT1～AT12 表示，其中 AT1 级精度最高，等级依次降低，AT12 级精度最低。AT4～AT9 圆锥角公差见附表 10.3。

为加工和检验方便，圆锥角公差可用角度值 $AT_\alpha$（单位 μrad）或线值给定 $AT_D$（单位 μm），其与长度（单位 mm）之间的换算关系为

$$AT_D = AT_\alpha \times L \times 10^{-3} \tag{10.3}$$

圆锥角各公差等级适用范围大体是：AT1～AT2 用于高精度的锥度量规和角度样板；AT3～AT5 用于锥度量规、角度样板和高精度零件等；AT6～AT8 用于传递大扭矩高精度摩擦锥体、工具锥体和锥销等；AT9～AT10 用于圆锥套、圆锥齿轮、溜板等中等精度零件；AT11～AT12 用于低精度零件。

圆锥角的你先偏差可按单向或双向（对称或不对称）取值，如图 10.8 所示。为了保证内、外圆锥的接触均匀性，圆锥公差带通常采用对称于公称圆锥角分布。

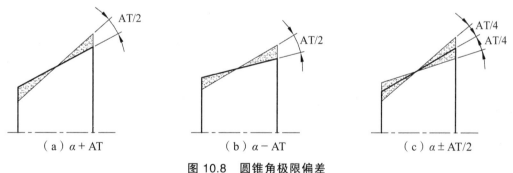

（a）$\alpha + AT$　　　　　　　　（b）$\alpha - AT$　　　　　　　　（c）$\alpha \pm AT/2$

图 10.8　圆锥角极限偏差

（3）**给定截面圆锥直径公差** $T_{DS}$：指在垂直于圆锥轴线的给定截面内，圆锥直径的允许变动量。该公差以给定截面圆锥直径 $d_x$ 为公称尺寸，其公差带是给定截面内两同心圆所限定的区域，如图 10.9 所示。$T_{DS}$ 仅适合于给定截面处的圆锥直径。

（4）**圆锥的形状公差**：包括圆锥素线直线度公差和截面圆度公差两种。一般情况下，圆锥形状公差不单独给出，由对应的圆锥直径公差带限制。只有当为了满足某一功能的需求，如对有配合要求的圆锥，其素线直线度误差和圆锥截面圆度误差将影响配合的接触质量时，或对圆锥的形状误差有更高要求时，才给出圆锥的形状公差。其大小应不大于圆锥直径公差的一半。

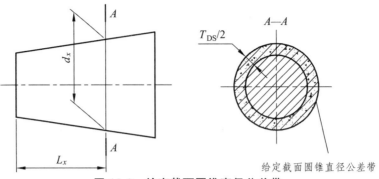

图 10.9　给定截面圆锥直径公差带

（5）圆锥公差的标注。

《技术制图　圆锥的尺寸和公差注法》（GB/T 15754—1995）规定，圆锥公差按**面轮廓度法**、**公称锥度法和公差锥度法**，优先推荐采用面轮廓度法，图 10.10（a）和图 10.11（a）所示为标注示例，图 10.10（b）和图 10.11（b）所示为它们的公差带。

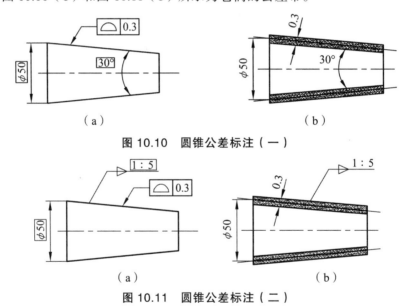

图 10.10　圆锥公差标注（一）

图 10.11　圆锥公差标注（二）

# 10.3　圆锥配合

## 10.3.1　圆锥配合的形成和类型

公称圆锥相同的内、外圆锥直径之间，由于结合不同所形成的相互关系称为圆锥配合。圆锥配合分为：

（1）具有间隙的配合称为**间隙配合**，主要用于有相对运动的圆锥配合中，如机床圆锥轴颈圆锥轴承衬套的配合。

（2）具有过盈的配合称为**过盈配合**。常用于定心传递转矩，如转头、铰刀的锥柄与机床主轴锥孔的配合。

（3）可能具有间隙或过盈的配合称为**过渡配合（紧密配合）**，常用于对中定心或密封，如内燃机中气阀与气阀座的配合。

圆锥配合的特征是通过相互结合的内、外圆锥轴向相对位置形成间隙或过盈。按其轴向位置不同，圆锥配合分为以下两种类型：

（1）结构型圆锥配合。

**结构型圆锥配合**是指由内、外圆锥的结构或基面距 $a$（相互配合的内外圆锥基面之间的距离）确定装配后的最终轴向位置而获得的配合。其配合形成的方式有两种：一是由内、外圆锥的结构确定装配后的位置而获得的配合，如图 10.12（a）所示有轴肩接触得到的间隙配合；二是由内、外圆锥基面距确定装配的最终位置获得的配合，图 10.12（b）所示为由结构尺寸 $a$ 获得的过盈配合。两种方式都可以得到间隙配合、过渡配合或过盈配合。

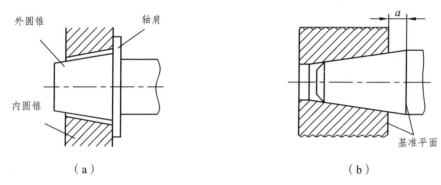

图 10.12　结构型圆锥配合

（2）位移型圆锥配合。

**位移型圆锥配合**是指通过调整内、外圆锥相对轴向位置的方法，以获得所需配合性质的圆锥配合。位移型圆锥配合的形成方式分两种：一是由图 10.13（a）表示的内、外圆锥在实际初始位置 $P_a$ 开始，内圆锥向左作轴向位移 $E_a$，到达终止位置 $P_f$ 而获得的间隙配合；二是图 10.13（b）表示的内、外圆锥由初始实际位置 $P_a$ 开始，施加一定的装配力 $F$，使内圆锥向右到达终止位置 $P_f$ 而获得的过盈配合，这种方式能得到过盈配合。

结构型圆锥配合由内、外圆锥直径公差带决定其配合性质；位移型圆锥配合的由内、外圆锥轴向位移（$E_a$）决定其配合性质，与圆锥的直径公差带无关。

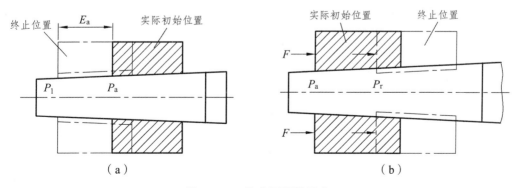

图 10.13　位移型圆锥配合

## 10.3.2　圆锥配合的精度设计

圆锥配合的精度设计，一般是在给出圆锥的基本参数后，根据圆锥配合的功能要求，选择确定直径公差，再确定两个极限圆锥。

### 10.3.2.1　结构型圆锥配合的设计

由于结构型圆锥配合轴向相对位置是固定的，其配合性质主要取决于内外圆锥的直径公差带，选择、计算和光滑圆柱的配合类同。

（1）基准制的确定：国标推荐优先采用基孔制。

（2）公差等级的确定：按《极限与配合》选取公差等级。由于结构型圆锥配合的直径公差带，直接影响间隙或过盈的变动，所以推荐内外圆锥直径公差不低于 IT9。

（3）配合的确定：当采用基孔制时，根据配合性质中允许的极限间隙或过盈，确定外圆锥的基本偏差，从而确定其配合。内外圆锥直径公差带代号和配合代号可按《产品几何技术规范（GPS）线性尺寸公差 ISO 代号体系 第 1 部分：公差、偏差和配合的基础》（GB/T 1800.1—2020）选定。

当圆锥配合的接触精度要求高时，可给出圆锥角公差和圆锥形状公差，其数值可从 GB/T 13319—2003 的表格中选取，但数值大小应小于圆锥直径公差。

### 10.3.2.2　位移型圆锥配合的设计

（1）圆锥直径公差带的确定：位移型圆锥的配合性质，是由初始位置开始的轴向位移决定，内外圆锥直径公差仅影响配合的接触精度和装配的初始位置，而不影响其配合性质，所以圆锥配合的基本偏差，国家标准推荐选用 H、h 或 JS、js。公差等级一般在 IT8I ~ T12 选取。

（2）配合性质的确定：位移型圆锥配合是通过给定结合的内、外圆锥的轴向位移或装配力来确定。轴向位移的大小决定配合间隙量或过盈量的大小。极限间隙或极限过盈通过计算法或类比法从 GB/T 1800.1—2020 给出的标准配合中选取，对于较重要的联结采用计算法。位移型圆锥配合的轴向位移的极限值（$E_{a\max}$、$E_{a\min}$）和位移公差（$T_E$）按下列公式计算。

间隙配合：

$$E_{a\max} = \frac{X_{\max}}{C}, \quad E_{a\min} = \frac{X_{\min}}{C} \tag{10.4}$$

$$T_E = E_{a\max} - E_{a\min} = \frac{1}{C}(X_{\max} - X_{\min}) \tag{10.5}$$

式中　$C$——锥度；

　　　$X_{\max}$——配合的最大间隙；

　　　$X_{\min}$——配合的最小间隙；

　　　$E_{a\max}$、$E_{a\min}$——最大、最小轴向位移；

　　　$T_E$——轴向位移公差。

过盈配合：

$$E_{a\max} = \frac{Y_{\max}}{C}, \quad E_{a\min} = \frac{Y_{\min}}{C} \tag{10.6}$$

$$T_{\mathrm{E}} = E_{a\max} - E_{a\min} = \frac{1}{C}\left|Y_{\max} - Y_{\min}\right| \tag{10.7}$$

式中　$C$——锥度；

　　　$Y_{\max}$——配合的最大过盈；

　　　$Y_{\min}$——配合的最小过盈。

### 10.3.3　圆锥配合的标注

按 GB/T 12306 标准中规定，相配合的圆锥应保证各配合件的径向和（或）轴向位置，具有相同的锥度或锥角。相配合的圆锥的公差注法如图 10.14 和图 10.15 所示。

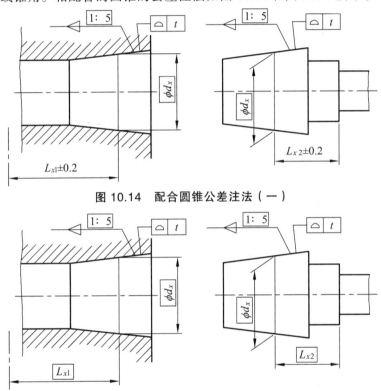

图 10.14　配合圆锥公差注法（一）

图 10.15　配合圆锥公差注法（二）

### 10.3.4　圆锥配合的精度设计举例。

【例 10-1】某铣床主轴轴端与齿轮孔连接，采用圆锥加平键的连接方式。公称圆锥直径：$D = \phi 90$ mm，锥度 $C = 1 : 15$。试确定此圆锥的配合及内、外圆锥的公差。

【解】此圆锥配合采用圆锥加平键的连接方式，主要靠平键传递转矩，因而圆锥面主要起定位作用，所以圆锥公差给出圆锥的公称圆锥角 $\alpha$（或锥度 $C$）和圆锥直径公差 $T_{\mathrm{D}}$，由 $T_{\mathrm{D}}$ 确定两个极限圆锥。锥角误差和圆锥形状误差应在极限圆锥所限定的区域。

（1）确定公差等级。圆锥直径的标准公差一般为 IT5～IT8，从满足使用要求和加工的经济性出发，外圆锥直径标准公差选 IT7，内圆锥直径标准公差则选 IT8。

（2）确定基准制。对于结构型圆锥配合，标准推荐优先采用基孔制，则内圆锥直径的基本偏差取 H，其公差带代号为 H8，即 $\phi 90H8(^{+0.054}_{0})$。

（3）确定圆锥配合。由圆锥直径误差的影响分析可知，为使内、外锥体配合时轴向位移量变化最小，圆锥外直径的基本偏差选 k 即可满足要求。外圆锥直径公差带代号为 k7，即 $\phi 90k7(^{+0.038}_{+0.003})$，如图 10.16 所示。

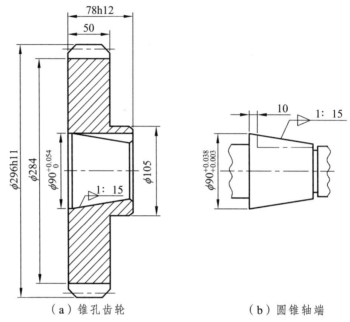

（a）锥孔齿轮　　　（b）圆锥轴端

图 10.16　圆锥联结

## 10.4　圆锥的检验

测量锥度的计量器具和测量方法很多，常用的检测方法有以下几种。

### 10.4.1　圆锥量规检验

**圆锥量规**用于检验内外锥体工件的锥度和基面距误差。检验内锥体用锥度塞规，检验外锥体用锥度环规。圆锥量规的结构形式如图 10.17 所示。

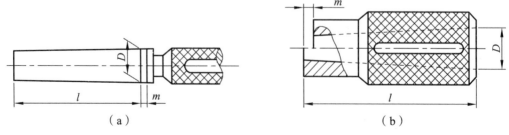

（a）　　　　　　　（b）

图 10.17　圆锥量规的结构形式

圆锥结合时，一般对锥度要求比对直径要求严，用圆锥量规检验工件时，应用涂色法检验工件的锥度。用涂色法检验锥度时，要求工件锥体表面接触靠近大端，接触长度不低于国标的规定：高精度工件为工作长度的 85%；精密工件为工作长度的 80%；普通工件为工作长度的 75%。

用圆锥量规检验工件的基面距误差时，在圆锥量规的大端或小端处有距离为 $m$ 的两条刻线或台阶，$m$ 为零件圆锥的基面距公差。测量时，若被测圆锥体端面在量规的两条刻线或台阶的两端面之间，则被检验圆锥体的基面距合格。

### 10.4.2　间接测量法

**间接测量法**指测量与被测角度有关的线值尺寸，通过计算出被测角度值。常用平板、量块、正弦尺、指示表和滚珠（或钢球）等计量器具组合成平台进行测量。正弦尺是锥度测量中常用的计量器具。其测量外锥的锥度如图 10.18 所示。测量前，按式（10.8），计算量块组的高度 $h$：

$$h = L \sin \alpha \qquad\qquad (10.8)$$

式中　$\alpha$——圆锥角；

　　　$L$——正弦尺两圆柱中心距。

然后按图 10.18 所示用百分表测量圆锥面上相距为 $l$ 的 $a$、$b$ 两点。由 $a$、$b$ 两点的读数差 $n$ 和 $a$、$b$ 两点的距离 $l$ 之比，即可求出锥度误差 $\Delta C$：

$$\Delta C = \frac{n}{l} (\text{rad}) \qquad\qquad (10.9)$$

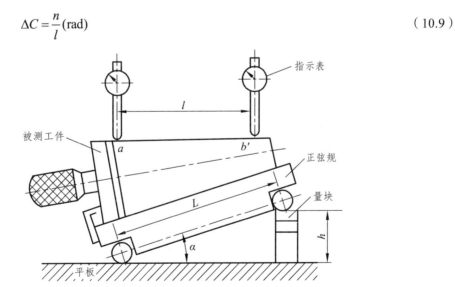

**图 10.18　用正弦尺测量外锥体**

如用锥角误差表示，可按下式近似计算：

$$\Delta \alpha = \Delta C \times 2 \times 10^5 = 2 \times 10^5 \times \frac{n}{l} \ (\text{s}) \qquad\qquad (10.10)$$

正弦尺无法测量的场合，可采用精密钢球和圆柱量规测量锥角。

### 10.4.3  直接测量法

直接测量法是直接从角度计量器上读出被测角度。对于精度不高的工件，常用万能角度尺（见图 10.19）测量；对于精度较高的工件，常用光学分度头（见图 10.20）、测角仪测量。还可采用三坐标测量机上直接测量内外锥体直径和锥角。

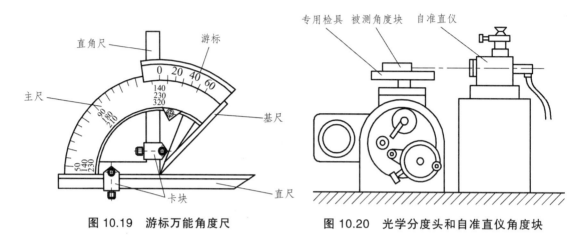

图 10.19　游标万能角度尺　　　　　　图 10.20　光学分度头和自准直仪角度块

角度和锥度的主要检测方法归纳如表 10.1 所示。

表 10.1　圆锥及角度的常用检测方法

| 检测方法 | 检测原理 | 常用器具 |
|---|---|---|
| 相对检测 | 将角度量具与被测角度相比较，用光隙法或涂色法估计出被测角度偏差，或判断是否在允许的公差范围内 | 角度量块、角度样板、圆锥量规等 |
| 绝对检测 | 直接从计量器具上读出被测角度的值 | 万能角度尺、工具显微镜、光学测角仪、光学分度头、三坐标等 |
| 间接检测 | 通过测量与锥度或角度有关的尺寸，按几何关系换算出被测的锥度或角度 | 正弦规、其他通用量具 |

附表 10.1　一般用途圆锥的锥度 $C$ 与圆锥角 $\alpha$（摘自 GB/T 157—2001）

| 基本值 | | 推算值 | | | 应用举例 |
|---|---|---|---|---|---|
| 系列 1 | 系列 2 | 锥角 $\alpha$ | | 锥角 $C$ | |
| 120° | | — | — | 1 : 0.288 675 | 节气阀、汽车、拖拉机阀门 |
| 90° | | — | — | 1 : 0.500 000 | 重型顶尖，中心孔，阀销椎体 |
| | 75° | — | — | 1 : 0.651 613 | 埋头螺钉，小于 10 的螺锥 |
| 60° | | — | — | 1 : 0.866 025 | 顶尖，中心孔，弹簧夹头，平衡块 |
| 45° | | — | — | 1 : 1.207 107 | 埋头、埋头铆钉 |
| 30° | | — | — | 1 : 1.866 025 | 摩擦轴节、弹簧卡头、平衡块 |
| 1 : 3 | | 18°55′28.7″ | 18.924 644° | — | 受力方向垂直于轴线易拆开的连接 |
| | 1 : 4 | 14°15′0.1″ | 14.250 033° | — | |

续附表

| 基本值 | | 推算值 | | | 应用举例 |
|---|---|---|---|---|---|
| 系列 1 | 系列 2 | 锥角 α | | 锥角 C | |
| 1:5 | | 11°25′16.3″ | 11.421 186° | — | 受力方向垂直于轴线的连接，锥形摩擦离合器、磨床主轴 |
| | 1:6 | 9°31′38.2″ | 9.527 283° | — | — |
| | 1:7 | 8°10′16.4″ | 8.171 324° | — | 重型机床顶尖，旋塞 |
| | 1:8 | 7°9′9.6″ | 7.152 669° | — | 重型机床主轴 |
| 1:10 | | 5°43′29.3″ | 5.724 810° | — | 受轴向力和扭矩力的连接处，主轴承受轴向力 |
| | 1:12 | 4°46′18.8″ | 4.771 888° | — | 滚动轴承的衬套 |
| | 1:15 | 3°49′15.9″ | 3.818 305° | — | 承受轴向力的机件，如机车十字头轴 |
| 1:20 | | 2°51′51.1″ | 2.864 192° | — | 机床主轴，刀具刀杆尾部，锥形铰刀，心轴 |
| 1:30 | | 1°54′34.9″ | 1.909 683° | — | 锥形铰刀，套式铰刀，扩孔钻的刀杆，主轴颈部 |
| 1:50 | | 1°8′45.2″ | 1.145 877° | — | 锥销，手柄端部，锥形铰刀，量具尾部 |
| 1:100 | | 34′22.6″ | 0.572 953° | — | 受静变负荷不拆开的连接件，如心轴等 |
| 1:200 | | 17′11.3″ | 0.286 478° | — | 导轨镶条，受震及冲击负荷不拆开的连接件 |
| 1:500 | | 6′52.5″ | 0.114 592° | — | |

**附表 10.2　特殊用途圆锥的锥度 C 与圆锥角 α（摘自 GB/T 157—2001）**

| 基本值 | 推算值 | | | 说明 |
|---|---|---|---|---|
| | 圆锥角 α | | 锥度 C | |
| 7:24 | 16°35′39.4″ | 16.594 290° | 1:3.428 571 | 机床主轴，工具配合 |
| 1:19.002 | 3°0′52.4″ | 3.014 554° | — | 莫氏锥度 NO.5 |
| 1:19.180 | 2°59′11.7″ | 2.986 590° | — | 莫氏锥度 NO.6 |
| 1:19.212 | 2°58′53.8″ | 2.981 618° | — | 莫氏锥度 NO.0 |
| 1:19.254 | 2°58′30.4″ | 2.975 117° | — | 莫氏锥度 NO.4 |
| 1:19.922 | 2°52′31.5″ | 2.875 401° | — | 莫氏锥度 NO.3 |
| 1:20.020 | 2°51′40.8″ | 2.861 332° | — | 莫氏锥度 NO.2 |
| 1:20.047 | 2°51′26.9″ | 2.857 480° | — | 莫氏锥度 NO.1 |

附表 10.3　圆锥角公差数值（摘自 GB/T 11334—2005）

| 基本圆锥长度 $L$/mm | | 圆锥角公差等级 | | | | | | | | |
|---|---|---|---|---|---|---|---|---|---|---|
| | | AT4 | | | AT5 | | | AT6 | | |
| | | $AT_\alpha$ | | $AT_D$ | $AT_\alpha$ | | $AT_D$ | $AT_\alpha$ | | $AT_D$ |
| 大于 | 至 | μrad | 秒 | μm | μrad | 秒 | μm | μrad | 秒 | μm |
| 16 | 25 | 125 | 26″ | >2.0 ~ 3.2 | 200 | 41″ | >3.2 ~ 5.0 | 315 | 1′05″ | >5.0 ~ 8.0 |
| 25 | 40 | 100 | 21″ | >2.5 ~ 4.0 | 160 | 33″ | >4.0 ~ 6.3 | 250 | 52″ | >6.3 ~ 10.0 |
| 40 | 63 | 80 | 16″ | >3.2 ~ 5.0 | 125 | 26″ | >5.0 ~ 8.0 | 200 | 41′ | >8.0 ~ 12.5 |
| 63 | 100 | 63 | 13″ | >4.0 ~ 6.3 | 100 | 21″ | >6.3 ~ 10.0 | 160 | 33″ | >10.0 ~ 16.0 |
| 100 | 160 | 50 | 10″ | >5.0 ~ 8.0 | 80 | 16″ | >8.0 ~ 12.5 | 125 | 26″ | >12.5 ~ 20.0 |

| 基本圆锥长度 $L$/mm | | 圆锥角公差等级 | | | | | | | | |
|---|---|---|---|---|---|---|---|---|---|---|
| | | AT7 | | | AT8 | | | AT9 | | |
| | | $AT_\alpha$ | | $AT_D$ | $AT_\alpha$ | | $AT_D$ | $AT_\alpha$ | | $AT_D$ |
| 大于 | 至 | μrad | 秒 | μm | μrad | 秒 | μm | μrad | 秒 | μm |
| 16 | 25 | 500 | 1′43″ | >8.0 ~ 12.5 | 800 | 2′45″ | >12.5 ~ 20.0 | 1250 | 4′18″ | >20 ~ 32 |
| 25 | 40 | 400 | 1′22″ | >10.0 ~ 16.0 | 630 | 2′10″ | >16.0 ~ 20.5 | 1000 | 3′26″ | >25 ~ 40 |
| 40 | 63 | 325 | 1′05″ | >12.5 ~ 20.0 | 500 | 1′43″ | >20.0 ~ 32.0 | 800 | 2′45′ | >32 ~ 50 |
| 63 | 100 | 250 | 52″ | >16.0 ~ 25.0 | 400 | 1′22″ | >25.0 ~ 40.0 | 630 | 2′10″ | >40 ~ 63 |
| 100 | 160 | 200 | 41″ | >20.0 ~ 32.0 | 315 | 1′05″ | >32.0 ~ 50.0 | 500 | 1′43″ | >50 ~ 80 |

# 小　结

1. 圆锥配合具有对中性好、加工精度高的特点。

2. 圆锥配合的形成有两种：结构型圆锥、位移型圆锥。前者由基面距 $a$ 得到圆锥间的间隙或过盈；后者由轴向位移 $E_a$ 得到圆锥间的间隙或过盈。

3. 圆锥公差项目包括：圆锥直径公差 $T_D$、给定截面圆锥直径公差 $T_{DS}$、圆锥角公差 AT 和圆锥的形状公差 $T_F$ 四个项目。

4. 圆锥公差给定方式有两种：一种是给出圆锥的公称圆锥角 $\alpha$（或锥度 $C$）和圆锥直径公差 $T_D$；另一种是给出给定圆锥截面直径公差 $T_{DS}$ 和圆锥角公差 AT。

5. 对圆锥工件的检验，批量生产时，用圆锥量规；单项或精密测量时用正弦规或光学分度头。

# 习　题

10-1　圆锥结合有哪些特点?

10-2　圆锥配合分为几类? 各适用于什么场合?

10-3　国家标准规定了哪几项圆锥公差? 对某一圆锥工件,是否需要将这些项目全部给出?

10-4　在选择圆锥直径公差时, 对结构型圆锥和位移型圆锥有什么不同?

10-5　一外圆锥的锥度 $C = 1:20$, 大端直径 $D = 20$ mm, 圆锥长度 $L = 60$ mm, 试求小端直径 $d$、圆锥角 $\alpha$。

10-6　相互结合的位移型内、外圆锥, 公称锥度 $C$ 为 $1:30$, 公称圆锥直径 $D = 60$ mm, 要求装配后得到 H7/u6 的配合性质。试计算极限轴向位移并确定轴向位移公差。

10-7　用圆锥塞规检验内锥,若接触斑点在塞规小端,说明工件的锥角偏差是正还是负?

10-8　常用的检验圆锥角（锥度）的方法有哪些?

# 第 11 章　渐开线圆柱齿轮的精度设计与检测

**【案例导入】**齿轮传动是机械传动中最主要的一类传动，主要用于传递运动和动力。齿轮传动的质量对机械产品的工作性能、承载能力、工作精度及使用寿命等都有很大的影响。图 11.1 所示为齿轮传动副。为了保证齿轮传动的质量和互换性，必须研究齿轮误差对使用性能的影响，探讨提高齿轮加工和测量精度的途径，并制定出相应的精度标准。

**图 11.1　齿轮传动副**

**【学习目标】**了解圆柱齿轮的使用要求，熟悉齿轮精度等级的规定，学会齿轮精度在图样上的标注；掌握单个齿轮和齿轮副各项精度指标，并能根据使用要求确定齿轮检验项目；能合理确定齿轮公差或极限偏差；掌握齿轮精度设计的内容和方法，掌握齿轮精度设计的要求、程序、方法和依据，具备初步进行齿轮精度设计的能力。

## 11.1　概　述

在机械产品中，齿轮是使用较广泛的传动元件，尤其是渐开线圆柱齿轮应用更为广泛。目前，随着科技水平的迅猛发展，对机械产品的自身质量，传递的功率和工作精度都提出了更高的要求，从而对齿轮传递的精度也提出了更高的要求。因此，研究齿轮偏差、精度标准及检测方法，对提高齿轮加工质量具有重要的意义。目前我国推荐使用的圆柱齿轮标准为：《圆柱齿轮　精度制》（GB/T 10095—2008），《圆柱齿轮　检验实施规范》（GB/Z 18620—2008），《渐开线圆柱齿轮精度　检验细则》（GB/T 13924—2008）。

### 11.1.1　齿轮传动的使用要求

各类齿轮都是用来传递运动或动力的，其使用要求因用途不同而异，但归纳起来主要为以下 4 个方面：

（1）传递运动的准确性。

传递运动的准确性是指齿轮在一转范围内，最大转角误差不超过一定的限度。齿轮转动一转过程中产生的最大转角误差用 $\Delta\varphi_\Sigma$ 来表示，如图 11.2 所示的一对齿轮，若主动轮的齿距没有误差，而从动齿轮存在如图所示的齿距不均匀时，则从动齿轮转动一转过程中将形成最大转角误差 $\Delta\varphi_\Sigma = 7°$，从而使速比相应产生最大变动量，导致传递运动不准确。

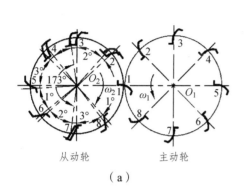

从动轮　　　　　　主动轮

（a）

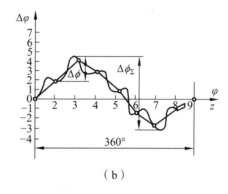

（b）

图 11.2　转角误差示意图

（2）传递运动的平稳性。

传递运动的平稳性是指要求齿轮在转一齿范围内，瞬时传动比变化不超过一定的范围。因为这一变化将会引起冲击、振动和噪声。它可以用转一齿过程中的最大转角误差 $\Delta\varphi$ 表示。如图 11.2（b）所示，与运动精度相比，它等于转角误差曲线上多次重复的小波纹的最大幅度值。

（3）载荷分布的均匀性。

载荷分布的均匀性是指要求一对齿轮在啮合时，工作齿面要保证接触良好，避免应力集中，减少齿面磨损，提高齿面强度和寿命。这项要求可用沿轮齿长和齿高方向上保证一定的接触区域来表示，如图 11.3 所示。齿轮的此项精度要求又称为接触精度。

（4）传动侧隙。

传动侧隙是指要求一对齿轮在啮合时，非工作齿面间应存在的间隙。如图 11.4 所示，法向侧隙 $j_{bn}$ 的存在是为了使齿轮传动更为灵活，可以储存润滑油、补偿齿轮的制造与安装误差以及热变形等所需的侧隙。否则，齿轮传动过程中会出现卡死或烧伤。在圆周方向的间隙为圆周侧隙 $j_{\omega t}$。

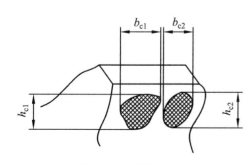

图 11.3　接触区域

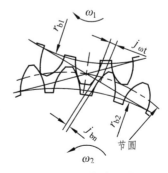

图 11.4　传动侧隙

　　上述前 3 项要求为对齿轮本身的精度要求，而第 4 项则是对齿轮副的要求，而且对不同用途的齿轮，提出的要求也不一样。对于机械制造业中常用的齿轮，如机床、通用减速器、汽车、拖拉机、内燃机车等用的齿轮，通常对上述前 3 项精度要求的高低程度都是差不多的，对用齿轮精度评定各项目可要求同样精度等级，这种情况在工程实践中是占大多数的。而有的齿轮，可能对上述前 3 项精度中的某一项有特殊功能要求，因此可对某项提出更高的要求。例如分度、读数机构中的齿轮，可对控制运动精度的项目提出更高的要求；航空发动机、汽轮机中的齿轮，因其转速高，传递动力也大，特别要求振动和噪音小，因此应对控制平稳性精度的项目提出高要求；轧钢机、起重机、矿山机械中的齿轮，属于低速动力齿轮，因而可对控制接触精度的项目要求高些。而对于齿侧间隙，无论何种齿轮，为了保证齿轮正常运转都必须规定合理的间隙大小，尤其是仪器仪表中的齿轮传动，保证合适的间隙尤为重要。

　　另外，为了降低齿轮的加工与检测成本，如果齿轮总是用一侧齿面工作，则可以对非工作齿面提出较低的精度要求。

## 11.1.2　齿轮加工误差的来源与分类

### 11.1.2.1　齿轮加工误差的来源

　　齿轮的加工方法很多，**按齿廓形成原理可分为仿形法和展成法**。仿形法可用成形铣刀在铣床上铣齿；展成法可用滚刀或插齿刀在滚齿机、插齿机上与齿坯作啮合滚切运动，加工出渐开线齿轮。齿轮通常采用展成法加工。

　　在各种齿轮加工方法中，齿轮的加工误差都来源于组成工艺系统的机床、夹具、刀具、齿坯等本身的误差及其安装、调整等误差。现以滚刀在滚齿机上加工齿轮为例（见图 11.5），分析加工误差的主要原因。

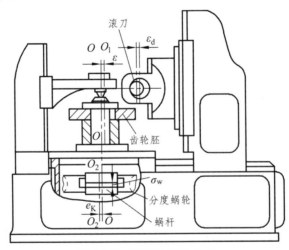

图 11.5　滚齿机加工齿轮

　　（1）几何偏心 $e_j$。

　　加工时，齿坯基准孔轴线 $O_1$ 与滚齿机工作台旋转轴线 $O$ 不重合而发生偏心称为几何偏心，其偏心量为 $e_j$。几何偏心的存在使得齿轮在加工工程中，齿坯相对于滚刀的距离发生变化，切出的齿一边短而肥、一边瘦而长。当以齿轮基准孔定位进行测量时，在齿轮一转内产生周期性的齿圈径向跳动误差，同时齿距和齿厚也产生周期性变化。

有几何偏心的齿轮装在传动机构中之后，就会引起每转为周期的速比变化，产生时快时慢的现象。对于齿坯基准孔较大的齿轮，为了消除此偏心带来的加工误差，工艺上有时采用液性塑料可胀心轴来安装齿坯。设计上，为了避免由于几何偏心带来的径向误差，齿轮基准孔和轴的配合一般采用过渡配合或过盈量不大的过盈配合。

（2）运动偏心 $e_k$。

运动偏心是由于滚齿机分度蜗轮加工误差和分度蜗轮轴线 $O_2$ 与工作台旋转轴线 $O$ 有安装偏心 $e_k$ 引起的。运动偏心的存在使齿坯相对于滚刀的转速不均匀，忽快忽慢，破坏了齿坯与刀具之间的正常滚切运动，而使被加工齿轮的齿廓在切线方向上产生了位置误差。这时，齿廓在径向位置上没有变化。这种偏心，一般称为运动偏心，又称为切向偏心。

（3）机床传动链的高频误差。

直齿轮在加工时，受分度传动链传动误差 $e_\omega$（主要是分度蜗杆的径向跳动和轴向窜动）的影响，蜗轮（齿坯）在一周范围内转速发生多次变化，加工出的齿轮产生齿距偏差和齿形误差。斜齿轮在加工时，除了分度传动链误差外，还受差动传动链传动误差的影响。

（4）滚刀的安装误差和加工误差。

滚刀的安装偏心 $e_d$ 使被加工齿轮产生径向误差。滚刀刀架导轨或齿坯轴线相对于工作台旋转轴线的倾斜及轴向窜动，使滚刀的进刀方向与轮齿的理论方向不一致，直接造成齿面沿轴向方向歪斜，产生齿向误差。

滚刀的加工误差主要指滚刀的径向跳动、轴向窜动和齿形角误差等，它们将使加工出来的齿轮产生基节偏差和齿形误差。

### 11.1.2.2　齿轮加工误差的分类

（1）齿轮误差按其表现特征可分为以下 4 类。

① 齿廓误差：指加工出来的齿廓不是理论的渐开线。其原因主要有刀具本身的切削刃轮廓误差及齿形角误差、滚刀的轴向窜动和径向跳动、齿坯的径向跳动以及在每转一齿距角内转速不均等。

② 齿距误差：指加工出来的齿廓相对于工件的旋转中心分布不均匀。其原因主要有齿坯安装偏心、机床分度蜗轮齿廓本身分布不均匀及其安装偏心等。

③ 齿向误差：指加工后的齿面沿齿轮轴线方向的形状和位置误差。其原因主要有刀具进给运动的方向偏斜、齿坯安装偏斜等。

④ 齿厚误差：指加工出来的轮齿厚度相对于理论值在整个齿圈上不一致。其原因主要有刀具的铲形面相对于被加工齿轮中心的位置误差、刀具齿廓的分布不均匀等。

（2）齿轮误差按其方向特征可分为以下 3 类（见图 11.6）。

① 径向误差：沿被加工齿轮直径方向（齿高方向）的误差。由切齿刀具与被加工齿轮之间径向距离的变化引起。

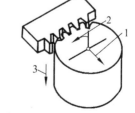

1—径向误差；2—切向误差；
3—轴向误差。

**图 11.6　齿轮加工误差**

　　② 切向误差：沿被加工齿轮圆周方向（齿厚方向）的误差，由切齿刀具与被加工齿轮之间分齿滚切运动误差引起。

　　③ 轴向误差：沿被加工齿轮轴线方向（齿向方向）的误差，由切齿刀具沿被加工齿轮轴线移动的误差引起。

　　（3）齿轮误差按其周期或频率特征可分为以下 2 类。

　　① 长周期误差：在被加工齿轮转过一周的范围内，误差出现一次最大和最小值，如由偏心引起的误差。长周期误差也称低频误差。

　　② 短周期误差：在被加工齿轮转过一周的范围内，误差曲线上的峰、谷多次出现，如由滚刀的径向跳动引起的误差。短周期误差也称高频误差。

　　当齿轮只有长周期误差时，其误差曲线如图 11.7（a）所示，将产生运动不均匀，是影响齿轮运动准确性的主要误差；但在低速情况下，其传动还是比较平稳的。

　　当齿轮只有短周期误差时，其误差曲线如图 11.7（b）所示，这种在齿轮一转中多次重复出现的高频误差将引起齿轮瞬时传动比的变化，使齿轮传动不平稳，在高速运转中，将产生冲击、振动和噪声。因而，对这类误差必须加以控制。

　　实际上，齿轮运动误差是一条复杂的周期函数曲线，如图 11.7（c）所示，它既包含有长周期误差，也包含有短周期误差。

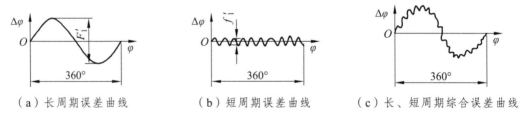

（a）长周期误差曲线　　　　　（b）短周期误差曲线　　　　（c）长、短周期综合误差曲线

**图 11.7　齿轮的周期性误差**

　　齿轮误差的存在会使齿轮的各设计参数发生变化，影响传动质量。为此，国家出台和实施了新标准：《渐开线圆柱齿轮精度第 1 部分：轮齿同侧齿面偏差的定义和允许值》（GB/T 10095.1—2001）和《渐开线圆柱齿轮精度第 2 部分：径向综合偏差与径向跳动的定义和允许值》（GB/T 10095.2—2001）。并把有关齿轮检测方法的说明和建议以指导性技术文件的形式，与 GB/T 10095 的第 1 部分和第 2 部分一起，组建了一个具有标准性和指导性的技术文件体系。

# 11.2　单个齿轮的评定指标及其检测

## 11.2.1　传递运动准确性的检测项目

### 11.2.1.1　切向综合总偏差 $F_i'$

　　切向综合总偏差 $F_i'$ 是指被测齿轮与测量齿轮单面啮合时，被测齿轮一转内，齿轮分度圆上实际圆周位移与理论圆周位移的最大差值，如图 11.8 所示。

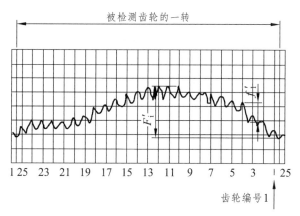

**图 11.8　切向综合总偏差 $F_i'$**

切向综合总偏差 $F_i'$ 反映齿轮一转中的转角误差，说明齿轮运动的不均匀性，在一转过程中，其转速忽快忽慢，做周期性的变化。

切向综合总偏差既反映切向误差又反映径向误差，是评定齿轮运动准确性较为完善的综合性指标。当切向综合总误差小于或等于所规定的允许值时，表示齿轮可以满足传递运动准确性的使用要求。

测量切向综合总偏差 $F_i'$，可在单啮仪上进行。被测齿轮在适当的中心距下（有一定的侧隙）与测量齿轮单面啮合，同时要加上一轻微而足够的载荷。根据比较装置的不同，单啮仪可分为机械式、光栅式、磁分度式和地震仪式等。图 11.9 所示为光栅式单啮仪的工作原理图。

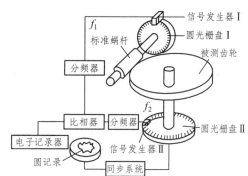

**图 11.9　光栅式单啮仪工作原理**

它是由两光栅盘建立标准传动，被测齿轮与标准蜗杆单面啮合组成实际传动。仪器的传动链是：电动机通过传动系统带动标准蜗杆和圆光栅盘Ⅰ转动，标准蜗杆带动被测齿轮及其同轴上的圆光栅盘Ⅱ转动。

圆光栅盘Ⅰ和圆光栅盘Ⅱ分别通过信号发生器Ⅰ和Ⅱ将标准蜗杆和被测齿轮的角位移转变成电信号，并根据标准蜗杆的头数 $K$ 及被测齿轮的齿数 $Z$，通过分频器将高频电信号 $f_1$ 作 $Z$ 分频，低频电信号 $f_2$ 作 $K$ 分频，于是将圆光栅盘Ⅰ和圆光栅盘Ⅱ发出的脉冲信号变为同频信号。

当被测齿轮有误差时将引起被测齿轮的回转角误差，此回转角的微小角位移误差变为两电信号的相位差，两电信号输入比相器进行比相后输出，再输入电子记录器记录，便可得出被测齿轮误差曲线，最后根据定标值读出误差值。

### 11.2.1.2　齿距累积总偏差 $F_p$

齿距累积偏差 $F_{pk}$ 是指在端平面上，在接近齿高中部的与齿轮轴线同心的圆上，任意 $k$ 个齿距的实际弧长与理论弧长的代数差，如图 11.10 所示。理论上，它等于这 $k$ 个齿距的各单个齿距偏差的代数和。除另有规定，齿距累积偏差 $F_{pk}$ 值被限定在不大于 1/8 的圆周上评定。因此，$F_{pk}$ 的允许值适用于齿距数 $k$ 为 2 到小于 $Z/8$ 的弧段内。通常，$F_{pk}$ 取 $k = Z/8$ 就足够了，如果对于特殊的应用（如高速齿轮）还需检验较小弧段，并规定相应的 $k$ 值。齿距累积总偏差 $F_p$ 是指齿轮同侧齿面任意弧段（$K = 1 \sim Z$）内的最大齿距累积偏差，它表现为齿距累积偏差曲线的总幅值，如图 11.10 所示。

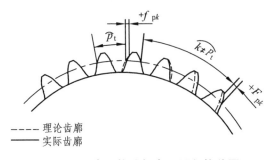

图 11.10   齿距偏差与齿距累积偏差图

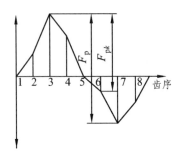

图 11.11   齿距累积总偏差 $F_p$

齿距累积总偏差能反映齿轮一转中偏心误差引起的转角误差，故齿距累积总误差可代替切向综合总偏差 $F'_i$ 作为评定齿轮传递运动准确性的项目。但齿距累积总偏差只是有限点的误差，而切向综合总偏差可反映齿轮每瞬间传动比的变化。显然，齿距累积总偏差 $F_p$ 在反映齿轮传递运动准确性时不及切向综合总偏差 $F'_i$ 那样全面。因此，齿距累积总偏差 $F_p$ 仅作为切向综合总偏差 $F'_i$ 的代用指标。

齿距累积总偏差 $F_p$ 和齿距累积偏差 $F_{pk}$ 的测量可分为绝对测量和相对测量。其中，以相对测量应用最广，中等模数的齿轮多采用这种方法。测量仪器有齿距仪（可测 7 级精度以下齿轮，见图 11.12）和万能测齿仪（可测 4~6 级精度齿轮，见图 11.13）。这种相对测量是以齿轮上任意一齿距为基准，把仪器指示表调整为零，然后依次测出其余各齿距相对于基准齿距之差，称为相对齿距偏差。然后将相对齿距偏差逐个累加，计算出最终累加值的平均值，并将平均值的相反数与各相对齿距偏差相加，获得绝对齿距偏差（实际齿距相对于理论齿距之差）。最后再将绝对齿距偏差累加，累加值中的最大值与最小值之差即为被测齿轮的齿距累积总偏差 $F_p$。$K$ 个绝对齿距偏差的代数和则是 $k$ 个齿距的齿距累积偏差 $F_{pk}$。

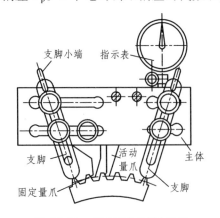

图 11.12   用齿距仪测量齿距

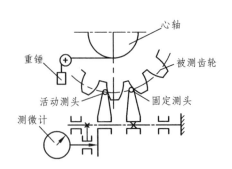

图 11.13   万能测齿仪测量齿距

相对测量按其定位基准不同，可分为以齿顶圆、齿根圆和孔为定位基准的三种测量方式，如图 11.14 所示。采用齿顶圆作为定位基准时，由于齿顶圆相对于齿圈中心可能有偏心，将引起测量误差。用齿根圆作为定位基准时，由于齿根圆与齿圈同时切出，不会因偏心而引起测量误差。在万能测齿仪上进行测量，可用齿轮的装配基准孔作为测量基准，则可免除因定位误差造成的测量误差。

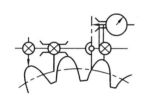

（a）以齿顶圆为定位基准的
相对测量

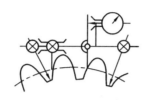

（b）以齿根圆为定位基准的
相对测量

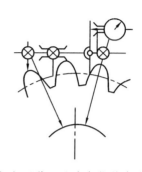

（c）以装配孔为定位基准的
相对测量

图 11.14　测量齿距

### 11.2.1.3　径向跳动 $F_r$

径向跳动 $F_r$ 是指测头（球形、圆柱形、砧形）相继置于被测齿轮的每个齿槽内时，从它到齿轮轴线的最大和最小径向距离之差。

径向跳动可用齿圈径向跳动测量仪进行测量，测头做成球形或圆锥形插入齿槽中，也可做成 V 形测头卡在轮齿上，如图 11.15 所示；与齿高中部双面接触，被测齿轮一转所测得的相对于轴线径向距离的总变动幅度值，即是齿轮的径向跳动，如图 11.16 所示。该图中，偏心量是径向跳动 $F_r$ 的一部分。

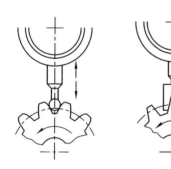

图 11.15　齿圈径向跳动测量仪测量图

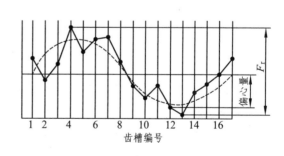

齿槽编号

图 11.16　齿轮的径向跳动

由于径向跳动的测量是以齿轮孔的轴线为基准，只反映径向误差，齿轮一转中最大误差只出现一次，是长周期误差，它仅作为影响传递运动准确性中属于径向性质的单项性指标。因此，采用这一指标必须与能揭示切向误差的单项性指标组合，才能有效评定传递运动的准确性。

### 11.2.1.4　径向综合总偏差 $F_i''$

径向综合总偏差 $F_i''$ 是指在径向（双面）综合检测时，被测齿轮的左右齿面同时与测量齿轮接触，并转过一整圈（转）时出现的中心距最大值和最小值之差，如图 11.17 所示。

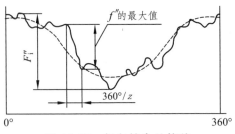

**图 11.17　径向综合总偏差**

　　径向综合总偏差 $F_i''$ 是在齿轮双面啮合综合检测仪上进行测量的，如图 11.18 所示。将被测齿轮与基准齿轮分别安装在双面啮合检测仪的两平行心轴上，在弹簧作用下，两齿轮作紧密无侧隙的双面啮合。使被测齿轮回转一周，被测齿轮一转中指示表的最大读数差值（即双啮中心距的总变动量）即为被测齿轮的径向综合总偏差 $F_i''$。由于其中心距变动主要反映径向误差，也就是说径向综合总偏差 $F_i''$ 主要反映径向误差，它可代替径向跳动 $F_r$，并且可综合反映齿形、齿厚均匀性等误差在径向上的影响。因此径向综合总偏差 $F_i''$ 也是作为影响传递运动准确性指标中属于径向性质的单项性指标。

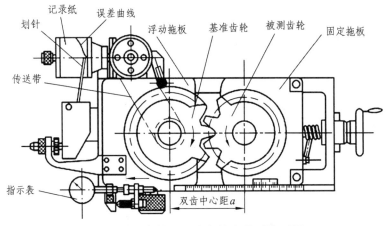

**图 11.18　齿轮双面啮合综合检测仪测量**

　　用齿轮双面啮合综合检查仪测量径向综合总偏差 $F_i''$，测量状态与齿轮的工作状态不一致时，测量结果同时受左、右两侧齿廓和测量齿轮的精度以及总重合度的影响，不能全面地反映齿轮运动准确性要求。由于仪器测量时的啮合状态与切齿时的状态相似，能够反映齿轮坯和刀具的安装误差，且该仪器结构简单、环境适应性好、操作方便、测量效率高，故在大批量生产中常用此项指标检测产品的达标率。

### 11.2.1.5　公法线长度变动$\Delta F_w$

　　公法线即基圆的切线。渐开线圆柱齿轮的公法线长度 $W$ 是指跨越 $k$ 个齿的两异侧齿廓的平行切线间的距离，理想状态下公法线应与基圆相切。公法线长度变动$\Delta F_w$ 是指在齿轮一周范围内，实际公法线长度最大值与最小值之差，即$\Delta F_w = W_{max} - W_{min}$，如图 11.19 所示。GB/T 10095.1 和 GB/T 10095.2 均无此定义。考虑到该评定指标的实用性和科研工作的需要，对其评定理论和测量方法下面加以介绍。

公法线长度变动 $\Delta F_w$ 一般可用公法线千分尺或在万能测齿仪上进行测量。公法线千分尺是用相互平行的圆盘测头，插入齿槽中进行公法线长度变动的测量，如图 11.20 所示。

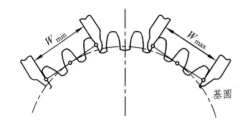

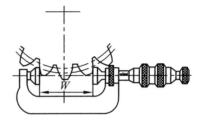

图 11.19　公法线长度变动图　　　　　　图 11.20　公法线长度变动的测量

若被测齿轮轮齿分布疏密不均，则实际公法线的长度就会有变动。但公法线长度变动的测量不是以齿轮基准孔轴线作为基准，它只反映齿轮加工时的切向误差，不能反映齿轮的径向误差。在影响传递运动准确性指标中，公法长度变动 $\Delta F_w$ 属于切向性质的单项性指标。

必须注意，测量时应使量具的量爪测量面与轮齿的齿高中部接触。为此，测量所跨的齿数 $n$ 应按下式计算，即

$$n = \frac{z}{9} + 0.5 \quad (n \text{ 取相近的整数}) \tag{11.1}$$

综上所述，影响传递运动准确性的误差，为齿轮一转中出现一次的长周期误差，主要包括径向误差和切向误差。评定传递运动准确性的指标中，能同时反映径向误差和切向误差的综合性指标有：切向综合总偏差 $F_i'$、齿距累积总偏差 $F_p$（齿距累积偏差 $F_{pk}$）；只反映径向误差或切向误差两者之一的单项指标有：径向跳动 $F_r$、径向综合总偏差 $F_i''$ 和公法线长度变动 $\Delta F_w$。使用时，可选用一个综合性指标，也可选用两个单项性指标的组合（径向指标与切向指标各选一个）来评定，才能全面反映对传递运动准确性的影响。

## 11.2.2　传动工作平稳性的检测项目

### 11.2.2.1　一齿切向综合偏差 $f_i'$

一齿切向综合偏差 $f_i'$ 是指齿轮在一个齿距角内的切向综合总偏差，即在切向综合总偏差记录曲线上小波纹的最大幅度值，如图 11.5 所示。一齿切向综合偏差是 GB/T 10095.1 规定的检验项目，但不是必检项目。

齿轮每转过一个齿距角，都会引起转角误差，即出现许多小的峰谷。在这些短周期误差中，峰谷的最大幅度值即为一齿切向综合偏差 $f_i'$。$f_i'$ 既反映了短周期的切向误差，又反映了短周期的径向误差，是评定齿轮传动平稳性较全面的综合性指标。

一齿切向综合偏差 $f_i'$ 是在单面啮合综合检测仪在测量切向综合总偏差的同时测出的。

### 11.2.2.2　一齿径向综合偏差 $f_i''$

一齿径向综合偏差 $f_i''$ 是指当被测齿轮与测量齿轮啮合一整圈时，对应一个齿距（$360°/z$）

的径向综合偏值。即在径向综合总偏差记录曲线上小波纹的最大幅度值，如图 11.14 所示，其波长常为齿距角。一齿径向综合偏差是 GB/T 10095.2 规定的检验项目。

一齿径向综合偏差 $f''_i$ 也反映齿轮的短周期误差，但与一齿切向综合偏差 $f'_i$ 是有差别的。$f''_i$ 只反映刀具制造和安装误差引起的径向误差，而不能反映机床传动链短周期误差引起的周期切向误差。因此，用一齿径向综合偏差评定齿轮传动的平稳性不如用一齿切向综合偏差评定完善。但由于双啮仪结构简单，操作方便，在成批生产中仍广泛采用，所以一般用一齿径向综合偏差作为评定齿轮传动平稳性的代用综合指标。

一齿径向综合偏差 $f''_i$ 是双面啮合综合检测仪在测量径向综合总偏差的同时测出的。

### 11.2.2.3　齿廓偏差

齿廓偏差是指实际齿廓对设计齿廓的偏离量，它在端平面内且垂直于渐开线齿廓的方向计值。

（1）齿廓总偏差 $F_\alpha$。齿廓总偏差是指在计值范围内，包容实际齿廓的两条设计齿廓迹线间的距离，如图 11.21（a）所示。

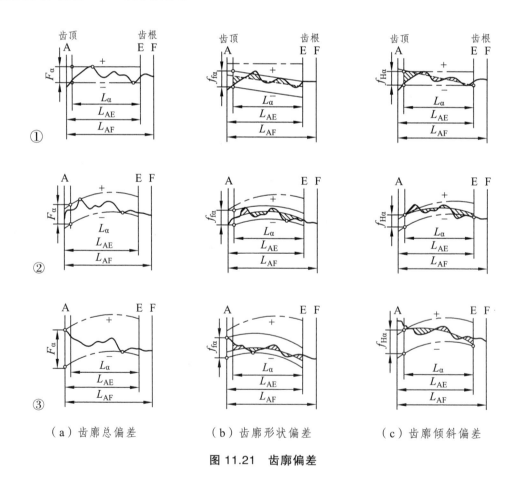

（a）齿廓总偏差　　　　　（b）齿廓形状偏差　　　　　（c）齿廓倾斜偏差

**图 11.21　齿廓偏差**

（2）齿廓形状偏差 $f_{f\alpha}$。齿廓形状偏差是指在计值范围内，包容实际齿廓迹线的两条与平均齿廓迹线完全相同的曲线间的距离，且两条曲线与平均齿廓迹线的距离为常数，如图 11.21（b）所示。

（3）齿廓倾斜偏差 $f_{H\alpha}$。齿廓倾斜偏差是指在计值范围内，两端与平均齿廓迹线相交的两条设计齿廓迹线间的距离，如图 11.21（c）所示。

齿廓偏差的存在，使两齿面啮合时产生传动比的瞬时变动。如图 11.22 所示，两理想齿廓应在啮合线上的 a 点接触，由于齿廓偏差，使接触点由 a 变到 a′，引起瞬时传动比的变化，这种接触点偏离啮合线的现象在一对轮齿啮合转齿过程中要多次发生，其结果使齿轮一转内的传动比发生了高频率、小幅度地周期性变化，产生振动和噪声，从而影响齿轮运动的平稳性。因此，齿廓偏差是影响齿轮传动平稳性中属于转齿性质的单项性指标。它必须与揭示换齿性质的单项性指标组合，才能评定齿轮传动平稳性。

①　设计齿廓：未修形的渐开线；实际齿廓；在减薄区内具有偏向体内的负偏差。

②　设计齿廓：修形的渐开线；实际齿廓；在减薄区内具有偏向体内的负偏差。

③　设计齿廓：修形的渐开线；实际齿廓；在减薄区内具有偏向体外的正偏差。

渐开线齿轮的齿廓总误差，可在专用的单圆盘渐开线检查仪上进行测量，其工作原理如图 11.23 所示。被测齿轮与一直径等于该齿轮基圆直径的基圆盘同轴安装，当用手轮移动纵拖板时，直尺与由弹簧力紧压其上的基圆盘互作纯滚动，位于直尺边缘上的量头与被测齿廓接触点相对于基圆盘的运动轨迹是理想渐开线。若被测齿廓不是理想渐开线，测量头摆动经杠杆在指示表上读出其齿廓总偏差。

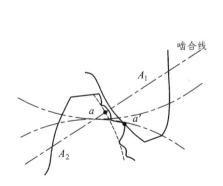

图 11.22　齿廓偏差对传动的影响

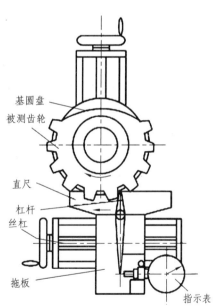

图 11.23　单圆盘渐开线检查仪的工作原理

单圆盘渐开线检查仪结构简单，传动链短，若装调适当，可获得较高的测量精度。但测量不同基圆直径的齿轮时，必须配换与其直径相等的基圆盘。所以，这种单圆盘渐开线检查仪适用于产品比较固定的场合。对于批量生产的不同基圆半径的齿轮，可在通用基圆盘式渐开线检测仪上测量，而不需要更换基圆盘。

### 11.2.2.4　基圆齿距偏差 $f_{pb}$

基圆齿距偏差 $f_{pb}$ 是指实际基节与公称基节的代数差，如图 11.24 所示。

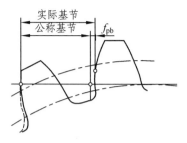

GB/T 10095.1 中没有定义评定参数基圆齿距偏差，而在 GB/Z 18620.1 中给出了这个检测参数。齿轮副正确啮合的基本条件之一是两齿轮的基圆齿距必须相等。而基圆齿距偏差的存在会引起传动比的瞬时变化，即从上一对轮齿换到下一对轮齿啮合的瞬间发生碰撞、冲击，影响传动的平稳性，如图 11.25 所示。

**图 11.24　基圆齿距偏差**

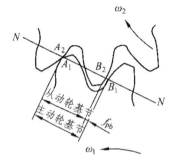

（a）主动轮基圆齿距大于从动轮基圆齿距

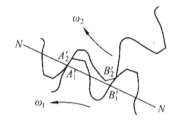

（b）主动轮基圆齿距小于从动轮基圆齿距

**图 11.25　基圆齿距偏差对传动平稳性的影响**

当主动轮基圆齿距大于从动轮基圆齿距时，如图 11.25（a）所示。第一对齿 $A_1$、$A_2$ 啮合终止时，第二对齿 $B_1$、$B_2$ 尚未进入啮合。此时，$A_1$ 的齿顶将沿着 $A_2$ 的齿根"刮行"（顶刃啮合），发生啮合线外的啮合，使从动轮突然降速，直到 $B_1$ 和 $B_2$ 齿进入啮合时，使从动轮又突然加速。因此，从一对齿啮合过渡到下一对齿啮合的过程中，瞬间传动比产生变化，引起冲击，产生振动和噪声。

当主动轮基圆齿距小于从动轮基圆齿距时，如图 11.25（b）所示。第一对齿 $A_1'$、$A_2'$ 的啮合尚未结束，第二对齿 $B_1'$、$B_2'$ 就已开始进入啮合。此时，$B_2'$ 的齿顶反向撞向 $B_1'$ 的齿腹，使从动轮突然加速，强迫 $A_1'$ 和 $A_2'$ 脱离啮合。$B_2'$ 的齿顶在 $B_1'$ 的齿腹上"刮行"，同样产生顶刃啮合。直到 $B_1'$ 和 $B_2'$ 进入正常啮合，恢复正常转速时为止。这种情况比前一种更坏，因为冲击力与运动方向相反，故引起更大的振动和噪声。

上述两种情况都在轮齿替换啮合时发生，在齿轮一转中多次重复出现，影响传动平稳性。因此，基圆齿距偏差可作为评定齿轮传动平稳性中属于换齿性质的单项性指标。它必须与反映转齿性质的单项性指标组合，才能评定齿轮传动平稳性。

基圆齿距偏差 $f_{pb}$ 通常采用基节检测仪进行测量，可测量模数为 2 ~ 16 mm 的齿轮，如图 11.26（a）所示。活动量爪的另一端经杠杆系统和与指示表相连，旋转微动螺杆可调节固定量爪的位置。利用仪器附件（如组合量快），按被测齿轮基节的公称值 $P_b$ 调节活动量爪与固定量爪之间的距离，并使指示表对零。测量时，将固定量爪和辅助支脚插入相邻齿槽，如图 11.26（b）所示，利用螺杆调节支脚的位置，使它们与齿廓接触，借以保持测量时量爪的位置稳定。摆动检测仪，两相邻同侧齿廓间的最短距离即为实际基节（指示表指示出实际基节对公称基节之差）。在相隔 120°处对左右齿廓进行测量，取所有读数中绝对值最大的数作为被测齿轮的基圆齿距偏差 $f_{pb}$。

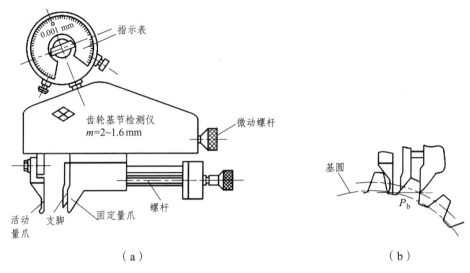

图 11.26　齿轮基节检测仪

### 11.2.2.5　单个齿距偏差 $f_{pt}$

单个齿距偏差 $f_{pt}$ 是指在端平面上，在接近齿高中部的一个与齿轮轴线同心的圆上，实际齿距与理论齿距的代数差，如图 11.27 所示。单个齿距偏差 $f_{pt}$ 是 GB/T 10095.1—2008 规定的评定齿轮几何精度的基本参数。

单个齿距偏差 $f_{pt}$ 在某种程度上反映基圆齿距偏差 $f_{pt}$ 或齿廓形状偏差 $f_{f\alpha}$ 对齿轮传动平稳性的影响，故单个齿距偏差 $f_{pt}$ 可作为齿轮传动平稳性的单项性指标。

单个齿距偏差 $f_{pt}$ 也用齿距检测仪测量，在测量齿距累积总偏差的同时，可得到单个齿距偏差值。用相对法测量时，理论齿距是指在某一测量圆周上对各齿测量得到的所有实际齿距的平均值。在测得的各个齿距偏差中，可能出现正值或负值，以其最大数字的正值或负值作为该齿轮的单个齿距偏差值。

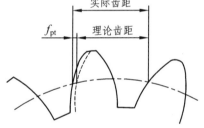

图 11.27　单个齿距偏差

综上所述，影响齿轮传动平稳性的误差，为齿轮一转中多次重复出现的短周期误差，主要包括转齿误差和换齿误差。评定传递运动平稳性的指标中，能同时反映转齿误差和换齿误差的综合性指标有：一齿切向综合偏差 $f_i'$、一齿径向综合偏差 $f_i''$；只反映转齿误差或换齿误差两者之一的单项指标有：齿廓偏差、基圆齿距偏差 $f_{pb}$ 和单个齿距偏差 $f_{pt}$。使用时，可选用一个综合性指标，也可选用两个单项性指标的组合（转齿指标与换齿指标各选一个）来评定，这样才能全面反映对传递运动平稳性的影响。

## 11.2.3　载荷分布均匀性的检测项目

螺旋线偏差是指在端面基圆切线方向上测得的实际螺旋线偏离设计螺旋线的量。

（1）螺旋线总偏差 $F_\beta$。

**螺旋线总偏差**是指在计值范围内，包容实际螺旋线迹线的两条设计螺旋线迹线间的距离，如图 11.28（a）所示。

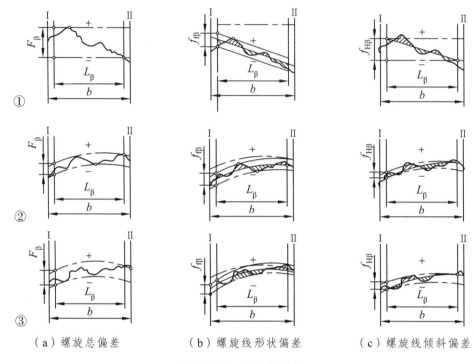

（a）螺旋总偏差　　　　　（b）螺旋线形状偏差　　　　　（c）螺旋线倾斜偏差

图 11.28　螺旋线偏差

（2）螺旋线形状偏差 $f_{f\beta}$。

**螺旋线形状偏差**是指在计值范围内，包容实际螺旋线迹线的两条与平均螺旋线迹线完全相同的曲线间的距离，且两条曲线与平均螺旋线迹线的距离为常数，如图 11.28（b）所示。

（3）螺旋线倾斜偏差 $f_{H\beta}$。

**螺旋线倾斜偏差**是指在计值范围的两端与平均螺旋线迹线相交的设计螺旋线迹线间的距离，如图 11.28（c）所示。

由于实际齿线存在形状误差和位置误差，使两齿轮啮合时的接触线只占理论长度的一部分，从而导致载荷分布不均匀。螺旋线总偏差是齿轮的轴向误差，是评定载荷分布均匀性的单项性指标。

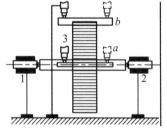

图 11.29　用小圆柱测量螺旋线总偏差

螺旋线总偏差的测量方法有展成法和坐标法。展成法的测量仪器有单盘式渐开线螺旋检测仪、分级圆盘式渐开线螺旋检测仪、杠杆圆盘式通用渐开线螺旋检测仪以及导程仪等。坐标法的测量仪器有螺旋线样板检测仪、齿轮测量中心以及三坐标测量机等。而直齿圆柱齿轮的螺旋线总偏差的测量较为简单，图 11.29 即为用小圆柱测量螺旋线总偏差的原理图。被测齿轮装在心轴上，心轴装在两顶针座或等高的 V 形块上，在齿槽内放入小圆柱，以检测平板作基面，用指示表分别测小圆柱在水平方向和垂直方向两端的高度差。此高度差乘上 $B/L$（$B$

为齿宽，L 为圆柱长）即近似为齿轮的螺旋线总偏差。为避免安装误差的影响应在相隔 180°
的两齿槽中分别测量，取其平均值作为测量结果。

## 11.2.4　影响侧隙的单个齿轮因素及其检测

### 11.2.4.1　齿厚偏差 $f_{sn}$

齿厚偏差 $f_{sn}$ 是指在齿轮的分度圆柱面上，齿厚的实际值与公称值之差，如图 11.30 所示。
对于斜齿轮，指法向齿厚。该评定指标由 GB/Z 18620.2—2002 推荐。齿厚偏差是反映齿轮副
侧隙要求的一项单项性指标。

齿轮副的侧隙一般是用减薄标准齿厚的方法来获得。为了获得适当的齿轮副侧隙，规定
用齿厚的极限偏差来限制实际齿厚偏差，即 $E_{sni}<f_{sn}<E_{sns}$。一般情况下，$E_{sns}$ 和 $E_{sni}$ 分别为齿
厚的上下偏差，且均为负值。

按照定义，齿厚是指分度圆弧齿厚，为了测量方便常以分度圆弦齿厚计值。图 11.31 所
示为用齿厚游标卡尺测量分度圆弦齿厚的情况。测量时，以齿顶圆作为测量基准，通过调整
纵向游标卡尺来确定分度圆的高度 $h$；再从横向游标尺上读出分度圆弦齿厚的实际值 $S_a$。对
于标准圆柱齿轮，分度圆高度 $h$ 及分度圆弦齿厚的公称值 $S$ 用下式计算，即

$$\bar{h}_a = m + \frac{zm}{2}\left[1-\cos\left(\frac{90°}{z}\right)\right] \tag{11.2}$$

$$\bar{S} = zm\sin\frac{90°}{2} \tag{11.3}$$

$$f_{sn} = S_a - S \tag{11.4}$$

式中，$m$ 为齿轮模数；$z$ 为齿数。

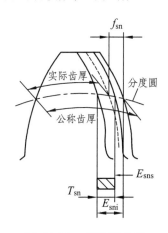

图 11.30　齿厚偏差图

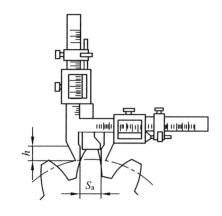

图 11.31　齿厚偏差的测量

由于用齿厚游标卡尺测量时，对测量技术要求高，测量精度受齿顶圆误差的影响，测量
精度不高，故它仅用在公法线千分尺不能测量齿厚的场合，如大螺旋角斜齿轮、锥齿轮、大
模数齿轮等。测量精度要求高时，分度圆高度 $h$ 应根据齿顶圆实际直径进行修正。

### 11.2.4.2　公法线长度偏差

公法线长度偏差是指在齿轮一周（转）内，实际公法线长度 $W_a$ 与公称公法线长度 $W$ 之差，如图 11.32 所示。该评定指标由 GB/Z 18620.2—2002 推荐。

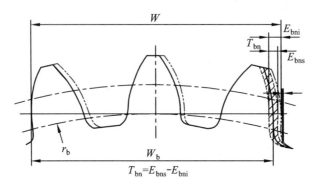

**图 11.32　公法线长度偏差**

公法线长度 $W_n$ 是在基圆柱切平面上跨 $n$ 个齿（对外齿轮）或 $n$ 个齿槽（对内齿轮）在接触到一个齿的右齿面和另一个齿的左齿面的两个平行平面之间测得的距离。公法线长度的公称值由下式给出，即

$$W_n = m\cos\alpha[\pi(n-0.5) + z \cdot \mathrm{inv}\alpha] + 2xm\sin\alpha \tag{11.5}$$

对标准齿轮：

$$W_n = m[1.476(2n-1) + 0.014 \times z] \tag{11.6}$$

式中，$x$ 为径向变位系数；$\mathrm{inv}\alpha$ 为 $\alpha$ 角的渐开线函数；$n$ 为测量时的跨齿数；$m$ 为模数；$z$ 为齿数。

公法线长度偏差是齿厚偏差的函数，能反映齿轮副侧隙的大小，可规定极限偏差（上偏差 $E_{bns}$，下偏差 $E_{bni}$）来控制公法线长度偏差。

对外齿轮：

$$W + E_{bni} \leqslant W_a \leqslant W + E_{bns} \tag{11.7}$$

对内齿轮：

$$W - E_{bni} \leqslant W_a \leqslant W - E_{bns} \tag{11.8}$$

公法线长度偏差的测量方法与前面所介绍的公法线长度变动的测量方法相同，在此不再赘述。应该注意的是，测量公法线长度偏差时，需先计算被测齿轮公法线长度的公称值 $W$，然后按 $W$ 值组合量块，用以调整两量爪之间的距离。沿齿圈进行测量，所测公法线长度与公称值之差，即为公法线长度偏差。

## 11.3　齿轮副的评定指标及其检测

前面所讨论的都是单个齿轮的加工误差，除此之外，齿轮副的安装误差同样会影响齿轮传动的平稳性能，因此对这类误差也应加以控制。

### 11.3.1　轴线的平行度误差

轴线的平行度误差的影响与向量的方向有关，有轴线平面内的平行度误差和垂直平面上的平行度误差。这是由 GB/Z 18620.3—2002 规定的，并推荐了误差的最大允许值。

#### 11.3.1.1　轴线平面内的平行度误差 $f_{\Sigma\delta}$

轴线平面内的平行度误差 $f_{\Sigma\delta}$ 是指一对齿轮的轴线，在其基准平面上投影的平行度误差，如图 11.32 所示。

#### 11.3.1.2　垂直平面上的平行度误差 $f_{\Sigma\beta}$

垂直平面上的平行度误差 $f_{\Sigma\beta}$ 是指一对齿轮的轴线，在垂直于基准平面，且平行于基准轴线的平面上投影的平行度误差，如图 11.33 所示。

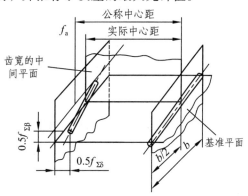

**图 11.33　齿轮副的安装误差**

基准平面是包含基准轴线，并通过由另一轴线与齿宽中间平面相交的点所形成的平面。两条轴线中任何一条轴线都可作为基准轴线。

$f_{\Sigma\delta}$、$f_{\Sigma\beta}$ 均在等于全齿宽的长度上测量。

由于齿轮轴要通过轴承安装在箱体或其他构件上，所以轴线的平行度误差与轴承的跨距 $L$ 有关。一对齿轮副的轴线若产生平行度误差，必然会影响齿面的正常接触，使载荷分布不均匀，同时还会使侧隙在全齿宽上大小不等。为此，必须对齿轮副轴线的平行度误差进行控制。

$f_{\Sigma\delta}$ 为轴线平面内的平行度偏差，是在两轴线的公共平面上测量的。$f_{\Sigma\beta}$ 为轴线垂直平面内的平行度偏差，是在两轴线公共平面的垂直平面上测量的。

$f_{\Sigma\beta}$ 和 $f_{\Sigma\delta}$ 的最大推荐值为

$$f_{\Sigma\beta} = 0.5(L/b)F_{\beta} \tag{11.9}$$

$$f_{\Sigma\delta} = 2f_{\Sigma\beta} \tag{11.10}$$

### 11.3.2　中心距偏差（$f_a$）

中心距偏差 $f_a$ 是指在齿轮副的齿宽中间平面内，实际中心距与公称中心距之差，如图 11.33 所示。在齿轮只是单向承载运转而不经常反转的情况下，中心距允许偏差主要考虑重合度的影响。对传递运动的齿轮，其侧隙需控制，此时中心距允许偏差应较小；当轮齿上的负载常常反转时要考虑下列因素：

（1）轴、箱体和轴承的偏斜；

（2）安装误差；

（3）轴承跳动；

（4）温度的影响。

一般 5、6 级精度齿轮 $f_a$ = IT7/2，7、8 级精度齿轮 $f_a$ = IT9/2（推荐值）。

中心距偏差会影响齿轮工作时的侧隙。当实际中心距小于公称（设计）中心距时，会使侧隙减小；反之，会使侧隙增大。为保证侧隙要求，必须用中心距允许偏差来控制中心距偏差。

为了考核安装好的齿轮副的传动性能，对齿轮副的精度按下列四项指标进行评定。

### 11.3.2.1　齿轮副的切向综合总偏差 $F'_{ic}$

齿轮副的切向综合总偏差 $F'_{ic}$ 是指按设计中心距安装好的齿轮副，在啮合转动足够多的转数内，一个齿轮相对于另一个齿轮的实际转角与公称转角之差的总幅度值。以分度圆弧长计值。一对工作齿轮副的切向综合总偏差 $f'_{ic}$ 等于两齿轮的切向综合总偏差 $F'_i$ 之和，它是评定齿轮副的传递运动准确性的指标。对于分度传动链用的精密齿轮副，它是重要的评定指标。

### 11.3.2.2　齿轮副的一齿切向综合偏差 $f'_{ic}$

齿轮副的一齿切向综合偏差是指安装好的齿轮副，在啮合转动足够多的转数内，一个齿轮相对于另一个齿轮，在一个齿距角内的实际转角与公称转角之差的最大幅度值。以分度圆弧长计值。也就是齿轮副的切向综合总偏差记录曲线上的小波纹的最大幅度值。齿轮副的一齿切向综合偏差是评定齿轮副传递平稳性的直接指标。对于高速传动用齿轮副，它是重要的评定指标，对动载系数、噪声、振动有着重要影响。

齿轮副啮合转动足够多转数的目的，在于使误差在齿轮相对位置变化全周期中充分显示出来。所谓"足够多的转数"通常是以小齿轮为基准，按大齿轮的转数 $n_2$ 计算。计算公式为

$$n_2 = z_1 / x \qquad\qquad (11.11)$$

式中，$x$ 为大、小齿轮齿数 $Z_2$ 和 $Z_1$ 的最大公因数。

### 11.3.2.3　接触斑点

接触斑点是指装配好的齿轮副，在轻微制动下，运转后齿面上分布的接触擦亮痕迹，如图 11.34 所示。

接触斑点可衡量轮齿承受载荷的均匀分布程度，从定性和定量上可分析齿长方向配合精度。这种检测方法一般用于以下场合：不能装在检查仪上的大齿轮或现场没有检查仪可用，如舰船用大型齿轮，高速齿轮，起重机、提升机的开式末级传动齿轮，圆锥齿轮等。其优点是：测试简易快捷，准确反映装配精度状况，能够综合反映轮齿的配合性。表 11.1 给出了齿轮装配后接触斑点的最低要求。

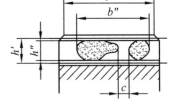

图 11.34　接触斑点

### 表 11.1　齿轮装配后接触斑点（摘自 GB/Z 18620.4—2008）

| 精度等级 | $b_{c1}/b \times 100\%$ | | $H_{c1}/h \times 100\%$ | | $b_{c2}/b \times 100\%$ | | $H_{c2}/h \times 100\%$ | |
|---|---|---|---|---|---|---|---|---|
| | 直齿轮 | 斜齿轮 | 直齿轮 | 斜齿轮 | 直齿轮 | 斜齿轮 | 直齿轮 | 斜齿轮 |
| 4 级及更高 | 50 | 50 | 70 | 50 | 40 | 40 | 50 | 30 |
| 5 和 6 | 45 | 45 | 50 | 40 | 35 | 35 | 30 | 20 |
| 7 和 8 | 35 | 35 | 50 | 40 | 35 | 35 | 30 | 20 |
| 9～12 | 25 | 25 | 50 | 40 | 25 | 25 | 30 | 20 |

接触痕迹的大小在齿面展开图上用百分数计算。

沿齿长方向：接触痕迹的长度 $b''$（扣除超过模数值的断开部分 $c$）与工作长度 $b'$ 之比的百分数，即

$$\frac{b''-c}{b'}\times100\% \qquad\qquad (11.12)$$

沿齿高方向：接触痕迹的平均高度 $h''$ 与工作高度 $h'$ 之比的百分数，即

$$\frac{h''}{h'}\times100\% \qquad\qquad (11.13)$$

沿齿长方向的接触斑点，主要影响齿轮副的承载能力，沿齿高方向的接触斑点主要影响工作平稳性。齿轮副的接触斑点综合反映了齿轮副的加工误差和安装误差，是齿面接触精度的综合评定指标。接触斑点的要求应标注在齿轮传动装配图的技术要求中。

对较大的齿轮副，一般是在安装好的传动装置中检验；对成批生产的机床、汽车、拖拉机等中小齿轮允许在啮合机上与精确齿轮啮合检测。

目前，国内各生产单位普遍使用这一精度指标。若接触斑点检测合格，则此齿轮副中的单个齿轮的承载均匀性的评定指标可不予考核。

#### 11.3.2.4　齿轮副的侧隙

为保证齿轮有足够的润滑空间，补偿齿轮的制造误差、安装误差以及热变形等造成的误差，必须在齿轮非工作面留有侧隙。单个齿轮没有侧隙，它只有齿厚，相互啮合的轮齿的侧隙是由一对齿轮运行时的中心距以及每个齿轮的实际齿厚所控制。国标规定采用"基准中心距制"，即在中心距一定的情况下，用控制轮齿的齿厚的方法获得必要的侧隙。

（1）齿轮副的侧隙可分为圆周侧隙 $j_{\omega t}$ 和法向侧隙 $j_{bn}$ 两种。

圆周侧隙 $j_{\omega t}$ 是指安装好的齿轮副，当其中一个齿轮固定时，另一齿轮圆周的晃动量，以分度圆上弧长计值，如图 11.35（a）所示。

法向侧隙 $j_{bn}$ 是指安装好的齿轮副，当工作齿面接触时，非工作齿面之间的最小距离，如图 11.35（b）所示。

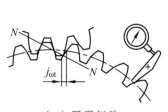

（a）圆周侧隙

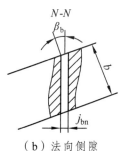

（b）法向侧隙

**图 11.35　齿轮副侧隙**

圆周侧隙可用指示表测量，法向侧隙可用塞尺测量。在生产中，通常检测法向侧隙，但由于圆周侧隙比法向侧隙更便于检测，因此法向侧隙除直接测量得到外，也可用圆周侧隙计算得到。法向侧隙与圆周侧隙之间的关系为

$$j_{bn} = j_{\omega t} \cos \alpha_{\omega t} \times \cos \beta_b \qquad\qquad (11.14)$$

式中，$\alpha_{wt}$ 为端面工作压力角；$\beta_b$ 为基圆螺旋角。

（2）最小侧隙（$j_{bnmin}$）的确定。

设计齿轮传动时，必须保证有足够的最小侧隙 $j_{bnmin}$ 以保证齿轮机构正常工作。对于用黑色金属材料的齿轮和黑色金属材料的箱体，工作时齿轮节圆线速度小于 15 m/s，其箱体、轴和轴承都采用常用的商业制造公差的齿轮传动，$j_{bnmin}$ 可按下式计算

$$j_{bnmin} = \frac{2}{3}(0.06 + 0.000\,5a + 0.03m_n) \text{ mm} \qquad\qquad (11.15)$$

按式（11.15）计算可以得出表 11.2 所示的推荐数据。

表 11.2  对于中、大模数齿轮最小侧隙 $j_{bnmin}$ 的推荐数据（摘自 GB/Z 18620.2—2008）    mm

| 模数 $m_n$ | 最小中心距 $a$ | | | | | |
|---|---|---|---|---|---|---|
| | 50 | 100 | 200 | 400 | 800 | 1600 |
| 1.5 | 0.09 | 0.11 | — | — | — | — |
| 2 | 0.10 | 0.12 | 0.15 | — | — | — |
| 3 | 0.12 | 0.14 | 0.17 | 0.24 | — | — |
| 5 | — | 0.18 | 0.21 | 0.28 | — | — |
| 8 | — | 0.24 | 0.27 | 0.34 | 0.47 | — |
| 12 | — | — | 0.35 | 0.42 | 0.55 | — |
| 18 | — | — | — | 0.54 | 0.67 | 0.94 |

（3）齿侧间隙的获得和检验项目。

齿轮轮齿的配合是采用"基准中心距制"，在此前提下，齿侧间隙必须通过减薄齿厚来获得，其检测可采用控制齿厚或公法线长度等方法来保证侧隙。

① 用齿厚极限偏差控制齿厚。为了获得最小侧隙 $j_{bnmin}$，齿厚应保证有最小减薄量，它是由分度圆齿厚上偏差 $E_{sns}$ 形成的。

对于 $E_{sns}$ 的确定，可类比选取，也可参考下述方法计算选取。

当主动轮与被动轮齿厚都做成最大值即做成上偏差时，可获得最小侧隙 $j_{bnmin}$。通常取两齿轮的齿厚上偏差相等，此时可有

$$j_{bnmin} = 2|E_{sns}|\cos\alpha_n \qquad\qquad (11.16)$$

因此            $$E_{sns} = -j_{bnmin} / 2\cos\alpha_n \qquad\qquad (11.17)$$

当对最大侧隙也有要求时，齿厚下偏差 $E_{sni}$ 也需要控制，此时需进行齿厚公差 $T_{sn}$ 计算。齿厚公差的选择要适当，公差过小势必增加齿轮制造成本；公差过大会使侧隙加大，使齿轮反转时空行程过大。齿厚公差 $T_{sn}$ 可按下式求得

$$T_{sn} = 2\sqrt{F_r^2 + b_r^2}\,\tan\alpha_n \qquad\qquad (11.18)$$

式中，$b_r$ 为切齿径向进刀公差，可按表 11.3 选取。

**表 11.3　切齿径向进刀公差 $b_r$ 值**

| 齿轮精度等级 | 4 | 5 | 6 | 7 | 8 | 9 |
|---|---|---|---|---|---|---|
| $b_r$ 值 | 1.26IT7 | IT8 | 1.26IT8 | IT9 | 1.26IT9 | IT10 |

注：查 IT 值的主参数为分度圆直径尺寸。

这样，$F_{sni}$ 可按下式求出：

$$E_{sni} = E_{nsn} - T_{sn} \tag{11.19}$$

式中，$T_{sn}$ 为齿厚公差。

显然若齿厚偏差合格，实际齿厚偏差 $E_{sn}$ 应处于齿厚公差带内，从而保证齿轮副侧隙满足要求。

② 用公法线长度极限偏差控制齿厚。齿厚偏差的变化必然引起公法线长度的变化。测量公法线平均长度同样可以控制齿侧间隙。公法线长度的上偏差 $E_{bns}$ 和下偏差 $E_{bni}$ 与齿厚偏差有如下关系：

$$E_{bns} = E_{sns} \cos \alpha_n - 0.72 F_r \sin \alpha_n \tag{11.20}$$

$$E_{bni} = E_{sni} \cos \alpha_n + 0.7 F_r \sin \alpha_n \tag{11.21}$$

# 11.4　渐开线圆柱齿轮精度等级及其应用

## 11.4.1　渐开线圆柱齿轮的精度等级

### 11.4.1.1　轮齿同侧齿面的精度等级

GB/T 10095.1—2008 对单个渐开线圆柱齿轮轮齿同侧齿面的精度规定了 13 个精度等级，从高到低依次为 0，1，2，…，12 级。其中，0～2 级精度要求非常高，属于有待发展的展望级。3～5 级为高精度级，6～8 级为中等精度级（最常用），9～12 为低精度级。分度圆直径 $d$ 的范围为 5～10 000 mm，法向模数 $m_n$ 的范围为 0.5～70 mm，齿宽 $b$ 的范围为 4～1 000 mm。

（1）轮齿同侧齿面的精度允许值。

常用的轮齿同侧齿面偏差的公差值或极限偏差值见表 11.4～表 11.5。

**表 11.4　$\pm f_{pt}$、$F_p$、$F_\alpha$ 偏差允许值（摘自 GB/T 10095.1—2008）**　　μm

| 分度圆直径 $d$/mm | 法向模数 $m_n$/mm | 单个齿距极限偏差 $\pm f_{pt}$ 精度等级 | | | | | 齿距累积总公差 $F_p$ 精度等级 | | | | | 齿廓总公差 $F_\alpha$ 精度等级 | | | | |
|---|---|---|---|---|---|---|---|---|---|---|---|---|---|---|---|---|
| | | 5 | 6 | 7 | 8 | 9 | 5 | 6 | 7 | 8 | 9 | 5 | 6 | 7 | 8 | 9 |
| ≥5～20 | ≥0.5～2 | 4.7 | 6.5 | 9.5 | 13 | 19 | 11 | 16 | 23 | 32 | 45 | 4.6 | 6.5 | 9.0 | 13 | 18 |
| | >2～3.5 | 5.0 | 7.5 | 10 | 15 | 21 | 12 | 17 | 23 | 33 | 47 | 6.5 | 9.5 | 13 | 19 | 26 |
| >20～50 | ≥0.5～2 | 5.0 | 7.0 | 10 | 14 | 20 | 14 | 20 | 29 | 41 | 57 | 5.0 | 7.5 | 10 | 15 | 21 |
| | >2～3.5 | 5.5 | 7.5 | 11 | 15 | 22 | 15 | 21 | 30 | 42 | 59 | 7.0 | 10 | 14 | 20 | 29 |
| | >3.5～6 | 6.0 | 8.5 | 12 | 17 | 24 | 15 | 22 | 31 | 44 | 62 | 9.0 | 12 | 18 | 25 | 35 |

续表

| 分度圆直径 d/mm | 法向模数 mₙ/mm | 单个齿距极限偏差±$f_{pt}$ 精度等级 | | | | | 齿距累积总公差 $F_p$ 精度等级 | | | | | 齿廓总公差 $F_\alpha$ 精度等级 | | | | |
|---|---|---|---|---|---|---|---|---|---|---|---|---|---|---|---|---|
| | | 5 | 6 | 7 | 8 | 9 | 5 | 6 | 7 | 8 | 9 | 5 | 6 | 7 | 8 | 9 |
| >50～125 | ≥0.5～2 | 5.5 | 7.5 | 11 | 15 | 21 | 18 | 26 | 37 | 52 | 74 | 6.0 | 8.5 | 12 | 17 | 23 |
| | >2～3.5 | 6.0 | 8.5 | 12 | 17 | 23 | 19 | 27 | 38 | 53 | 76 | 8.0 | 11 | 16 | 22 | 31 |
| | >3.5～6 | 6.5 | 9.0 | 13 | 18 | 26 | 19 | 28 | 39 | 55 | 78 | 9.5 | 13 | 19 | 27 | 38 |
| >125～280 | ≥0.5～2 | 6.0 | 8.5 | 12 | 17 | 24 | 24 | 35 | 40 | 69 | 98 | 7.0 | 10 | 14 | 20 | 28 |
| | >2～3.5 | 6.5 | 9.0 | 13 | 18 | 26 | 25 | 35 | 50 | 70 | 100 | 9.0 | 13 | 18 | 25 | 36 |
| | >3.5～6 | 7.0 | 10 | 14 | 20 | 28 | 25 | 36 | 51 | 72 | 102 | 11 | 15 | 21 | 30 | 42 |
| >280～560 | ≥0.5～2 | 6.5 | 9.5 | 13 | 19 | 27 | 32 | 46 | 64 | 91 | 129 | 8.5 | 12 | 17 | 23 | 33 |
| | >2～3.5 | 7.0 | 10 | 14 | 20 | 29 | 33 | 46 | 65 | 92 | 131 | 10 | 15 | 21 | 29 | 41 |
| | >3.5～6 | 8.0 | 11 | 16 | 22 | 31 | 33 | 47 | 66 | 94 | 133 | 12 | 17 | 24 | 34 | 48 |

**表 11.5　$F_\beta$ 偏差允许值（摘自 GB/T 10095.1—2008）**　　　　μm

| 分度圆直径 d/mm | 齿宽 b/mm | 精 度 等 级 | | | | |
|---|---|---|---|---|---|---|
| | | 5 | 6 | 7 | 8 | 9 |
| ≥5～20 | ≥4～10 | 6.0 | 8.5 | 12 | 17 | 24 |
| | >10～20 | 7.0 | 9.5 | 14 | 19 | 28 |
| >20～50 | ≥4～10 | 6.5 | 9.0 | 13 | 18 | 25 |
| | >10～20 | 7.0 | 10 | 14 | 20 | 29 |
| | >20～40 | 8.0 | 11 | 16 | 23 | 32 |
| >50～125 | ≥4～10 | 6.5 | 9.5 | 13 | 19 | 27 |
| | >10～20 | 7.5 | 11 | 15 | 21 | 29 |
| | >20～40 | 8.5 | 12 | 17 | 24 | 34 |
| | >40～80 | 10 | 14 | 20 | 28 | 39 |
| >125～280 | ≥4～10 | 7.0 | 10 | 14 | 20 | 29 |
| | >10～20 | 8.0 | 11 | 16 | 22 | 32 |
| | >20～40 | 9.0 | 13 | 18 | 25 | 36 |
| | >40～80 | 10 | 15 | 21 | 29 | 41 |
| | >80～160 | 12 | 17 | 25 | 35 | 49 |
| >280～560 | ≥10～20 | 8.5 | 12 | 17 | 24 | 34 |
| | >20～40 | 9.5 | 13 | 19 | 27 | 38 |
| | >40～80 | 11 | 15 | 22 | 31 | 44 |
| | >80～160 | 13 | 18 | 26 | 36 | 52 |
| | >160～250 | 15 | 21 | 30 | 43 | 60 |

（2）切向综合偏差的公差。

根据 GB/T 10095.1—2008 的规定，切向综合偏差的测量不是必需的。因此这些偏差的公差未被列入本标准的正文中。GB/T 10095.1—2008 还给出了 5 级精度切向综合偏差的公差计算式，即一齿切向综合偏差：

$$f_i' = K(4.3 + f_{pt} + F_\alpha)　　　　　　　　　　　（11.22）$$

切向综合总偏差：

$$F_i' = F_p + f_i'　　　　　　　　　　　　（11.23）$$

式中，当重合度 $\varepsilon_\gamma < 4$ 时，系数 $K = 0.2\left(\dfrac{\varepsilon_\gamma + 4}{\varepsilon_\gamma}\right)$；当 $\varepsilon_\gamma \geqslant 4$ 时，$K = 0.4$。$f_i'/K$ 的比值见表 11.6。

表 11.6　$f_i'$、$F_r$ 偏差允许值（摘自 GB/T 10095.1 ~ 2—2008）　　　　μm

| 分度圆直径 $d$/mm | 法向模数 $m_n$/mm | 一齿切向综合偏差 $f_i'/K$ | | | | | 径向跳动公差 $F_r$ | | | | |
|---|---|---|---|---|---|---|---|---|---|---|---|
| | | 精度等级 | | | | | 精度等级 | | | | |
| | | 5 | 6 | 7 | 8 | 9 | 5 | 6 | 7 | 8 | 9 |
| ≥5 ~ 20 | ≥0.5 ~ 2 | 14 | 19 | 27 | 38 | 54 | 9.0 | 13 | 18 | 25 | 36 |
| | >2 ~ 3.5 | 16 | 23 | 32 | 45 | 64 | 9.5 | 13 | 19 | 27 | 38 |
| >20 ~ 50 | ≥0.5 ~ 2 | 14 | 20 | 29 | 41 | 58 | 11 | 16 | 23 | 32 | 46 |
| | >2 ~ 3.5 | 17 | 24 | 34 | 48 | 68 | 12 | 17 | 24 | 34 | 47 |
| | >3.5 ~ 6 | 19 | 27 | 38 | 54 | 77 | 12 | 17 | 25 | 35 | 49 |
| >50 ~ 125 | ≥0.5 ~ 2 | 16 | 22 | 31 | 44 | 62 | 15 | 21 | 29 | 42 | 52 |
| | >2 ~ 3.5 | 18 | 25 | 36 | 51 | 72 | 15 | 21 | 30 | 43 | 61 |
| | >3.5 ~ 6 | 20 | 29 | 40 | 57 | 81 | 16 | 22 | 31 | 44 | 62 |
| >125 ~ 280 | ≥0.5 ~ 2 | 17 | 24 | 34 | 49 | 69 | 20 | 28 | 39 | 55 | 78 |
| | >2 ~ 3.5 | 20 | 28 | 39 | 56 | 79 | 20 | 28 | 40 | 56 | 80 |
| | >3.5 ~ 6 | 22 | 31 | 44 | 62 | 88 | 20 | 29 | 41 | 58 | 82 |
| >280 ~ 560 | ≥0.5 ~ 2 | 19 | 27 | 39 | 54 | 77 | 26 | 36 | 51 | 73 | 103 |
| | >2 ~ 3.5 | 22 | 31 | 44 | 62 | 87 | 26 | 37 | 52 | 74 | 105 |
| | >3.5 ~ 6 | 24 | 34 | 48 | 68 | 96 | 27 | 38 | 53 | 75 | 106 |

## 11.4.1.2　齿轮径向综合偏差的精度等级

GB/T 10095.2—2008 对单个渐开线圆柱齿轮径向综合偏差的精度只规定了 9 个精度等级，从高到低依次为 4，5，…，12 级。分度圆直径范围为 5 ~ 1 000 mm，法向模数范围为 0.2 ~ 10 mm。

径向综合总偏差 $F_i''$ 和一齿径向综合偏差 $f_i''$ 的常用数值见表 11.7。

表 11.7　$F''_i$、$f''_i$ 公差值（摘自 GB/T 10095.2—2008）　　　μm

| 分度圆直径 $d$/mm | 法向模数 $m_n$/mm | 径向综合总公差 $F''_i$ | | | | | 一齿径向综合公差 $f''_i$ | | | | |
|---|---|---|---|---|---|---|---|---|---|---|---|
| | | 精度等级 | | | | | 精度等级 | | | | |
| | | 5 | 6 | 7 | 8 | 9 | 5 | 6 | 7 | 8 | 9 |
| ≥5~20 | ≥0.2~0.5 | 11 | 15 | 21 | 30 | 42 | 2.0 | 2.5 | 3.5 | 5.0 | 7.0 |
| | >0.5~0.8 | 12 | 16 | 23 | 33 | 46 | 2.5 | 4.0 | 5.5 | 7.5 | 11 |
| | >0.8~1.0 | 12 | 18 | 25 | 35 | 50 | 3.5 | 5.0 | 7.0 | 10 | 14 |
| | >1.0~1.5 | 14 | 19 | 27 | 38 | 54 | 4.5 | 6.5 | 9.0 | 13 | 18 |
| >20~50 | ≥0.2~0.5 | 13 | 19 | 26 | 37 | 52 | 2.0 | 2.5 | 3.5 | 5.0 | 7.0 |
| | >0.5~0.8 | 14 | 20 | 28 | 40 | 56 | 2.5 | 4.0 | 5.5 | 7.5 | 11 |
| | >0.8~1.0 | 15 | 21 | 30 | 42 | 60 | 3.5 | 5.0 | 7.0 | 10 | 14 |
| | >1.0~1.5 | 16 | 23 | 32 | 45 | 64 | 4.5 | 6.5 | 9.0 | 13 | 18 |
| | >1.5~2.5 | 18 | 26 | 37 | 52 | 73 | 6.5 | 9.5 | 13 | 19 | 26 |
| >50~125 | ≥1.0~1.5 | 19 | 27 | 39 | 55 | 77 | 4.5 | 6.5 | 9.0 | 13 | 18 |
| | >1.5~2.5 | 22 | 31 | 43 | 61 | 86 | 6.5 | 9.5 | 13 | 19 | 26 |
| | >2.5~4.0 | 25 | 36 | 51 | 72 | 102 | 10 | 14 | 20 | 29 | 41 |
| | >4.0~6.0 | 31 | 44 | 62 | 88 | 124 | 15 | 22 | 31 | 44 | 62 |
| | >6.0~10 | 40 | 57 | 80 | 114 | 161 | 24 | 34 | 48 | 67 | 95 |
| >125~280 | ≥1.0~1.5 | 24 | 34 | 48 | 68 | 97 | 4.5 | 6.5 | 9.0 | 13 | 18 |
| | >1.5~2.5 | 26 | 37 | 53 | 75 | 106 | 6.5 | 9.5 | 13 | 19 | 26 |
| | >2.5~4.0 | 30 | 43 | 61 | 86 | 121 | 10 | 15 | 21 | 29 | 41 |
| | >4.0~6.0 | 36 | 51 | 72 | 102 | 144 | 15 | 22 | 31 | 44 | 62 |
| | >6.0~10 | 45 | 64 | 90 | 127 | 180 | 24 | 34 | 48 | 67 | 95 |
| >280~560 | ≥1.0~1.5 | 30 | 43 | 61 | 86 | 122 | 4.5 | 6.5 | 9.0 | 13 | 18 |
| | >1.5~2.5 | 33 | 46 | 65 | 92 | 131 | 6.5 | 9.5 | 13 | 19 | 27 |
| | >2.5~4.0 | 37 | 52 | 73 | 104 | 146 | 10 | 15 | 21 | 29 | 41 |
| | >4.0~6.0 | 42 | 60 | 84 | 119 | 169 | 15 | 22 | 31 | 44 | 62 |
| | >6.0~10 | 51 | 73 | 103 | 145 | 205 | 24 | 34 | 48 | 68 | 96 |

### 11.4.1.3　齿轮径向跳动的精度等级

GB/T 10095.2—2008 在附录 B 中对渐开线圆柱齿轮径向跳动的精度规定了 13 个精度等级，从高到低依次为 0，1，2，…，12 级。分度圆直径范围为 5~10 000 mm，法向模数范围为 0.5~70 mm。

径向跳动公差的常用数值见表 11.6。

## 11.4.2　精度等级的选择

齿轮精度等级的选择主要应根据其用途、使用要求、工作条件以及经济性等来考虑。对不同的精度指标，既可选择同一精度等级，也可选择不同精度等级的组合。其选择的原则是在满足使用要求的前提下，应尽量选用较低的精度等级。

选择精度等级的方法主要有计算法和经验法（查表法）两种。计算法主要是根据传动链误差的传递规律来确定精度等级。由于影响齿轮传动精度的因素多而复杂，按计算法得出的精度仍需修正，故计算法很少采用。目前常用经验法，表 11.8、表 11.9 供选用时参考。

表 11.8　常见机械传动采用的齿轮精度等级

| 齿轮用途 | 精度等级 | 齿轮用途 | 精度等级 | 齿轮用途 | 精度等级 |
|---|---|---|---|---|---|
| 测量齿轮 | 2～5 | 内燃机车 | 5～8 | 拖拉机、轧钢机 | 6～10 |
| 汽轮机减速器 | 3～6 | 轻型汽车 | 6～9 | 起重机 | 6～9 |
| 金属切削机床 | 3～8 | 载重汽车 | 6～9 | 矿山绞车 | 8～10 |
| 航空发动机 | 4～7 | 一般减速器 | 6～9 | 农业机械 | 8～11 |

表 11.9　齿轮精度等级的适用范围

| 精度等级 | 应用范围及工作条件 | 圆周速度/（m/s） | |
|---|---|---|---|
| | | 直 齿 | 斜 齿 |
| 3 级 | 极精密分度机构的齿轮；在极高速度下工作且要求平稳、无噪声的齿轮；特别精密机构中的齿轮；检测 5～6 级齿轮用的测量齿轮 | >40 | >75 |
| 4 级 | 很高精密分度机构中的齿轮；在很高速度下工作且要求平稳、无噪声的齿轮；特别精密机构中的齿轮；检测 7 级齿轮用的测量齿轮 | >30 | >50 |
| 5 级 | 精密分度机构中的齿轮；在高速下工作且要求平稳、无噪声的齿轮；精密机构中的齿轮；检测 8、9 级齿轮用的测量齿轮 | >20 | >35 |
| 6 级 | 要求高效率且无噪声的高速下平稳工作的齿轮传动或分度机构的齿轮；特别重要的航空、汽车齿轮；读数装置中的精密传动齿轮 | ≤20 | ≤35 |
| 7 级 | 金属切削机床进给机构用齿轮；具有较高速度的减速器齿轮；航空、汽车以及读数装置用齿轮 | ≤15 | ≤25 |
| 8 级 | 一般机械制造用齿轮；不包括在分度链中的机床传动齿轮；飞机、汽车制造业中的不重要齿轮；起重机构用齿轮；农业机械中的重要齿轮；一般减速器齿轮 | ≤10 | ≤15 |
| 9 级 | 用于粗糙工作的较低精度齿轮 | ≤4 | ≤6 |

## 11.4.3　检验项目的选择

GB/T 10095.1 中明确给出了评定单个渐开线圆柱齿轮同侧齿面精度等级的检验项目及其允许值，它们是单个齿距偏差 $f_{pt}$、齿距累积总偏差 $F_p$、齿廓总偏差 $F_\alpha$、螺旋线总偏差 $F_\beta$。当有条件检验一齿切向综合偏差 $f_i'$ 和切向综合总偏差 $F_i'$ 时，可以不必检验 $f_{pt}$ 和 $F_p$。标准中其他偏差项目，一般不是必检项目，可视具体情况由供需双方协商确定。如齿距累积偏差 $F_{pk}$ 常用在高速齿轮中。

GB/T 10095.2 中明确给出了评定单个渐开线圆柱齿轮双侧齿面精度等级的检验项目及其允许值，它们是径向综合总偏差 $F_i''$ 和一齿径向综合偏差 $f_i''$，或者径向跳动 $F_r$。测量径向跳动 $F_r$ 简单、方便，所以常用。如果能检验 $F_i''$ 和 $f_i''$，则不必检验 $F_r$。

### 11.4.4　齿坯精度的确定

齿坯是齿轮坯的简称，指在轮齿加工前供制造齿轮用的工件。

齿坯精度包括齿轮内孔、顶圆、端面等定位基准面和安装基准面的尺寸偏差、形位误差以及表面粗糙度要求。齿坯精度直接影响齿轮的加工精度和测量精度，并影响齿轮副的接触状况和运行质量，所以必须加以控制。表 11.10 ~ 表 11.13 可供参考。

表 11.10　齿坯尺寸公差　　　　μm

| 齿轮精度等级 | | 5 | 6 | 7 | 8 | 9 | 10 |
|---|---|---|---|---|---|---|---|
| 孔 | 尺寸公差 | IT5 | IT6 | IT7 | | IT8 | |
| 轴 | 尺寸公差 | IT5 | | IT6 | | IT7 | |
| 顶圆直径偏差 | | $\pm 0.05 m_n$ | | | | | |

表 11.11　齿坯径向和端面圆跳动公差　　　　μm

| 分度圆直径/mm | 齿轮精度等级 | | | |
|---|---|---|---|---|
| | 3、4 | 5、6 | 7、8 | 9、10 |
| <125 | 7 | 11 | 18 | 28 |
| >125 ~ 400 | 9 | 14 | 22 | 36 |
| >400 ~ 800 | 12 | 20 | 32 | 50 |
| >800 ~ 1 600 | 18 | 28 | 45 | 71 |

表 11.12　齿面表面粗糙度的推荐极限值　　　　μm

| 精度等级 | Ra | | |
|---|---|---|---|
| | $m<6$ | $6 \leq m \leq 25$ | $m>25$ |
| 3 | | 0.16 | |
| 4 | | 0.32 | |
| 5 | 0.5 | 0.63 | 0.8 |
| 6 | 0.8 | 1.0 | 1.25 |
| 7 | 1.25 | 1.6 | 2.0 |
| 8 | 2.0 | 2.5 | 3.2 |
| 9 | 3.2 | 4.0 | 5.0 |
| 10 | 5.0 | 6.3 | 8.0 |

表 11.13　齿轮各基准面表面粗糙度的推荐值　　　μm

| 精度等级 | 5 | 6 | 7 | 8 | 9 |
|---|---|---|---|---|---|
| 齿面加工方法 | 精　磨 | 磨或珩齿 | 剃或精插、精铣 | 滚齿或插齿 | 滚齿或铣齿 |
| 齿轮基准孔 | 0.32 ~ 0.63 | 1.25 | 1.25 ~ 2.5 | | 3.2 ~ 5 |
| 齿轮轴基准轴颈 | 0.32 | 0.63 | 1.25 | 1.25 ~ 2.5 | |
| 齿轮基准端面 | 1.25 ~ 2.5 | 2.5 ~ 5 | | 3.2 ~ 5 | |
| 齿轮顶圆 | 1.25 ~ 2.5 | 3.2 ~ 5 | | | |

齿轮制造和检测用的基准轴线是用基准面来确定的。对于以齿坯内孔定位安装的齿轮，用一个"长"的圆柱或圆锥形基准面来确定基准（内孔）轴线，内孔圆柱度公差取 $0.04(L/b)$ $F_\beta$ 或 $0.1F_p$ 两者中较小值（$L$ 为支承该齿轮的轴承跨距，$b$ 为齿宽）。对于齿轮轴，采用两个 V 形块定位确定基准轴线，与两个 V 形块相接触的短圆柱面是与轴承配合面，其圆度公差取 $0.04$ $(L/b) F_\beta$ 或 $0.1F_p$ 两者中较小值。

## 11.4.5　图样标注

按照《渐开线圆柱齿轮图样上应注明的尺寸数据》（GB/T 6443—1986）的规定，有关参数应列表并放在图样的右上角。

新标准对图样标注并无明确规定，只提到在文件需要叙述齿轮精度要求时，应注明 GB/T 10095.1 或 GB/T 10095.2。

对于齿轮精度等级的标注，建议如下：

（1）若齿轮的检验项目选择了同一精度等级，如齿距累积总偏差 $F_p$、齿廓总偏差 $F_\alpha$、螺旋线总偏差 $F_\beta$ 均为 8 级，则标注为：8 GB/T 10095.1。

（2）若齿轮的检验项目选择了不同的精度等级，如齿距累积总偏差 $F_p$ 为 7 级，而齿廓总偏差 $F_\alpha$、螺旋线总偏差 $F_\beta$ 均为 8 级，则标注为：7 $(F_p)$ 8 $(F_\alpha、F_\beta)$ GB/T 10095.1。

## 11.4.6　齿轮精度设计实例

【例 11-1】某通用减速器中有一对直齿圆柱齿轮，模数 $m = 6$ mm，齿形角 $\alpha = 20°$，小齿轮齿数 $z_1 = 36$，大齿轮齿数 $z_2 = 84$，齿宽 $b_1 = b_2 = 50$ mm，小齿轮孔径 $D = 55$ mm，转速 $n_1 = 750$ r/min，两轴承中间距离 $L = 140$ mm，齿轮材料为钢，箱体材料为铸铁，单件小批生产，试设计小齿轮的精度，并画出齿轮零件图。

【解】（1）确定齿轮精度等级。

因该齿轮为通用减速器中的传动齿轮，查表 11.8 可以得出：齿轮精度 6 ~ 9 级，再根据小齿轮的圆周速度确定其精度等级。

$$V = \frac{\pi d n_1}{1\,000 \times 60} = \frac{3.14 \times 6 \times 36 \times 750}{1\,000 \times 60} = 8.5 \text{ m/s}$$

查表 11.9 可确定，该齿轮精度等级为 8 级，则齿轮精度表示为：8（GB/T 10095.1 ~ 2）。

（2）确定检测项目及其允许值。

分度圆直径 $d = mz_1 = 216$ mm，查表 11.4 ~ 表 11.7，得：单个齿距极限偏差 $\pm f_{pt} = \pm 0.020$ mm，齿距累积总公差 $F_p = 0.072$ mm，齿廓总公差 $F_\alpha = 0.030$ mm，螺旋线总公差 $F_\beta = 0.029$ mm，径向跳动公差 $F_r = 0.058$ mm。

（3）确定齿轮副精度。

① 中心距极限偏差 $\pm f_a$。

由中心距

$$a = \frac{m}{2}(z_1 + z_2) = \frac{6}{2} \times (36 + 84) = 360 \ \text{mm}$$

得                                $\pm f_a = \pm 0.044$

则                                $a = (360 \pm 0.044)$ mm

② 轴线平行度公差 $f_{\Sigma\delta}$ 和 $f_{\Sigma\beta}$

由式（11.9）得

$$f_{\Sigma\beta} = 0.5(L/b)F_\beta = 0.5 \times \left(\frac{140}{50}\right) \times 0.029 = 0.040 \ \text{mm}$$

由式（11.10）得

$$f_{\Sigma\delta} = 2 f_{\Sigma\beta} = 2 \times 0.040 = 0.080 \ \text{mm}$$

（4）确定侧隙和齿厚偏差。

① 确定最小侧隙 $j_{bnmin}$。

由式（11.15）求得

$$j_{bnmin} = 0.2 \ \text{mm}$$

② 确定齿厚上偏差 $E_{sns}$。

由式（11.17）得

$$E_{sns} = j_{bnmin} / 2\cos\alpha_n = 0.2 / 2\cos 20° = 0.106 \ \text{mm}$$

取负值，即

$$E_{sns} = -0.106 \ \text{mm}$$

③ 确定齿厚下偏差 $E_{sni}$。

查表 11.3 得，切齿径向进刀公差 $b_r = 1.26$IT9。再查标准公差数值表得

$$b_r = 1.26 \times 0.115 = 0.145 \ \text{mm}$$

按式（11.18）计算，得

$$T_{sn} = \sqrt{F_r^2 + b_r^2} \times 2\tan 20° = \sqrt{0.058^2 + 0.145^2} \times 2\tan 20° = 0.114 \ \text{mm}$$

所以                $E_{sni} = E_{sns} - T_{sn} = -0.106 - 0.114 = -0.220 \ \text{mm}$

④ 计算公法线平均长度极限偏差。

通常用检测公法线平均长度极限偏差来代替检测齿厚极限偏差。由式（11.20）和式（11.21）得公法线平均长度上偏差

$$E_{bns} = E_{sns}\cos\alpha_n - 0.72F_r\sin\alpha_n = -0.067 \text{ mm}$$

公法线平均长度下偏差

$$E_{bni} = E_{sni}\cos\alpha_n + 0.72F_r\sin\alpha_n = -0.121 \text{ mm}$$

由式（11.1）得跨齿数

$$n = \frac{z}{9} + 0.5，\text{取 } n = 5$$

根据式（11.5），公法线公称长度

$$W_n = m[1.476(2n-1) + 0.014 \times z]$$

则公法线长度及偏差为

$$W_n = 37.918^{-0.067}_{-0.121} \text{ mm}$$

如果在图样上标注齿厚及其极限偏差，则此步骤可省略。

（5）确定齿坯精度。

① 内孔尺寸公差。

查表 11.10 得 IT7，即 $\phi55H7$。

② 齿顶圆直径偏差。

查表 11.10 得

$$\pm 0.05m_n = \pm 0.05 \times 6 = \pm 0.30 \text{ mm}$$

③ 基准面的形位公差。

内孔圆柱度公差取 $0.04(L/b)F_\beta$ 或 $0.1F_p$ 两者中较小值，即

$$0.04(L/b)F_\beta = 0.04 \times (140/50) \times 0.029 \approx 0.003 \text{ mm}$$

$$0.1F_p = 0.1 \times 0.072 \approx 0.007 \text{ mm}$$

即取内孔圆柱度公差为 0.003 mm。

查表 11.11 得，端面圆跳动公差和顶圆径向圆跳动公差为：0.022 mm。

④ 齿坯表面粗糙度。

由表 11.12 查得齿面 $Ra$ 值为 2.5 μm。

由表 11.13 查得齿坯内孔表面 $Ra$ 值为 1.6 μm，端面 $Ra$ 值为 3.2 μm，顶圆 $Ra$ 值为 3.2 μm，其余加工表面的 $Ra$ 值取 12.5 μm。

（6）画出齿轮零件图。

图 11-36 为该齿轮的零件图，为清晰起见，图中尺寸未全部注出。

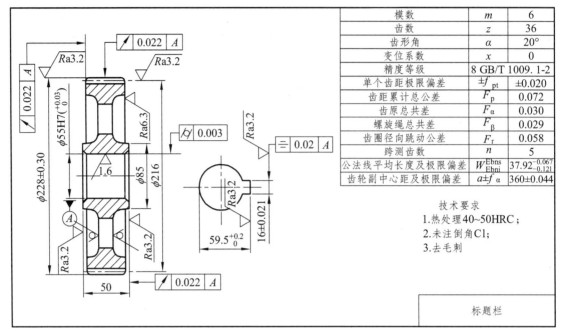

| 模数 | $m$ | 6 |
| --- | --- | --- |
| 齿数 | $z$ | 36 |
| 齿形角 | $\alpha$ | 20° |
| 变位系数 | $x$ | 0 |
| 精度等级 | | 8 GB/T 1009.1-2 |
| 单个齿距极限偏差 | $\pm f_{pt}$ | ±0.020 |
| 齿距累计总公差 | $F_p$ | 0.072 |
| 齿廓总共差 | $F_\alpha$ | 0.030 |
| 螺旋绳总共差 | $F_\beta$ | 0.029 |
| 齿圈径向跳动公差 | $F_r$ | 0.058 |
| 跨测齿数 | $n$ | 5 |
| 公法线平均长度及极限偏差 | $W_{Ebni}^{Ebns}$ | $37.92_{-0.121}^{-0.067}$ |
| 齿轮副中心距及极限偏差 | $a\pm f_\alpha$ | 360±0.044 |

技术要求
1.热处理40~50HRC；
2.未注倒角C1；
3.去毛刺

标题栏

**图 11.36　齿轮零件图**

# 小　结

**1. 齿轮传动的使用要求**

根据齿轮传动的用途不同，对齿轮传动的使用要求也不同，主要有传动的准确性、传动的平稳性、负荷分布的均匀性、传动侧隙的合理性等要求。

**2. 齿轮加工误差**

齿轮加工误差是由几何偏心、运动偏心、机床传动链的高频误差和滚刀的制造与安装误差引起的。按误差相对于齿轮的方向特征，齿轮的加工误差可分为切向误差、径向误差和轴向误差；按误差的周期或频率可分为长周期误差和短周期误差。

**3. 渐开线圆柱齿轮的精度评定项目**

渐开线圆柱齿轮的精度评定项目有齿轮同侧齿面偏差、齿轮径向综合偏差和齿轮径向跳动。

**4. 齿轮精度等级**

国家标准对单个齿轮规定了13个精度等级，依次用阿拉伯数字0，1，2，3，…，12表示。其中，0级精度最高，精度依次递减，12级精度最低。国家标准对渐开线圆柱齿轮同侧齿面的11项偏差规定了0~12级共13个精度等级，对径向综合总偏差 $F_i''$ 和一齿径向综合偏差 $f_i''$ 规定了4~12共9个精度等级，对径向跳动 $F_r$ 规定了0~12级共13个精度等级。国家标准给出了各个精度等级的极限偏差，精度等级的确定方法有计算法和类比法。

**5. 齿轮和齿轮副精度设计**

齿轮和齿轮副精度设计的内容包括精度等级的选择、检验项目的选取、齿坯和箱体公差的确定、齿轮副侧隙的计算等，并要在图样上正确标注。

# 习　题

11-1　齿轮传动的四项使用要求是什么？

11-2　评定齿轮传递运动准确性的指标有哪些？

11-3　评定齿轮传动平稳性的指标有哪些？

11-4　齿轮精度等级分为哪几级？如何表示？

11-5　规定齿侧间隙的目的是什么？对单个齿轮来讲可用哪两项指标控制齿侧间隙？

11-6　如何选择齿轮的精度等级和检测项目？

11-7　某通用减速器中相互啮合的两个直齿圆柱齿轮的模数 $m = 4$ mm，齿形角 $\alpha = 20°$，齿宽 $b = 50$ mm，传递功率为 7.5 kW，齿数分别为 $z_1 = 45$、$z_2 = 102$，孔径分别为 $D_1 = 40$ mm、$D_2 = 70$ mm，小齿轮的最大轴承跨距为 250 mm，小齿轮的转速为 1 440 r/min，小批量生产。试设计该小齿轮所需的各项精度，并画出小齿轮的零件图，将各精度要求标注在齿轮零件图上。

# 第 12 章　尺　寸　链

**【案例导入】**图 12.1 所示 $A_0$ 为车床主轴轴线与尾架轴线的高度差，在装配中 $A_0$ 要求在一个范围内。$A_0$ 依靠尾架顶尖轴线到底面的高度 $A_1$、与床面相连的底板的厚度 $A_2$、床面到主轴轴线的距离 $A_3$ 间接保证。$A_1$、$A_2$、$A_3$ 如何保证 $A_0$ 的允许值，达到装配要求。

**【学习目标】**通过本章的学习，掌握如何设计对装配精度产生影响的零件相关的公称尺寸及公差，合理设计工序的公称尺寸及公差，了解几何公差对装配精度及零件精度产生哪些影响。

## 12.1　概　述

无论是结构设计，还是加工工艺分析或装配工艺分析，经常会遇到相关尺寸、公差和技术要求的确定问题。在很多情况下，运用尺寸链原理可以较好地解决这些问题。本章涉及的尺寸链标准是《尺寸链　计算方法》（GB/T 5847—2004）。

### 12.1.1　尺寸链的定义和特点

**在零件加工或机器装配过程中，由相互连接的尺寸形成的封闭尺寸组，称为尺寸链**。在零件加工过程中，由同一零件有关工序尺寸所形成的尺寸链，称为**工艺尺寸链**。在机械设计和装配过程中，由有关零件设计尺寸所形成的尺寸链，称为**装配尺寸链**。

图 12.1 所示为一机床的主要部件安装图，主轴箱、尾座底板和尾座安装后会形成三个尺寸分别为 $A_3$、$A_2$ 和 $A_1$，而 $A_0$ 在这三个尺寸形成后自然形成。这四个相互联系的尺寸就构成了一个尺寸链。

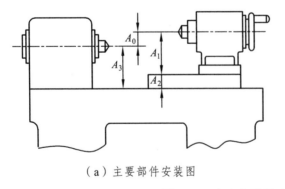
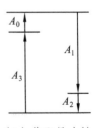

（a）主要部件安装图　　　　　　　（b）装配尺寸链

**图 12.1　车床安装尺寸链**

又以图 12.2 所示的零件尺寸链为例。工件上尺寸 $A_1$ 已加工好，现以底面 $B$ 定位加工 $A$

面以保证尺寸 $A_2$。显然，尺寸 $A_1$ 和 $A_2$ 确定之后，在加工中未直接保证的尺寸 $A_0$ 也随之而确定。此时，$A_1$、$A_2$ 和 $A_0$ 三个尺寸就构成了一个封闭的尺寸组，也形成了尺寸链，有如下关系：

$$A_2 - A_1 - A_0 = 0$$

由上面两个示例，可以看出尺寸链有两个特性：

（1）**封闭性**。组成尺寸链的若干个尺寸按一定顺序构成一个封闭的尺寸系统。

（2）**相关性**。尺寸链中的一个尺寸若发生变动将导致其他尺寸发生变动。

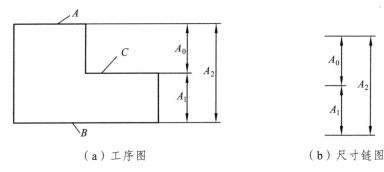

（a）工序图　　　　　　　　　（b）尺寸链图

**图 12.2　零件加工尺寸链**

## 12.1.2　尺寸链的基本术语

根据尺寸链中各尺寸形成的顺序和特点，尺寸链的中尺寸分别有不同的名称。

（1）**环**——组成尺寸链的每一个尺寸，称为尺寸链的环。

（2）**封闭环**——在零件加工过程或机器装配过程中最终形成的环（或间接得到的环）称为封闭环，如图 12.1 中的 $A_0$ 和图 12.2 中的 $A_0$，封闭环字母下角标为 "0"。

（3）**组成环**——尺寸链中除了封闭环以外的各环称为组成环，如图 12.1 中的 $A_1$、$A_2$ 和 $A_3$，图 12.2 中的 $A_1$ 和 $A_2$。一般来说，组成环的尺寸是由加工直接得到的。组成环字母下角标为 $i(i = 1,\ 2,\ \cdots,\ n)$。

组成环按其对封闭环的影响又可分为增环和减环。

① **增环**——凡该环变动（增大或减小）引起封闭环同向变动（增大或减小）的环称为增环。图 12.1 中的 $A_1$、$A_2$ 为增环。

② **减环**——由于该环的变动（增大或减小）引起封闭环反向变动（减小或增大）的环称为减环。图 12.1 中的 $A_3$ 就为减环。

增减环的判断常使用回路法，尺寸链中用首尾相连的单向箭头顺序表示各尺寸环，其中与封闭环箭头方向相反者为增环，与封闭环箭头方向相同者为减环。

（4）**补偿环**——预先选定的某一组成环，通过改变它的大小或位置，可使封闭环达到规定的要求，如垫片、镶条等。

在应用尺寸链原理做分析计算时，为了清楚地表示各环之间的相互关系，常常将相互联系的尺寸组合从零件或部件的具体结构中单独抽出，画成尺寸链简图，如图 12.1（b）、图 12.2（b）所示。尺寸链简图可以不按严格比例画，但应保持各环原有的联系关系。

确定尺寸链中封闭环和组成环之间的函数关系的公式称为尺寸链方程式，其一般表达式为

$$A_0 = f(A_1, A_2, \ldots, A_m) \tag{12.1}$$

其中，封闭环写在等式左边；组成环写在等式右边。$m$ 表示尺寸链组成环的环数。例如，图 12.1 所示的尺寸链方程式为

$$A_0 = A_1 + A_2 - A_3$$

（5）传递函数 $\xi_i$——第 $i$ 个组成环对封闭环的影响大小的系数。

传递函数是组成环在封闭环上引起的变动量与该组成环本身变动量的比值。即

$$\xi_i = \frac{\partial f}{\partial A_i} \tag{12.2}$$

式中，$1 \leqslant i \leqslant m$，$m$ 为组成环总的环数。

### 12.1.3  尺寸链的分类

按尺寸链各环的几何特征和所处空间位置，尺寸链可分为直线尺寸链、角度尺寸链、平面尺寸链和空间尺寸链。

（1）直线尺寸链。

**直线尺寸链**由彼此平行的直线尺寸所组成。如图 12.1 和图 12.2 所示均为直线尺寸链。

（2）角度尺寸链。

各环均为角度尺寸的尺寸链叫**角度尺寸链**。在一些工艺尺寸链和装配尺寸链的分析中，经常涉及平行度、垂直度等位置关系。由于表面或轴线间的平行度关系相当于 0°或 180°的角度，而垂直度相当于 90°的角度，因而有关垂直度、平行度等位置关系的尺寸链也是角度尺寸链，如图 12.3 所示。角度尺寸链的表达式与直线尺寸链相同，在计算上可以合并起来讨论。

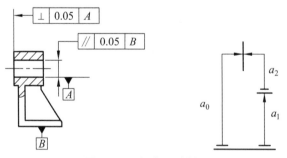

**图 12.3  角度尺寸链**

（3）平面尺寸链。

这种尺寸链同时具有直线尺寸和角度尺寸，且各尺寸均处于同一个或几个相互平行的平面内。图 12.4 所示即为平面尺寸链。

（4）空间尺寸链。

组成环位于几个不平行平面内的尺寸链，称为空间尺寸链。空间尺寸链在空间机构运动

分析、精度分析以及具有复杂空间关系的零部件设计和加工中会遇到。这类尺寸链的计算较为复杂，在此不做讨论。

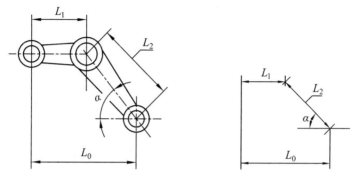

图 12.4　平面尺寸链

　　按尺寸链的形成和应用场合，尺寸链还可分为工艺尺寸链、零件尺寸链和装配尺寸链。
　　（1）**工艺尺寸链**——全部组成环为同一零件工艺尺寸所形成的尺寸链。
　　（2）**零件尺寸链**——全部组成环为同一零件设计尺寸所形成的尺寸链。
　　（3）**装配尺寸链**——全部组成环为不同零件设计尺寸所形成的尺寸链。

### 12.1.4　尺寸链的作用

　　通过尺寸链的分析计算，主要解决以下问题：
　　（1）分析结构设计的合理性。在机械设计中，通过对各种方案装配尺寸链的分析比较，可确定最佳的结构。
　　（2）合理地分配公差。按封闭环的公差与极限偏差，合理地分配各组成环的公差与极限偏差。
　　（3）检校图样。可按尺寸链分析计算，检查、校核零件图上尺寸、公差与极限偏差是否正确合理。
　　（4）基准换算。当按零件图样标注不便加工和测量时，可按尺寸链进行基面换算。
　　（5）工序尺寸计算。根据零件封闭环和部分组成环的基本尺寸及极限偏差，确定某一组成环的公称尺寸及极限偏差。

## 12.2　尺寸链的计算方法

　　根据不同要求，尺寸链计算可分为：
　　① **正计算法**。已知各组成环的极限尺寸，求封闭环的尺寸。
　　② **反计算法**。已知封闭环的极限尺寸和各组成环的基本尺寸，求各组成环的极限偏差。
　　③ **中间计算法**。已知封闭环和部分组成环的极限尺寸，求某一组成环的极限尺寸。
　　**解尺寸链常用的方法有**：完全互换法、概率互换法、分组互换法、修配法和调整法。

### 12.2.1　尺寸链的建立步骤

（1）确定封闭环。封闭环是加工和装配过程中最后形成的那个尺寸。确定封闭环是计算尺寸链的关键。

（2）查明组成环。确定封闭环后，先从封闭环的一端开始，依次找出影响封闭环变动的、相互连接的各尺寸，直至最后一个尺寸与封闭环的另一端连接为止，与封闭环形成一个封闭的尺寸组，即尺寸链。

（3）画尺寸链图。按确定的封闭环和查明的组成环，用符号标注在示意装配图或示意零件图上，也可单独用简图表示出来。画尺寸链图时，可用带箭头的线段来表示尺寸链的各环，线段一端的箭头仅表示组成环的方向，即在尺寸链图上从封闭环的一端出发，沿尺寸链逐一依次向另一端画单箭头。

### 12.2.2　完全互换法（极值法）计算尺寸链

从尺寸链各环的最大与最小极限尺寸出发进行尺寸链计算，不考虑各环实际尺寸的分布情况。按此法计算出来的尺寸加工各组成环，进行装配时各组成环不需挑选或辅助加工，装配后即能满足封闭环的公差要求，即可实现完全互换。

#### 12.2.2.1　基本公式

设尺寸链的总环数为 $n$，增环环数为 $m$，$A_0$ 为封闭环的公称尺寸，$A_z$ 为增环的公称尺寸，$A_j$ 为减环的公称尺寸。

（1）公称尺寸的计算。

封闭环公称尺寸等于所有增环公称尺寸之和减去所有减环公称尺寸之和，即

$$A_0 = \sum_{z=1}^{m} A_z - \sum_{j=m+1}^{n-1} A_j \tag{12.3}$$

式中，$m$ 为增环环数；$n$ 为总环数。

（2）极限尺寸的计算。

封闭环的最大极限尺寸等于增环最大极限尺寸之和减去减环最小极限尺寸之和；封闭环的最小极限尺寸等于增环最小极限尺寸之和减去减环最大极限尺寸之和，即

$$A_{0\max} = \sum_{z=1}^{m} A_{z\max} - \sum_{j=m+1}^{n-1} A_{j\min} \tag{12.4}$$

$$A_{0\min} = \sum_{z=1}^{m} A_{z\min} - \sum_{j=m+1}^{n-1} A_{j\max} \tag{12.5}$$

（3）极限偏差的计算。

封闭环的上偏差等于增环的上偏差之和减去减环的下偏差之和；封闭环的下偏差等于增环的下偏差之和减去减环的上偏差之和，即

$$A_{S0} = \sum_{z=1}^{m} \mathrm{ES}_z - \sum_{j=m+1}^{n-1} \mathrm{EI}_j \qquad (12.6)$$

$$E_{I0} = \sum_{z=1}^{m} \mathrm{EI}_z - \sum_{j=m+1}^{n-1} \mathrm{ES}_j \qquad (12.7)$$

（4）公差的计算。

封闭环公差等于各组成环公差之和，即

$$T_0 = \sum_{i=1}^{n-1} T_i \qquad (12.8)$$

由式（12.8）可知，封闭环公差是该尺寸链中公差值最大的一环，即精度最低的一环。如要提高封闭环精度，可通过两个途径，一是缩小组成环公差；二是减少组成环环数。前者将使制造成本报高，因此，设计中往往从后者着手，应遵循“**最短尺寸链**”原则，即对某一封闭环，若存在多个尺寸链，则应选取组成环最少的那个尺寸链。可总结为：

① 在尺寸链中封闭环的公差值最大，精度最低；

② 在建立尺寸链时应遵循“最短尺寸链原则”，使组成环数目为最少。

### 12.2.2.2 例　题

（1）正计算（校核计算）。

正计算用来求封闭环公称尺寸及偏差，其**基本步骤**是：根据装配要求确定封闭环；寻找组成环；画尺寸链线图；判别增环和减环；由各组成环的公称尺寸和极限偏差求封闭环公称尺寸和极限偏差。

【**例 12-1**】　如图 12.5（a）所示的结构，已知各零件的尺寸：$A_1 = 30_{-0.13}^{0}$ mm，$A_2 = A_5 = 5_{-0.075}^{0}$ mm，$A_3 = 43_{+0.02}^{+0.18}$ mm，$A_4 = 3_{-0.04}^{0}$ mm，设计要求间隙 $A_0$ 为 0.1 ~ 0.45 mm，试做校核计算。

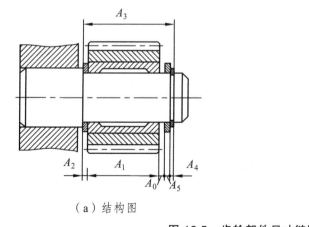
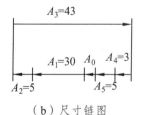

（a）结构图　　　　　　　　　　（b）尺寸链图

**图 12.5　齿轮部件尺寸链图**

【**解**】（1）确定封闭环及其技术要求。

由于间隙 $A_0$ 是装配后自然形成的，所以确定封闭环为要求的间隙 $A_0$。此间隙在 0.1 ~ 0.45 mm，即 $A_0 = 0_{+0.10}^{+0.45}$ mm。

（2）寻找全部组成环，画尺寸链图，并判断增、减环。

依据查找组成环的方法，找出全部组成环为 $A_1$、$A_2$、$A_4$ 和 $A_5$，如图 12.5（b）所示。依据"回路法"判断出 $A_3$ 为增环，$A_1$、$A_2$、$A_4$ 和 $A_5$ 都为减环。

（3）计算（校核）封闭环的公称尺寸。

$$A_0 = A_3 - (A_1 + A_2 + A_4 + A_5) = 43 - (30 + 5 + 3 + 5) = 0$$

封闭环的公称尺寸为 0，说明各组成环的公称尺寸满足封闭环的设计要求。

（4）计算（校核）封闭环的极限偏差

$$\begin{aligned}
\mathrm{ES}_0 &= \mathrm{ES}_3 - (\mathrm{EI}_1 + \mathrm{EI}_2 + \mathrm{EI}_4 + \mathrm{EI}_5) \\
&= +0.18 - (-0.13 - 0.075 - 0.04 - 0.075) = +0.50
\end{aligned}$$

$$\mathrm{EI}_0 = \mathrm{EI}_3 - (\mathrm{ES}_1 + \mathrm{ES}_2 + \mathrm{ES}_4 + \mathrm{ES}_5) = +0.02 - (0 + 0 + 0 + 0) = +0.02$$

（5）计算（校核）封闭环的公差。

$$T_0 = T_1 + T_2 + T_3 + T_4 + T_5 = 0.13 + 0.075 + 0.16 + 0.075 + 0.04 = 0.48$$

校核结果表明，封闭环的上、下偏差及公差均已超过规定范围，必须调整组成环的极限偏差。

② 反计算（设计计算）。

在具体分配各组成环的公差时，可采用"等公差法"或"等精度法"。

当各组成环的公称尺寸相差不大时，可将封闭环的公差平均分配给各组成环。如果需要，可在此基础上进行必要的调整，这种方法叫"等公差法"。即组成环的平均公差为

$$T_{\mathrm{av}} = \frac{T_0}{n-1} \tag{12.9}$$

所谓"**等精度法**"，就是各组成环公差等级相同，即各环公差等级系数相等（见表 12.1）。设其值均为 $a$，则

$$a_1 = a_2 = \cdots = a_{n-1} = a_{\mathrm{av}} \tag{12.10}$$

表 12.1　公差等级系数 $a$ 的值

| 公差等级 | IT5 | IT6 | IT7 | IT8 | IT9 | IT10 | IT11 | IT12 | IT13 | IT14 | IT15 | IT16 | IT17 | IT18 |
|---|---|---|---|---|---|---|---|---|---|---|---|---|---|---|
| 系数 $a$ | 7 | 10 | 16 | 25 | 40 | 64 | 100 | 160 | 250 | 400 | 640 | 1 000 | 1 600 | 2 500 |

按 GB/T 1800.1—2020 规定，在 IT5 ～ IT18 公差等级内，标准公差的计算式为 $T = a \cdot i$，其中 $i$ 为公差因子。在常用尺寸段内，公差因子可按式（12.11）计算，其值见表 12.2。

$$i = 0.45\sqrt[3]{D} + 0.001D \tag{12.11}$$

$$a_{\mathrm{av}} = \frac{T_0}{\displaystyle\sum_{x=1}^{n-1} i_x} \tag{12.12}$$

计算出后，按标准查取与之相近的公差等级系数，进而查表确定各组成环的公差。

表 12.2 公差因子 $i$ 的值

| 尺寸 | | >3 | >6 | >10 | >18 | >30 | >50 | >80 | >120 | >180 | >250 | >315 | >400 |
|---|---|---|---|---|---|---|---|---|---|---|---|---|---|
| 分段 | ~ 3 | ~ 6 | ~ 10 | ~ 18 | ~ 30 | ~ 50 | ~ 80 | ~ 120 | ~ 180 | ~ 250 | ~ 315 | ~ 400 | ~ 500 |
| $i/\mu m$ | 0.54 | 0.73 | 0.9 | 1.08 | 1.31 | 1.56 | 1.86 | 2.17 | 2.52 | 2.9 | 3.23 | 3.54 | 3.89 |

各组成环的极限偏差确定方法是：先留一个组成环作为调整环，其余各组成环的极限偏差按"入体原则"确定，即包容尺寸的基本偏差为 H，被包容尺寸的基本偏差为 h，一般长度尺寸用 js。进行公差设计计算时，最后必须进行校核，以保证设计的正确性。

【例 12-2】如图 12.5 所示的装配结构，已知各零件的公称尺寸为：$A_1 = 30$ mm，$A_2 = A_5 = 5$ mm，$A_3 = 43$ mm，弹簧卡环 $A_4 = 3_{-0.05}^{0}$ mm（标准件），设计要求间隙 $A_0$ 为 0.1 ~ 0.35 mm，试用"等精度法"确定各有关零件的轴向尺寸的公差和极限偏差。

【解】① 确定封闭环及其技术要求。

由于间隙 $A_0$ 是装配后自然形成的，所以确定封闭环为要求的间隙 $A_0$。此间隙在 0.1 ~ 0.35 mm，即 $A_0 = 0_{+0.10}^{+0.35}$ mm。封闭环的公差为

$$T_0 = ES_0 + EI_0 = +0.35 - (+0.10) = 0.25 \text{ mm}$$

② 寻找全部组成环，画尺寸链图，并判断增、减环。

依据查找组成环的方法，找出全部组成环为 $A_1$、$A_2$、$A_3$、$A_4$ 和 $A_5$，如图 12.5 所示。依据"回路法"判断出 $A_3$ 为增环，$A_1$、$A_2$、$A_4$ 和 $A_5$ 都为减环。

③ 校核封闭环的公称尺寸。

计算（校核）封闭环的公称尺寸为

$$A_0 = A_3 - (A_1 + A_2 + A_4 + A_5) = 43 - (30 + 5 + 3 + 5) = 0$$

封闭环的公称尺寸为 0，说明各组成环的公称尺寸满足封闭环的设计要求。

④计算各组成环的公差。

由表 12.2 可查各组成环的公差因子值（单位为 $\mu m$），即

$$i_1 = 1.31 ; \quad i_2 = i_5 = 0.73 ; \quad i_3 = 1.56$$

得各组成环相同的公差等级系数

$$a_{av} = \frac{T_0 - T_4}{i_1 + i_2 + i_3 + i_5} = \frac{250 - 50}{1.31 + 0.73 + 1.56 + 0.73} = \frac{200}{4.33} = 46$$

由表 12.1 知，$a_{av} = 46$，在 TI9 和 IT10 之间，因要保证不超出，故选取公差等级为 IT9。查表 2.1 得各组成环的公差为

$$T_1 = 0.052 \text{ mm}, \quad T_2 = T_5 = 0.030 \text{ mm}$$
$$T_3 = 0.062 \text{ mm}, \quad T_4 = 0.050 \text{ mm （已知）}$$

⑤ 校核封闭环公差。

$$T_0' = \sum_{i=1}^{n-1} T_i = T_1 + T_2 + T_3 + T_4 + T_5$$
$$= (0.052 + 0.030 + 0.062 + 0.050 + 0.030) = 0.224 < T_0 = 0.25 \text{ mm}$$

$$T_3 = (0.25 - 0.224 + 0.062) = 0.088 \ \text{mm}$$

符合要求，还有富余。因此，可考虑放大较难加工的 $A_3$ 的公差。

⑥ 确定各组成环的极限偏差。

选 $A_3$ 作为调整环，其余根据"入体原则"，由于除 $A_3$ 外，其余均为被包容尺寸，故取其上偏差为零，即 $A_1 = 30_{-0.052}^{0}$，$A_2 = A_5 = 5_{-0.030}^{0}$，$A_4 = 3_{-0.05}^{0}$（已知）。

得调整环 $A_3$ 的极限偏差

$$\text{ES}_0 = \text{ES}_3 - (\text{EI}_1 + \text{EI}_2 + \text{EI}_4 + \text{EI}_5)$$
$$0.35 = \text{ES}_3 - (-0.052 - 0.030 - 0.050 - 0.030)$$
$$\text{ES}_3 = +0.188 \ \text{mm}$$
$$\text{EI}_0 = \text{EI}_3 - (\text{ES}_1 + \text{ES}_2 + \text{ES}_4 + \text{ES}_5)$$
$$0.10 = \text{EI}_3 - (0 + 0 + 0 + 0)$$
$$\text{EI}_3 = +0.10 \ \text{mm}$$

因此，$A_3 = 43_{+0.100}^{+0.188} \ \text{mm}$。

（3）中间计算。

中间计算常用在基准换算和工序尺寸换算等工艺计算中。零件加工过程中，选定的定位基准或测量基准与设计基准不重合，则应根据工艺要求改变零件图的标注，此时需要进行基准换算，求出加工所需要的工序尺寸。

【例 12-3】如图 12.6 所示的套筒零件，设计尺寸如图中所标，加工时，测量尺寸 $12_{-0.36}^{0}$ 较为困难，而用深度游标卡尺直接测量大孔的深度则方便，$10_{-0.36}^{0}$ 则成为间接保证的封闭环 $A_0$，$A_1$ 为增环，$A_2$ 为减环。为了间接保证 $A_0$，须进行尺寸换算，确定 $A_2$ 尺寸及其偏差。

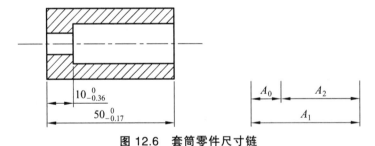

**图 12.6　套筒零件尺寸链**

【解】确定封闭环为 $A_0$，寻找组成环并画出尺寸链图，判断 $A_1$ 为增环，$A_2$ 为减环。

因为　　　　　$A_0 = A_1 - A_2$

所以　　　　　$A_2 = A_1 - A_0 = 50 - 10 = 40$

因为　　　　　$\text{ES}_0 = \text{ES}_1 - \text{EI}_2$，　$\text{EI}_0 = \text{EI}_1 - \text{ES}_2$

所以　　　　　$\text{EI}_2 = \text{ES}_1 - \text{ES}_0 = 0$

$$\text{ES}_2 = \text{EI}_1 - \text{EI}_0 = -0.17 - (-0.36) = +0.19 \ \text{mm}$$

即组成环 $A_2$ 的尺寸为 $40_{0}^{+0.19}$。

完全互换是从尺寸的极限情况出发解决问题，计算简单，但环数不能过多，精度也不能太高，否则会造成各组成环的公差过小，使加工困难，经济性不好。由于在成批生产中零件的尺寸常常是符合正态分布的，所以在尺寸链环数较多、精度较高时，尽量用大数互换法求解。

### 12.2.3　大数互换法（概率法）计算尺寸链

大数互换法也叫概率法，又可叫**不完全互换法**。在绝大多数产品中采用大数互换法，装配时不需要挑选或修配，就能满足封闭环的公差要求，即保证大数互换性。

用大数互换法解尺寸链，封闭环的公称尺寸计算公式与完全互换法相同，所不同的是公差和极限偏差的计算不一样。

#### 12.2.3.1　基本公式

设尺寸链的组成环数为 $m$，有 $n$ 个增环、$m-n$ 个减环。$A_0$ 为封闭环的基本尺寸，$A_i$ 为组成环的公称尺寸。

（1）封闭环的公差。

根据概率论关于独立随机变量合成原则，各组成环的标准偏差 $\sigma_i$ 与封闭环的标准偏差 $\sigma_0$ 的关系为

$$\sigma_0 = \sqrt{\sum_{i=1}^{m} \sigma_i^2} \qquad (12.13)$$

如果组成环的实际尺寸都按正态分布（在大批生产且稳定的工艺过程中，实际尺寸接近于正态分布），且分布范围与公差带宽度一致，分布中心与公差带中心重合，如图 12.7 所示，则封闭环的尺寸也按正态分布，各环公差与标准偏差的关系为

$$T_0 = 6\sigma_0 \qquad (12.14)$$
$$T_i = 6\sigma_i \qquad (12.15)$$

则有

$$T_0 = \sqrt{\sum_{i=1}^{m} T_i^2} \qquad (12.16)$$

即封闭环的公差等于所有组成环公差的平方和的平方根。

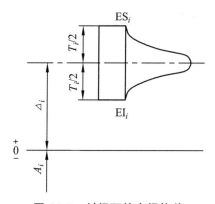

图 12.7　封闭环的中间偏差

（2）封闭环的中间偏差。

如图 12.7 所示，封闭环的中间偏差等于所有增环的中间偏差之和减去所有减环的中间偏差之和，即

$$\Delta_0 = \sum_{z=1}^{n} \Delta_z - \sum_{j=n+1}^{m} \Delta_j \qquad (12.17)$$

式中，$\Delta_z$ 为增环的中间偏差；$\Delta_j$ 为减环的中间偏差。

此时，中间偏差为上偏差与下偏差的平均值，即

$$\Delta_i = \frac{1}{2}(\mathrm{ES}_i - \mathrm{EI}_i) \qquad (12.18)$$

（3）封闭环及组成环的极限偏差。

$$\mathrm{ES} = \Delta + \frac{T}{2} \qquad (12.19)$$

$$\mathrm{EI} = \Delta - \frac{T}{2} \qquad (12.20)$$

即各环的上偏差等于其中间偏差加 1/2 该环公差，各环的下偏差等于其中间偏差减去 1/2 该环公差。

大数互换法解尺寸链，根据不同要求，也有正计算、反计算和中间计算等三种类型。

### 12.2.3.2　例　题

【例 12-4】以例题 12-1 为例用大数互换法求解。在图 12.5 中，假设各组成环按正态分布，且分布范围与公差带宽度一致，分布中心与公差带中心重合。

【解】计算封闭环公差

$$T_0 = \sqrt{\sum_{j=1}^{m} T_j^2} = \sqrt{0.13^2 + 0.075^2 + 0.16^2 + 0.04^2 + 0.075^2} \approx 0.235 \text{ mm}$$

封闭环环公差符合要求。

计算封闭环的中间偏差得

$$\Delta_1 = -0.065 \text{ mm}, \quad \Delta_2 = -0.0375 \text{ mm},$$
$$\Delta_3 = +0.080 \text{ mm}, \quad \Delta_4 = -0.02 \text{ mm}, \quad \Delta_5 = -0.0375 \text{ mm}$$

所以

$$\Delta_0 = \Delta_3 - (\Delta_1 + \Delta_2 + \Delta_4 + \Delta_5)$$
$$= 0.080 - (-0.065 - 0.0375 - 0.02 - 0.0375) = +0.24 \text{ mm}$$

封闭环的极限偏差为

$$\mathrm{ES}_0 = \Delta_0 + \frac{T_0}{2} = 0.24 + \frac{0.235}{2} \approx 0.358 \text{ mm}$$

$$\mathrm{EI}_0 = \Delta_0 - \frac{T_0}{2} = 0.24 - \frac{0.235}{2} \approx 0.123 \text{ mm}$$

校核结果表明，封闭环的上、下偏差满足间隙为 0.1 ~ 0.45 mm 的要求。

# 12.3 用其他方法解装配尺寸链

对于装配尺寸链,除了用完全互换法和不完全互换法解算外,**还可以用分组互换法、修配法和调整法**等措施来保证装配精度。

## 12.3.1 分组互换法

分组互换法是先用完全互换法求出各组成环的公差和极限偏差,再将相配合的各组成环的公差扩大 $N$ 倍,使之达到既经济又符合加工精度的要求;然后将完工后的零件实际尺寸分成 $N$ 组,装配时根据大配大、小配小的原则,按相对应组进行装配,以满足封闭环要求。

例如,设公称尺寸为 18 mm 的孔、轴配合间隙要求为 $x = 3 \sim 8$ μm,这意味着封闭环的公差 $T_0 = 5$ μm,若按完全互换法,则孔、轴的制造公差只能为 2.5 μm。

若采用分组互换法,将孔、轴的制造公差扩大 4 倍,公差为 10 μm,将完工后的孔、轴按实际尺寸分为 4 组,按对应组进行装配,各组的最大间隙均为 8 μm,最小间隙为 3 μm,故能满足要求。

分组互换法用于大批量生产,具有高精度、形状简单易测、尺寸链环数少的零、部件。分组后零、部件的形状误差不改变,一般分组数为 2 ~ 4 组。

分组互换法的优点:既可以扩大零、部件的制造公差,又能保证较高的精度;其缺点是增加了检测费用,仅适用组内零、部件的互换。

## 12.3.2 调整法

调整法是将尺寸链各组成环按经济公差制造,由于组成环尺寸公差放大而使封闭环上产生的累积误差,可在**装配时采用调整补偿环的尺寸或位置来补偿**。常用的补偿环可分为固定补偿环和可动补偿环两种。

(1)**固定补偿环**。在尺寸链中选择一个合适的组成环作为补偿环(如垫片、垫圈或轴套等)。补偿环可根据需要按尺寸大小分为若干组。装配时,从合适的尺寸组中取一补偿环,装入尺寸链中预定的位置,使封闭环达到规定的技术要求。

(2)**可动补偿环**。装配时调整可动补偿环的位置以达到封闭环的精度要求。这种补偿环在机械设计中应用很广,结果形式很多,如机床中常用的镶条、调节螺旋副等。

调整法的主要优点:加大组成环的制造公差,使制造容易,同时可得到很高的装配精度;装配时不需修配;使用过程中可以调整补偿环的位置或更换补偿环,以恢复机器原有精度。它的主要缺点是有时需要额外增加尺寸链零件数,使结构复杂,制造费用增高,降低结构的刚性。

调整法主要用于封闭环精度要求高、组成环数目较多的尺寸链中,如使用过程中,组成环的尺寸由于磨损、温度变化或受力变形等原因而使尺寸链产生较大变化时,调整法就能很好地满足要求。

### 12.3.3　修配法

修配法是根据零件加工的可能性，对各组成环规定经济可行的制造公差，按经济精度放宽各组成环公差，通过修配方法改变尺寸链中预先规定的某组成环的尺寸（该环即为补偿环），以满足装配精度要求。

修配法的优点是放宽了组成外的制造公差，保证了装配精度，但相对增加了修配工作量和费用，各组成环失去了互换性，使用受到限制。故修配法多用于批量不大、环数不多、精度要求不高的尺寸链。

# 小　结

1. 解尺寸链是对零部件或机器进行精度设计、工艺规程设计的重要技术环节，是合理确定和验证公称尺寸、公差或极限偏差的重要技术手段。

2. 解尺寸链可分为解算零部件、工艺性、装配调整等类型。

3. 正计算用于验证设计的正确性；反计算用于设计时确定机器各零部件的极限偏差；中间计算常用于工艺设计、基准换算、工序尺寸的确定等问题。

4. 确定尺寸链的步骤为：确定封闭环，寻找组成环，画出尺寸链图及判别增减环。

# 习　题

12-1　什么是尺寸链？它有哪几种形式？

12-2　尺寸链的两个基本特征是什么？

12-3　如何确定一个尺寸链封闭环？如何判别某组成环是增环还是减环？

12-4　为什么封闭环公差比任何一个组成环公差都大？设计时应遵循什么原则？

12-5　尺寸链中遇到基本尺寸为零，上、下偏差符号相反，绝对值相等的环，例如同轴度、对称度等问题时应如何处理？

12-6　尺寸链的计算分哪几种类型？它们的目的分别是什么？

12-7　某零件（见图12.8）在加工时，按图示要求保证其尺寸为（$6 \pm 0.1$）mm，因这一尺寸不便直接测量，而通过测量尺寸 $L$ 来间接保证，试求 $L$ 的基本尺寸和极限偏差。

12-8　加工轴类零件（见图12.9），其加工顺序为：

（1）车外圆 $A_1 = \phi 70.5_{-0.1}^{0}$；

（2）铣键槽控制尺寸 $A_2$；

（3）磨外圆使尺寸 $A_3 = \phi 70.5_{-0.046}^{0}$，要求同时保证槽深 $A_4 = \phi 64.5_{-0.2}^{0}$。

试确定 $A_2$ 的基本尺寸和极限偏差。

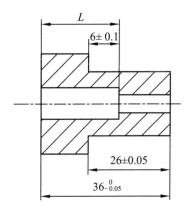

图 12.8　习题 12-7 图

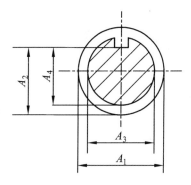

图 12.9　习题 12-8 图

# 第 13 章　机械精度设计综合实例

【案例导入】如图 13.1 是二位四通转阀装配图，工作压力 $p = 6.3$ MPa，压力试验无泄漏。设计主要部件的公差与配合要求。

本例用于说明公差与配合在设计中的综合应用。公差与配合综合应用是本课程学习的最终目标。

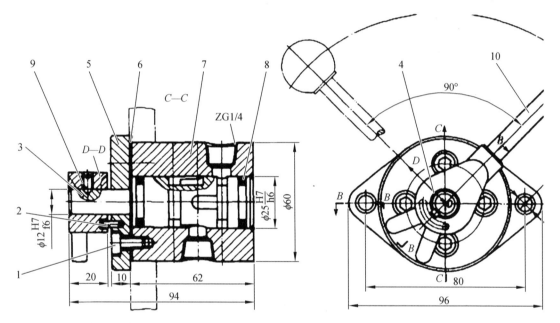

1，9—螺钉；2—销；3—滑阀；4—拨叉；5—盖板；6—垫片；7—阀体；8—O 形密封圈；10—手把。

图 13.1　二位四通转阀装配图

【学习目标】本章以典型一级减速器为例，介绍如何进行装配图、零件图的公差选择；要领会极限配合体系的特点、一般机械精度设计的方法；具有利用极限配合、几何公差及表面粗糙度的相关知识，合理综合运用本课程的知识进行装配图、零件图公差选择与标注的机械精度设计的能力。

在二位四通转阀案例中，转阀有两个旋转工位，用于切换压力流体的方向。基本性能要求：滑阀与阀体密封无泄漏、旋转灵活、操作滑阀的拨叉等紧固牢靠。在装配图中滑阀与阀体采用最小间隙为零的间隙配合 $\phi 25H7/h6$（配合间隙 $0 \sim 41$ μm），保证滑阀可自由旋转；采用最大间隙时，为避免转阀泄漏，增加密封圈，满足阀的无泄漏密封性能要求。在装配图中滑阀与拨叉采用小间隙配合 $\phi 12H8/f7$（配合间隙 $16 \sim 61$ μm），其最小间隙保证可自由装配。两件配合的最大间隙及附加螺钉，要求工作时牢靠不致松动，既可实现滑阀的旋转操作，又可以拆卸维修。从案例中可以看出，合理的配合可实现设计时的性能要求。

# 13.1　概　述

机械产品设计一般包括方案设计、结构设计和精度设计三个过程。精度设计是产品满足功能要求，即满足使用要求、保证质量的必要环节，也是产品设计的一个重要环节。精度设计有产品整体精度设计和零件精度设计。几何量精度设计不仅满足产品的使用要求，保证产品的质量，而且还要考虑制造产品的可能性和成本。实际中百分之百精确的机械是不可能实现的。精度设计的任务是利用有关极限与配合、几何公差、表面结构等项目，表述对机械各部分制造时的允许差，从而制造出满足性能指标的机械。

产品的几何量精度越高，产品在加工、制造及检测过程中要求越高，加工与检测的难度越大，成本越高。因此，几何量精度设计的总体原则是：在满足产品使用要求的前提下，选用合理的几何量精度，保证获得最佳的技术经济效益。机械产品的几何量精度设计遵守最重要的原则是互换性原则，为了保证互换性原则的实现，还要遵守标准化原则和优化原则，即根据机械的性能和工作精度要求统一采用标准的形式,体现设计机械零部件之间的结合要求，以及对零部件各处的尺寸、几何形状、表面微观质量的控制要求。装配图的极限与配合公差设计主要讨论零部件配合的性质及装配质量；零件图的精度设计内容不但包括根据装配图确定的极限与配合公差，还包括单个零件的几何形状、位置精度和表面结构要求。

为了准确、完整、恰当地体现精度设计要求，一般需要以下原则：

**1. 重点性原则**

精度分配根据设计时的性能指标和工作精度，突出关键部分、重要尺寸，主次分明。设计时优先保证决定机械性能和工作精度的主要部件尺寸的精度。这种分配原则有利于精度表示的清晰性，确保设计的机械性能指标实现，制造时技术人员抓住重点，集中注意力解决制造技术问题。

**2. 协调性原则**

精度设计时，各部件及其尺寸、精度等级不可忽高忽低；或者等级相差很大。使用要求相差不大时，一般相差 1~2 级即可。这种分配有利于控制制造成本，并且制造精度容易保证。

**3. 完整性原则**

在精度设计中，影响机械性能及工作精度不大的部件及尺寸，可按尺寸的未注公差在技术要求中提出。而对于那些影响机械性能及工作精度的部件及尺寸，一定不能遗漏，否则会造成设计缺陷。

# 13.2　装配图中的精度设计

## 13.2.1　装配图中极限公差与配合确定的方法及原则

**1. 精度设计中极限配合的选用方法**

装配图不仅设计部件的结构和位置关系，还要确定各零部件之间的配合关系。装配图的配合关系在图纸设计中占有较为重要的作用。配合关系决定机械工作精度及性能方面的尺寸，只有合理选择，才能保证机械的性能和机械的价格优势。

装配图中极限公差与配合的方法有**类比法、计算法和试验法**。计算法和试验法是通过计算或者试验确定配合关系，这种方法可靠、精确、科学，但费时、费力、不经济。类比法是根据零部件的使用情况，参照同类型或相似类型机械已有配合的经验资料，分析比对而确定配合的方法。类比法简单易行，一般经过实际验证，可靠性高，工艺性较好，便于产品系列化、标准化，所以类比法目前还是一种比较常用的、有效的方法。**本章采用类比法进行精度设计**。

2. 精度设计中极限配合与公差选用原则

在装配图精度设计中，公差与配合与机械的工作精度及使用性能要求密切相关。公差与配合的选用需要对设计制造的技术可行性和制造的经济性两者进行综合考虑。选用原则要求保证机械产品的性能优良，制造经济可行，即选**用的配合与精度等级使机械的使用价值与制造成本综合效果达到最佳**，其选择的好坏将直接影响机械性能、寿命与成本。在书中相关章节列出了各种加工方法可能达到的合理加工精度，不同的加工精度其生产成本是不同的。例如，从生产成本的角度考虑，某零件选用 IT7，采用车削可达到要求；当公差级别提高到 IT5，则车削后还需增加磨削工序，相应成本可增加 25%；如公差级别提高到 IT4，则需按车→磨→研磨工序加工，其成本是车削时的 5~8 倍，所以在满足使用要求前提下，应尽量降低公差级别，获得良好的经济效益，不可盲目提高机械精度。

**公差与配合的选用应遵守有关公差与配合标准**。国家标准所制定的极限配合与公差、几何公差、表面粗糙度，是一种科学的机械精度表示方法，它便于设计和制造，可满足一般精度设计的选择要求。在精度设计时，经过分析类比后，按标准选择各精度数值。

## 13.2.2 装配图精度设计实例

配合设计选取顺序是精度设计分析的思路，应从如何保证机械工作的性能要求开始，反向推出各结合部分的极限配合要求。**具体方法和步骤**是：找出影响机械性能的误差传递路线，即起重要作用或关键部分的尺寸及配合，即寻找机器或部件的主要尺寸。操作顺序如下：工作部分及主要配合件→定位件、基准→非关键件，设计时逐一分析，按要求标注，不能遗漏。

【例 13-1】图 13.2 是简化的轴向柱塞液压泵。设计压力 $p = 20$ MPa，转速 $n = 1\,800$ r/min。设计主要部件的公差与配合。

【解】轴向柱塞泵是一种常见的液压动力元件，提供液压系统一定压力下稳定的流量。使用要求液压泵工作平稳、流量稳定、系统泄漏量小，泵在工作时不会出现卡滞等现象。

柱塞泵工作部分要求精度高、间隙小、过盈部分不能过大，其尺寸精度和几何精度均有要求。从使用性能及与同类型液压元件类比，此设计关键部分精度，孔为 IT6，轴为 IT5，其他定位部分一律孔取 IT7、轴取 IT6；非关键件部分孔、轴均取 IT8~IT10 或不标注配合精度。

分析图纸，决定工作性能及精度的关键件是柱塞副、凸轮及凸轮轴部分，由此可得系统的主要尺寸部分如下：

柱塞泵主要部分尺寸，按重要性顺序：柱塞径向面 $\phi$18→凸轮面→凸轮轴两支撑面。

定位部分：轴与轴承内圈 $\phi$15 两处→轴承外壳孔与轴承外圈 $\phi$35 两处。

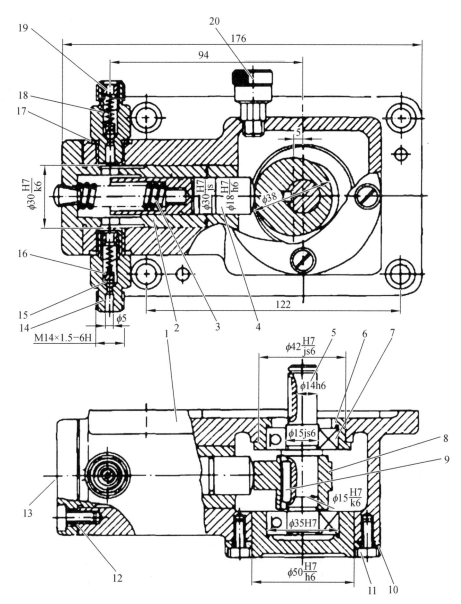

1—泵体；2—泵套；3，18—弹簧；4—柱塞；5—凸轮轴；6—衬套；7—滚动轴承；8—凸轮；9—键 5×20；10—衬盖；

11—螺钉；12—垫片；13—螺塞；14—单向阀体；15—钢球；16—球托；17—油封；19—调节塞；20—油杯。

**图 13.2　轴向柱塞泵**

其他部分：柱塞套与本体 $\phi30$→轴承外壳孔体与本体 $\phi42$、$\phi50$→输入部分 $\phi14$。

下面分析柱塞泵的公差与配合要求。

（1）柱塞副是工作的关键件，工作时滑动应无卡滞，密封性好，尺寸精度孔取 IT6，柱塞取 IT5。如果单件试生产和考虑经济性要求，孔取 IT7，轴取 IT6，取最小间隙为零的间隙配合 H/h，保证柱塞轴向滑动顺畅。

（2）柱塞套与壳体应选取过盈配合。考虑套变形时孔的收缩，过盈量不能过大（类比估计过盈范围 3 ~ 7 μm）。配合类型选 H7/k6 或 H7/m6，试切法可选 H7/js6。

（3）轴承为标准件，只选取凸轮轴的公差代号。轴承内圈与凸轮轴配合为基孔制配合，凸轮轴取 k6，试切法取 js6；轴承外圈与壳孔配合按基轴制，壳体孔选取 H7。

（4）轴承外壳孔的衬套及衬盖。考虑安装拆卸方便，达到定位的原则，无附加紧固件的衬套，宜选结果可能有小过盈量的 k、m；有附加固定的衬盖，可选 h、j、js。本例衬套选 H/k，衬盖选 H/h。

（5）主视图右边 $\phi30$ 处，考虑受轴向力作用，便于安装即可，选 H7/g6 ~ H7/k6 均可。

表 13.1　试切法与调整法的配合比较

| | $\phi18$ | $\phi15$ | $\phi35$ | 柱塞套 $\phi30$ | $\phi42/\phi50$ | $\phi14$ | $\phi30$ |
|---|---|---|---|---|---|---|---|
| 试切法 | H7/h6 | js6 | H7 | H7/js6 | H7/js6，H7/h6 | h6 | H7/h6 |
| 调整法 | H6/h5 | k6 | H7 | H7/m6 | H7/k6，H7/h6 | m6 | H7/k6 |

（6）输入部分安装尺寸 $\phi14$。动力输入部分，依靠单键传递动力，配合以小过盈为佳，选 h ~ m 均可，单键小批量选 h、k、m。

从加工方法上考虑，单件试生产和调整法生产，主要件部分的公差与配合见表13.1。

从图13.2的标注结果看，此设计更适合单件试切法生产。

【例13-2】某单级圆柱齿轮减速器，如图13.3所示，输入轴转速 $n_1 = 2\ 950$ r/min，单件小批量生产，齿轮最高工作温度800 ℃，箱体最高温度500 ℃，齿轮喷油润滑。分析并给出结合部分的装配关系。

【解】减速器是机器中最常见的传动装置，也是"机械设计课程设计"中经常涉及的设计部件。减速器装配图中的公差选择与标注是减速器设计的主要内容之一。经过运动、动力、结构和强度设计以后，可得到单级圆柱直齿减速器的已知条件，它是减速器精度设计的原始数据，采用类比法分析各部配合要求。

图 13.3　单级圆柱齿轮减速器

（1）已知条件：

① 减速器装配图如图13.4所示。

② 高速轴组（小齿轮）参数。齿数 $Z_1 = 16$，齿宽 $b_1 = 25$ mm，模数 $m = 2$ mm，压力角 $\alpha = 20°$，两个6201P0深沟球轴承（轴承外圈固定，内圈旋转，轻负荷）。

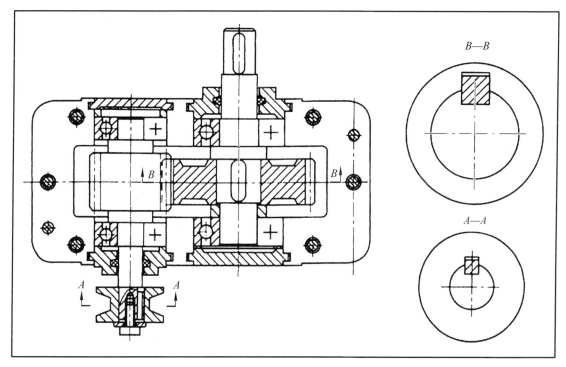

**图 13.4　单级圆柱直齿轮减速器装配图**

③ 低速轴组（大齿轮）参数。齿数 $Z_2 = 32$，齿宽 $b_2 = 20$ mm，模数 $m = 2$ mm，压力角 $\alpha = 20°$，齿轮材料45#钢，线膨胀系数 $\alpha_1 = 11.5 \times 10^{-6}/°C$，两个6203P0深沟球轴承（轴承外圈固定，内圈旋转，轻负荷）。

④ 带轮与高速轴为一般配合，轻负荷，可拆卸，带轮内孔直径为 $\phi 10$ mm。

⑤ 大齿轮与低速轴为一般配合，轻负荷，精密定位，可拆卸，大齿轮内孔直径为 $\phi 20$ mm。

⑥ 箱体材料为铸铁，线膨胀系数 $\alpha_2 = 10.5 \times 10^{-6}/°C$，箱体上两对轴承孔的跨距 $L$ 相等，均为46 mm。

（2）高速轴组配合公差与标注。

高速轴组配合公差主要有：轴承内圈与高速轴轴颈的配合公差、轴承外圈与壳体孔的配合公差、高速轴与带轮内孔的配合公差、高速轴与带轮平键的配合公差四项。

① 轴承内圈与高速轴轴颈的配合公差选择。

6201P0深沟球轴承，由相关手册查轴承内圈直径为 $\phi 12$ mm。根据已知条件：轴承外圈规定，内圈旋转，轻负荷，轴承为标准件，只选择轴颈的公差带代号。由轴承相关章节的表选择轴承内圈与轴颈的配合公差带代号为h5。

② 轴承外圈与壳体孔的配合公差选择。

6201P0深沟球轴承，由相关手册查轴承外圈直径为 $\phi 32$ mm。根据已知条件：轴承外圈规定，内圈旋转，轻负荷，轴承为标准件，只选择壳体孔的公差带代号。由轴承相关章节的表选择轴承外圈与壳体孔的配合公差带代号为H7。

③ 高速轴与带轮内孔的配合公差选择。

带轮与高速轴为一般配合，根据基孔制优先的原则，选择带轮内孔公差代号为H。带轮要求轻负荷传动，可拆卸，由线性尺寸精度设计章节选择过渡配合H/n带轮的精度、定位要求不高，选择内孔精度为IT8，选择与内孔相配合的高速轴段的精度为IT7（轴比孔低一级），所以带轮内孔与高速轴的配合公差为$\phi10(H8)/n7$。

④ 高速轴与带轮平键的配合公差选择。

根据带轮内孔直径$\phi10$ mm，查相关手册得键宽$b = 3$ mm。带轮与轴无相对运动，轻负荷，选平键连接。由键精度设计章节选取键与高速轴槽的配合公差代号为N9，键与带轮内孔槽的配合公差代号为JS9。

配合公差选定后，正确标注在图13.5上。

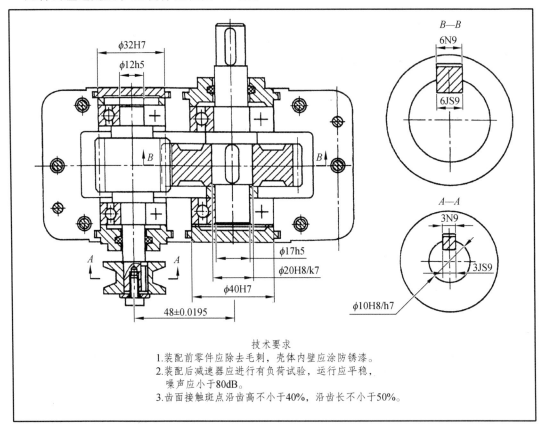

**图 13.5   减速器装配图的公差标注**

（3）低速轴组配合公差选择和标注。

低速轴组配合公差主要有：轴承内圈与低速轴轴颈的配合公差、轴承外圈与壳体孔的配合公差、低速轴与大齿轮内孔的配合公差、低速轴与大齿轮平键的配合公差四项。

① 轴承内圈与低速轴轴颈的配合公差选择。

6203P0 深沟球轴承，查手册得轴承内圈直径为$\phi17$ mm。根据已知条件：外圈规定、内圈旋转、轻负荷，由滚动轴承精度设计章节选取内圈与轴颈的配合公差代号为 h5。

② 轴承外圈与壳体孔的配合公差选择。

6203P0 深沟球轴承，查手册得轴承外圈直径为$\phi40$ mm。根据已知条件：外圈规定、内圈旋转、轻负荷，由滚动轴承精度设计章节选取外圈与壳体孔的配合公差代号为 H7。

③ 低速轴与大齿轮内孔的配合公差选择。

大齿轮与低速轴为一般配合，优先选用基孔制，选择大齿轮内孔公差代号为 H。大齿轮要求可拆卸、精密定位、轻负荷传动，由线性尺寸精度设计章节选择配合性质为小过渡配合 H/k；选择大齿轮内孔精度为 IT7，与大齿轮内孔配合的低速轴段精度为 IT6，大齿轮内孔与低速轴的配合公差选择为 $\phi20H7/k6$。

④ 低速轴与大齿轮平键的配合公差选择

大齿轮内孔直径 $\phi20$ mm，由手册查得键宽 $b = 6$ mm。因大齿轮与轴无相对运动、轻负荷，所以选取一般平键连接，由键精度设计章节选取键与低速轴槽的配合公差代号为 N9，键与大齿轮孔槽的配合公差代号为 JS9。

配合公差选定后，正确标注在图 13.5 上。

（4）中心距及极限偏差选择与标注。

中心距及极限偏差属于相邻零件之间的安装公差，即两传动齿轮之间的中心距及极限偏差。减速器为常用一般齿轮传动，无特殊要求，选择减速器齿轮精度等级为 IT7。由相关公式可计算出中心距为 48 mm，查齿轮精度设计章节得中心距极限偏差 $\pm f_a = \pm 0.019\,5$ mm，所以减速器中心距极限偏差为（$48 \pm 0.019\,5$）mm，并标注在图 13.5 上。

标注完极限配合与公差后，需验证装配尺寸链是否满足要求，如果不符合机械的使用性能要求，或不符合公差分配及工艺要求，则需调整，使所选配合符合设计要求，并易于制造。具体验算、计算可见尺寸链相关内容。

# 13.3　零件图中的精度设计

## 13.3.1　零件图中精度确定的方法及原则

在机器的设计过程中，零件图一般是从装配图（或部件图）中拆画出来的。零件图是零件加工、检验的指令性文件，所以零件图除了正确表达零件的形状，还要求标注出完整的尺寸和公差要求。零件图中的主要公差项目有尺寸公差、几何公差、表面粗糙度和其他公差要求。本节采用类比法进行，必要时需要进行尺寸链的计算验证。

**确定并标注各部分公差精度顺序**如下：区分主要尺寸和次要尺寸，按尺寸公差→几何公差→表面粗糙度进行，尽量做到设计基准、工艺基准、测量基准重合。

*1. 尺寸公差的确定方法*

零件图中不是所有尺寸都标注尺寸公差要求，只有重要尺寸和精度要求比较高的主要尺寸标注公差要求；非主要尺寸，或者精度要求比较低的部分，可不标出公差要求，在技术要求中统一说明（线性尺寸的未注公差）。

零件图中的主要尺寸，是指装配图中参与装配尺寸链的尺寸，这类尺寸一般都具有较高的精度要求，对机械精度和机械性能影响比较大。还有一类尺寸——工作尺寸，它的精度对机械性能有直接影响，也需要严格控制。确定了零件的公称尺寸以后，可从以下几方面考虑选择适当的尺寸公差。

（1）装配图中已标注出配合关系及精度要求的，一般直接从装配图中的配合及公差中得出。例如图 13.6 中的低速齿轮轴零件图，可直接从图 13.5 中的 $\phi20H8/k7$ 分解出 $\phi20k7$，并查表得到尺寸公差要求。

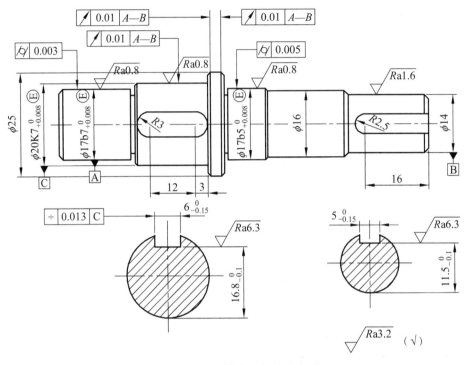

图 13.6　低速轴表面粗糙度标注

（2）装配图中无直接要求的尺寸，但它是主要配合尺寸，在零件图中影响设计基准、定位基准和机械的工作精度，须按尺寸链计算，求出尺寸公差值。

（3）为了加工方便、测量的工艺基准、与配合有关的尺寸公差，通过尺寸链计算出公差。

2．几何公差的确定方法

几何公差对机械的使用性能影响很大，用**几何公差和尺寸公差共同保证零件的几何精度**。正确选择几何公差项目和合理确定公差等级，能保证零件的使用要求和较好的经济性。确定零件图中**几何公差可从以下几个方面考虑：**

（1）保证尺寸精度。对零件图中有较高公差要求的部分，根据尺寸精度，提出对应几何精度等级。例如，与轴承内圈配合的轴颈尺寸，为保证接触良好，提出该轴颈处圆柱度要求。

（2）机械配合面的运动要求，或装配图中有性能要求的，应提出几何公差。例如，机床导轨面支撑滑动工作台运动，从运动到承载要求考虑，平面误差对性能影响较大，所以提出平面度要求。

（3）主要尺寸之间、主要尺寸与基准（设计基准、工艺基准、测量基准）之间需要控制位置的，以及基准不重合可能引起的误差，根据它们之间相对位置要求，用尺寸链计算，给出所需几何公差。

根据精度设计的特点，几何公差的确定，可参照尺寸公差等级，确定几何公差等级。对于工作部分尺寸，须根据机械的工作精度要求和尺寸链计算确定。

注意：不是零件图中每个尺寸都有几何公差要求。只需给出并标注制造时需要保证的或者对机器工作精度影响较大的尺寸的几何公差要求，对于未注几何公差部分，可在技术要求中统一提出。

3. 表面粗糙度的确定方法

零件图中标注了尺寸公差和几何公差后，还需确定控制表面质量的指标——表面粗糙度。

**确定零件图表面粗糙度主要从以下几个方面考虑：**

（1）根据零件图中尺寸公差等级、几何公差等级所对应的表面粗糙度，可用查表法直接给出。

（2）在机械性能上有专门要求，应根据使用要求专门给出。

## 13.3.2　零件图精度设计实例

**零件图精度设计的顺序为：**性能及尺寸公差→设计基准、工艺基准尺寸公差→一般尺寸公差→工作部分几何公差→基准不重合之间的轴线不复位、定位公差→一般部分的几何公差→表面粗糙度。

1. 轴类零件精度设计

轴类零件的精度设计应根据与轴相配合零件（如滚动轴承、齿轮等）对轴的精度要求，合理确定轴的各部位的尺寸公差、几何公差和表面粗糙度参数值。以图 13.5 减速器的低速轴轴为例说明轴的精度设计。

【例 13-3】单级圆柱齿轮减速器（见图 13.5）低速轴公差选择与标注

【解】减速器低速轴公差选择与标注项目主要包括尺寸公差、几何公差和表面粗糙度。

（1）低速轴尺寸公差选择与标注。

由装配图配合公差可知，轴承内圈配合的轴颈尺寸公差代号为 h5，查表得轴颈尺寸公差为 $\phi 17_{-0.008}^{0}$ mm；与大齿轮内孔配合的轴尺寸公差代号为 k7，查表得轴尺寸公差 $\phi 20_{+0.002}^{+0.023}$ mm；与大齿轮内孔配合的轴槽尺寸公差代号为 N9，查表得轴槽尺寸公差 $6_{-0.03}^{0}$ mm；查表得轴槽深尺寸公差为 $16_{-0.1}^{0}$ mm。低速轴其余尺寸为线性尺寸的未注公差，不必标注，在技术要求做说明即可。低速轴尺寸公差标注见图 13.6。

（2）低速轴几何公差选择与标注。

① 两轴颈 $\phi 17$ 与轴承内圈配合、$\phi 20$ 轴段与齿轮内孔配合，为保证配合性质，采用包容要求Ⓔ。

② 轴承为 P0 级，查表（滚动轴承精度设计章节）轴颈 $\phi 17$ 的圆柱度公差值为 0.003 mm；轴肩的轴向跳动公差为 0.008 mm。

③ 齿轮精度为 IT7，为保证齿顶圆的径向圆跳动公差，与大齿轮内孔配合的 $\phi 20$ 轴段的径向圆跳动精度比齿轮精度高一级，选择 IT6，查表得 $\phi 20$ 轴段径向圆跳动公差值为 0.01 mm；$\phi 20$ 轴肩处的轴向圆跳动精度选 IT7，查表得 $\phi 20$ 轴段轴向圆跳动公差值为 0.015 mm。

④ 轴承为 P0 级，查表得与轴承内孔配合的轴颈 $\phi 17h5(_{-0.008}^{0})$ 表面粗糙度 $Ra = 0.8$ μm，$\phi 17h5$ 轴肩表面粗糙度 $Ra = 3.2$ μm。

⑤ 与齿轮内孔配合的轴段 $\phi 20k7(_{+0.002}^{+0.023})$，查表得其表面粗糙度 $Ra = 0.8$ μm；轴肩表面粗糙度参照与 $\phi 17h5$ 轴肩表面粗糙度选择，取 $Ra = 3.2$ μm。

⑥ 平键固定连接，则键槽侧面表面粗糙度选择 $Ra = 3.2$ μm，键槽底面表面粗糙度选择 $Ra = 6.3$ μm。

低速轴其他表面为粗车，表面粗糙度选择 $Ra = 3.2$ μm。低速轴表面粗糙度标注见图 13.6。

2. 箱体类零件精度设计

【例 13-4】单级圆柱齿轮减速器（见图 13.7）机座的公差选择与标注。

【解】圆柱齿轮减速器机座属于壳体、箱体类零件，材料为铸件。由使用要求可知，机座应优先保证两孔轴线间的位置关系，它们影响高速轴组和低速轴组的装配关系。公差选择与标注主要包括尺寸公差、几何公差和表面粗糙度。

（1）壳体尺寸公差选择和标注。

由装配图公差可知，壳体中心距及极限偏差 $a \pm f_a$ 与装配图中的相同，为（$48 \pm 0.019\,5$）mm。由装

图 13.7　减速器机座

配图公差可知，高速轴组壳体孔与轴承外圈的尺寸公差代号为 H7，查表（线性尺寸精度设计章节）得出其尺寸公差为：$\phi 32^{+0.025}_{0}$，为保证配合性质，采用包容要求 Ⓔ。由装配图公差可知，低速轴组壳体孔与轴承外圈的尺寸公差代号为 H7，查表（线性尺寸精度设计章节）得出其尺寸公差为：$\phi 40^{+0.025}_{0}$，为保证配合性质，采用包容要求 Ⓔ。壳体其他尺寸为线性尺寸的未注公差，不需要标注。壳体尺寸公差标注如图 13.8 所示。

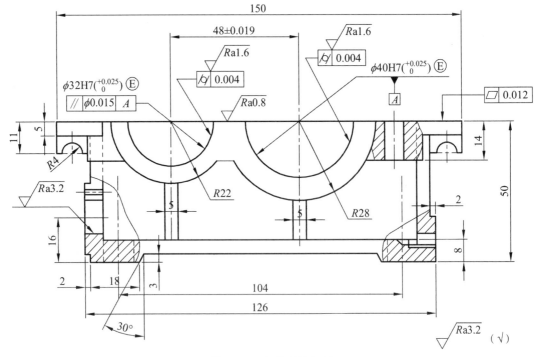

图 13.8　壳体零件标注

（2）壳体几何公差选择和标注。

① 由装配图知，两壳体孔均与轴承（P0 级）外圈相配，查表（滚动轴承的精度设计章

节）得两壳体孔的圆柱度公差值为 0.004 mm。

② 为保证两孔轴线间的位置关系，选择两壳体孔中心线的平行度。

两轴线在轴线平面上的平行度 $f_{\sum\beta}$：

$$f_{\sum\beta} = 0.5(L/b)F_\beta = 0.5 \times (46/25) \times 0.016 = 0.015 \text{ mm}$$

两轴线在垂直平面上的平行度 $f_{\sum\delta}$：

$$f_{\sum\delta} = 2f_{\sum\beta} = 2 \times 0.015 = 0.03 \text{ mm}$$

为了方便标注，还可达到平行度公差要求，选择两壳体孔中心线在任意方向上的平行度，公差值取最小值为 $\phi$0.015 mm。

③ 壳体顶面与上机盖底面要求密封，所以对平面度要求较高，取平面度公差等级为 IT6，由表（公差原则章节）查得，壳体顶面的平面度公差值为 0.012 mm（要求用铲刮法进一步消除平面误差）。壳体几何公差标注见图 13.8。

（3）壳体表面粗糙度选择和标注。

由装配图知，两壳体孔均与轴承（PO 级）外圈相配，表面粗糙度要求较高，由表（滚动轴承的精度设计章节）查得两壳体孔表面粗糙度值 $Ra = 1.6$ μm。壳体顶面与上机盖底面要求密封，对表面粗糙度要求较高，用磨削加工，取壳体顶面表面粗糙度值 $Ra = 0.8$ μm。壳体其余面的表面粗糙度要求不高，选择粗糙度值 $Ra = 3.2$ μm。壳体表面粗糙度标注见图 13.8。

# 习　题

13-1　装配图的作用是什么？装配图应标注哪些公差项目？

13-2　如何理解精度设计遵循的原则？

13-3　尺寸公差、几何公差和表面粗糙度在精度设计中的作用是什么？零件图中为什么按尺寸公差→几何公差→表面粗糙度的顺序进行设计？

13-4　分析单级圆柱齿轮减速器（见图 13.5）中高速轴、带轮、大齿轮尺寸关系，并进行公差选择与标注。

# 参考文献

[ 1 ]　宋绪丁，张帆，万一品. 互换性与几何量测量技术[M]. 3 版. 西安：西安电子科技大学出版社，2019

[ 2 ]　甘永立. 几何量公差与检测[M]. 10 版. 上海：上海科学技术出版社，2013.

[ 3 ]　廖念钊. 互换性与技术测量[M]. 5 版. 北京：中国质检出版社，2013.

[ 4 ]　卢志珍，何时剑. 机械测量技术[M]. 北京：机械工业出版社，2013.

[ 5 ]　马霄，任泰安. 互换性与技术测量[M]. 南京：南京大学出版社，2011.

[ 6 ]　廖念钊. 互换性与测量技术基础[M]. 5 版. 北京：中国计量出版社，2013.

[ 7 ]　杨好学，周文超. 互换性与测量[M]. 北京：国防工业出版社，2014.

[ 8 ]　才家刚. 图解常用量具的使用方法和测量实例[M]. 北京：机械工业出版社，2006.

[ 9 ]　韩进宏，迟彦孝，崔焕勇，等. 互换性与技术测量[M]. 2 版. 北京：机械工业出版社，2017.

[10]　魏斯亮，李时骏. 互换性与技术测量[M]. 3 版. 北京：北京理工大学出版社，2018.

[11]　屈波. 互换性与技术测量[M]. 北京：机械工业出版社，2014.

[12]　产品几何技术规范（GPS） 表面结构 轮廓法 术语、定义及表面结构参数：GB/T 3505—2009[S]. 北京：中国标准出版社，2009.

[13]　产品几何技术规范（GPS）表面结构 轮廓法 表面粗糙度参数及其数值：GB/T 1031—2009[S]. 北京：中国标准出版社，2009.

[14]　产品几何技术规范（GPS）表面结构 轮廓法 评定表面结构的规则和方法：GB/T 10610—2009[S]. 北京：中国标准出版社，2009.

[15]　产品几何技术规范（GPS）技术产品文件中表面结构的表示法：GB/T 131—2006[S]. 北京：中国标准出版社，2006.

[16]　产品几何技术规范（GPS）表面结构 轮廓法 接触（触针）式仪器的标称特性：GB/T 6062—2009[S]. 北京：中国标准出版社，2009.

[17]　产品几何技术规范（GPS）表面结构 轮廓法 相位修正滤波器的计量特性：GB/T 18777—2009[S]. 北京：中国标准出版社，2009.

[18]　邢闽芳，房强汉，兰利洁. 互换性与技术测量[M]. 3 版. 北京：清华大学出版社，2017.

[19]　王樑，王俊昌，王晓晶. 互换性与测量技术[M]. 成都：电子科技大学出版社，2016.

[20]　罗冬平. 互换性与技术测量[M]. 北京：机械工业出版社，2015.

[21]　产品几何技术规范（GPS） 线性尺寸公差 ISO 代号体系 第 1 部分：公差、偏差和配合的基础：GB/T 1800.1—2020[S]. 北京：中国标准出版社，2020.

[22]　产品几何技术规范（GPS） 线性尺寸公差 ISO 代号体系 第 2 部分：标准公差带代号和孔、轴的极限偏差表：GB/T 1800.2—2020[S]. 北京：中国标准出版社，2020.

[23] 产品几何技术规范（GPS） 几何公差 形状、方向、位置和跳动公差标注：GB/T 1182—2018[S].

[24] 产品几何技术规范（GPS） 基础 概念、原则和规则：GB/T 4249—2018[S]. 北京：中国标准出版社，

[25] 产品几何技术规范（GPS） 几何公差 最大实体要求（MMR）、最小实体要求（LMR）和可逆要求（RPR）：GB/T 16671—2018[S]. 北京：中国标准出版社，

[26] 滚动轴承 向心轴承 公差：GB/T 307. 1—2005[S]. 北京：中国标准出版社，2005.

[27] 滚动轴承 通用技术规则：GB/T 307. 3—2017[S]. 北京：中国标准出版社，2017.

[28] 普通型 平键：GB/T 1096—2003[S]. 北京：中国标准出版社，2003.

[29] 矩形花键尺寸、公差与检测：GB/T 1144—2001[S]. 北京：中国标准出版社，2001.